Celluloseesterlacke

Die Rohstoffe, ihre Eigenschaften und lacktechnischen Aufgaben; Prinzipien des Lackaufbaues und Beispiele für die Zusammensetzung; technische Hilfsmittel der Fabrikation

Von

Dr. **Calisto Bianchi**

Deutsche
völlig neubearbeitete Ausgabe

von

Dr. phil. **Adolf Weihe**

Mit 71 Textabbildungen

Springer-Verlag Berlin Heidelberg GmbH 1931

Celluloseesterlacke

ISBN 978-3-662-38990-4 ISBN 978-3-662-39958-3 (eBook)
DOI 10.1007/978-3-662-39958-3

Vorwort des Bearbeiters.

Ein deutsches Originalwerk über Celluloseesterlacke existiert noch nicht.

Schon aus der Tatsache, daß in Deutschland weit über 1 Million kg Nitrocellulose jährlich für Lackzwecke verarbeitet werden (mehr als in allen anderen Staaten Europas) und daß der Export an Nitrolackerzeugnissen nicht unbeträchtlich ist, ergibt sich, daß die deutsche Lackfabrikation auf hoher Stufe steht.

Es unterliegt ferner keinem Zweifel, daß Deutschland hinsichtlich der meisten Rohstoffe für die Celluloseesterlackfabrikation die führende Rolle in der Welt spielt. Synthetische Lösungsmittel, Harze, Weichmachungsmittel und vor allem lichtechte Pigmente werden in unerreichter Güte hergestellt.

Auch die amerikanische Nitrocellulosefabrikation ist hoch entwickelt und befriedigt einen großen Markt, aber man kann nach sorgfältiger vergleichender Prüfung im Zweifel sein, ob die besten deutschen Erzeugnisse qualitativ in jeder Beziehung erreicht werden.

Auf dem Gebiete der übrigen Celluloseester und insbesondere der Celluloseäther besitzt Deutschland unbestreitbar die Führung dank einer seit Jahrzehnten gepflegten wissenschaftlichen Bearbeitung des Gebietes.

Das Fehlen eines deutschen Originalwerkes ist daher höchst merkwürdig.

Der rein literarisch an das Gebiet Herangehende muß zu ganz falschen Schlüssen über die Bedeutung der deutschen Lack- und Lackrohstoffindustrie gelangen, besonders, da die verdienstvollen Übersetzungen der bekannten Werke von Sproxton und Wilson durch Oberstleutnant Meier ausschließlich amerikanische Methoden und Rohstoffe berücksichtigen und als Übersetzungen berücksichtigen müssen.

Wenn nun mit der vorliegenden Bearbeitung des Bianchischen Buches der erste Versuch gemacht wird, diese Lücke in der deutschen fachwissenschaftlichen Literatur auszufüllen, so scheint es geboten, zu erklären, weshalb gerade das italienische Werk zum Gegenstand dieser Bearbeitung gewählt wurde.

Der Aufbau des Werkes, die Auswahl und die Anordnung des Stoffes schienen besonders glücklich zu sein und einer Bearbeitung entgegenzukommen.

Als der Unterzeichnete die Bearbeitung übernahm, hatte er zugleich die Bedingung des Verlegers zu erfüllen, das 1929 erschienene, aber schon 1927 abgeschlossene Buch auf den heutigen Stand unseres Wissens zu bringen und den Bedürfnissen des deutschen Interessenten anzupassen.

Beim Fortschreiten der Arbeit erwies sich jedoch der Inhalt in so vielen Punkten von der Entwicklung überholt, daß sich der Bearbeiter entschloß, alle Kapitel unter Berücksichtigung der Literatur von Grund auf neu zu bearbeiten, ohne sich von der Anordnung und dem Umfange des im Original Gebotenen allzuweit zu entfernen. Besonders ausführlich sind daher auch die Celluloseester, ihre Herstellung, Eigenschaften und Prüfungsmethoden behandelt worden. Nur in einem Punkte überschreitet die vorliegende Bearbeitung den Rahmen des italienischen Originals: In der Darstellung unserer heutigen Anschauungen vom Feinbau der Cellulose und ihrer Derivate und in der Beschreibung der Beziehungen zwischen Celluloseester und Lösungsmittel.

Da diese Ergebnisse der Forschung die Grundlage für eine wissenschaftliche Durchdringung des Celluloseesterlackgebietes bilden, glaubte der Bearbeiter auf ihre Darstellung nicht verzichten zu können.

Die Beibehaltung der Anordnung des Stoffes machte es erforderlich, auch auf die Rohstoffe zur Herstellung der Celluloseester, also auf die Cellulose selbst, die anorganischen und organischen Säuren einzugehen, obgleich man über die Notwendigkeit einer Behandlung dieses Gegenstandes im vorliegenden Rahmen im Zweifel sein kann.

Dem Lackfachmann ohne chemische Fachausbildung wird aber vielleicht auch dieses etwas weite Ausholen willkommen sein, ist doch gerade in letzter Zeit wiederholt aus der Praxis heraus der Wunsch nach einer allgemeinverständlichen Darstellung des Celluloseestergebietes geäußert worden.

Die Literatur und besonders auch die neuere Patentliteratur wurde berücksichtigt, wenn auch auf Vollständigkeit mit Rücksicht auf den Umfang verzichtet werden mußte.

Bei der Behandlung der technischen Hilfsmittel der Lackfabrikation wurden, ihrer Bedeutung entsprechend, überwiegend die Fabrikate deutscher Maschinenfabriken berücksichtigt. Neben altbewährten Vorrichtungen wurden aussichtsreiche neue Konstruktionen beschrieben. Vollständigkeit war auch hier natürlich nicht möglich.

Eilenburg, im Dezember 1930.

A. Weihe.

Inhaltsverzeichnis.

Erster Teil.

Die Rohstoffe.

Seite

Dritter Teil.

Seite

Die technischen Hilfsmittel für die Herstellung der Celluloseesterlacke.

Erster Teil.

Die Rohstoffe.

I. Historischer Überblick.

Die Geschichte der Celluloseesterlacke ist eng verknüpft mit der Geschichte der Celluloseester selbst, und es ist bemerkenswert, daß man schon sehr früh die Lösungen der Celluloseester für Lackzwecke ins Auge faßte.

Der erste Forscher, welcher einen Celluloseester in der Hand gehabt hat, ist wahrscheinlich Pelouze[1] gewesen. Er erhielt den Salpetersäureester der Cellulose, den man heute, obwohl wissenschaftlich nicht korrekt, allgemein als Nitrocellulose bezeichnet, bei der Einwirkung von Salpetersäure auf cellulosehaltige Stoffe wie Papier, Leinen, Baumwolle. Die Bedeutung der hierbei entstehenden Reaktionsprodukte scheint aber erst von Schönbein erkannt worden zu sein. Dieser Forscher stellte in den Jahren 1845 und 1846 nach einem zunächst geheim gehaltenen Verfahren Nitrocellulose aus Baumwolle her. Unabhängig von Schönbein entdeckte Otto das Herstellungsverfahren und veröffentlichte es 1846 in der Augsburger Allgemeinen Zeitung. In den folgenden Jahren beschäftigten sich deutsche, französische und amerikanische Forscher mit der Herstellung und den Eigenschaften der Nitrocellulose und fanden die ersten technischen Anwendungen der Kollodiumwolle, einer Nitrocellulose, die sich von der für Spreng- und Schießzwecke verwendeten durch geringeren Salpetersäuregehalt und bessere Löslichkeitseigenschaften ausgezeichnet.

In die Jahre 1849—1853 fallen die ersten Versuche, Lösungen der Nitrocellulose als Anstreichmittel zu benutzen, und einige Jahre später fand L. Hoffmann im Ricinusöl ein Weichmachungsmittel, dem heute noch eine überragende Bedeutung zukommt. Für die Entwicklung einer Lackindustrie war die Technik der Celluloseesterherstellung damals jedoch noch nicht genügend ausgebildet. Die Hauptaufgabe bestand darin, die Nitrocellulose lagerbeständig herzustellen, und diese Aufgabe wurde auf Grund der Arbeiten von Lenk und Abel gelöst.

[1] C. r. 1838.

In die 50er und 60er Jahre fallen auch die Vorarbeiten für die Industrie des Celluloids, des Kunstleders, des Nitrofilms und der Kunstseide auf Nitrocellulosebasis. Während diese Industriezweige sehr rasch eine Entwicklung zur Großindustrie durchmachten, hielt sich die Verarbeitung der Nitrocellulose zu Lacken in bescheidenen Grenzen. Zwei Gründe können hierfür als maßgebend angesehen werden: die in den genannten Industriezweigen verwendeten Wollen sind hochviscos, und es waren bis etwa 1918 keine rationellen Methoden bekannt, welche die Herstellung niedrig viscoser Wollen — wie sie für viele Lackzwecke erforderlich sind — gestatteten, sodann fehlte es zunächst an geeigneten Lösungsmitteln.

Die Viscosität der Nitrocellulose wird in ausschlaggebender Weise beeinflußt: 1. durch die Viscosität der zum Nitrieren verwendeten Cellulose (gemessen in Kupferaminlösung), 2. durch die Temperatur und den Wassergehalt der Säure während der Nitrierung[1].

Die sich hieraus ergebenden Arbeitsweisen führten jedoch nicht zu Produkten von so niedriger Viscosität, wie sie die Lackierung am laufenden Band erforderte.

Die lebhafte Nachfrage der Automobilindustrie nach Beendigung des Weltkrieges verursachte eine intensive Bearbeitung dieser Frage und es wurden drei Verfahren entwickelt, die alle von einer fertigen Nitrocellulose höherer Viscosität ausgehen: Behandlung mit Permanganat und anderen Oxydationsmitteln in Gegenwart von Säure. Behandlung mit Ammoniak und nachfolgender Chlorbleiche. Behandlung mit Wasser unter Druck bei Temperaturen über 100°.

Seit dem Jahre 1928 dürfte wohl nur das letztgenannte Verfahren technisch ausgeführt werden, und man kann annehmen, daß allein in Deutschland heute etwa 1200 t niedrig viscoser Lackwollen jährlich hergestellt werden. Die deutschen Hersteller von Lackwollen sind die Deutsche Celluloid-Fabrik in Eilenburg, die Westfälisch-Anhaltische Sprengstoff AG., Werk Reinsdorf bei Wittenberg und die Firma Wolff & Co. in Walsrode.

Von außerdeutschen Werken sei die Herkules Powder, USA., genannt, deren Lackwollen auch auf dem europäischen Markt eingeführt sind.

Die Herstellung niedrig viscoser Lackwollen, die den Anforderungen der Lacktechnik entsprechen, setzt ein hohes Maß an Erfahrung und verhältnismäßig kostspieligen Apparaturen voraus; es ist daher verständlich, daß die Fabrikation auf wenige Stellen beschränkt ist.

---

[1] Genaueres im nächsten Kapitel.

Als zweite Voraussetzung für die Entwicklung der Lackindustrie auf Nitrocellulosebasis kann die Auffindung und Synthese geeigneter und billiger Lösungsmittel angesehen werden.

Das erste Nitrocelluloselösungsmittel, welches praktisch angewendet worden ist, scheint Ätheralkohol gewesen zu sein[1].

Auf das Lösevermögen einer Mischung von Benzol und Alkohol hat erstmals Spill hingewiesen (E. P. 1875).

Von entscheidender Bedeutung war die Entdeckung von Stevens (U. S. P. 269340 vom Jahre 1882), welcher Amylacetat als Lösungsmittel vorschlug.

Das durch Veresterung von technischen Fuselöl mit Essigsäure erhaltene Estergemisch stellt den Prototyp der Lösungsmittel mittlerer Flüchtigkeit dar, deren Anwesenheit in den meisten Lacken unentbehrlich ist, da sie das Anlaufen durch Feuchtigkeit der Luft verhindern. Die wirtschaftliche Tragweite dieser Entdeckung liegt darin, daß ein bisher nur als Brennöl verwendbares Nebenprodukt der Spirituserzeugung als Ausgangsmaterial verwendet werden konnte.

Bis zum Jahre 1914 wurden zwar zahlreiche weitere Verbindungen als Lösungsmittel vorgeschlagen, doch wurde hierdurch kein Fortschritt erzielt, der wesentlich über das von Stevens Erreichte hinausging. Auf die Darstellung dieser Verhältnisse kann daher an dieser Stelle verzichtet werden.

Die erste fabrikmäßige Herstellung von Nitrocelluloselacken erfolgte auf Grund der Patente von Stevens durch die Celluloid Campany in New Jersey. Im Jahre 1886 nahm dann die Crane Chemical Company die Fabrikation von Lacken auf.

Wie schon erwähnt, begann die Entwicklung dieses Industriezweiges zur Großindustrie erst in der Zeit nach dem Kriege. Maßgebend war hierfür nicht allein die Schaffung niedrig viscoser Lackwollen, sondern ebenso die Schaffung von Lösungsmitteln auf neuen Wegen. Den entscheidenden Anstoß gab die gewaltige Entwicklung der Automobilindustrie in Amerika.

Was die Herstellung von Lösungsmitteln anbelangt, so seien hier nur drei Verfahren von grundlegender Bedeutung genannt, welche die Entwicklung der Celluloseester-Lackindustrie begünstigt haben:

Die Herstellung der Essigsäure und deren Derivate aus dem Calciumcarbid, die Gewinnung der Glykoläther aus dem Äthylen und die Herstellung des Butanols auf verschiedenen Wegen. Gleichzeitig wurden zahlreiche Weichmachungsmittel geschaffen. Man kann annehmen,

[1] Maynard u. Bigelow 1855.

daß dieses Kapitel erschöpfend bearbeitet worden ist und Überraschungen nicht mehr zu erwarten sind.

In lebhafter Entwicklung befindet sich das Gebiet der Kunstharze. Die für Öllacke vorzüglich geeigneten Naturharze sind für Celluloseesterlacke wegen ihrer hohen Säurezahl und ihrer Löslichkeitsverhältnisse mit wenigen Ausnahmen ungeeignet. An Kunstharzen steht schon heute eine große Zahl neutraler und in Celluloseesterlösungsmitteln löslicher Produkte zur Verfügung. Besondere Bedeutung gewinnen neuerdings die unter dem Namen Glyptale zusammengefaßten Kondensationsprodukte von Polyalkoholen bzw. pflanzlichen Ölen mit Phthalsäureanhydrid.

Von den übrigen Celluloseestern hat bisher nur die Acetylcellulose eine gewisse lacktechnische Bedeutung erlangt. Die Geschichte dieses Celluloseesters ist reich an Enttäuschungen.

Einer der Pioniere auf diesem Gebiet — Arthur Eichengrün — schreibt hierüber in seinem Beitrag zur Enzyklopädie der Technischen Chemie 1928: „Wohl auf keinem Gebiet der chemischen Technik dürfte der Umfang der geleisteten Arbeit, die Größe der Kosten, die Mannigfaltigkeit der erfinderischen Tätigkeit, die Anzahl der Patentanmeldungen und vor allem die Höhe der in die Entwicklung des Arbeitsgebietes gesetzten Erwartungen jahrzehntelang in solchem Mißverhältnis zu dem erzielten Resultate gestanden haben, wie auf dem der Acetylcellulose."

Dies gilt besonders für die Zeit von ihrer Entdeckung durch Schützenberger im Jahre 1865 bis zur Schaffung des acetonlöslichen Celluloseacetats durch Eichengrün und Becker im Jahre 1905. Die in diesen 40 Jahren nach zahlreichen Patenten auch betriebsmäßig hergestellten Produkte waren gekennzeichnet durch ihre ausschließliche Löslichkeit in Chloroform, Epichlorhydrin, Tetrachloräthan und einigen anderen hochsiedenden Lösungsmitteln, die durch ihre starke physiologische Wirkung eine Verwendung für Lackzwecke ausschlossen. Es kam hinzu, daß die aus solchen „Primäracetaten" hergestellten Gebilde nach einiger Zeit sehr spröde werden.

Heute werden solche Produkte nicht mehr hergestellt. Ein völliger Umschwung dieser Verhältnisse trat im Jahre 1905 ein, als es Eichengrün, Becker und Guntrum gelang, das Primäracetat durch saure Hydrolyse in ein Produkt zu verwandeln, welches bezüglich seines Essigsäuregehaltes zwischen dem Triacetat und dem Diacetat liegt und durch günstige Löslichkeits- und mechanische Eigenschaften ausgezeichnet ist.

Dieses neue Acetat wurde von Bayer & Co., Elberfeld, unter dem

Namen Cellit fabrikmäßig hergestellt und blieb bis fast zum Weltkrieg das einzige im großen hergestellte Celluloseacetat.

Seit dem Jahre 1912 gelang es auch nach dem englischen Patent von Miles acetonlösliches Acetat technisch herzustellen.

Im Jahre 1910 wurde bei den Albatroswerken das erste Flugzeug mit Lacken aus Cellit Bayer behandelt. Durch die Lackierung der Flugzeugtragflächen mit Acetatlacken wurden sehr widerstandsfähige Schichten erzielt, und diese Anwendung hat die Acetatlacke in ebenso hohem Maße gefördert wie die Automobilindustrie die Entwicklung der Lacke auf Nitrocellulosebasis.

Auch auf dem besonders in den letzten Jahren entwickelten Gebiete der Celluloseäther haben Chemiker der Firma Bayer & Co. (jetzt I. G. Farbenindustrie AG.) Pionierdienst geleistet.

Der erste und heute wichtigste Celluloseäther, die Äthylcellulose, wurde von Otto Leuchs im Jahre 1912 hergestellt. Wie die Äthylcellulosen, so findet auch die Benzylcellulose, sowie die gemischten Celluloseester zunehmende Verwendung für Lacke aller Art.

II. Celluloseester.

A. Einiges über Cellulose.

1. Vorkommen. Isolierung.

Die Cellulose ist eine im Pflanzenreich außerordentlich verbreitete Gerüstsubstanz. In der Regel tritt sie faserig ausgebildet auf und bildet den Hauptbestandteil der Zellmembranen der höheren Pflanzen.

Von allen organischen Stoffen der Erde kommt sie in der weitaus größten Menge vor; bildet sie doch bis zu 60% des Trockengewichtes der Bäume und Sträucher. Bis zu 90% findet sie sich in den Samenhaaren der Baumwollarten, und diese bilden auch das Ausgangsmaterial für die technische Herstellung der reinsten Cellulose, wie sie für die Herstellung der Celluloseester Verwendung findet.

Die Maßnahmen, welche zur Isolierung der Cellulose getroffen werden müssen, richten sich nach der Natur der Begleitstoffe. Wie fest diese mit der Cellulose verbunden sind, läßt sich schon daraus entnehmen, daß zwei bekannte Forscher Groß und Bevan eine chemische Verbindung zwischen der Cellulose und ihren Begleitstoffen annahmen. Sie unterschieden demzufolge verschiedene Cellulosearten: Lignocellulose, Pectocellulose, Mucocellulose, Adipo- und Cutocellulose. Es ist wohl vor allem Emil Heuser und seinen Schülern zu danken[1], daß diese Ansicht heute verlassen ist. Mit großer Wahrscheinlichkeit kann man annehmen, daß es nur eine Cellulose gibt, die allerdings in verschiedenen Formen micellarer Struktur und zumindest nach ihrer Isolierung in verschiedenen Polymerisationsgraden auftritt (kontrollierbar durch die Viscosität ihrer Lösung in Kupferoxydammoniak)[2]. Über die physiologische Bedeutung der Begleitstoffe kann man sich eine Vorstellung machen, wenn man berücksichtigt, daß beispielsweise die Baumwollfaser ein einzelliges, von der Oberhaut des Samens ausgehendes Haar ist. Wie alle pflanzlichen Zellen ist sie von einer Haut umgeben — der Cuticula —, die aus Nichtcellulosestoffen besteht. Nach innen schließt sich die Zellwand, der sogenannte Innenschlauch an, ein dünnes häutiges Gebilde aus eingetrockneten Protoplasmaresten. Die bei der Reindarstellung der Cellulose aus Baumwolle zu entfernenden Substanzen sind vor allem: Hemicellulose, Harz, Fett, Wachs und anorganische Salze; ihre Entfernung gelingt ziemlich weitgehend durch Kochen der rohen Baumwolle mit Natronlauge unter Druck und nachfolgende Bleiche mit Hypochloritlösung.

---

[1] Vgl. z. B. Cellulosechemie **1924**, Nr 5.

[2] Die Verbindung der Cellulose mit ihren Begleitstoffen wird heute meist adsorptiv aufgefaßt.

Wenn auch die Baumwolle das bevorzugte Ausgangsmaterial (besonders in Form der als Linters bezeichneten kurzen Samenhaare von Gossypium barbadense) für die Herstellung von Celluloseestern bildet, so hat doch auch die aus Holzzellstoff gewonnene Cellulose neuerdings wieder zunehmende Bedeutung erlangt, nachdem es gelungen ist, dieses Produkt in außerordentlicher reiner Form abzuscheiden (Alpha fibre).

Nachdem während des Weltkrieges nahezu der gesamte Bedarf der Mittelmächte an Schießwolle durch Nitrierung von entsprechend vorbereiteten Sulfitzellstoff gedeckt worden war, wurde von einigen deutschen Werken auch nach dem Kriege der Holzzellstoff für die technischen Kollodiumwollen (Film- und Celluloidfabrikation) in ausgedehntem Maße verwendet.

Es ist in erster Linie eine Frage der Baumwollpreise, ob die Gewinnung hochwertiger Cellulose aus Holz lohnend ist, da zwar das Ausgangsmaterial erheblich billiger, der Chemikalien-, Dampf- und Wasserverbrauch dagegen wesentlich höher ist als bei der Reinigung der Baumwolle.

Die Begleiter der Cellulose im Holz der Laub- und Nadelbäume sind Lignin, Pentosane und Hexosane. Als Ausgangsmaterial für die Gewinnung der Celluloseester ist in größerem Maßstabe in Europa bisher nur das Holz der Fichte oder Rottanne verwendet worden. Gewöhnlich werden die Hackspäne mit Calciumbisulfitlösung unter Druck gekocht, wobei das Lignin in Lösung geht. Die weitere Reinigung erfolgt in ähnlicher Weise wie die der Baumwolle; die apparativen Schwierigkeiten sind beträchtlich. Gewöhnlich gelangt der gereinigte Holzzellstoff in Form von dünnem Papier zur weiteren Verarbeitung. Es kann keinem Zweifel unterliegen, daß man aus einem Holzzellstoff von hohem α-Cellulosegehalt und niedriger Kupferzahl eine ebenso hochwertige Lackwolle herstellen kann wie aus Baumwolle; eine Lackwolle aus Holzzellstoff scheint heute in Europa nicht hergestellt zu werden.

2. Zur Konstitution der Cellulose.

Einige Bemerkungen über diesen Gegenstand sind deshalb gerechtfertigt, weil die besonders in den letzten Jahren entwickelten Anschauungen über den Feinbau der Cellulose das Verständnis der zur Bildung der Celluloseester führenden Reaktionen unzweifelhaft gefördert haben. Auch das uns besonders interessierende Wesen der Filmbildung aus Celluloseesterlösungen erfährt eine anschauliche Deutung.

Es gibt wohl kaum einen Körper, für den so viele und widersprechende Konstitutionsvorschläge gemacht worden sind, wie für die Cellulose. Eine ausgezeichnete Darstellung dieser Geschichte der Irrungen gibt Kurt Heß[1].

[1] Chemie der Cellulose S. 561ff. Leipzig 1928.

Als gesichert können folgende experimentelle Befunde angegeben werden:

1. Die Elementarzusammensetzung entspricht der Formel $C_6H_{10}O_5$.

2. Auf eine $C_6H_{10}O_5$-Gruppe kommen drei veresterbare und verätherbare Hydroxylgruppen; diese Hydroxylgruppen verhalten sich starken Säuren gegenüber wie die Hydroxylgruppen eines mehrwertigen Alkohols, den Alkalien gegenüber sind sie zur Alkoholatbildung befähigt.

3. Die Cellulose kann mit einer Ausbeute bis zu etwa 90% der Theorie in Traubenzucker (Glucose) überführt werden, und zwar mit Mineralsäuren bestimmter Konzentration.

4. Unter geeigneten Arbeitsbedingungen wird die Cellulose bis zu 60% in Cellobiose aufgespalten, und zwar unter Bedingungen, unter denen die Bildung der Cellobiose aus primär gebildeter Glucose nicht vor sich geht. Die Cellobiose muß also in der Cellulose vorgebildet sein.

5. Die Konstitution der Cellobiose gilt durch die Arbeiten von Haworth[1] und seiner Schule als sichergestellt, von Zemplén[2] wurde sie auf neuen Wegen bestätigt.

Hiernach ist die Cellobiose eine 4-β-Glykosido-(1—5)-Glucose.

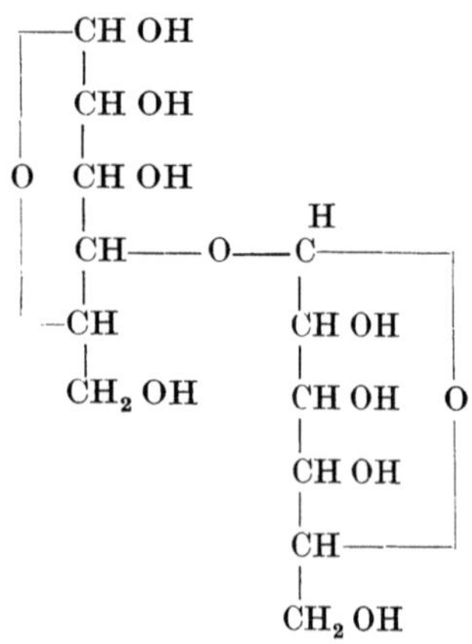

Wir können mit großer Wahrscheinlichkeit annehmen, daß dieser Molekülkomplex in der Cellulose regelmäßig wiederkehrt, ohne daß nach den bisher angeführten experimentellen Ergebnissen etwas über die Art der Verkettung ausgesagt werden kann. Offensichtlich muß noch eine weitere Anhydrisierung oder glykosidische Verkettung angenommen werden, schon um die oben angeführte Tatsache zu erklären, daß pro Einheit $C_6H_{10}O_5$ nur 3 Hydroxylgruppen veresterbar sind. Karrer[3]

[1] J. chem. Soc. London **129**, 89 (1926); **119**, 194 (1921).

[2] Zemplén **59**, 1254 (1926).

[3] Karrer: Polymere Kohlehydrate **192**, 226ff. (trotz einiger heute überholter Anschauungen eine äußerst lesenswerte Monographie); ferner **55**, 2857 (1922).

hat diesem Umstand dadurch Rechnung getragen, daß er der Cellulose die Struktur eines Cellobioseanhydrids gegeben hat, während Heß aus kryoskopischen Befunden schloß, daß die Cellulose in gewissen Esterlösungen als Glukoseanhydrid („Cellosan") monomolekular vorliegt. Man nahm an, daß die weit größeren Kolloidteilchen, als welche die Celluloseester beispielsweise in den Lacken vorliegen, aus den relativ kleinen Molekülen durch Assoziation oder Aggregation[1] hervorgehen, daß also Individualgruppen (Bergmann) durch zwischenmolekulare Kräfte zusammengehalten würden. Diese Auffassungen sind widerlegt worden[2]. Unzweifelhaft sind in einem primären Kolloidteilchen (wie es im solvatisierten Zustand in jeder Celluloseesterlösung vorliegt) sämtliche Molekülgruppen durch normale Valenzen im Sinne der Kekuléschen Strukturlehre gebunden.

Dieser Auffassung wurde der Weg geebnet einesteils durch die Modellversuche Staudingers[3] an hochmolekularen synthetischen Substanzen, wie Polystyrol, Polyvinylalkohol, Polyvinylacetat u. a., durch welche ein ungeheures experimentelles Material beigebracht wurde, andernteils durch Anwendung röntgenographischer Methoden auf die Strukturerforschung der Cellulose und anderer Naturstoffe.

Die grundlegenden röntgenographischen Untersuchungen der Cellulose wurden von R. O. Herzog, Janke, Polanyi, H. Mark, Scherrer und Sponsler durchgeführt. Es ist das Verdienst K. H. Meyers, aus diesem Material ein widerspruchsloses Bild vom Feinbau der Cellulose gestaltet zu haben[4].

Die Cellulose gibt ein Röntgendiagramm, aus dem hervorgeht, daß sie aus orientierten Krystalliten zusammengesetzt ist. Die Kante eines solchen Elementarkörpers ist in der Richtung der Faserachse 10,3 Å lang, während die Länge der anderen Kanten 7,9 bzw. 8,7 Å beträgt. Nun ist durch Arbeiten von Mark und Pohland bekannt geworden, daß die Kohlenstoffatome in gesättigten organischen Verbindungen 1,54 Å voneinander entfernt sind, ebenso ist die Entfernung einer Kohlensoff-Sauerstoffbindung bekannt. Hiernach kann man unter Annahme eines kugelförmigen Wirkungsbereiches der Atome räumliche Modelle in exakten Maßen konstruieren, die überraschende Einblicke gewähren.

1. Ermöglichen sie die Entscheidung, welche Isomeriefälle räumlich möglich sind.

---

[1] Bezüglich der exakten Darstellung dieser Verhältnisse sei verwiesen auf Hess, K.: Die Chemie der Cellulose. S. 580ff. Leipzig 1928.

[2] Freudenberg u. Braun: A **460**, 303 (1928); B **62**, 3078 (1929).

[3] Vgl. die zusammenfassende Darstellung Staudingers B **62**, 2901 (1929).

[4] Meyer, K. H., u. H. Mark **61**, 593 (1928); Z. physik. Chem. B **115** (1929). — Meyer, K. H.: Z. angew. Chem. **1928**, Nr 34.

2. Gestatten sie die Berechnung des Umfangs und der Länge der Moleküle und Molekülgruppen.

So findet man, daß ein gerade gestreckter Cellobioserest etwa 10,3 Å lang ist, also genau in die Indentitätsperiode der Faserachse hineinpaßt, während alle anderen Reste, die als Cellulosebaustein vorgeschlagen worden sind, sich nicht einfügen lassen.

Die Cellobiosereste sind in Richtung der Faserachse angeordnet und werden durch glykosidische Sauerstoffbrücken miteinander verknüpft. Aus bestimmten Kennzeichen des Röntgendiagrammes ist zu entnehmen, daß entlang der Faserachse eine diagonale Schraubenachse liegt, deren Schraubungskomponente die Hälfte der Indentitätsperiode beträgt. Eine Kette von glykosidisch gebundenen Cellobioseresten stellt die Hauptvalenzkette der Cellulose dar, einen Begriff, den man in diesem Falle zweckmäßig an Stelle des Molekülbegriffs benutzt.

Nach Messungen, die auf völlig verschiedenen Prinzipien beruhen, gelangt man übereinstimmend zu der Feststellung, daß die Cellulose und die Nitrocellulose, wie sie beispielsweise als hochviscose Lackwolle verwendet wird, aus Hauptvalenzketten besteht, welche etwa 60 Glucosereste enthaten. In den Lösungen der Nitrocellulose befindet sich der Celluloseester in Form solvatisierter, d. h. mit Lösungsmittelmolekülen umgebenen, Hauptvalenzketten[1]. Diese sind also identisch mit den primären Kolloidteilen, aber nicht mit den Molekülen im klassischen Sinne dieses Wortes. Die Länge der Hauptvalenzketten kann nämlich weitgehend gekürzt werden, wodurch eine Änderung im chemischen Verhalten des Celluloseesters nicht einzutreten braucht. Die Länge der Hauptvalenzketten bestimmt in gesetzmäßiger Weise die Viscosität der Lösungen, wovon an anderer Stelle dieses Buches noch die Rede sein wird.

Es ist eine in der organischen Chemie schon lange bekannte Erscheinung, daß große Moleküle über mehr oder weniger große Restbeträge an Valenzen verfügen, deren Auswirkung in verschiedener Weise in Erscheinung tritt, u. a. in der hier besonders interessierenden Bildung elastischer Gele und Filme. Die Bildung solcher Filme ist ohne die Annahme von zwischen den Hauptvalenzketten wirkenden Nebenvalenzen — auch Micellarkräfte genannt — schwer vorstellbar, ebensowenig wie die große Festigkeit der natürlichen Baumwollfaser. Nach Kurt H. Meyer[2] liegt hier ein allgemeines Bauprinzip hochmolekularer Naturstoffe vor, wie es schon vor 70 Jahren von Nägeli für die organische Materie gefordert worden war.

Der permutoide Charakter vieler Reaktionen der Cellulose, besonders

[1] Herzog u. Krüger: J. physic. Chem. **30**, 466 (1926); ferner Fikentscher u. Mark: Kolloid-Z. **1929**.

[2] Meyer, K. H.: Biochem. Z. **208** (1929).

auch des Nitriervorganges, spricht für diese Auffassung. Wir werden in der noch Folge öfters auf diese Vorstellungen zurückkommen.

3. Technologisches über die Vorbereitung der Rohbaumwolle zur Veresterung.

Die nachfolgend angeführten Analysen sollen die durchschnittliche Zusammensetzung der Rohbaumwolle charakterisieren. Die Zahlen schwanken naturgemäß mit den biologischen Bedingungen, unter denen die Baumwolle gewachsen ist.

	Indische	Amerikanische	Ägyptische
Cellulose	91,35	91,00	90,80
Wachs, Öl, Fett	0,40	0,35	0,42
Protoplasma	0,53	0,53	0,68
Mineralische Bestandteile	0,22	0,12	0,25
Wasser	7,50	8,00	7,85

Für die Herstellung von Celluloseestern dürfte nur die amerikanische Baumwolle verwendet werden.

a) Die Bäuche.

Nach Entfernung der Samenschalen und anderer mechanischer Verunreinigungen wird die Baumwolle mit einer Natronlauge von 2—4 Bé (entsprechend 1,2—2,7% NaOH) bei etwa 130° C unter Druck behandelt. Von Wichtigkeit ist es, daß bei dieser alkalischen Behandlung der Zutritt von Luftsauerstoff verhindert wird, da sonst Substanzverluste und Schädigung des Fasermaterials eintreten. Es bildet sich Oxycellulose, welche in Alkalien löslich ist. Nach Scheurer verliert ein Baumwollgewebe bei völliger Abwesenheit von Luft auch nach 8stündiger Erhitzung auf 150° C oder 4,5 at in einer Lauge mit 8% NaOH nahezu nichts an Festigkeit.

In der Technik arbeitet man jedoch nicht mit so starken Laugen, da hierdurch ein zweckloser Verbrauch an Alkali entsteht. Die Bäuchkessel fassen gewöhnlich 10 m³ und sind mit einem Vorwärmer ausgestattet, welchen die zirkulierende Lauge passiert.

b) Die Bleiche.

Nach der alkalischen Kochung erfolgt gründliche Wäsche mit Wasser zur Entfernung der löslich gewordenen Verunreinigungen.

Als bleichende Substanzen kommen praktisch nur die Hypochlorite in Betracht. Die Wirkung der unterchlorigsauren Salze läßt sich durch die folgende Gleichung darstellen:

$$H_2CO_3 + 2\,Ca\begin{matrix} \diagup OCl \\ \diagdown Cl \end{matrix} = 2\,HOCl + CaCO_3 + CaCl_2$$

$$2\,HOCl = 2\,HCl + O_2\,.$$

Freies Chlor entsteht also nicht; die bleichende Wirkung kommt der freien unterchlorigen Säure zu.

Auch das in manchen Betrieben verwendete Chlorwasser wirkt in dieser Weise:

$$Cl_2 + H_2O = H \cdot Cl + H \cdot O \cdot Cl.$$

Die Lösungen der unterchlorigsauren Salze zeigen beim Aufbewahren meist eine Abnahme der Bleichwirkung, was darauf zurückzuführen ist, daß sich freie unterchlorige Säure bildet, welche mit dem Hyprochlorit unter Bildung von Chlorat reagiert. Man verhindert diese Zersetzung dadurch, daß man den Lösungen geringe Mengen Alkali zusetzt.

Freiberger[1] empfiehlt Chlorlösungen von 0,03 g aktivem Chlor pro Liter unter Zusatz von 7 g H_2SO_4 und Behandlung der Baumwolle bei 37° C.

Über die Kinetik der Chlorbleiche hat kürzlich Hugo Kauffmann[2] eine sehr inhaltsreiche Arbeit veröffentlicht. Der Vorzug angesäuerter Bleichlösungen wird bestätigt und begründet. Es wird eine Erklärung für die faserschädigende Wirkung annähernd neutraler Bleichlaugen gegeben.

Durch Erwärmung der Bleichlösung setzt man nicht nur die Dauer des Prozesses herab, sondern bewirkt auch von einem bestimmten Temperaturgrade ab eine physikalische Veränderung der Cellulose, die sich dadurch zu erkennen gibt, daß die sogenannte Ostviscosität sinkt. Diese Behandlung scheint also die Sprengung der Hauptvalenzketten einzuleiten; ihrer Anwendung ist eine enge Grenze dadurch gesetzt, daß mit zunehmender Temperatur die Reduktionsfähigkeit — gemessen an der Kupferzahl — zunimmt. Es entstehen somit Abbauprodukte, welche bei einem Ausgangsmaterial für Celluloseester sehr unerwünscht sind.

Die Erniedrigung der Ostviscosität gelingt nach einem Verfahren der Deutschen Celluloidfabrik Eilenburg[3]. Die gereinigte Baumwolle wird unter Wasser auf Temperaturen von 160—170° erhitzt. Hierdurch erfolgt eine Abnahme der Viscosität ohne wesentliche Bildung von Abbauprodukten. Die Bedeutung dieses Verfahrens beruht auf dem gesetzmäßigen Zusammenhange zwischen der Eigenviscosität der Baumwolle und der Viscosität der daraus hergestellten Celluloseester. (Vgl. hierüber den Abschnitt über Nitrocellulose.) Eine besondere apparative Schwierigkeit bei der Bleiche liegt darin, daß die meist verwendeten kurzfaserigen Linters in den Bleichgefäßen dicke schwerdurchlässige Schichten bilden. Es entstehen Kanäle, durch welche die Bleichlauge rasch hindurch-

[1] Freiberger: DRP. 281581.
[2] Kauffmann: Z. angew. Chem. **43**, 840 (1930).
[3] Ital. Pat. Nr 262605 vom März 1929.

fließt, während andere Partien des Bleichgutes der Reaktion entzogen werden. Es hat sich gezeigt, daß ein guter Ausfall der Bleiche in erster Linie von einer gleichmäßigen Zirkulation der Bleichlösung abhängt. Dies wird durch entsprechend konstruierte Sektionsbleichgefäße erreicht[1]. Bei diesen Kesseln ist durch Anordnung eines gelochten verzinnten Innenmantels ein mit Bleichlösung gefüllter, das Bleichgut vollkommen umgebender Raum geschaffen, der durch Ringsegmente in

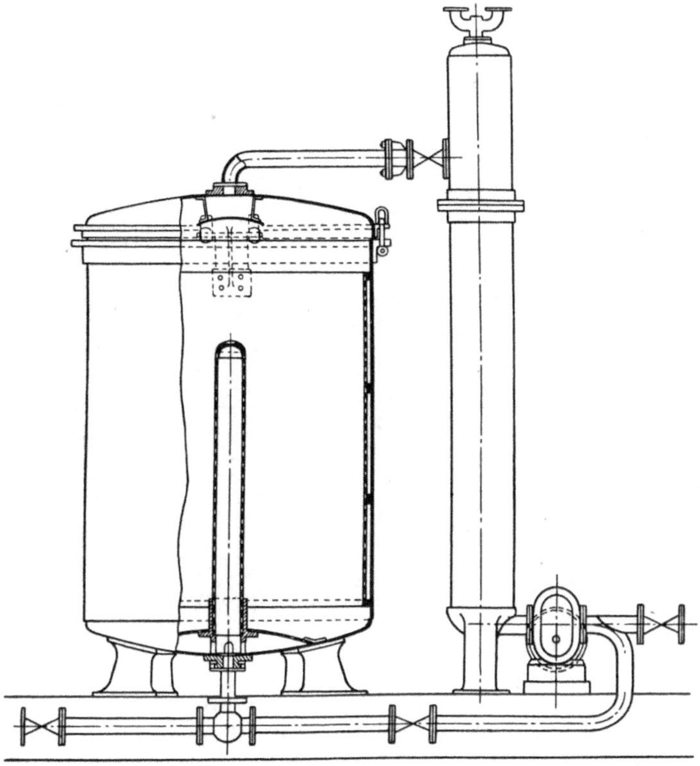

Abb. 1. Sektionsbleichkessel im Längsschnitt (nach Eckelt und Gassner).

verschiedene Abteilungen geteilt ist. Ein gelochtes Absaugerohr und ein Siebboden vervollständigen die innere Einrichtung. Das in der Mitte des Kessels senkrecht stehende Absaugerohr ist mit einer Pumpe verbunden, welche die Lauge zwingt, das Bleichgut vom Umfange des Kessels waagerecht nach der Mitte zu durchdringen. Zufolge dieser Anordnung hat die Bleichlauge einen wesentlich kürzeren Weg zurück-

[1] Vgl. Eckelt u. Gassner: Projektierungen und Apparaturen für die chem. Industrie. Bd 1. Leipzig 1926.

zulegen, als bei den üblichen Konstruktionen, und die Gefahr ungleichmäßiger Bleiche wird vermieden.

Auf die Bleiche folgt das Ansäuern zur Entfernung der Hyprochloritreste und das Waschen. Zum Waschen verwendet man Spülmaschinen verschiedener Konstruktion. Bei den bekannten Modellen sind Waschflügel angeordnet, welche das Vorwärtsbewegen und Umrühren des Gutes bewirken. Meist dienen Rechen aus Phosphorbronze zum selbsttätigen Herausnehmen der Baumwolle, die zur Entwässerung auf ein endloses Band oder auf einen Saugfilter gelangt. Die Zuführung des Wassers erfolgt nach dem Gegenstromprinzip[1]. Zur Trocknung finden

Abb. 2. Spülmaschine für gebleichte Baumwollinter (nach Eckelt und Gassner).

verschiedene Formen von Hordentrocknern und solchen mit endlosem Band Verwendung. Die Beförderung der Baumwolle im halbtrocknen und trocknen Zustand erfolgt mit Hilfe von Ventilatoren. Der Trockenvorgang ist von wesentlichem Einfluß auf die Beschaffenheit der Baumwollflocken, besonders auf ihre Saugfähigkeit gegenüber den zur Veresterung dienenden Säuren.

4. Analytische Methoden zur Charakterisierung der Cellulose.

Zur Beurteilung des Erfolges, mit dem die Cellulose von ihren Begleitern getrennt wurde, dient die Bestimmung ihres Reinheitsgrades. Diese Bestimmung ist mit grundsätzlichen Schwierigkeiten verknüpft.

[1] Verschiedene Konstruktionen bei Eckelt u. Gassner a. a. O.

Die Reinheit einer Substanz wird gewöhnlich nach ihren physikalischen Eigenschaften wie Schmelzpunkt, Drehwert und Krystallform beurteilt. Diese Möglichkeiten scheiden für die Cellulose aus, da sie keinen Schmelzpunkt besitzt und nicht unverändert löslich ist. Man muß sich daher darauf beschränken, in Anwendung eines gewissermaßen negativen Verfahrens die Cellulose auf Abwesenheit von Verunreinigungen zu prüfen. Es wurde versucht, für wissenschaftliche Zwecke eine Standard-Baumwollcellulose herzustellen. Auf Anregung von C. G. Schwalbe läßt die amerikanische chemische Gesellschaft aus einer bestimmten Ernte mehrere 100 kg Rohbaumwolle auf reinste Cellulose verarbeiten. Sie enthält nach Correy und Gray[1] etwa 0,26% Asche, Spuren von Harz, Fett, Wachs, 99,84% α-Cellulose. Ihre Kupferzahl ist 0,17. Kurt Heß weist in seiner Chemie der Cellulose[2] mit Recht darauf hin, daß man auf diese Weise nur gereinigte Fasern, aber nicht Cellulosereinsubstanz erhält, da sich im Faserlumen Proteine usw. befinden, die infolge des geschlossenen Baues der Zelle nicht restlos extrahiert werden.

Von den zahlreichen analytischen Methoden sollen hier nur diejenigen kurz dargestellt werden, welche einerseits für die Beurteilung einer zur Veresterung bestimmten Cellulose besonders wichtig sind, andererseits eine allgemeine Anerkennung gefunden haben. Eine ausführliche Darstellung findet sich in dem bekannten Buche Schwalbe-Sieber.

a) Quantitative Bestimmung.

Zur quantitativen Prüfung von Cellulosepräparaten auf Reinheit haben sich eine Reihe von Methoden eingebürgert. Diese Methoden beziehen sich auf chemische Verunreinigungen durch Stoffe, mit denen sie ursprünglich in der Zellwand bzw. im Zellgewebe vereinigt waren, oder auch auf Fremdstoffe, die bei den Aufschlußmethoden möglicherweise in die Präparate hineingekommen sein können, wie z. B. Reste von Säuren, Alkali, Salzen usw., oder die schließlich durch hydrolytische Wirkung bei den Aufschlußverfahren aus Cellulose selbst entstanden sind. Andererseits beziehen sich die Methoden auf den physikalischen Zustand der Faser, wie Festigkeit, Reaktionsvermögen, Aufsaugevermögen u. a.

1. Feuchtigkeitsbestimmung. Diese erfolgt zweckmäßig durch Erhitzen bei 105° im Toluoltrockenschrank bis zur Gewichtskonstanz. Da trockene Fasercellulose sehr hygroskopisch ist, muß sie nach dem Erhitzen in geschlossenen Gefäßen abgekühlt und darin eingeschlossen zur Wägung gebracht werden. Man kann den Trockenvorgang beschleunigen, wenn man während des Erhitzens trockene Luft über das Material leitet. Es hat sich auch als zweckmäßig erwiesen, im Vakuum zu trock-

[1] Ind. and. Eng. Chem. **16**, 1136 (1924).
[2] S. 225. Leipzig 1928.

nen, und zwar in den allgemein gebräuchlichen Trockenapparaten von Brahm und Wetzel[1].

2. Aschenbestimmung. 5 g Baumwolle[2] werden in einer Platinschale (etwa 100 cm³ Fassungsvermögen) allmählich so erhitzt, daß die Cellulosesubstanz möglichst ohne stürmische Gaserzeugung verkohlt. Zur Oxydation des oft von der Asche eingeschlossenen Kohlenstoffs werden nach dem Abkühlen 5 cm³ Wasserstoffsuperoxyd hinzugefügt und auf dem Dampfbad zur Trockene verdampft. Schließlich wird bis zur Dunkelrotglut erhitzt und nach dem Abkühlen im Exsiccator gewogen.

3. Stickstoffbestimmung. Zur Bestimmung des Stickstoffgehaltes in Cellulosefasern bedient man sich der Kjeldahlmethode. Die von Gunning vorgeschlagene Abänderung wird empfohlen. Etwa 3,5 g Cellulose werden in 25 cm³ konzentrierter Schwefelsäure im Kjeldahlkolben gelöst und nach Zusatz von 10 g wasserfreiem Natriumsulfat und 0,1—0,3 g gepulvertem Kupfersulfat vorsichtig bis zum Sieden erhitzt. Nach dem Abkühlen verdünnt man mit etwa 200 cm³ Wasser und neutralisiert unter Kühlung mit überschüssiger Natriumhydroxydlösung (kalt gesättigt, etwa 50—70 cm³). Darauf wird sofort mit absteigendem Kühler verbunden und in 50 cm³ n/10 Schwefelsäure destilliert. Es sollen mindestens 150 cm³ Destillat gesammelt werden. Die Titration erfolgt mit n/10-Natronlauge mit Methylorange als Indicator. (Weitere Modifikationen bei Schwalbe-Sieber.)

4. Harze-, Fett- und Wachsbestimmungen. Hierfür wird mit geeigneten Lösungsmitteln in der Wärme erschöpfend extrahiert, das Lösungsmittel auf dem Wasserbade abgedunstet und der Rückstand gewogen. Ist der Harz-, Fett- und Wachsgehalt nur gering, so wird man die Extraktion mit etwa 50—100 g im Kolben vornehmen, vom extrahierten Material abgießen und nach dem Nachwaschen abdunsten. Kommt man mit kleineren Mengen Cellulosepräparat aus, so empfehlen sich soxhletartige Extraktionsapparate, von denen eine von Besson angegebene Form besonders geeignet ist. Als Lösungsmittel wird ein Gemisch von gleichen Teilen Alkohol und Benzol empfohlen. Weiter kommt eine getrennte Extraktion mit Äther und Alkohol in Betracht. Schließlich sind Chloroform und Benzol besonders gute Lösungsmittel für Harz und Wachs. Tetrachlorkohlenstoff löst nur das Harz. Man wird je nach der Herkunft des zu untersuchenden Cellulosepräparates das Extrak-

---

[1] Vgl. z.B. Abderhalden, E.: Biochem. Arbeitsmethoden. Bd 1, S. 296. 1. Aufl. und Houben-Weyl: Methoden d. organ. Chemie. Bd 1, S. 19. Leipzig: G. Thieme 1921.

[2] Von der Abt. f. Cellulosechemie der amerikanischen chemischen Gesellschaft für Normalbaumwollcellulose vorgeschlagenes Bestimmungsverfahren; im allgemeinen kann man sich auch mit weniger Substanz (2 g) begnügen; ferner vgl. auch Schwalbe-Sieber S. 73; Ridge, B. P.: T. Inst. **15**, 94 (1924).

tionsmittel auswählen. Für Zellstoffe, bei denen reiche Erfahrungen vorliegen, hat sich z. B. ein nacheinander erfolgendes Extrahieren mit Äther und Alkohol als zweckmäßig erwiesen.

5. Eine Standardmethode zur Bestimmung der Viscosität der in Kupferoxydammoniak gelösten Cellulose ist aufgestellt worden von der Kommission zur Prüfung der Viscosität der Cellulose der Abteilung für Cellulosechemie der Amerikanischen Chemischen Gesellschaft und findet sich übersetzt in Technologie und Chemie der Papier- und Zellstofffabrikation vom 21. Dezember 1929. Eine Wiedergabe würde hier zu weit führen.

6. Ausdruck der Reduktionsfähigkeit von Cellulosepräparaten ist die Kupferzahl. Reine Cellulose zeigt kein Reduktionsvermögen, und die Kupferzahl ist ein wichtiges Kriterium der Reinheit; sie ist eine der in cellulose-chemischen Laboratorien am häufigsten ausgeführten Untersuchungsmethoden. C. G. Schwalbe hat als erster auf die Fähigkeit mancher Cellulosepräparate, Fehlingsche Lösung unter Abscheidung von Kupferoxydul zu reduzieren, hingewiesen. Die Schwalbesche Methode ist von zahlreichen Bearbeitern in mannigfacher Weise variiert worden. Neuerdings hat sich Erik Hägglund[1] mit diesen Methoden beschäftigt und kommt zu dem wohlbegründeten Schluß, daß die häufig benutzte Kupferzahlbestimmung nach Köhler-Braidy für eine exakte Ermittlung des Reduktionsvermögens ungeeignet ist. Die Methode von Schwalbe-Hägglund ist kompliziert und erfordert zu viel Zeit. In Anlehnung an die Zuckerbestimmungsmethode von Bertrand wird eine Methode angegeben, die schnell ausführbar ist und exakte Werte gibt. Man arbeitet wie folgt:

Das lufttrockene Material — der Zellstoff — wird geraspelt und darauf durch ein grobmaschiges Sieb gesiebt. Von dem gesiebten Material wird etwa 1 g abgewogen und in eine siedende Kupferlösung eingetragen, welche aus 20 cm^3 der Lösung I und 20 cm^3 der Lösung II nach Bertrand besteht. Die Zusammensetzung der beiden Lösungen ist wie folgt: Lösung I: 62,5 g $CuSO_4$ 5 H_2O im Liter. Lösung II: 200 g Seignettesalz und 150 g NaOH im Liter. Das Kochen, welches genau 3 Minuten dauert, geschieht zweckmäßig in einer Berliner Prozellanschale. Umrührung ist nicht notwendig, da sich die Flüssigkeit sofort mit dem Stoff zu einem homogenen Brei mischt. Nach Abkühlung wird der Inhalt der Schale durch einen kleinen Büchnertrichter mit gehärtetem Filter (Schleicher & Schüll Nr. 575) unter schwachem Saugen filtriert. Man wäscht mit warmem Wasser nach. Sobald das Waschwasser farblos durchgeht, wird die Saugflasche gegen eine andere ausgetauscht, das Kupferoxydul in bekannter Weise mit Ferrisulfatlösung in kleinen Portionen aufgelöst, etwa

[1] Cellulosechemie **1930**, H. 1.

10 cm^3 jedesmal, so daß die Gesamtmenge etwa 30—40 cm^3 beträgt, worauf mit n/10-Permanganatlösung titriert wird.

7. α-Cellulosegehalt. Der Gehalt an α-Cellulose ist für die Weiterverarbeitung der Cellulose auf Celluloseester von besonderer Wichtigkeit. Das ergibt sich schon daraus, daß die nicht als α-Cellulose anzusprechenden Bestandteile bei der Nitrierung zerstört werden und einen erhöhten Säureverbrauch bedingen. Hier soll die Methode von Jentgen angegeben werden[1].

10 g zerzupfter lufttrockener Zellstoff werden in einer Reibschale mit 50 cm^3 17,5%iger Ätznatronlauge zu einem gleichmäßigen Brei verrieben. Nach $^1/_2$stündigem Stehen fügt man 50 cm^3 destilliertes Wasser hinzu und saugt auf einem Baumwoll- oder Leinenfilter ab und wäscht gründlich mit destilliertem Wasser nach, bis zum Verschwinden der alkalischen Reaktion. 10—12 Wäschen mit je 50 cm^3 Wasser sind gewöhnlich erforderlich. Die auf dem Filter verbleibende Fasermasse wird mit verdünnter Essigsäure durchtränkt, nochmals mit heißem Wasser gewaschen, hierauf getrocknet und gewogen. Man kann natürlich auch die Bestimmung mit einem mit Asbest beschickten Goochtiegel durchführen. Durch eine Veraschung bestimmt man den Gehalt der Fasern an Mineralstoffen und bringt die Asche von dem Gewicht der α-Cellulose in Abzug, berechnet also als wasser- und aschefreie α-Cellulose.

Nach neueren Untersuchungen gibt das Baumwollfilter zu Fehlresultaten Anlaß. Man verwendet Porzellangoochtiegel ohne Filterstoff und läßt die Filterschicht aus den Cellulosefasern sich bilden.

Zum ersten Auswaschen verwendet man an Stelle von Wasser eine 8%ige Natronlauge von genau 20° C.

b) Bestimmung der Barytresistenz.

Nach Schwalbe-Becker[2] und Schwalbe-Sieber[3] greifen Erdalkalien die Cellulose nicht an, während die Abbauprodukte der Cellulose gelöst werden. Man kann die chemisch widerstandsfähige Cellulose mit Barytwasser bestimmen. Die Werte sind im allgemeinen denjenigen für α-Cellulose ähnlich. Nach Schwalbe-Becker soll man eine dreistündige Behandlung mit Baryt bei Siedehitze vornehmen. Nach Schwalbe-Wenzl sind die nach einstündiger Kochdauer erhaltenn Werte genau ebenso hoch, so daß man um Zeit zu sparen, sich mit einer einstündigen Kochung begnügen kann.

3 g des lufttrockenen Zellstoffes werden mit 200 cm^3 kalt gesättigter

---

[1] Jentgen: Kunststoffe **1**, 165 (1911); ferner Schwalbe-Sieber: Betriebskontrolle in der Zellstoff- und Papierindustrie. S. 221. 2. Aufl.

[2] J. prakt. Chem. **100**, 19 (1920).

[3] Die Betriebskontrolle in der Zellstoff- und Papierindustrie. S. 226. 2. Aufl. 1922.

Baryumhydroxydlösung versetzt und am Rückflußkühler genau eine Stunde lang zum Sieden erhitzt. Die heiße Mischung wird in einem Goochtiegel mit eingelegter englochiger Siebplatte — die Anwendung eines Filters hat sich als nicht notwendig erwiesen — abgesaugt und mit heißem Wasser reichlich ausgewaschen. Hierauf wird mit kalter einprozentiger Salzsäure unter vorsichtigem Umrühren und Stehenlassen solange ausgewaschen, bis sich im Filtrat Barium durch Fällung mit Schwefelsäure nicht mehr nachweisen läßt. Man wäscht hierauf mit kochendem Wasser zur Entfernung der Salzsäure nach, trocknet im Trockenschrank vier Stunden bei 105°, wägt und bringt durch Veraschung eine etwa notwendig werdende Aschenkorrektur an.

Beim Pipettieren der konzentrierten Baryumhydroxydlösung empfiehlt es sich, in die Pipette oberhalb des Meßstriches einen Wattepfropfen einzuschieben, um eine Fällung von Baryumcarbonat durch das Kohlendioxyd der Atemluft zu vermeiden.

Nach Sieber werden bei der Barytkochung alle Hexosane zerstört. Bestimmt man mittels Barytkochung das Pentosan nach Tollens und zieht die Pentosanmenge vom Zellstoffgewicht ab, so gibt das Rückstandsgewicht die Menge der chemisch resistenten Cellulose an.

Anhang.

In welcher Richtung an der Herstellung einer reinen, hochwertigen Cellulose gearbeitet wird, ist am besten aus einer Patentschrift von Wolff & Co., Walsrode[1], zu ersehen, welche nachstehend im Auszug mitgeteilt wird.

Den im Handel befindlichen Cellulosen, besonders den aus Holz, Stroh und ähnlichem Ausgangsmaterial hergestellten Cellulosen, haftet der große Nachteil an, daß sie mehr oder weniger Hemicellulosen durchweg über 10% enthalten, die bei der Weiterverarbeitung sehr störend wirken, ja die Verwendung der Cellulosen für manche Zwecke unmöglich machen. So geben diese Cellulosen beim Tauchen in Alkalilauge einen erheblichen Tauchverlust, da die Hemicellulosen in Alkalilauge löslich sind, und bei der weiteren Verwendung dieser Laugen macht sich der Gehalt an solcher organischen Substanz unangenehm bemerkbar. Ähnlich ist es bei der Benutzung dieser Cellulosen zur Herstellung von Cellulosederivaten, wie z. B. von Nitrocellulose, Acetylcellulose, Celluloseäther. Die Hemicellulosen werden z. B. beim Nitrieren und Acetylieren weiter abgebaut und verunreinigen, soweit sie löslich sind, die Säuren; andererseits verleihen sie den Endprodukten sehr nachteilige Eigenschaften. Man war deshalb schon immer bemüht, Cellulosen mit einem möglichst geringen Gehalt an Hemicellulosen herzustellen. Zu diesem Zweck hat man schon vorgeschlagen, die Hemicellulosen mit Natronlauge herauszuwaschen, was aber nur zu einer geringen Verminderung des Hemicellulosegehaltes führt.

Das Problem der Herstellung von α-Cellulose wird nun gemäß der Erfindung auf außerordentlich einfache Weise gelöst. An Hand langwieriger Versuche wurde festgestellt, daß sich eine reine α-Cellulose dadurch gewinnen läßt, daß man die

[1] DRP. Nr 492063.

mit Alkali behandelte und von Hemicellulosen ganz oder teilweise befreite gewöhnliche Cellulose vor dem Auswaschen mit Wasser von dem der Cellulose anhaftenden Alkali ganz oder zum Teil durch Behandlung mit irgendeiner Salzlösung, z. B. NaCl oder K_2SO_4 befreit und erst dann, wenn auf diese Weise das Alkali ganz oder teilweise aus der Alkalicellulose entfernt ist, das Gemisch von Alkali und Salz mit Wasser herauswäscht. Wie sich gezeigt hat, findet hierbei nicht die geringste Nachbildung von Hemicellulosen statt, so daß die so behandelte Cellulose eine praktisch reine α-Cellulose (bis zu 99,5% α-Cellulose) darstellt. Diese Cellulosen eignen sich ganz besonders zur Herstellung von Viscose, Nitrocellulose, Celluloseestern und Celluloseäthern und ergeben im Vergleich zu den bisher verwendeten Cellulosen ganz vorzügliche Ausbeuten. An Stelle von Salzlösungen können auch ähnlich wirkende Flüssigkeiten, wie z. B. Alkohole, verwendet werden, die keine Nachbildung von Hemicellulosen beim nachherigen Auswaschen der Cellulose zur Folge haben.

Zur technischen Durchführung des neuen Verfahrens kann man z. B. so vorgehen, daß man die Cellulose mit der entsprechenden Menge Alkalilauge zu einem Brei verrührt und mit einer Zentrifuge oder einem Zellenfilter die Hauptmenge der Lauge wieder entfernt. Zur Herstellung einer ganz reinen α-Cellulose wäscht man noch mit etwas Alkalilauge nach. Die so erhaltene Alkalicellulose wird nun mit einer Salzlösung z. B. einer Kochsalzlösung, in der Zentrifuge oder auf dem Zellenfilter nachgewaschen oder in der Salzlösung aufgeschlämmt und dann einige Zeit stehengelassen, wobei der größte Teil der in der Natroncellulose enthaltenen Alkalilauge aus den Fasern herauswandert. Hierauf wird wieder abgeschleudert oder abgesaugt und mit Wasser ausgewaschen. Das dadurch anfallende Gemisch von Alkalilauge und Salz kann nochmals benutzt oder in bekannter Weise wieder aufbereitet werden.

B. Die Säuren.

Nachdem die Cellulose, ihre Reaktionsweise und technische Reindarstellung besprochen worden ist, sollen auch die zur Veresterung der Cellulose erforderlichen Säuren unter Berücksichtigung der für den vorliegenden Zweck besonders wichtigen Eigenschaften beschrieben werden.

Die Schwefelsäure gilt als das wichtigste Produkt der chemischen Industrie; sie ist nicht nur zur Herstellung der Celluloseester erforderlich, sondern wird bei der Fabrikation nahezu aller chemischen Erzeugnisse unbedingt benötigt.

Ihre Konstitutionsformel wird wie folgt dargestellt:

$$SO_2\left\langle\begin{matrix}OH\\OH\end{matrix}\right.$$

Sie ist die stärkste aller Säuren und treibt deshalb alle anderen aus ihren Verbindungen aus. Als zweibasische Säure liefert sie, je nachdem ein oder zwei der Hydroxylwasserstoffe durch Metall ersetzt sind, neutrale und saure Salze. Die meisten Sulfate sind wasserlöslich.

Die Schwefelsäure ist eine relativ beständige Substanz; ihre Zersetzung beginnt erst kurz unter dem 330° betragenden Siedepunkte, über 420° zersetzt sie sich vollständig in Wasser, Schwefeldioxyd und

Sauerstoff. Der reine Körper hat bei 15° ein spezifisches Gewicht von 1,85. Er krystallisiert beim Abkühlen.

Die Schwefelsäure entwickelt beim Mischen mit Wasser eine erhebliche Wärmemenge; gießt man Wasser in konzentrierte Schwefelsäure, so wird das Wasser mit Säure vermischt unter explosionsartigem Geräusch hochgeschleudert. Sie vermag vielen Stoffen, die Wasserstoff und Sauerstoff enthalten, äquivalente Mengen dieser Stoffe zu entziehen, eine Eigenschaft, von der die Technik vielfachen Gebrauch macht. Die wasserentziehende Wirkung der Schwefelsäure findet eine wichtige Anwendung bei der Nitrocellulosefabrikation. In konzentrierter Form wirkt sie auf Cellulose und andere Kohlehydrate so stark ein, daß eine schwarze kohlehaltige Substanz resultiert. In 80—90% iger gekühlter Schwefelsäure löst sich Cellulose zu einem klaren viscosen Syrup, aus dem durch Vermischen mit Wasser die Cellulose wieder — wenn auch in veränderter Form — gefällt werden kann. Bei längerer Einwirkung findet ein starker Abbau unter Bildung wasserlöslicher Produkte statt. Schwefelsäuren unter 78% üben bei kurzer Einwirkungsdauer einen ausgesprochenen Mercerisierungseffekt aus[1].

Gegen verdünnte Schwefelsäure sind die meisten unedlen Metalle sehr unbeständig; sie werden unter Wasserstoffentwicklung zu Sulfaten aufgelöst. Gegen konzentrierte und auch schwefeltrioxydhaltige Säure (Oleum) ist Eisen sehr beständig, so daß man solche Säuren in eisernen Kesselwagen verschickt.

Für die Herstellung der Nitrocellulose verwendet man ausschließlich schwefeltrioxydhaltige Säuren, auf deren Fabrikation deshalb hier allein eingegangen werden soll.

Das Kontaktverfahren hat alle übrigen Verfahren zur Herstellung von Oleum vollständig verdrängt. Es stellt die erste bewußte Anwendung eines katalytischen Prozesses in der Großindustrie dar und fußt letzten Endes auf der von Davy 1817 entdeckten Kontaktwirkung des Platins. Clemens Winkler erzeugte 1875 aus einem Gemisch von 2 Volumen schwefliger Säure und 1 Volumen Sauerstoff durch katalytische Wirkung des Platins Schwefeltrioxyd=Schwefelsäureanhydrid und schuf damit die Grundlage für die moderne Schwefelsäureindustrie. 1890 erkannte man die günstige Wirkung eines Sauerstoffüberschusse sbeim Kontaktprozeß und damit den Vorteil verdünnter Schwefligsäuregase (erhalten durch Abrösten von Schwefelkies).

Die Reaktion $2\,SO_2 + O_2 \rightleftarrows\, = 2\,SO_3 + 22{,}6$ Kal ist ein umkehrbarer Vorgang und verläuft exothermisch. Knietsch stellte fest, daß bei Röstgasen die SO_3-Bildung unter Vermittlung von Platin als Kontakt-

[1] Zahlreiche Patente über diesen Gegenstand sind in dem Werke „Die Mercerisierungsverfahren“ von Sedlaczek referiert. Berlin: Julius Springer 1928.

substanz bei 400—430° ihr Maximum erreicht und bei höher werdender Temperatur konstant zurückgeht.

Von den verschiedenen Ausführungsformen des Kontaktprozesses sei das Verfahren der Badischen Anilin und Sodafabrik, welches wohl zuerst zur großindustriellen Ausgestaltung gelangte, näher erörtert. Dieses Verfahren arbeitet nach folgenden Prinzipien:

1. Anwendung verdünnter Schwefligsäuregase (durch Abrösten von Schwefelkies oder Blende gewonnen).
2. Völlige Reinigung der Röstgase.
3. Verwendung von Platin als Kontaktsubstanz.
4. Verhinderung des Zerfalls des gebildeten Schwefelsäureanhydrids durch Entziehung der überschüssigen Wärme aus dem Reaktionsraum.

Die Röstgase eines gewöhnlichen Kiesofens gehen zunächst in die Staubkammern die wegen der erforderlichen Reinheit der Gase sehr groß sind. Nach ihrer Abkühlung werden die Gase so lange mit Wasser gewaschen, bis die chemische und optische Untersuchung ihre vollständige Reinheit ergibt, dann werden sie getrocknet und gelangen nach einer Erwärmung in den Kontaktapparat. Das entstehende Schwefelsäureanhydrid-Luftgemisch wird nach Verlassen des Kontaktofens gekühlt und dann in konzentrierte Schwefelsäure zur Absorption eingeleitet.

Man erhält nach diesem Verfahren normalerweise eine rauchende Schwefelsäure, oder wie man sie technisch nennt, ein Oleum von 20—30% Anhydridgehalt.

Die gebräuchlichsten Oleumsorten und ihre Eigenschaften sind in nachfolgender Tabelle verzeichnet:

% SO_3	Dichte	Schmelzp.	Zustand bei gewöhnlicher Temperatur
20	1,8919	— 11°	flüssig
40	1,9584	+ 33,8°	fest
65	1,9672	+ 0,8°	flüssig
80	1,6251	+ 20°	fest

Das wichtigste Ausgangsmaterial für die Herstellung von Oleum ist der Schwefelkies. Die Weltproduktion an Schwefelsäure wird auf etwa 6 Millionen Tonnen geschätzt.

In Deutschland kostet 1 kg 20er Oleum, wie es gewöhnlich von den Nitrocellulosefabriken in heizbaren Kesselwagen bezogen wird, etwa 6 Rpf.

Die Salpetersäure ist im reinen Zustand eine farblose, bewegliche Flüssigkeit, welche sich im Lichte leicht gelb und rot färbt infolge der Bildung von Stickstofftetroxyd (N_2O_4). Sie siedet bei 86° und erstarrt in der Kälte zu einem bei —47° schmelzenden Körper. Die reine 100%ige Säure zerfällt bei der Destillation nach der Gleichung $4\,HNO_3 \rightarrow 4\,NO_2 + 2\,H_2O + O_2$.

Bei wiederholter Destillation erhält man zuletzt eine Mischung von 68% iger Säure mit 32% Wasser, das von der Zersetzung gemäß obiger Gleichung herrührt. Die 68% ige Säure siedet bei 120,5°; sämtliche anderen Mischungen, ebenso wie die reine Säure und bekanntlich auch Wasser, sieden bei tieferen Temperaturen und haben dementsprechend höhere Dampfdrucke. Eine verdünnte Salpetersäure verliert beim Erhitzen zunächst Wasser, bis der Säuregehalt 68% beträgt. Die Vorstellung, daß diese konstant siedende Salpetersäure eine bestimmte Verbindung ist, entbehrt jeder Begründung, denn das Verhältnis von Wasser zu Salpetersäure ändert sich mit dem Dampfdruck, unter dem sie siedet. Konzentrierte Salpetersäure raucht an der Luft und zieht wie Schwefelsäure Wasser an.

Die Konstitutionsformel der Salpetersäure wird wie folgt dargestellt:

Sie ist ein starkes Oxydationsmittel und wirkt auf organische Verbindungen je nach deren Natur oxydierend, veresternd (unter Nitratbildung) oder nietrierend (unter Bildung von Nitrokörpern).

Eisen wird von verdünnter Salpetersäure stark angegriffen, in konzentrierter wird es passiv. Die Fabriken, welche Nitrocellulose herstellen und daher die Salpetersäure in erheblichen Mengen verbrauchen (einer Produktion von 100 t Nitrocellulose entspricht etwa ein Verbrauch von 140 t Salpetersäure), beziehen die Salpetersäure gewöhnlich in Form einer Mischsäure, welche etwa 87% reine Salpetersäure, etwa 11% Schwefelsäure, etwa 2% Wasser enthält. Eine solche Mischsäure hat bezüglich der Versandfähigkeit in schmiedeeisernen Kesselwagen erhebliche Vorzüge vor einer reinen Salpetersäure.

Während bis zum Ausbruch des Weltkrieges nahezu der gesamte Bedarf an Salpetersäure aus dem Chilisalpeter gewonnen wurde, wird heute wohl nicht mehr ein Kilogramm nach diesem Verfahren in Deutschland hergestellt.

Wir können hier nicht auf die verschiedenen Herstellungsverfahren eingehen, beschränken uns vielmehr auf das Verfahren[1], nach dem der weitaus größte Teil des deutschen Bedarfs gedeckt wird. Dieses Verfahren basiert auf dem nach Haber-Bosch gewonnenen synthetischen Ammoniak. Das Ammoniakgas wird mit einem geringen Luftüberschuß auf etwa 600° erhitzt und über einen Katalysator geleitet. Hierbei wird es nach folgender Gleichung zu Stickoxyd oxydiert:

$$2\,NH_3 + 5\,O = 2\,NO + 3\,H_2O + 107\ \text{Cal.}$$

[1] Vgl. Ost: Lehrbuch d. chem. Technologie. S. 184. Leipzig 1923. — Ullmann: Enzyklopädie der technischen Chemie.

Hiernach ist der Prozeß stark exothermisch. An Stelle des schon bei 500—600° die Reaktion stark beschleunigenden Platins verwendet man in der Technik meist wismuthaltiges Eisenoxyd, welches allerdings Reaktionstemperaturen von 700° erfordert. Da der Ammoniak über 700° rasch in seine Elemente zerfällt und freier Stickstoff unter den vorliegenden Bedingungen nicht oxydiert wird, ist die apparative Seite des Prozesses besonders schwierig. Neben Stickoxyd entsteht immer etwas Stickstoff, salpetrige Säure und Ammonsalze. Das Stickoxyd wird in Luftkammern zu Stickstofftetroxyd oxydiert und dieses wird in Rieseltürmen auf wässrige Salpetersäure oder Nitrate verarbeitet.

Durch wiederholtes Zurückführen in die Rieseltürme wird die Salpetersäure auf einen Gehalt von 40—45% angereichert. Diese Salpetersäure wird nach Pauling in Steintürmen mit Hilfe von Schwefelsäure konzentriert. An der Spitze der Türme tritt die Schwefelsäure ein, etwas tiefer die wässrige Salpetersäure, von unten strömen Heizgase den Säuren entgegen. Die Salpetersäure destilliert fast wasserfrei über, während unten die Schwefelsäure nitrosehaltig abläuft. Der Preis der Salpetersäure, gemischt mit etwa 10% Schwefelsäure, wie sie von den Nitrocellulosefabriken bezogen wird, beträgt etwa 60 Rpf. für ein Kilogramm.

Die Essigsäure[1] ist die einzige organische Säure, welche bisher in erheblichen Mengen zur Herstellung von Celluloseestern verwendet wird. Die Eigenschaften der verdünnten Säure sind durch ihre Verwendung im Haushalt allgemein bekannt. Für die Herstellung der Celluloseacetate kommt nur die hochkonzentrierte Säure in Betracht, und wir können uns daher auf die Beschreibung einer solchen beschränken.

Ihrer chemischen Zusammensetzung und Reaktionsweise entspricht die Formel $CH_3 \cdot COOH$.

Die reine wasserfreie Säure erstarrt bei +16,5° C, sie siedet bei 118° ohne Zersetzung.

Die Bestimmung des spezifischen Gewichtes kann zur Beurteilung des Wassergehaltes nicht herangezogen werden, da die Dichte bis zu einem Säuregehalt von 77% ansteigt und von 80% an wieder abnimmt (Dichte der reinen Säure 1,049). Für die technische Herstellung hochkonzentrierter Essigsäure kommen folgende Verfahren in Betracht:

1. Oxydation von Acetaldehyd unter Verwendung von Acetylen oder Alkohol als Ausgangsmaterial.

2. Aufarbeitung des bei der Holzverkohlung gewonnenen Holzessigs, wobei sich zwei Wege ergeben: Überführung in „Graukalk“ und Zersetzung dieses hauptsächlich aus Calciumacetat bestehenden Zwischenproduktes mit Schwefelsäure, oder Konzentrierung der verdünnten Essigsäure nach einem der zahlreichen neuen Verfahren.

[1] Eine eingehende Darstellung dieses Gebietes hat kürzlich Bugge in Enzyklopädie d. techn. Chem. **4**, 641 (1929) gegeben.

3. Neuerdings hat auch die Herstellung durch Vergärung kohlehydrathaltiger Rohstoffe (Maiskolben usw.) Bedeutung erlangt. Die großindustrielle Fertigung konzentrierter Essigsäure erfolgt etwa seit dem Jahre 1916 nahezu ausschließlich nach dem zuerst genannten Verfahren, und zwar dient in Ländern mit billigem Alkoholpreis, der Alkohol vielfach als Ausgangsmaterial. In Deutschland gewinnt man den Eisessig überwiegend aus dem Acetaldehyd, welcher durch Wasseranlagerung an Acetylen hergestellt wird.

Die Acetaldehydbildung kann durch folgende Reaktionsgleichung dargestellt werden: $C_2H_2 + H_2O = CH_3CHO$.

Die Vereinigung von Acetylen mit Wasser erfolgt in Gegenwart saurer Quecksilbersalzlösungen, und zwar meist nach einem Verfahren, wie es zuerst in Patenten des Konsortiums für elektrotechnische Industrie dargestellt worden ist[1], nachdem schon 1898 H. Erdmann und Köthner[2] auf die Durchführbarkeit dieser Reaktion hingewiesen hatten. Nach den genannten Patenten ist es wesentlich, bei einer Temperatur der sauren Quecksilberlösung zu arbeiten, bei welcher der Aldehyd abdestilliert und einen Überschuß von Acetylen durch die Reaktionsflüssigkeit zu leiten. Der mit dem überflüssigen Acetylen entweichende Acetaldehyd wird abgeschieden und das Acetylen der Reaktionsflüssigkeit immer wieder zugeführt. Die ständige Entfernung des Aldehyds ist von Wichtigkeit, da er bei längerem Verweilen in dem sauren Medium verharzt. Apparative Schwierigkeiten liegen darin, daß es nur wenige Materialien gibt, welche der amalgamierenden Wirkung der Quecksilbersalze und korrodierenden Wirkung der Säure (meist 15%ige H_2SO_4) widerstehen. Nach dem A.P. 1489 915 von Baum und Mugdan wird die Abführung der bei der Reaktion gebildeten Wärme (770 Calorien auf 1 kg Acetaldehyd) dadurch bewirkt, daß man den kreisenden Acetylenüberschuß in bestimmter Weise reguliert, und zwar wird dieser Überschuß so gewählt, daß die Wärmemenge, welche bei der Verdampfung der heißen Flüssigkeit im Acetylenstrom gebunden wird, gleich der bei der Reaktion freiwerdenden ist. Nach einem verwandten Verfahren wird von der I. G. Farbenindustrie, Werk Knappsack a. R., Acetaldehyd in großem Maße hergestellt, nach dem Verfahren des Konsortiums arbeiten Dr. Alexander Wacker, Ges. f. elektrochem. Ind., Burghausen, Oberbayern, das Elektrizitätswerk Lonza, Schweiz, Villadossola, Italien und Bozel, Frankreich. Die Überführung des Acetylens in Acetaldehyd erfolgt fast quantitativ.

Die Oxydation des Acetaldehyds zu Essigsäure erfolgt mit Luft oder Sauerstoff nach der Gleichung $CH_3CHO + O = CH_3COOH$.

---

[1] O. P. 80901 P. O. 1912, Am. Pat. 1107019 Baum u. Mugdan. Vgl. den Artikel von Mugdan in Enzyklopädie d. techn. Chem. **1**, 95.

[2] Erdmann, H., u. Köthner: Z. anorg. u. allg. Chem. **18**, 48.

Gewöhnlich verwendet man Manganacetat als Katalysator. Die erste Beschreibung einer technischen Ausführung dieser Reaktion findet sich in dem DRP. 261589 (I. G. Farbenindustrie Werk Griesheim und N. Grünstein). Eine ausführliche Darstellung mit Patentsammlung bei Bugge a. a. O.

Mit Rücksicht auf die vielfache Verwendung der aus Acetylen über Acetaldehyd gewonnenen Produkte für die Herstellung der Celluloseesterlacke sei eine sehr instruktive Stammtafel auszugsweise wiedergegeben[1].

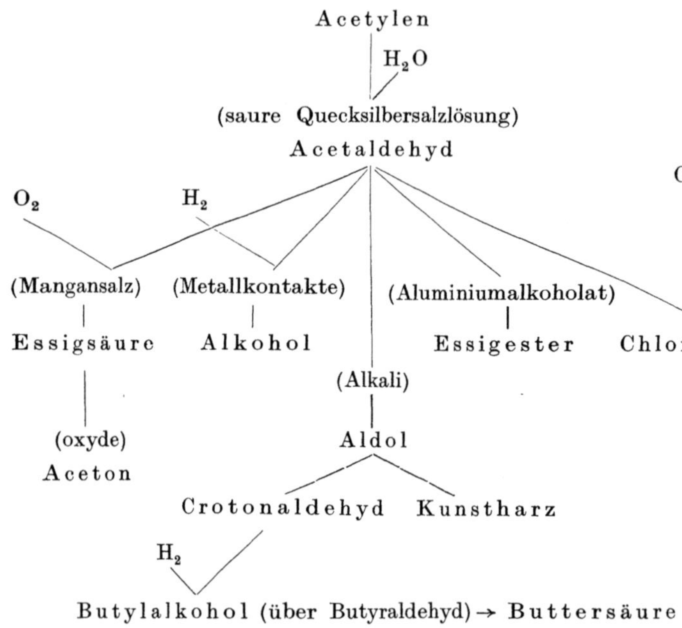

Essigsäureanhydrid. Eine starke Anregung zur Ausbildung rationeller Herstellungsverfahren ist von der Kunstseideindustrie ausgegangen (Acetatseide), da sich alle bisher technisch ausgeführten Verfahren zur Acetylcelluloseherstellung eines Gemisches von Essigsäure und Essigsäureanhydrid bedienen.

Das Essigsäureanhydrid wird durch folgendes Formelbild dargestellt:

$$\begin{matrix} CH_3\,CO \\ CH_3\,CO \end{matrix}\Big> O$$

Es ist eine farblose scharf riechende Flüssigkeit, die bei 139° siedet und bei —73° erstarrt.

[1] Ullmann: Enzyklopädie. Bd 1, S. 99. 2. Aufl.

Bemerkenswert ist das Verhalten dieses Säureanhydrids gegen Wasser. 100 Teile Wasser lösen bei 20° 12 Teile Anhydrid zunächst unverändert auf, erst allmählig setzt sich das Anhydrid mit Wasser zu Essigsäure um, wobei für die Geschwindigkeit der Essigsäurebildung die Menge des Wassers und die Temperatur von Bedeutung ist.

Für die technische Gewinnung werden drei Verfahren angewandt:

1. Einwirkung von anorganischen Säurechloriden auf Acetate oder Essigsäure.

2. Spaltung von Äthylidendiacetat (entstanden durch Einwirkung von Acetylen auf Essigsäure).

3. Erhitzen von Essigsäuredampf.

Nach welchem dieser drei Verfahren heute die größten Mengen Anhydrid hergestellt werden, ist schwer feststellbar, zweifellos wird das erstgenannte viel angewendet. Man bedient sich gewöhnlich des Sulfurylchlorides und kann den Reaktionsverlauf wie folgt darstellen:

$$2\,CH_3COONa + SO_2Cl_2 = 2\,CH_3COCl + Na_2SO_4\,;$$
$$CH_3COCl + CH_3COONa = (CH_3CO)_2O + NaCl\,.$$

Apparaturen, die nach diesem Prinzip arbeiten, sind durch Prospekte der Firmen F. H. Meyer, Hannover-Hainholz, und Dr. C. O. Gassner, Berlin, bekannt geworden.

Bei dem Verfahren von Gassner wird in das Reaktionsgemisch in einem bestimmten Stadium der Reaktion Chlor eingeleitet, wodurch das aus Sulfurylchlorid entstehende Schwefeldioxyd wieder in Sulfurylchlorid übergeführt wird.

Literatur:

Enzyklopädie d. techn. Chem. **4**, 696 (1929). Daselbst Verzeichnis der Patentschriften.

C. Allgemeines über die Bildung der technisch wichtigen Cellulosederivate.

Die Reaktionsweise der Cellulose bei der Bildung ihrer Derivate ist bestimmt durch das Vorhandensein von alkoholischen Hydroxylgruppen. Es kann als sicher gelten, daß auf eine $C_6H_{10}O_5$-Gruppe drei Hydroxylgruppen verfügbar sind. Infolge des Vorhandenseins dieser Hydroxylgruppen verhält sich die Cellulose in vieler Hinsicht wie ein mehrwertiger Alkohol. Abweichungen vom normalen Reaktionsverlauf werden durch die oben entwickelten Vorstellungen vom Bau der Cellulose teilweise dem Verständnis näher gerückt. Von einer Erklärung aller ihrer Reaktionen kann freilich keine Rede sein.

Auf Grund des Vorhandenseins der alkoholischen Hydroxyle ist die Cellulose, wie man in den einschlägigen Lehrbüchern findet, befähigt zur Alkoholatbildung, zur Esterbildung und zur Ätherbildung.

1. Die Alkoholatbildung.

Über die Alkoholatbildung soll hier deshalb gesprochen werden, weil sie die Grundlage für die Ätherbildung darstellt. Unter einem Alkoholat versteht man, um ein einfaches Beispiel zu wählen, die aus Natriummetall und Alkohol nach folgender Gleichung entstehende Verbindung:

$$C_2H_5OH + Na = C_2H_5ONa + H.$$

Eine analoge Reaktion konnte zwischen Natriummetall und Cellulose noch nicht realisiert werden, und die durch Einwirkung von Natronlauge auf Cellulose entstehende Verbindung — allgemein Alkalicellulose genannt — kann nicht als Alkoholat angesprochen werden. Trotzdem reagiert die Alkalicellulose mit Halogenalkylen unter Ätherbildung so, wie es von einem Alkoholat zu erwarten wäre; schematisch dargestellt etwa wie folgt:

$$C_2H_5ONa + Cl \cdot C_2H_5 = NaCl + (C_2H_5)_2O.$$

Von den Einwirkungsprodukten der Natronlauge auf Cellulose kann nur ein Körper als einheitliche chemische Verbindung angesprochen werden, und zwar auf Grund der Arbeiten zahlreicher verschiedener Forscher[1]. Erst Rassow und seinen Mitarbeitern[2] ist es jedoch gelungen, diesen Körper in analysenreiner Form zu isolieren. Die Isolierung erfolgt nach einem besonderen Auswaschverfahren. Nach dem Mercerisieren (Behandeln der Cellulose mit starker Lauge) wird abgepreßt und im Dauerwäscher kontinuierlich mit absolutem Alkohol gewaschen, bis die Waschflüssigkeit neutrale Reaktion aufweist. Der Nachweis neutraler Reaktion ist in diesem Falle mit besonderen Schwierigkeiten verknüpft.

Die Methode beruht auf der Erwägung, daß vom absoluten Alkohol zunächst das überschüssige, d. h. das an Phasengrenzflächen gemäß Adsorptions- und Verteilungsgesetzen gebundene Natriumhydroxyd ausgewaschen wird, während die Herauslösung des fester gebundenen Natriumhydroxydes aus der Verbindung $C_{12}H_{20}O_{10} \cdot NaOH$ unter Rückbildung von Cellulose und Natriumhydroxyd nicht eintreten kann, solange noch überschüssiges Natriumhydroxyd vorhanden ist. Freilich konnte hiernach eine Entscheidung darüber nicht gefällt werden, ob die Natroncellulose eine additive Doppelverbindung oder eine komplexe Base ist. Um die Bildung der Trialkyläther der Cellulose zu verstehen, müßte man eine Alkalicellulose annehmen, welche sechsmal mehr Natron enthält als die von Rassow isolierte Verbindung.

---

[1] Gladstone: J. pr. Chem. **56**, 247 (1852). — Vieweg: B **40**, 3876 (1907); B **41**, 3269 (1908); B **57**, 1919 (1924). — Karrer: Cellulosechemie **2**, 125 (1921). — Karrer u. Nishida: Cellulosechemie **5**, 69 (1924). — Heuser: Z. angew. Chem. **37**, 1010 (1924). — Hess: Z. angew. Chem. **38**, 230 (1925). — Liepatoff: Kolloid-Z. **36**, 148 (1925).

[2] Rassow u. Wolf **62**, 2949 (1929).

In Analogie zur Rückbildung der Alkohole aus ihren Alkoholaten beim Behandeln mit Wasser läßt sich auch die Cellulose aus der Alkalicellulose leicht regenerieren. Die Cellulose geht jedoch aus diesem Prozeß nicht unverändert hervor, und die eingetretenen Veränderungen stoßen uns wieder darauf, daß wir es bei der Cellulose mit einem sehr komplizierten Gebilde zu tun haben. Die „mercerisierte" Cellulose ist hygroskopischer, reaktionsfähiger und aufnahmefähiger gegenüber substantiven Farbstoffen, wie die unbehandelte.

2. Der Veresterungsvorgang.

Der Veresterungsvorgang unterliegt dem Massenwirkungsgesetz. Zwischen dem Celluloseester und der Säure bildet sich ein Gleichgewicht. Als Beweis dafür, daß es sich um ein Estergleichgewicht handelt, wird die Tatsache angesehen, daß eine Nitrocellulose mit einem Stickstoffgehalt von beispielsweise 12% durch Behandlung mit einer Mischsäure, welche die Cellulose in ein Nitrat mit 11% Stickstoff zu verwandeln geeignet ist, „denitriert" wird und ebenfalls in ein Nitrat mit 11% Stickstoff übergeht. Der Stickstoffgehalt einer Nitrocellulose kann also durch Behandlung mit geeigneten Säuregemischen in genau berechenbarer Weise erniedrigt und erhöht werden. Der Stickstoffgehalt und damit der Veresterungsgrad wird in gesetzmäßiger Weise in erster Linie vom Wassergehalt der Säure bestimmt.

Bei der Acetylierung liegen besondere Verhältnisse vor, auf die später eingegangen wird.

Bei der Nitratbildung der Cellulose bestehen ebenfalls noch ungeklärte Fragen und die Analogie zwischen der Cellulose und den einfachen mehrwertigen Alkoholen (z. B. Glycerin) hat nur beschränkte Gültigkeit.

Die Nitratbildung erfolgt zwar annähernd ebenso glatt wie beim Glycerin. Während man aber beim Glycerin die drei Hydroxyle nacheinander verestern und wohldefinierte Mono-, Di- und Triester isolieren kann, gelingt dies bei der Cellulose nicht. Es entsteht stets ein Gemisch von Nitraten verschiedenen Stickstoffgehaltes.

Mit einiger Sicherheit kann nur von einem annähernd einheitlichen Trinitrat gesprochen werden. Wir müssen hierfür wieder den besonderen (wahrscheinlich micellaren) Bau der Baumwollfaser verantwortlich machen und uns gegenwärtig halten, daß die anschauliche Formulierung der Trinitratbildung:

$$C_6H_7O_2\begin{cases} OH & HO \cdot NO_2 \\ OH + & HO \cdot NO_2 = C_6H_7O_2 \cdot (ONO_2)_3 \\ OH & HO \cdot NO_2 \end{cases} + 3\,H_2O$$

diesen Vorgang nicht ganz richtig wiedergibt. Schon Ost hat darauf hingewiesen, daß die zahlreichen OH-Gruppen des „Cellulosemoleküls" nicht gleichwertig sind und verschieden rasch reagieren.

Die Tatsache, daß die Nitratbildung — und unter geeigneten Bedingungen auch die Acetatbildung — unter Erhaltung der äußeren Gestalt der Baumwollfaser erfolgt, hat Veranlassung zu der Vorstellung gegeben, daß diese Reaktionen permutoid verlaufen (Freundlich).

Immerhin ist aus der obigen Gleichung zu ersehen, daß bei der Veresterung Wasser frei wird, und aus diesem Grunde setzt man den Reaktionsgemischen wasserbindende Mittel zu — so bei der Nitrierung in der Regel Schwefelsäure, bei der Acetylierung Essigsäureanhydrid. Die Wirkung der Schwefelsäure als wasserbindendes Agens scheint durch die Tatsache gestützt zu werden, daß schon ein geringer Zusatz von Schwefelsäure die veresternde Wirkung der Salpetersäure wesentlich erhöht und man kann eine wasserhaltigere Salpetersäure verwenden, ohne daß der Stickstoffgehalt der Cellulosenitrate eine Verminderung erfährt.

Der höchste mit stärkster Salpetersäure von nahezu 100% HNO_3 erzielte Gehalt an Stickstoff wird auf höchstens 12,2% angegeben, während für Cellulosenitrate, die mit Salpeterschwefelsäure hergestellt worden sind, bis zu 13,8% Stickstoff angegeben werden (theoretisches Trinitrat 14,14%)[1].

Übersieht man die Zusammenhänge, welche zwischen den Eigenschaften (insbesondere Stickstoffgehalt, Löslichkeit und Viscosität) der Nitrocellulosen und der Zusammensetzung der Mischsäuren bestehen, so kommt man zu der Überzeugung, daß die Funktion der Schwefelsäure sich nicht auf ihre wasserbindende Wirkung beschränkt. Während Saposchnikoff[2] aus seinen Bestimmungen der Dampfdrucke, der Zusammensetzung der Dämpfe, der Dichte und elektrischen Leitfähigkeit von wasserfreien und wasserhaltigen Salpetersäure-Schwefelsäuregemischen folgerte, daß keine chemische Einwirkung zwischen beiden Säuren stattfindet, abgesehen von einer dehydratisierenden Wirkung der Schwefelsäure, zieht schon Hantzsch[3] aus der Tatsache, daß konzentrierte Salpetersäure mit konzentrierter Schwefelsäure mischbar ist (Salzsäure ist z. B. in Schwefelsäure unlöslich), den Schluß, daß eine lockere Molekülverbindung zwischen beiden Säuren entstanden sein müsse, und zwar durch Anlagerung von Schwefelsäure an die Nitrogruppe unter Bildung von „Salpeterschwefelsäure". Die kryoskopische Untersuchung eines solchen Säuregemisches ergab das halbe Molekulargewicht, also völlige Dissoziation. Durch die optischen Untersuchungen

[1] Eine interessante Zusammenstellung der höchst nitrierten Cellulosen bei Hess, K.: Die Chemie der Cellulose. S. 364.

[2] Z. physik. Chem. **49**, 697 (1904); **51**, 609 (1905); **53**, 225 (1906); Z. physik. Chem. **61**, 303 (1907).

von Konrad Schäfer[1] wurde nun wahrscheinlich gemacht, daß durch die Dehydratisierung der Salpetersäure eine konstitutive Änderung der NO_3-Gruppe herbeigeführt wird, und daß diejenigen Salpetersäuremoleküle, welche die „endabsorbierende Form“ der NO_3-Gruppe enthalten, vorwiegend oder vielleicht ausschließlich zur Nitratbildung gegenüber der Cellulose befähigt sind.

Eine ausführliche Darstellung der Beziehungen, welche zwischen den Eigenschaften der Nitrocellulose und den Nitrierbedingungen bestehen, würde den Rahmen dieses Buches überschreiten. Eine solche Darstellung müßte auf die sich teilweise widersprechenden Angaben der Fachliteratur eingehen und diese nach den Erfahrungen der großindustriellen Fertigung zum Teil korrigieren zum Teil ergänzen. Es sollen hier nur die wichtigsten der empirisch festgestellten Zusammenhänge aufgeführt werden, wobei wir auf eine besonders schwierige Frage nicht einzugehen brauchen, nämlich auf die Variation des Verhältnisses der Schwefelsäure zur Salpetersäure. Dieses Verhältnis wird in der Technik nämlich in den meisten Fällen nahezu konstant gehalten und beträgt etwa 3:1 bzw. 2,8:1. Eine wesentliche Verschiebung des Verhältnisses zugunsten der Salpetersäure scheidet schon aus rein praktischen Gründen aus (Verdampfungsverluste, Korrosion der eisernen Apparatur usw.).

Unter der Voraussetzung einer Konstanz des Säureverhältnisses und eines einheitlichen Cellulosematerials können folgende Aussagen als genügend experimentell belegt gelten:

a) Der Stickstoffgehalt der Nitrocellulose ist eine Funktion des Wassergehaltes der Mischsäure.

Eine Tabelle, welche diese Beziehung veranschaulicht, stammt von Lunge und Bebié. Der Tabelle liegt allerdings ein technisch nicht verwendbares Säuregemisch zugrunde.

	Nitriergemisch in %			cm^3 NO in 1 g Nc	veresterte OH-Gruppen auf 1 $C_6H_{10}O_5$	% Stickstoff
	H_2SO_4	HNO_3	H_2O			
1	45,31	49,07	5,62	217,37	2,8	13,65
2	42,61	46,01	11,38	210,68	2,7	13,21
3	41,03	44,45	14,52	203,49	2,5	12,76
4	40,66	43,85	15,49	198,00	2,4	12,58
5	40,14	43,25	16,61	196,35	2,4	12,31
6	39,45	42,73	17,82	192,15	2,3	12,05
7	38,95	42,15	18,90	184,78	2,2	11,59
8	38,43	41,31	20,26	174,29	2,0	10,93
9	37,20	40,30	22,50	155,73	1,7	9,76
10	36,72	39,78	23,50	148,51	1,5	9,31
11	35,87	38,83	25,30	133,94	1,3	8,40
12	34,41	37,17	28,42	103,69	1,0	6,50

[1] Z. angew. Chem. **98**, 77 (1916); **97**, 286 (1916).

b) Die Temperatur des Nitriergemisches bestimmt die Viscosität der Nitrocellulose.

Bei konstanter Säurezusammensetzung, gleichbleibendem Cellulosematerial und gleicher Nitrierdauer ist die Temperatur des Säurebades allein maßgebend für die Viscosität.

Mit zunehmender Temperatur des Nitriergemisches erhöht sich die Reaktionsgeschwindigkeit. Von einem bestimmten Temperaturgrade, dessen Lage vom Wassergehalt der Säure abhängig ist, verringert sich die Ausbeute an Nitrocellulose infolge der Bildung von Abbauprodukten.

Über die Beziehungen des Stickstoffgehaltes, sowie der Viscosität zu den übrigen Eigenschaften der Nitrocellulosen wird an anderer Stelle die Rede sein.

Hier sei noch auf die interessanten Beziehungen zwischen der Viscosität der Cellulosepräparate — gemessen in Schweizerschem Reagens[1] — und der Viscosität der unter gleichbleibenden Bedingungen daraus hergestellten Nitrocellulosen — gemessen in ihren Lösungen in geeigneten organischen Lösungsmitteln — hingewiesen. Reitstötter hat eine ausführliche Untersuchung hierüber angestellt[2], der wir die nachfolgende Tabelle entnehmen.

Cellulose	Durchlaufzeit der einprozentigen Lösungen in Schweizers Reagens nach 24 Stunden Alterung bei 20° in Sekunden	Durchlaufzeit der einprozentigen Lösungen der Nitrierungs-Produkte in Äther-Alkohol 1:1 in Sekunden
Zellstoff I	263	97
„ II	275	117
„ III	325	120
„ IV	354	127
„ V	377	147
„ VI	698	300
Baumwolle	400	250
Schweizers Reagens . .	100	—
Äther-Alkohol	—	3,0

Wie man sieht, besteht ein direkter Zusammenhang zwischen der Viscosität der Cellulose und der daraus hergestellten Nitrocellulose; eine Feststellung, die durch die Erfahrung der Nitrierbetriebe bestätigt wird.

c) Die Acetylierung.

Die bei der Nitratbildung stattfindenden Vorgänge können leider nicht in jeder Beziehung als charakteristisch für die Veresterung der Cellulose überhaupt angesehen werden. Während bei der Nitrierung der

[1] Schweizersches Reagens wird durch Fällen einer Lösung von 20 g Kupfersulfat mit Natronlauge, Abnutschen des gebildeten Niederschlages und Lösen desselben in 500 cm³ konz. wässrigem Ammoniak hergestellt.

[2] Kolloid-Z. **41**, 362 (1927).

Wassergehalt des Säuregemisches den Veresterungsgrad bestimmt, ohne daß freilich ein definierter Mono-, Di- und Triester zu gewinnen ist, entsteht bei der Acetylierung stets das höchst veresterte Produkt, das Triacetat[1]. Dabei ist es gleichgültig, ob die Acetylierung unter Erhaltung der Baumwollfaser oder wie bei der technischen Acetylierung unter Auflösung des gebildeten Acetates im Reaktionsgemisch erfolgt.

Ein wesentlicher Unterschied zwischen Nitrat- und Acetatbildung ist ferner, daß die reine Essigsäure auf Cellulose überhaupt nicht, das Essigsäureanhydrid erst bei Temperaturen einwirkt, bei denen gleichzeitig ein starker Abbau der Cellulose stattfindet.

Alle Acetylierungen, welche zu einem brauchbaren Produkt führen, erfordern die Verwendung von „Katalysatoren", also Substanzen, welche den Veresterungsvorgang beschleunigen.

Als Katalysatoren werden in den zahlreichen Patentschriften[2] folgende Säuren empfohlen: Schwefelsäure, Salzsäure, Salpetersäure, Chloressigsäure, Phosphorsäure, Phenol- und Naphtholsulfosäuren, Benzolsulfinsäure, Sulfoessigsäure und neuerdings auch Fluorwasserstoffsäure. Ohne auf die nicht völlig geklärte Wirkungsweise aller dieser „Katalysatoren" einzugehen, können wir den Acetylierungsvorgang bei Anwendung von Essigsäureanhydrid wie folgt formulieren:

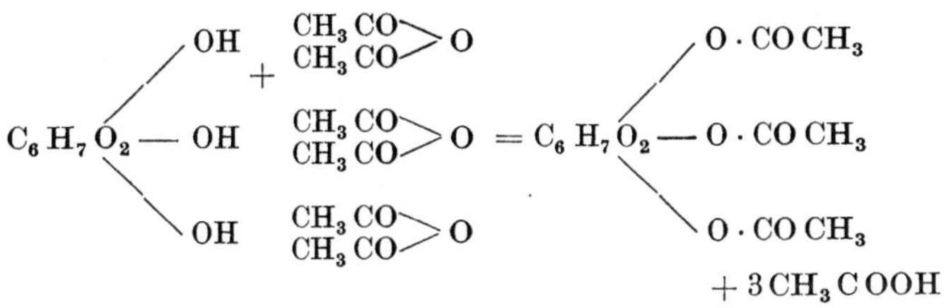

Der bei der technischen Acetylierung in großem Maßstabe verwendete Katalysator ist die Schwefelsäure.

Zahlreiche andere Zusatzstoffe für die Beschleunigung der Celluloseacetatbildung sind der organischen Veresterungspraxis entnommen und bieten keine Einblicke in den Reaktionsmechanismus. Eine allgemeine Reaktion alkoholischer Hydroxylgruppen ist die Esterbildung mit Säurechloriden in Gegenwart von Alkalien oder basischen Substanzen. Die Cellulose als eine Substanz mit alkoholischen Hydroxylgruppen reagiert in der zu erwartenden Weise z. B. mit Benzoylchlorid (Schotten-

[1] Cross u. Bevan stellen durch Behandlung von Cellulose mit siedendem Essigsäureanhydrid in Gegenwart von Natriumacetat ein Monoacetat dar, doch wird von anderer Seite behauptet, daß es sich um ein Gemisch von Cellulose mit Triacetat handelt. Nach dem DRP. 252706 können Diacetate und $2^1/_2$-Acetate auf dem Umwege über einen Schwefelsäure-Essigsäure-Mischester der Cellulose hergestellt werden.

[2] Enzyklopädie d. techn. Chem. **1** (1928).

Baumannsche Reaktion) unter Bildung der Benzoate und auch mit Acetylchlorid unter Bildung der Acetate. Diese Herstellungsart der Acetylcellulose ist Gegenstand mehrerer Patente, die sich hauptsächlich durch die Art der Zusatzstoffe unterscheiden. Folgende Stoffe wurden für diese Art der Acetylierung empfohlen: Natrium-, Zink-, Magnesiumacetat, Pyridin, Chinolin.

Hess und Weltzien haben Acetylcellulosen aus Acetylchlorid und Cellulose ohne weiteren Zusatz hergestellt[1]. Eine technische Anwendung finden diese Verfahren nicht. Auch bei der Acetylierung mit Essigsäureanhydrid werden Neutralsalze angewandt, so die Sulfate und Chloride des Zinks, Zinns, Kupfers usw. Die von Meerwein[2] nachgewiesene Komplexbildung dieser Salze mit Essigsäure, welche zu Komplexsäuren mit hoher Dissoziationskonstante führt, macht ihre reaktionserleichternde Wirkung einigermaßen verständlich. Schon Ost hat darauf hingewiesen, daß Chlorzink in Gegenwart von Essigsäure eine ebenso kräftige hydrolysierende Wirkung ausübt wie die starken Mineralsäuren; deshalb ist die Gefahr des hydrolytischen — oder wie man in diesem Falle richtiger sagt — des acetolytischen Abbaues bei Verwendung von Chlorzink nicht geringer als bei Verwendung von Schwefelsäure[3].

Die Triacetate, welche nach den verschiedenen Verfahren gewonnen werden, stimmen naturgemäß in ihren Eigenschaften nicht völlig überein. Es ist aber sehr wahrscheinlich, daß alle als Hauptbestandteil ein und dasselbe Triacetat (wenn auch von verschiedener Viscosität) enthalten. Art und Menge der teilweise sehr fest adsorbierten Abbauprodukte und Mischester ist jedoch je nach den Reaktionsbedingungen verschieden, und diese Produkte beeinflussen in hohem Grade die Eigenschaften der Primäracetate. Wie schon einleitend erwähnt wurde, finden die Triacetate selbst keine lacktechnische Verwendung. Ihre ausschließliche Löslichkeit in den mehr oder weniger giftigen gechlorten Kohlenwasserstoffen, Chlorhydrinen usw. macht ihre Verwendung sehr unbequem. Es ist nun ein spezifischer Vorgang der Acetatherstellung, daß die primären Triacetate einer partiellen Hydrolyse unterworfen werden, welche den Essigsäuregehalt erniedrigt und zu Produkten mit geeigneten Löslichkeitseigenschaften führt. Hierüber wird bei der technischen Acetatherstellung einiges zu erörtern sein. Die Leitung dieser Hydrolyse birgt erhebliche Komplikationen in sich. Offenbar ist es nicht gleichgültig, an welchen Stellen der Hauptvalenzkette die Essigsäurereste abgespaltet werden. Erst in neuester Zeit haben sich Möglichkeiten ge-

---

[1] Hess u. Weltzien: Annalen **435**, 44 (1923).

[2] Meerwein: Z. angew. Chem. **39**, 1191 (1926).

[3] Hess: Chemie der Cellulose. S. 388. — Helferich u. Köster: **57**, 587 (1924). — Helferich: Z. angew. Chem. **41**, 871 (1929). — Helferich u. Josephson: Annalen **472**, 230.

zeigt, die drei Hydroxylgruppen zu identifizieren und beispielsweise die primäre vor den beiden sekundären zur Reaktion zu bringen. Vgl. hierzu die Arbeiten von Helferich und seinen Schülern, welche gefunden haben, daß Triphenylmethylchlorid nur mit den primären Alkoholgruppen der Polysacharide reagiert. Über die Vorgänge, welche zu einer für Lackzwecke geeigneten Acetylcellulose führen, können wir zusammenfassend folgende Aussagen machen.

1. Die Acetylierung läßt sich so leiten, daß nicht nur die äußere Form der Cellulosefaser erhalten bleibt, sondern auch der chemische Charakter der Cellulose, wie von Kurt Hess durch geeignete Verseifung und Charakterisierung der hierbei zurückerhaltenen Cellulose nachgewiesen worden ist[1]. In dieser Beziehung besteht Parallelität zur Nitrierung.

2. Der Essigsäuregehalt der Acetylcellulose (des primär stets gebildeten Triacetates) läßt sich durch eine richtig geleitete Hydrolyse bis zu einem Gehalt von $2^1/_2$ Acetylgruppen auf eine $C_6H_{10}O_5$-Gruppe herabsetzen, ohne daß ein wesentlicher Eingriff in die Hauptvalenzkette der Cellulose erfolgt. Es gibt demnach $2^1/_2$ Acetate von hoher Viscosität und guten mechanischen Eigenschaften. Dieser Vorgang hat Ähnlichkeit mit der Herabsetzung des Stickstoffgehaltes von Nitrocellulosen beim Behandeln mit wasserreichen Säuregemischen (Umesterung).

3. Wie bei der Nitrierung, so ist auch bei der Acetylierung die Temperatur des Veresterungsgemisches von Einfluß auf die Viscosität des Acetates. Als wesentlicher Faktor kommt bei den Acetaten noch hinzu die Konzentration des Katalysators und die Vorgänge beim Hydrolysierungsvorgang.

Die übrigen Celluloseester bieten hinsichtlich der zu ihrer Bildung führenden Reaktion nichts Neues.

3. Die Verätherung.

Bei oberflächlicher Betrachtung scheinen die bei der Cellulose zur Ätherbildung führenden Reaktionen so zu verlaufen, wie es gemäß dem Vorhandensein alkoholischer Hydroxylgruppen zu erwarten ist.

Bei näherem Zusehen zeigen sich aber für die exakte Darstellung dieser Vorgänge wesentlich größere Schwierigkeiten als bei der Veresterung. Obgleich die Verätherung der Cellulose, besonders die Methylierung, zur Aufklärung konstitutioneller Fragen mit großem Erfolg angewendet worden ist, muß der zur Ätherbildung selbst führende Vorgang noch als völlig ungeklärt gelten. Wie oben gezeigt wurde, gibt es kein Alkoholat der Cellulose etwa in Analogie zu der aus Natriummetall

[1] Die regenerierte Cellulose zeigt ein gewisses Reduktionsvermögen wie jede Cellulose, die der Einwirkung von Mineralsäuren ausgesetzt wurde.

und Äthylalkohol entstehenden Verbindung $C_2H_5 \cdot O \cdot Na$. Die Ätherbildung der Cellulose kann daher auch nicht gemäß der Gleichung

$$R \cdot O \cdot Na + Cl \cdot C_2H_5 = R \cdot O \cdot C_2H_5 + NaCl$$

verlaufen.

Eine sehr vollständige Zusammenstellung der wissenschaftlichen und Patentliteratur hat kürzlich Berl und Schupp gegeben[1], so daß hier auf eine Wiedergabe verzichtet werden kann. Die grundlegenden Patentschriften sind das DRP. 322586 (1912) von Bayer & Co., Erfinder Otto Leuchs und das britische Patent 2854 (1912) von Leon Lilienfeld.

Die bisher praktisch angewendeten Verfahren beruhen entweder auf der Reaktion der Alkalicellulose mit Halogenalkylen, wie Chlormethyl, Chloräthyl, Butylchlorid, ferner mit Aralkylhalogeniden wie Benzylchlorid, oder auf der Reaktion mit Alkylsulfaten, wie Dimethylsulfat und Diäthylsulfat.

Die Reaktion mit Dimethylsulfat läßt sich wie folgt formulieren:

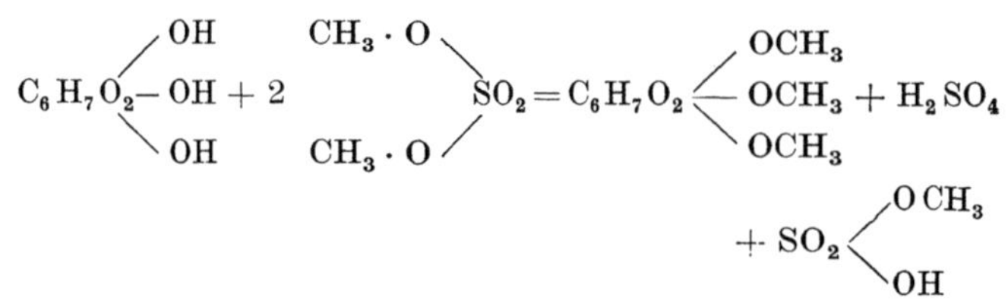

Diese zum Trialkyläther führende Reaktion läßt sich jedoch mit keinem Mittel realisieren; es entstehen zunächst niedrig alkylierte Produkte, die erst durch weitere Behandlung mit Ätznatron und Alkylierungsmittel in das dreifach substituierte Cellulosederivat übergeführt werden können. Die Ätherbildung verläuft also völlig anders wie die Acetatbildung.

Eine mit nur geringem Überschuß an Alkylierungsmittel schon in der Kälte glatt zum Monoäther führende Reaktion ist die von Lilienfeld entdeckte Bildung der Äther von Polyalkoholen aus den Chlorhydrinen dieser Alkohole und Alkalicellulose[2] sowie die Bildung der Celluloseglycolsäure, einer Äthersäure, aus Monochloressigsäure und Alkalicellulose[3].

Von erheblicher theoretischer Bedeutung ist die neuerdings von Niethammer[4] wieder aufgenommene Bearbeitung von Aralkyläthern der Cellulose, die im aromatischen Kern halogeniert sind (Verätherungsmittel z. B. p-Chlorbenzylchlorid), da sich infolge der leichten Bestimm-

[1] Berl u. Schupp: Cellulosechemie **1929**, 41.
[2] Lilienfeld: DRP. Anmeldung L 60248 1929.
[3] Deutsche Celluloidfabrik, Eilenburg, DRP. 382203.
[4] Dissertation Niethammer, Dresden 1929; ferner Niethammer u. König: Cellulosechemie **1929**, 201, daselbst die Literatur.

barkeit von Halogen der Verätherungsgrad leicht und exakt feststellen läßt.

D. Einiges über die technische Herstellung der Kollodiumwollen.

Nachdem oben die theoretischen Grundlagen für die Veresterungsvorgänge gegeben worden sind, sollen hier die technischen Hilfsmittel und ihre Wirkungsweise kurz dargestellt werden. Die zur Nitrierung verwendeten Apparate bewirken die Durchmischung der Baumwolle (bzw. des Zellstoffs) mit der Nitriersäure, sowie die Entfernung der Säure nach beendeter Nitrierung. Man unterscheidet:

1. Die Topfnitrierung, die neuerdings eine Vervollkommnung dadurch erfahren hat, daß man in die Gefäße Rührwerke einbaut.
2. Die Zentrifugennitrierung.
3. Die Methode von Thomson.

1. Die Topfnitrierung.

Sie ist wohl die älteste der technischen Ausführungsmethoden. Man verwendet Töpfe aus Steingut, die mit einer Säure geeigneter Temperatur und Zusammensetzung gefüllt werden. In die Säure wird mit Hand das zu nitrierende Material eingestoßen und unter gelegentlichem Umrühren 1—2 Stunden darin belassen. Gewöhnlich verwendet man die sechzigfache Menge Säure, bezogen auf die Baumwolle. Nach beendeter Nitrierung werden die Töpfe in Zentrifugen entleert und die Nitrocellulose mit Hilfe der Zentrifugalkraft von Säure befreit. Je nach der Beschaffenheit des zur Nitrierung verwendeten Cellulosematerials und des Wirkungsgrades der Zentrifuge bleiben mehr oder weniger große Mengen Säure an dem Nitriergut haften. Die Menge dieser Säure beträgt etwa das Ein- bis Anderthalbfache der Nitrocellulose; sie geht beim Auswaschen verloren. Man bezeichnet sie als Adhäsionssäure. Sie ist ein sehr wesentlicher Faktor für den Gestehungspreis der Nitrocellulose und der Fabrikant hat demnach das Bestreben, sie möglichst niedrig zu halten.

Wesentlich weniger Handarbeit erfordert die moderne Form der Topfnitrierung[1]. Sie ist dadurch gekennzeichnet, daß an Stelle der Töpfe Rührwerke mit ineinandergreifenden Rührarmen verwendet werden. Diese Gefäße werden mit Säure gefüllt und die Cellulose wird langsam unter Rühren eingetragen.

Am Boden der Rührwerke befinden sich Abläufe, durch welche das breiige Gemisch von Nitrocellulose und Säure nach beendeter Reaktion in

[1] Beschreibung in Ullmann: Enzyklopädie. 2. Aufl. Bd 3, S. 130, Artikel Celluloid.

eine Zentrifuge entleert wird. Gewöhnlich verwendet man heute Untenentleerungszentrifugen mit hoher Tourenzahl, die es gestatten, die ziemlich weitgehend von Säure befreite Nitrocellulose durch Heben einer

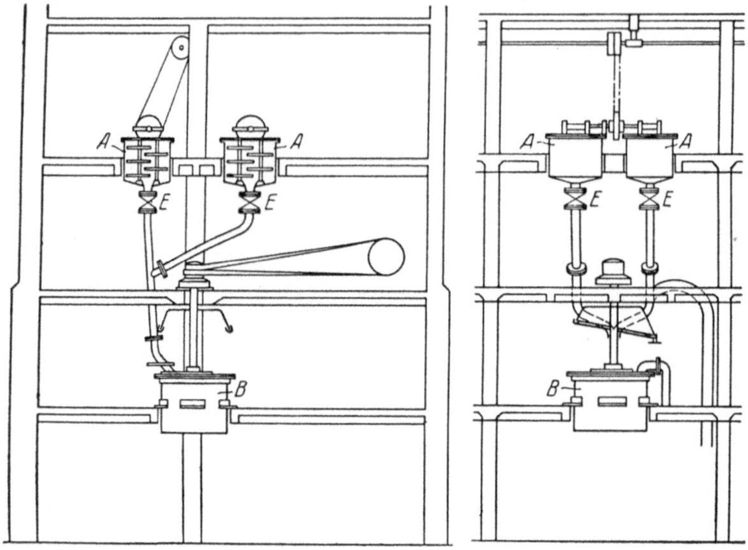

Abb. 3. Nitrierung in Töpfen mit Rührwerk.

Bodenklappe ohne Handarbeit zu entfernen. Die Nitrocellulose gelangt in eine Leitung, in der sie durch besonders geführte Wasserstrahlen intensiv mit Wasser gemischt wird. Diese Mischung gelangt zu den Wasch- oder Stabilisierungsgefäßen.

2. Die Zentrifugennitrierung[1].

Sie ist dadurch charakterisiert, daß Nitrierung und Abschleudern der Säure in einem Apparat vorgenommen werden. Die Zentrifuge wird so weit von Säure gefüllt, daß der obere Rand des gelochten Korbes von der Säure nicht überdeckt ist. Die Cellulose wird mit Hand eingestoßen und mit geeigneten Schaufeln in die Säure hineingedrückt. Dann wird die Zentrifuge in langsame Bewegung gesetzt, wobei sich das Nitriergut locker an die Wand des Korbes anlegt, während die Säure infolge der Zentrifugalkraft durch die Löcher des Korbes in den zwischen Korb und Zentrifugenaußenwand befindlichen Raum tritt. Da dieser Raum aber schon mit Säure gefüllt ist, steigt sie hoch und überflutet den Rand des Korbes, wobei sie erneut mit der säuregetränkten Nitrocellulose in Berührung kommt. Auf diese Weise zirkuliert die Säure ständig durch

[1] Über Nitrierzentrifugen vgl. Ullmann: Enzyklopädie. 2. Aufl. Bd 3, S. 132. Ferner die zahlreichen Spezialwerke über Nitrocellulose.

das ganze Nitriergut. Nach beendeter Nitrierung wird die Säure abgelassen und der Zentrifugenkorb in stärkere Umdrehung versetzt

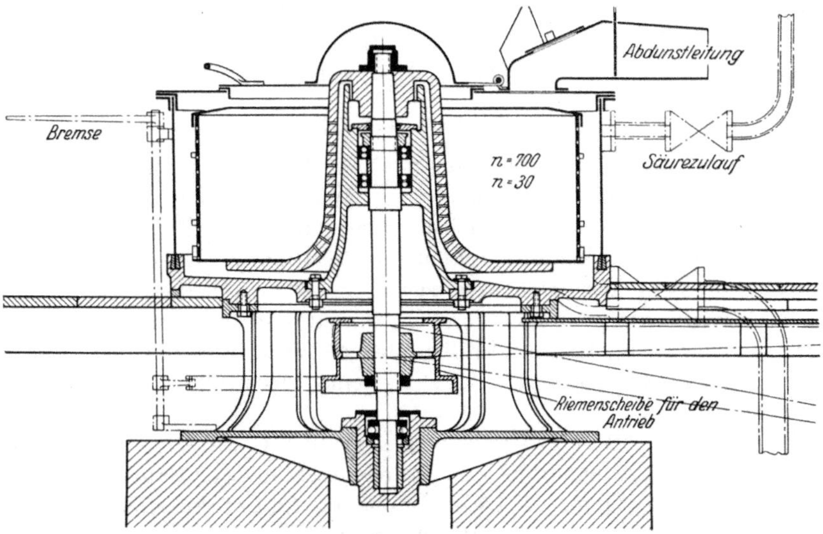

Abb. 4. Nitrierzentrifuge im Schnitt.

Abb. 4a. Nitrierzentrifuge von Selwig & Lange.

(600—800 Umdrehungen pro Minute). Hierdurch wird die Nitrocellulose bis auf die Adhäsionssäure von Säure befreit. Meist wird sie dann mit

Zangen herausgehoben und in geeigneter Weise mit Wasser gemischt. Die während des Nitrierens und Schleuderns entstehenden Dämpfe (Stickoxyde und Salpetersäure)[1] werden durch einen im Oberteil der Zentrifuge befindlichen Stutzen mit Hilfe von Steinzeugexhaustoren[1] abgesaugt und einer Absorptionsanlage[2] zugeführt.

3. Das Thomson-Verfahren.

Es beruht darauf, daß die Säure nach der Nitrierung abgelassen wird unter gleichzeitigem Zulaufenlassen von Wasser, wobei eine Mischung der beiden Flüssigkeiten möglichst vermieden wird. Der hohe Kraftverbrauch beim Schleudern und die unangenehme Entwicklung von Stickoxyden wird hierdurch umgangen. Ein Nachteil dieses Verfahrens ist die häufig nicht ganz gleichmäßige Durchnitrierung, ein anderer die unvermeidliche Entstehung großer Mengen verdünnter Säure, deren Aufarbeitung kostspielig ist. Heute ist keine Thomsonanlage mehr in Betrieb.

In den vorstehenden Ausführungen ist schon angedeutet worden, daß für den Gestehungspreis der Kollodiumwollen der Säureverbrauch von großer Bedeutung ist. Da der Preis der Salpetersäure annähernd zehnmal so hoch ist, wie derjenige der Schwefelsäure, so haben sich die Maßnahmen in erster Linie auf die Einschränkung des Salpetersäureverbrauchs zu richten. Der Salpetersäureverbrauch ist abhängig

1. von der Nitriertemperatur. Bei höherer Temperatur steigen die Verluste durch Verdampfung und durch Nebenreaktionen; die letzteren bedingen gleichzeitig eine Verringerung der Ausbeute, da die Cellulose nicht nur in Cellulosenitrat übergeführt wird, sondern bei höherer Temperatur in Produkte übergeht, welche teils flüchtig sind, teils sich in der Nitriersäure auflösen.

2. Von der Beschaffenheit des Ausgangsmaterials. Verunreinigungen und Abbauprodukte des Ausgangsmaterials erhöhen den Säureverbrauch, da sie die Salpetersäure zu Oxydationsreaktionen verbrauchen. Auch die physikalische Beschaffenheit beeinflußt den Säureverbrauch, da sie den Betrag der Adhäsionssäure bedingt. Es gilt die Regel, daß ein Ausgangsmaterial, welches aus wohlerhaltenen Elementarfasern besteht, geringere Adhäsionssäuren ergibt als kurzfaseriges und staubiges Material.

3. Von der Apparatur, besonders vom Wirkungsgrad der Zentrifugen. Bei einer Nitrierung von guten Baumwollinters bei mittlerer Temperatur und Anwendung einer Säure, welche eine Nitrocellulose von 12,2% Stickstoffgehalt ergibt, läßt sich der Salpetersäureverbrauch etwa wie folgt aufteilen.

---

[1] Geeignete Apparaturen siehe Eckelt u. Gassner: Projektierungen und Apparaturen für die Chemische Industrie. Bd 1. Leipzig 1926.

[2] Siehe Fußnote [1].

Für 100 kg NC:

30—40 kg	HNO_3	als Adhäsionssäure,
55,6 kg	„	theoretisch zur Nitratbildung erforderlich,
10—60 kg	„	für unerwünschte Nebenreaktionen je nach Nitriertemperatur,
5—10 kg	„	Verdampfungsverluste, je nach Nitrierungstemperatur und Wirkungsgrad der Absorptionsanlage.

Verlust an HNO_3 somit 100—165 kg je 100 kg NC.

Über neuere Nitrierverfahren vergleiche das DRP. 509 348 Kl. 78 c Gruppe 6 vom 7. Oktober 1930 und das brit. Patent 291 082, ausgegeben 14. Februar 1929.

Die Stabilisierung der Nitrocellulose erfolgt im allgemeinen durch mehrstündiges Erwärmen in schwach säurehaltigem Wasser. Hierdurch werden Substanzen zerstört bzw. durch das Wasser fortgeführt, welche die Stabilität (im Sinne der Eisenbahnverkehrsordnung) ungünstig be-

Abb. 5. Anlage zum Stabilisieren von Kollodiumwolle der Deutschen Celluloid-Fabrik Eilenburg.

einflussen, ferner die Vergilbung der aus Nitrocellulose hergestellten Schichten und Überzüge begünstigen. Welcher Natur diese Produkte sind, ist nicht restlos geklärt. Jedenfalls kann man aus manchen Nitrocellulosen durch geeignete Extraktionsmethoden Substanzen isolieren, welche keine filmbildenden Eigenschaften besitzen und Stabilitätsprüfung nach Bergmann-Jung (Näheres hierüber bei den Prüfungsmethoden) nicht aushalten. Der Stabilisierung wird deshalb große Aufmerksamkeit gewidmet. Häufig wird die stabilisierte Nitrocellulose noch mit Hypochlorit und Salzsäure gebleicht (Abb. 5).

Der Lackfabrikant erhält die Wolle gewöhnlich im entwässerten Zustand. Da der Transport und die Lagerung von trockner Nitrocellulose verboten ist, verdrängt man mit Hilfe von Pressen oder Zentrifugen das Wasser durch organische Flüssigkeiten, z. B. Spiritus, Isopropylalkohol, Butanol, Toluol.

Die niedrigviscosen Lackwollen. Wie schon eingangs erwähnt wurde, kommt den niedrigviscosen Kollodiumwollen eine überragende Bedeutung zu. Nach den bisher geschilderten Methoden können diese Wollen nicht hergestellt werden, vielmehr stellen die hiernach gewonnenen Produkte das Ausgangsmaterial für die niedrigviscosen Wollen dar. Die Erniedrigung der Viscosität erfolgt heute ausschließlich nach dem Autoklavenverfahren. Die Wolle wird in Wasser suspendiert und auf Temperaturen über 100° erhitzt. Die erzielte Viscositätserniedrigung ist abhängig von der Höhe der angewandten Temperaturen und der Dauer der Erhitzung, ferner auch von der Viscosität des Ausgangsmateriales. Der Viscositätserniedrigung ist dadurch eine Grenze gesetzt, daß sich von einem bestimmten Viscositätsgrade ab die fimbildenden Eigenschaften verlieren. Wie groß die erzielbaren Viscositätserniedrigungen sind, kann erst mitgeteilt werden, nachdem die Bezeichnung des Viscositätsgrade erläutert ist.

Das grundlegende Patent, welches die Herstellung von niedrigviscosen Wollen nach dem Autoklavenverfahren zum Gegenstand hat, ist das britische Patent 177536 vom 23. März 1922, Erfinder Alexander Walter Phillips.

Wegen seiner Wichtigkeit seien einige Stellen der Patentschrift zitiert:

„Nach der vorliegenden Erfindung werden Nitrocellulose oder Nitrocellulose enthaltende Produkte durch Erhitzen in ungelöster Form beträchtlich in ihrer Viscosität erniedrigt, so daß deren Lösungen für technische Zwecke genügend dünnflüssig sind ... Bei Ausführung des Verfahrens mische ich z. B. rauchloses Pulver mit Wasser oder nichtlösenden Flüssigkeiten und erhitze die Mischung in einem Autoklaven unter dem Druck von einer Atmosphäre bis oder gegebenenfalls über 40 Pfund Druck. Diese Behandlung setzt die Mischung Temperaturen von 100—140° C entsprechend dem angewandten Dampfdruck aus. In einigen Fällen habe ich eine niedrigere Temperatur unterhalten für längere Zeit und habe ein Produkt erhalten von ähnlicher Viscosität, wie ich es erhielt bei höherer Temperatur und kürzerer Behandlung ... So ist es möglich, durch richtige Wahl der Temperatur und Dauer der Behandlung die Verminderung der Viscosität genau zu bestimmen.“ Über eine neuere Variation dieses Verfahrens berichtet Milliken, M. G.: Ind. Chem. **22**, 326 (1930). Referat: Farbenztg **1930**, 2081.

Bei sämtlichen Verfahren zur Gewinnung dünnlöslicher Wollen tritt ein Verlust an Stickstoff ein, gleichgültig, ob die Reduktion in wässriger Suspension oder in Lösung vorgenommen wird. Z. B. ist bei der Digerierung unter Druck in wässeriger Suspension eine Verringerung der Viscosität von 500 auf $^1/_2$ Sekunde mit einem Abfall des Stickstoffgehaltes von 12,25 auf 12,05% verbunden. Dies ist eine relativ geringe Denitrierung, und die abgespaltenen Produkte gehen in die wässerige Suspension über und werden beim nachfolgenden Waschen entfernt. Eine Entfernung der Denitrierungsprodukte findet aber nicht statt, wenn die Viscositätsverminderung in Lösung vorgenommen wird. Bei anderen Verfahren ist die Denitrierung viel bedeutender, z. B. bei Verwendung von Pyridin. Dieses Reagens ist jedoch völlig ungeeignet, da es starke Verfärbung hervorruft und die Nitrocellulose instabil macht.

Anfänglich wurde bei der Hercules Powder Co. die Herstellung dünnlöslicher Nitrocellulosen derart vorgenommen, daß man die Kollodiumwolle zusammen mit Wasser in geschweißten und ausgemauerten Autoklaven erhitzte, die pro Charge 4000 lb. Kollodiumwolle und 60000 lb. Wasser aufnehmen konnten. Dabei bereitete die Entfernung der Gase, die sich durch die geringe Denitrierung bilden, nicht unbeträchtliche Schwierigkeiten. Die sich entwickelten Stickoxyde wurden von der faserigen Nitrocellulose zurückgehalten und brachten die Masse zum Hochsteigen. Um ein sicheres Arbeiten zu gewährleisten, mußte man darauf bedacht sein, daß möglichst jedes einzelne Nitrocelluloseteilchen in die Flüssigkeiten eintauchte, und daß die Masse während des Kochprozesses in kräftiger Bewegung gehalten wurde. Trotzdem konnte man nicht vermeiden, daß sich häufig in den Kochern gefährliche Überdrucke bildeten, wenngleich auch niemals eine Detonation zu beobachten war. Die Gefahr, welche eine Verkochung in Autoklaven mit sich brachten, war also nicht so sehr durch geringe Zersetzung der Nitrocellulose bedingt, vielmehr bestand eine ähnliche Gefahr wie bei Dampfkesselexplosionen. Um diese Gefahr einzudämmen, kam man auf den Gedanken, die Verkochung der Nitrocellulose nach einem kontinuierlichen Verfahren durchzuführen, wobei die erforderliche Wassermenge bedeutend reduziert und im Falle eines Versagens die Dampfausströmung auf den Querschnitt des benutzten Rohrsystems beschränkt ist. Nach einigen Vorversuchen ging man dazu über, die Nitrocellulose in folgender Weise zu behandeln: Eine Suspension von gereinigter Nitrocellulose und Wasser wird durch ein Rohrsystem von 10 cm Durchmesser und 1200 m Länge gepumpt, welches an der Zugangsstelle durch Dampf erhitzt und am Ausgang durch Wasser gekühlt wird. Um eine plötzliche Verdampfung des Wassers zu vermeiden, werden die Heizrohre unter Druck gesetzt, indem man sie an ein Standrohr von 60 m Höhe anschloß, das durch ein Stahlgerüst gestützt war. Strömungsgeschwindigkeit und Temperatur der Mischung werden laufend kontrolliert, so daß jede gewünschte Viscositätsverringerung genau eingehalten werden kann. Den erforderlichen Druck liefert eine Reihe von Zentrifugalpumpen. Da bei der kurzen Reaktionsdauer von 25 Minuten, welches das Gemisch zum Durchlaufen des Rohrsystems benötigt, bei erhöhter Temperatur gearbeitet werden muß, hatte man für eine schnelle und ausreichende Abkühlung am Ende des Rohrsystems Sorge zu tragen. Um eine Anhäufung der bei der Zersetzung gebildeten Gase zu vermeiden, wurde der kontinuierliche Kochprozeß so geführt, daß die entstehenden Gase von der Nitrocellulosesuspension mitgeführt werden und keine Gelegenheit finden, sich an toten Rohrstellen festzusetzen. Um den Wärmebedarf ökonomisch zu gestalten, wird der Abdampf der Erhitzer sowie das erwärmte Kühlwasser der Kühlanlage für die Aufbereitung der folgenden Chargen verwendet. Nach dem Ende zu wurde in das Rohrsystem ein Pyrexglasrohr eingebaut, damit der Aufseher die Strömungsgeschwindigkeit der Suspension beobachten kann, trotzdem das System unter einem Druck von über 100 lbs. pro sq. inch. steht.

Da die gesamte Einrichtung aus säurefesten Metall besteht, ist das erzielte Produkt frei von Sand und sonstigen Verunreinigungen. Ein weiterer Vorteil der kontinuierlichen Anlage besteht auch darin, daß jedes Nitrocelluloseteilchen erfaßt und damit eine Nitrocellulose von einheitlicher Viscosität, frei von schwer- oder unlöslichen Anteilen erzielt wird. Auch weist die so hergestellte Nitrocellulose eine bemerkenswert hohe Stabilität auf. Das im kontinuierlichen Prozeß gewonnene Produkt ist der im Autoklaven gekochten Nitrocellulose in mancher Hinsicht überlegen, nur ist es von etwas dunklerer Farbe, die jedoch auch für hellste Nitrolacke keineswegs störend ist. Zusammenfassend wird gesagt, daß der kontinuierliche Kochprozeß die Erzeugung großer Quantitäten ermöglicht und die Herstellung eines stets gleichmäßigen Produkts mit einem Minimum an Arbeitsaufwand gewährleistet. Während des Betriebs befinden sich ständig 600 lbs. Nitrocellulose im System, zusammen mit etwa 13000 lbs. Wasser. Bisher sind in dieser Anlage, die unter Patentschutz gestellt wurde, über 6 Millionen lbs. dünnlöslicher Nitrocellulose hergestellt worden.

E. Eigenschaften der Nitrocellulose.

1. Entzündlichkeit.

Die auffallendste Eigenschaft der Nitrocellulose ist ihre Entzündlichkeit. Die Entzündlichkeit ist bei allen technischen Nitrocellulosen annähernd die gleiche, wenn auch die Geschwindigkeit, mit der das Abbrennen erfolgt, je nach dem Stickstoffgehalt verschieden ist. Es werden Nitrocellulosen von 10,5—13,3% Stickstoffgehalt technisch hergestellt. Der Stickstoffgehalt der technischen Kollodiumwollen, zu denen die Lackwollen gehören, schwankt zwischen 10,5 und 12,5%. Während man die Nitrocellulosen mit höheren Stickstoffgehalt bis zu einem Wassergehalt von 20% durch Initialzündung zur Detonation bringen kann, gelingt dies selbst unter Anwendung stärkster Initiale nicht bei Kollodiumwollen, welche die gesetzlich vorgeschriebene Anfeuchtung (Wasser oder organische Flüssigkeiten) von wenigstens 35% haben.

Die Nitrocellulosen verbrennen im trocknen Zustand ohne Rückstand hauptsächlich zu Stickoxyden, Kohlenoxyd und Wasser. Wird die Nitrocellulose zur Explosion gebracht, so treten außerdem Kohlendioxyd, Wasserstoff und Stickstoff auf. Die Gefahr bei der Entzündung von Nitrocellulose liegt einmal in der starken Wärmeentwicklung, sodann in der Bildung der giftigen Stickoxyde und des Kohlenoxydes.

2. Verhalten gegen Säuren und Basen.

Eine weitere bemerkenswerte Eigenschaft der Nitrocellulose ist ihre relativ hohe Beständigkeit gegen Säuren (hierauf beruht z. B. die Anwendung des Celluloids zu Akkumulatorenkästen, welche bekanntlich 18%ige Schwefelsäure enthalten) und ihre Unbeständigkeit gegenüber Alkalien. So löst sich Nitrocellulose in Natronlauge verschiedener Konzentration glatt auf. Diese Reaktion ist unübersichtlich. Es bildet sich die Cellulose nicht zurück, sondern diese wird in organische Oxysäuren, u. a. Oxybrenztraubensäure verwandelt[1]. In der braun gefärbten Verseifungslauge findet man ferner Nitrite, Cyanide und Ammoniak. In konzentrierter Schwefelsäure löst sich die Nitrocellulose glatt auf und der vorhandene Stickstoff kann quantitativ als Salpetersäure wiedergewonnen werden.

Nach Lunge und Lubarsch wird diese Reaktion zur Stickstoffbestimmung in Nitrocellulose verwendet[2].

3. Entfernung der gebundenen Salpetersäure unter Rückbildung von Cellulose.

Die Entfernung der Nitratgruppen gelingt ohne wesentlichen Eingriff in das Cellulosemolekül durch Einwirkung von Sulfhydraten (z. B. Ammoniumsulfhydrat, Calciumsulfhydrat) unter geeigneten Umständen. Die regenerierte Cellulose wird in äußerlich unveränderter Form, jedoch mit gesteigerter chemischer Reaktionsfähigkeit wiedergewonnen. Man verwendet diese Reaktion zur Denitrierung von Nitrokunstseide (Chardonnetseide).

Neuerdings ist vorgeschlagen worden, Gegenstände aus Celluloid auf diese Weise unbrennbar zu machen.

4. Löslichkeit.

Vom lacktechnischen Standpunkt aus muß die Eigenschaft der Kollodiumwollen, sich in zahlreichen verschiedenen organischen Lösungsmitteln und Gemischen von Lösungsmitteln mit Nichtlösungsmitteln,

---

[1] Will: Ber. **24**, 400 (1891). Häußermann, Ber. **36**, 3956 (1903), **37**, 1624 (1904).

[2] Vgl. Lunge-Berl: Chem.-technische Untersuchungsmethoden.

ja auch in Gemischen von Nichtlösern aufzulösen, beim Eintrocknen solcher Lösungen glänzende und elastische Häute zu bilden, als besonders wichtig angesehen werden, und dieser Fragenkomplex erfordert daher eine eingehende Darstellung.

Eine streng systematische Darstellung dieser verwickelten Verhältnisse ist heute noch nicht möglich, da es der Wissenschaft trotz zahlreicher Versuche noch nicht gelungen ist, eindeutige Erklärungen für das Lösevermögen bestimmter Körperklassen, besonders auch der sogenannten Zweitypenlösungsmittel zu geben[1].

Eine besondere Komplikation tritt dadurch ein, daß es nur wenige Lösungsmittel gibt, welche alle Kollodiumwolltypen (vgl. dieses Kapitel Abschnitt 6) gleich gut zu lösen vermögen. Die meisten Lösungsmittel und Kombinationen zeigen ein durchaus individuelles Verhalten den verschiedenen Wolleklassen gegenüber, und zwar hat sich der Stickstoffgehalt als bestimmender Faktor erwiesen.

Sieht man zunächst von diesen individuellen Besonderheiten ab und überblickt die große Zahl von Substanzen, welche die Kollodiumwollen aufzulösen vermögen, ohne sie gleichzeitig chemisch zu verändern oder zu zerstören, so findet man, daß das Lösevermögen auf wenige Gruppen (Gruppen im chemisch-konstitutionellen Sinne) beschränkt ist. Es sind

die Ketone,	die Glykoläther,
die Ester,	die Acetale

und mit Einschränkung die Alkohole.

a) Die Ketone.

Das Charakteristische dieser Gruppe von Lösungsmitteln ist die Carbonylgruppe — CO —, beiderseits verbunden mit je einem Radikal z. B. $CH_3 — CO — CH_3$ (Aceton).

Ohne der ausführlicheren Darstellung im Kapitel Lösungsmittel vorgreifen zu wollen, seien die praktisch wichtigsten Lösungsmittel dieser Gruppe hier aufgeführt:

Aceton,	Mesityloxyd,
Methyläthylketon,	Cyklohexanon,
Diacetonalkohol,	Methylcyklohexanon.

b) Die Ester.

Diese Lösungsmittelgruppe ist besonders reichhaltig. Bekanntlich bilden sich die Ester aus den Carbonsäuren und den Alkoholen unter

[1] Mardles, E. W.: Löslichkeit von Cellulosederivaten. Kolloid-Z. **49**, 4 u. 11. — Sakurada, I.: Zur Kenntnis der Rolle von Dielektrizitätskonstante, Polarisation und Dipolmoment von kolloiden Systemen. Ebenda S. 52. — Fikentscher, H., u. H. Mark: Über die Viscosität lyophiler Kolloide. Ebenda S. 135. — Kroepelin, H.: Über Zähigkeitsmessungen an Kolloiden, Methodische Bemerkungen. Ber. dtsch. chem. Ges. **62**, 3056 (1929).

Wasserabspaltung. Bei der großen Zahl der heute technisch zugänglichen Säuren einerseits, den zahlreich zur Verfügung stehenden Alkoholen andererseits ist eine Fülle von Kombinationen möglich. Es werden als Lösungsmittel bzw. Gelatinierungsmittel verwendet die Ester der

Ameisensäure,	Acetylglykolsäure,
Essigsäure,	Milchsäure,
Propionsäure,	Phthalsäure,
Buttersäure,	Adipinsäure,
Glykolsäure,	Phosphorsäure.

Als alkoholische Komponente der Ester findet man vor allem:

Methanol (Methylalkohol),	Amylalkohol,
Äthanol (Spiritus),	Benzylalkohol,
Propanol ,	Cyklohexanol,
Butanol,	

ferner die schon als solche Lösungsmitteleigenschaften besitzenden Glykoläther.

c) Die Glykoläther.

Diese erst vor wenigen Jahren aufgetauchten Lösungsmittel leiten sich von dem einfachsten zweisäurigen Alkohol, dem Glykol ab:

$$\begin{array}{l} CH_2OH \\ | \\ CH_2OH \end{array}$$

Der einfachste Glykoläther, das Methylglykol, ist wie folgt zusammengesetzt:

$$\begin{array}{l} CH_2O \cdot CH_3 \\ | \\ CH_2OH \end{array}$$

Analog gebaut ist das Äthylglykol (Cellosolve),
Isopropylglykol, Butylglykol.

d) Die Acetale.

Die Acetale sind Äther, die aus einem Molekül Aldehyd und zwei Molekülen Alkohol durch Wasserabspaltung abzuleiten sind, z. B. das gewöhnliche Acetal:

$$\begin{array}{c} CH_3-\underset{\displaystyle H}{\overset{}{C}}=\boxed{O \quad \begin{array}{l} H \\ \\ H \end{array}} \begin{array}{l} O \cdot C_2H_5 \\ \\ O \cdot C_2H_5 \end{array} \end{array} = CH_3-\underset{\displaystyle H}{C}\begin{array}{l} \diagup OC_2H_5 \\ \\ \diagdown OC_2H_5 \end{array}$$

Das gute Lösevermögen der Acetale ist insofern merkwürdig, als die normalen Äther für sich keinerlei Lösevermögen besitzen.

Acetale sind unter dem Namen Dissolvan im Handel.

e) Die Alkohole und die Mehrtypenlösungsmittel.

Von den Alkoholen vermag nur das erste Glied der Reihe alle Kollodiumwollen zu lösen. Aus bestimmten, später zu erörternden Gründen, macht man hiervon praktisch nur selten Gebrauch. Äthanol ist ein Lösungsmittel für Kollodiumwollen mit niedrigem Stickstoffgehalt. Die Kollodiumwollen mit höheren Stickstoffgehalt (12% und darüber) zeigen ebenfalls noch eine gewisse beschränkte Löslichkeit in Alkohol, die jedoch für die praktische Verwendung der Wolle ohne Bedeutung, jedenfalls ohne Vorteil ist. Ein hoher Prozentsatz an alkohollöslichen Bestandteilen ist bei solchen Wollen sogar als Nachteil anzusehen, da er mit Recht als Zeichen für erfolgten Abbau angesehen wird.

Es besteht etwa folgende Beziehung zwischen Stickstoffgehalt und Alkohollöslichkeit:

Stickstoffgehalt	Alkohollöslichkeit
etwa 11,8—12,3%	bis 7%
„ 11,3—11,7%	„ 20%
„ 10,6—11,2%	„ 100%

Von den Zweitypenlösungsmitteln kommt dem Ätheralkohol eine große Bedeutung zu. Gemische aus drei Komponenten, welche alle Kollodiumwollen gut zu lösen vermögen, sind Alkohol, Benzol, Aceton und Alkohol-Benzol-Essigäther.

f) Die Kollodiumwolletypen.

Wie schon gesagt, ist der Stickstoffgehalt der Kollodiumwollen in erster Linie maßgebend für die Löslichkeitsverhältnisse und man wählt daher zweckmäßig den Stickstoffgehalt als Klassifikationsprinzip.

Man unterscheidet drei Klassen:

1. Die esterlöslichen Wollen mit geringer Alkohollöslichkeit, Stickstoffgehalt etwa 11,8—12,4%. Alkohollöslichkeit bis 7%.

2. Die in Ätheralkohol löslichen Wollen des mittleren Stickstoffbereiches. Stickstoffgehalt etwa 11,3—11,7%. Alkohollöslichkeit bis 20%.

3. Die alkohollöslichen Wollen. Stickstoffgehalt etwa 10,5—11,2%. Alkohollöslichkeit bis 100%.

Jede dieser Klassen umfaßt Kollodiumwollen mehrerer Viscositätsstufen. Die Zahl dieser Viscositätsstufen ist durch die Anforderungen der Lacktechnik bestimmt und aus diesem Grunde nicht in allen Ländern die gleiche.

Von besonders großer lacktechnischer Bedeutung sind die niedrigviscosen Typen. Ihrer Herstellung ist bezüglich der untersten erreichbaren Viscositätslage eine Grenze gesetzt, die von keinem Hersteller unterschritten werden kann, wenn die Wolle noch filmbildende Eigenschaften behalten soll. Die Darstellung der hier vorliegenden Gesetzmäßigkeiten würde zu weit führen; es sei auf das Kapitel „Lacke und ihre Rohstoffe“ in der demnächst erscheinenden neuen Auflage von Lunge-Berl, Chemisch-technische Untersuchungsmethoden, verwiesen.

5. Verschnittfähigkeit.

Den Lösungen der Nitrocellulose werden vielfach organische Flüssigkeiten zugesetzt, welche an sich kein Lösevermögen haben. Diese als Verschnittmittel bezeichneten Substanzen — es sind vor allem die Kohlenwasserstoffe, Benzin, Benzol, Toluol und Xylol — haben verschiedene Aufgaben zu erfüllen, von denen später noch die Rede sein wird. Sie können den Lösungen nur bis zu einem bestimmten Betrage zugesetzt werden, bei dessen Überschreitung sich die Lösung entmischt. Dieser Betrag ist unter vergleichbaren Bedingungen (gleiche Konzentration der Lösungen und gleiche Lösungsmittel) vom Stickstoffgehalt der Wolle abhängig.

Die Verschnittfähigkeit gegenüber Kohlenwasserstoffen steigt innerhalb weiter Grenzen mit dem Stickstoffgehalt. Die Verschnittfähigkeit eines Lackes ist außerdem abhängig von der Natur der Lösungsmittel, worüber später genaueres mitgeteilt wird.

6. Viscosität.

Die Viscosität oder innere Reibung ist eine allgemeine Eigenschaft aller Flüssigkeiten. Die Viscosität kolloider Lösungen, welche uns hier interessiert, stellt einen Spezialfall dar, der sich im großen und ganzen in die Lehre von der Viscosität der reinen Flüssigkeiten einfügen läßt[1]. Zur Kennzeichnung von Kollodiumwollen verwendet man diesen Begriff im übertragenen Sinne, indem man die Viscosität ihrer Lösungen bei bestimmter Konzentration miteinander vergleicht. So ist die 10%ige Lösung einer dicken Lackwolle in Butylacetat etwa von Syrupkonsistenz, die 10%ige Lösung einer niedrigst viscosen Wolle ist fast so dünnflüssig wie Wasser. Es gibt kein Viscosimeter, mit dem man gleichkonzentrierte Lösungen aller Lackwollen messen kann, weil die Unterschiede in der Zähigkeit zu groß sind. Man erhält aber ein anschauliches Bild von den Beziehungen der Kollodiumwolltypen zueinander (bez. ihrer Viscosität) wenn man gleichviscose Lösungen herstellt und deren Konzentration bestimmt. Die praktische Ausführung ist allerdings zeitraubend[2].

---

[1] Eine Monographie über die Viscosität der Flüssigkeiten ist von E. Hatschek kürzlich gegeben worden (Leipzig 1929). Vgl. ferner Fikentscher, H., u. H. Mark: Über die Viscosität lyophiler Kolloide. Kolloid-Z. **1929**, Dezember. Daselbst auch die neuere Literatur.

[2] Die Westfälisch-Anhaltische Sprengstoff AG. (Wasag) gibt für ihre Wolletypen an, daß die folgenden Konzentrationen gleiche Viscosität ergeben:

Wasag 5	23%	7	11%	17	3%
6	17—20%	8	8%	18	2%
6a	15%	8a	5%	19	$1^1/_2$%

Man findet dann z. B., daß die 10%ige Lösung einer hochviscosen Kollodiumwolle dieselbe Viscosität zeigt, wie etwa die 30%ige Lösung der niedrigst viscosen Type.

Drückt man die Viscosität in absoluten Zahlen aus, was mit Hilfe der später mitgeteilten Tabelle ohne Schwierigkeiten möglich ist, und stellt die genaue Konzentration der isoviscosen Lösungen fest, so kann man alle Kollodiumwollen nach ihrer Viscosität zwanglos in ein Schema einordnen, welches neben seiner Anschaulichkeit den Vorteil wissenschaftlicher Korrektheit besitzt.

Oben wurde die Klassifikation der Kollodiumwollen nach ihrem Stickstoffgehalt gegeben und bemerkt, daß jede der drei Klassen in verschiedenen Viscositätsstufen im Handel ist. Lacktechnisch besitzt die Klasse der esterlöslichen Wollen (Stickstoffgehalt 11,8—12,4%) die größte Bedeutung und das Sortiment der führenden Firmen pflegt daher an Wolletypen dieser Klasse besonders reichhaltig zu sein.

Die nachstehende Tabelle zeigt, in welcher Weise die Klasse der esterlöslichen Wollen (kurz E-Wollen genannt) nach der Viscosität zu ordnen ist. Es sind die Erzeugnisse der bekanntesten Firmen zusammengestellt, wobei bemerkt sei, daß die Typen sich natürlich nicht ganz genau entsprechen. Auch die Produkte jeder einzelnen Firma weisen einen gewissen Spielraum auf, der im wesentlichen durch die wechselnden Anforderungen der Kundschaft bedingt ist.

E-Wollen
Stickstoffgehalt 11,8—12,4%

Bezeichnung nach der Eigenviscosität	D. C. F. Eilenburg	Wolff & Co. Walsrode	Wasag	Hercules Powder
E 1160	F K	BN dick	12 und 14a	125—175″
E 950	LF 26	BN dünn	8a extra dick	15″
E 840	F E	6 b	8	8″
E 730	D II E	J 4	7 und 8	4″
E 620	LF 26 dünn	AB 300	6	$\frac{1}{2}$″
E 510	LF 26 extra dünn	AB 100		
E 400	LF 26 ultra dünn	AB 15	5	$\frac{1}{4}$″

Die Kollodiumwollen der Deutschen Celluloid-Fabrik in Eilenburg und von Wolff & Co. in Walsrode werden heute schon unter den neuen Bezeichnungen gehandelt.

Die Viscosität ist ein wichtiges Merkmal der Kollodiumwollen; mit gewissen Vorbehalten kann sie sogar als Qualitätsmerkmal angesehen werden. Es besteht nämlich ein gesetzmäßiger Zusammenhang zwischen

A-Wollen
Stickstoffgehalt 10,5—11,2 %

Neue Bezeichnung nach der Eigenviscosität	D. C. F. Eilenburg	Wolff & Co. Walsrode	Wasag	Hercules Powder
A 1100	C L	—	—	—
A 620	LC 3 hochviscos	ABL	—	—
A 510	LC 3 niedrigviscos	—	A III	AS $\frac{1}{2}$
A 400	LC 3 ultra dünn	—	—	AS $\frac{1}{4}$

der Viscosität und der Länge der Hauptvalenzketten, also dem Polymerisationsgrade des Produktes. Es besteht ferner eine Beziehung zwischen dem Polymerisationsgrade und den mechanischen Eigenschaften, und diese sind für die praktische Verarbeitung der Kollodiumwollen besonders wichtig.

Zur eindeutigen Bezeichnung der Viscosität einer Kollodiumwolle sind folgende Angaben erforderlich:

1. Konzentration der Lösung.
2. Temperatur bei der Messung.
3. Das Lösungsmittel.
4. Die Art des verwendeten Viscosimeters und Angabe der mit dem Gerät bestimmten Viscosität einer Substanz von bekannter Zähigkeit.
5. Meßergebnis in Sekunden.

Allgemeine Verständlichkeit erzielt man durch Angabe der Viscosität in absoluten Einheiten (Poisen, Centipoisen). Vgl. die analytischen Methoden.

7. Stabilität.

Dieser Begriff wird in verschiedener Weise angewandt. Ursprünglich verstand man darunter lediglich die Lagerbeständigkeit der für Schießzwecke gebrauchten Wollen. Wie schon einleitend erwähnt wurde, hat die Erzielung unbeschränkter Lagerfähigkeit in der Mitte des vorigen Jahrhunderts große Schwierigkeiten bereitet und Explosionen aufgestapelter Bestände[1] haben die Einführung des rauchlosen Pulvers verzögert. Heute macht die Herstellung lagerbeständiger Wollen keinerlei Schwierigkeiten mehr. Es muß allerdings bemerkt werden, daß die Stabilisierung der hochstickstoffhaltigen Schießwollen wesentlich schwieriger ist als die Stabilisierung der für Lackzwecke verwendeten Kollodiumwollen.

Wenn auch heute noch nicht völlig geklärt ist, worauf die Unstabilität der Wollen zurückzuführen ist, so steht doch fest, daß Spuren freier

[1] Vgl. Brunswig: Die Explosivstoffe. Berlin.

Säure, besonders Schwefelsäure, die Stabilität beeinträchtigen. Ungünstig wirken ferner die von der Nitrocellulosefaser adsorbierten Nitrate (und Nitrite?) von Abbauprodukten und Begleitstoffen der Cellulose, die während des Stabilisierungsprozesses nur teilweise entfernt werden. Man erhält diese Produkte beispielsweise aus den Kollodiumwollen der E-Klasse durch Extraktion mit 90%igem Sprit. Der Extrakt stellt eine krümlige gelbe Masse ohne filmbildende Eigenschaften dar, welcher etwa 8% Stickstoff enthält und die üblichen Stabilitätsteste[1] nicht aushält. Denitriert man diese Substanz durch Behandlung mit Ammoniumsulfhydrat in der Kälte, so erhält man ein stickstofffreies Produkt, welches sich in 5%iger Natronlauge restlos auflöst.

Die heute im Handel befindlichen Lackwollen sind alle stabil im Sinne des Abel- und Bergmann-Junk-testes, aber sie sind nicht immer stabil in einem neueren, von der Lacktechnik geprägten Sinne, der allerdings nicht fest umrissen ist.

Neben ihren großen Vorzügen als Lackrohstoff hat die Nitrocellulose gegenüber der Acetylcellulose und den Celluloseäthern auch in ihrer reinsten Form den Nachteil größerer Licht- und Temperaturempfindlichkeit.

Die Vergilbung von Nitrocelluloseschichten ist begleitet von einer Stickoxydabspaltung und führt bei fortgesetzter Einwirkung der die Vergilbung bedingenden Kräfte zu einer Abnahme der Elastizität und Festigkeit der Lackschichten. Je größer der nicht aus Nitrocellulose bestehende Extraktgehalt ist, um so weniger stabil im neueren Sinne ist die Wolle. Trotzdem kann die Bestimmung des Extraktgehaltes kein sicheres Urteil über die Stabilität ermöglichen, da sich gewisse Nitrocellulosetypen, wie oben ausgeführt, bis zu 100% in Sprit auflösen. Die exakte Beurteilung der Stabilität kann nur durch Messung der mechanischen Eigenschaften von Lackfilms erfolgen. Man lagert die Filme bei höherer Temperatur (z. B. 60°) und bestimmt in gewissen Zeitintervallen die mechanischen Eigenschaften. In gleicher Weise untersucht man Filme, die der Sonnen- oder Quecksilberlichtbestrahlung ausgesetzt werden, wobei man außerdem deren Farbänderung verfolgt.

Sieht man von gewissen, durch Ausgangsmaterial und Herstellungsprozeß bedingten Qualitätsunterschieden ab, so gilt die Regel, daß die Stabilität bei Wollen hoher Viscosität meistens besser ist als bei solchen von niedriger Viscosität. Auf dem Gebiet der niedrigst viscosen Typen sind allerdings in neuester Zeit solche Fortschritte erzielt worden, daß man gegen die Aufstellung eines solchen Satzes als Regel Bedenken haben kann.

---

[1] Man ist der Ansicht, daß das Verhalten der NC bei höherer Temperatur einen Anhalt dafür gibt, wie sie sich bei gewöhnlicher Temperatur und längerer Beobachtungsdauer verhält. Hierauf beruhen die Prüfungsmethoden von Abel und von Bergmann-Junk.

Richtig aufgebaute Lackschichten auf Nitrocellulosebasis halten bekanntlich nicht nur der Belichtung und Erwärmung, sondern auch der Bewitterung in hervorragender Weise stand. Vergilbung tritt in der Regel nur bei transparenten oder sehr hellfarbigen Lackschichten störend in Erscheinung. Die in einer Lackschicht gewöhnlich außer Nitrocellulose enthaltenen Substanzen üben einen starken hemmenden oder fördernden Einfluß auf diesen Vorgang aus. Auf diese Verhältnisse wird später noch einzugehen sein..

Prüfungs- und Untersuchungsmethoden.

Probenahme. Die Probenahme erfolgt derart, daß bei kleineren Mengen aus allen Behältern, bei größeren aus mindestens jeder 5. Kiste je 5—6 Proben mittels Probestechers entnommen und diese Einzelproben möglichst gleichmäßig vermischt werden.

Dabei ist besonders auf sehr sorgfältige Probenahme für die Feuchtigkeitsbestimmung zu achten, da die am Boden der Packgefäße befindlichen Wollpartien infolge Durchsackens der Anfeuchtungsflüssigkeit meist etwas feuchter sind als die oberen Partien.

Feuchtigkeitsbestimmung. 5—10 g einer guten Durchschnittsprobe feuchter Kollodiumwolle werden in einem Wägeglas bei etwa 50° C in einem Trockenschrank mit indirekter Beheizung getrocknet. Durch einstündige Nachtrocknung bei 60—65° wird festgestellt, ob Gewichtskonstanz erreicht ist.

Mit Butanol angefeuchtete Wollen werden vor der Trocknung auf einem Büchnertrichter sorgfältig mit warmen Wasser ausgewaschen, wobei darauf zu achten ist, daß mit der Waschflüssigkeit keine Fasern verlorengehen.

Bestimmung der Trockensubstanz in Kollodiumpasten. Eine auf Zentigramm genau abgewogene Menge von Paste wird in einer gut verschließbaren Flasche mit etwa der zwanzigfachen auch auf Zentigramm genau gewogenen Menge von reinem Aceton geschüttelt bis vollständige Lösung eingetreten ist. Die Lösung wird aus einer Wägepipette in ein möglichst großes flaches Glasschälchen gegossen, und zwar soviel als 0,5—1 g Paste entspricht.

Das Glasschälchen muß mit analytischer Genauigkeit abgewogen sein. Das Schälchen wird in einem Dampftrockenschrank von mindestens 80—85° bis zum konstanten Gewicht getrocknet.

Gesamtdauer der Bestimmung 5—6 Stunden.

Berechnung. Beispiel: abgew. Paste = 4,30 g, Aceton = 102,000 g. Lösung benutzt = 15,76 g, enthält Paste = $\frac{4{,}30 \times 15{,}76}{4{,}30 \times 10200}$ = 0,6378 g Trockenrückstand = 0,3320 = 52,1%.

Stabilität. Bestimmung der Verpuffungstemperatur von Nitrocellulose (gemäß Anlage C 1a der Eisenbahn-Verkehrsordnung). Etwa 0,1 g getrockneter Kollodiumwolle werden in einem Reagensglas von 125 mm Höhe, 15 mm lichter Weite und 0,5 mm Wandstärke in ein auf 100° erwärmtes Ölbad gebracht. Das Reagensglas muß genau 45 mm in das Öl hineintauchen und 40 mm über den Deckel des Ölbades herausragen; ferner muß sich die Mitte der Quecksilberkugel des benutzten Thermometers in gleicher Höhe mit dem Boden der Reagensgläser befinden. Durch Erhitzen wird die Temperatur des Öles in der Minute um rund 5° C gesteigert, dergestalt, daß nach 16 Minuten 180° C erreicht werden.

Bergmann-Junk-Test. Man erhitzt trockene Kollodiumwolle 2 Stunden lang auf 132°, fängt die entweichenden Gase über Wasser auf und bestimmt deren Stickstoffgehalt nach Schulze-Tiemann. Die Methode erfordert besondere Apparaturen[1].

Warmlagertest. Der Warmlagertest wird folgendermaßen ausgeführt: In ein Glasrohr mit eingeschliffenem Glasstöpsel von etwa 21,5 cm Länge und 2,5 cm innerem Durchmesser werden 5 g trockene Kollodiumwolle in den Warmlagerofen eingestellt, welcher dauernd auf 75° C gehalten wird. Es wird nun festgestellt nach wieviel Tagen sich die ersten erkennbaren roten Gase bilden. Bei einer guten, stabilen Kollodiumwolle vergehen mindestens 14 Tage, manchmal zeigen sich auch nach 30 Tagen noch keine roten Gase.

Die wichtigsten Viscositätsmeßmethoden der Praxis. Im Verkehr zwischen Hersteller und Verbraucher bedient man sich heute im allgemeinen noch nicht absoluter Zahlen und Methoden. Zur Charakterisierung der Viscositätslage von Kollodiumwollen dient in der Regel die Angabe des Meßergebnisses in Sekunden, welches mit bestimmten konventionellen Methoden an Lösungen bestimmter Konzentration erhalten wurde. Die wichtigsten dieser Methoden sind:

1. Die Cochiusmethode (nach F. Cochius, früher Direktor der Deutschen Sprengstoff-AG.).

2. Die deutsche Fallkugelmethode (nach Veröffentlichungen der Westfälisch-Anhaltischen Sprengstoff-AG.).

3. Die amerikanische Fallkugelmethode (nach Veröffentlichungen der Hercules Powder Co.).

1. Die Cochiusmethode bedient sich des Prinzips der steigenden Luftblase. Es werden Glasröhren von 7 mm, 10 mm und 20 mm lichte Weite verwendet. Am 7- und 10-mm-Rohr sind die Marken in einem Abstand von 50 cm, beim 20-mm-Rohr in einem Abstand von 25 cm angebracht. Am häufigsten wird das 7-mm-Rohr angewendet. Man füllt

---

[1] Es sei verwiesen auf Z. angew. Chem. **1904**, 982, 1018 u. 1074 und Lunge-Berl: Untersuchungsmethoden II, 7. Aufl.

die Rohre mit der zu messenden Lösung und stellt die Zeit fest, welche eine Luftblase (beim 7-mm-Rohr etwa $^1/_2$ cm³, beim 20-mm-Rohr etwa 2 cm³) benötigt, um in dem senkrecht gestellten Viscosimeter die markierte Strecke zurückzulegen.

Hochviscose Wollen	4%ige Lösung: Für die Messung der Viscosität werden 4 g trockene Wolle in 48 g Alkohol (94 Gew.%), der mit 2% Toluol vergällt ist und 48 g Äther (0,720—0,722) gelöst.
Mittelviscose Wollen	5%ige Lösung: 5 g trockene Wolle werden in 95 g Butylacetat (98—100) gelöst.
Niedrigviscose Wollen	10%ige Lösung: Die Lösung wird entsprechend der 5%igen angesetzt (10 g Wolle plus 90 g Butylacetat).

Die Rohre befinden sich zweckmäßig in einem Wasserbad mit konstant gehaltener Temperatur. Die Meßzeit soll nicht weniger als 20 Sekunden betragen; andernfalls ist die Messung mit einer Lösung höherer Konzentration zu wiederholen. Die Messung wird gewöhnlich bei +18° C vorgenommen. Brauchbare Werte erhält man mit Cochiusröhren in dem Bereich von 20—600 Sekunden.

Unter dieser Voraussetzung liegt der Meßbereich des 7-mm-Rohres zwischen 70 und 2400 Centipoisen, des 10-mm-Rohres zwischen 240 und 8400 Centipoisen, des 20-mm-Rohres zwischen 2820 und 80000 Centipoisen.

Mit Hilfe der unten angegebenen Tabellen ist es möglich, aus der Sekundenzahl einer Cochiusmessung ohne weiteres auf die Viscosität der Lösung in Poisen zu schließen. Die Werte sind durch gleichzeitige Messung in Cochiusröhren und Apparaten, welche unmittelbar absolute Werte ergeben, erhalten worden. Aus bestimmten, hier nicht zu erörternden Gründen kommt den indirekt erhaltenen Werten nur orientierende Bedeutung zu. Es ist selbstverständlich, daß für wissenschaftliche Arbeiten die absoluten Viscositätszahlen direkt bestimmt werden müssen. Der außerordentliche Vorzug der Cochiusmethode liegt darin, daß auch ungeübte Arbeitskräfte zahlreiche Messungen nebeneinander rasch ausführen können. Die Methode ist sehr empfindlich. Es werden meistens 5 und 10%ige Lösungen gemessen.

2. Die deutsche Fallkugelmethode. Die Lösung wird in einen Glaszylinder gegossen, dessen lichte Weite nicht unter 3 cm beträgt und der 3 Marken trägt. Die oberste Marke ist 1 cm unterhalb des Gefäßrandes, die mittlere Marke etwa 2 cm tiefer und die unterste Marke genau 25 cm unter der mittleren Marke angebracht. Der Zylinder wird bis zur obersten Marke gefüllt. Eine Stahlkugel von 2 mm Durchmesser wird dicht über die Mitte des Flüssigkeitsspiegels gebracht und fallen gelassen. Es wird die Zeit gemessen, welche die Kugel braucht, um den Abstand zwischen der mittleren und unteren Marke zurückzulegen. Temperatur der Flüssigkeit 18° C.

Stahlkugeln von 2 mm Durchmesser erhält man in jeder Kugellagerfabrik. Die Kugel wiegt 0,0320 g. Kleine Gewichtsdifferenzen geben keinen wesentlichen Unterschied.

Lösung der Wollen (in Butylacetat bei 18°).

Sekunden gemessen	entsprechen Centipoisen im 7-mm-Rohr	im 10-mm-Rohr	im 20-mm-Rohr	bei deutsch. Fallkugel	bei Hercules-Fallkugel
15	50	175	1840	720	7200
20	70	240	2820	960	9600
30	105	360	4380	1440	14400
40	145	485	5840	1920	19200
50	185	605	7300	2400	24000
60	225	730	8760	2880	28800
70	265	850	10220	3360	33600
80	305	970	11680	3840	38400
90	345	1090	13140	4320	43200
100	385	1220	14700	4800	48000
120	460	1480	17640	5760	57600
140	550	1750	20720	6720	67200
160	625	2040	23840	7680	—
180	710	2330	27000	8640	—
200	790	2620	30200	9600	—
220	870	2930	33440	10560	—
240	950	3240	36720	11520	—
260	1030	3540	40040	12480	—
280	1110	3840	43400	13440	—
300	1190	4140	46500	14400	—
320	1265	4450	49600	15360	—
340	1345	4760	52700	16320	—
360	1425	5040	55800	17280	—
380	1510	5320	58900	18240	—
400	1595	5600	62000	19200	—
420	1680	5880	65100	20160	—
440	1760	6160	—	21120	—
460	1840	6440	—	22080	—
480	1920	6720	—	23040	—
500	2000	7000	—	24000	—
520	2080	7280	—	24960	—
540	2160	7560	—	25920	—
560	2240	7840	—	26880	—
580	2340	8140	—	27840	—
600	2400	8400	—	28800	—

Der Meßbereich dieser Methode liegt zwischen 7 und 300 Poisen. Die Tabelle gestattet die Ablesung der Meßergebnisse in Poisen.

3. Die amerikanische Fallkugelmethode. Die Messung nach der amerikanischen Fallkugelmethode geschieht in derselben Weise wie nach der deutschen Methode.

Man verwendet jedoch eine Stahlkugel von 0,793—0,797 cm Durchmesser (Gewicht der Kugel 2,046—2,054 g). Die Gesamthöhe der Flüssigkeitssäule soll 35 cm und der Abstand der beiden Marken voneinander 25 cm betragen.

Die Messungen werden bei einer Temperatur von 25° C vorgenommen. Die höher viscosen Kollodiumwollen werden in einer 12,2% igen Standardlösung, die niedrigviscosen in einer 20% igen Standardlösung gemessen.

Während die deutschen Hersteller als Normallösungsmittel für Viscositätsmessungen gewöhnlich Butylacetat 100% ig angeben, beziehen sich die Angaben der amerikanischen Hersteller auf ein Gemisch von Alkohol, Essigester und Benzol.

Die für höher viscose Wollen bestimmte Vorschrift lautet:

12,2% Kollodiumwolle, trocken,
22,0% Alkohol (94%),
17,5% Essigester,
48,3% Benzol (90er Handelsbenzol).

Für niedrigviscose Typen wird folgende Vorschrift angegeben:

20% Kollodiumwolle, trocken,
20% Alkohol (94%),
16% Essigäther,
44% Benzol.

Die untere Grenze der Zähigkeit, welche mit dieser Methode exakt meßbar ist, liegt bei 72 Poisen (15 Sekunden Fallzeit). Die Kennzeichnung von Typen mit 2 Sekunden, $^1/_2$ Sekeunde, ja sogar $^1/_4$ Sekunde ist daher nicht als besonders glücklich anzusehen.

Prüfung von Farbgehalt und Trübungsgrad von Kollodiumwollelösungen. Die Bestimmung dieser Eigenschaften gestaltet sich sehr einfach und von individuellen Faktoren weitgehend unabhängig durch Benutzung des Halbschattenmessers von Wilhelm Ostwald. Die vielseitige Verwendungsmöglichkeit dieses Apparates ist beschrieben in dem Bändchen „Farbkunde“ der Sammlung Chemie und Technik der Gegenwart[1], ferner in den Prospekten der Firma Janke & Kunkel in Köln, welche den Apparat herstellt. Hierzu kann auch der Glanzmesser nach Ostwald-Wolski verwendet werden.

Von einer Beschreibung kann abgesehen werden.

Beispiel.

Am besten eignen sich Küvetten mit 3 × 3 × 3 cm Innenmaßen. Eine Küvette wird mit einer 20% igen Lösung einer niedrigviscosen Kollodiumwolle, die andere mit dem verwendeten Lösungsmittel bzw. Lösungsmittelgemisch gefüllt.

Die Küvetten werden mit einer planparallelen Platte so verschlossen, daß sich keine Luftblase darin befindet. Nachdem der Apparat auf gleiche Helligkeit der beiden Halbkreise eingestellt ist, was bei richtiger Aufstellung mit Öffnung beider Spalten auf Skalenteil 100 erreicht wird, bringt man die Küvette mit dem Lösungsmittel über das linke Normalweißblatt, die Küvette mit der Lösung über das rechte Normalweißblatt und beobachtet unter Vorschaltung des Blaufilters.

[1] Leipzig: S. Hirzel.

Der rechte Halbkreis erscheint dunkler als der linke, und man verstellt den Schieber links solange, bis gleiche Helligkeit der Halbkreise erreicht ist.

Als Durchschnitt von 10 Bestimmungen findet man z. B. **53** an der Skala des Schiebers.

Unter Vorschaltung eines Gelbfilters mißt man in derselben Weise und findet z. B. **73** an der Skala des Schiebers.

Diese Lösung hat dann einen Weißgehalt von 53, einen Schwarzgehalt oder Trübungsgrad von $100 - 73 = 27$ und einen Farbgehalt von $100 - (53 + 27) = 20$.

Prüfung der mechanischen Eigenschaften. Zur Prüfung der mechanischen Eigenschaften, der Wetterbeständigkeit usw. muß man die Nitrocellulose in Filmform bringen. Als Lösungsmittel verwendet man ein Gemisch von Alkohol, Benzol, Essigäther 1:1:1. Das Gemisch eignet sich für alle Kollodiumwolletypen.

Beispiel.

In eine Liter-Weithalsflasche gibt man 300 g Lösungsmittelgemisch (Benzol: Essigäther 1:1). Unter dauerndem Umrühren gibt man 150 g Kollodiumwolle E 510 (Wasag 6 oder Hercules RS $^1/_2$), angefeuchtet mit der gleichen Menge Alkohol, zu, verschließt die Flasche und spannt sie in eine Schüttelvorrichtung. Nach einigen Stunden ist die Lösung glatt und wird gekocht zur Entfernung der im Lösungsmittel gelösten Luft. Hierzu stellt man die Flasche in einen Topf, welcher etwa 10 cm hoch mit Wasser gefüllt ist. Das Wasser erhitzt man langsam auf 85 °C unter gelegentlichem Schwenken der Flasche. Die Lösung beginnt Blasen zu werfen, und wenn die ganze Lösung mit Blasen durchsetzt ist, verschließt man die Flasche fest und läßt abkühlen. Nach einigen Stunden kann die Lösung vergossen werden; sie gibt bei richtiger Arbeitsweise stets völlig blasenfreie Filme.

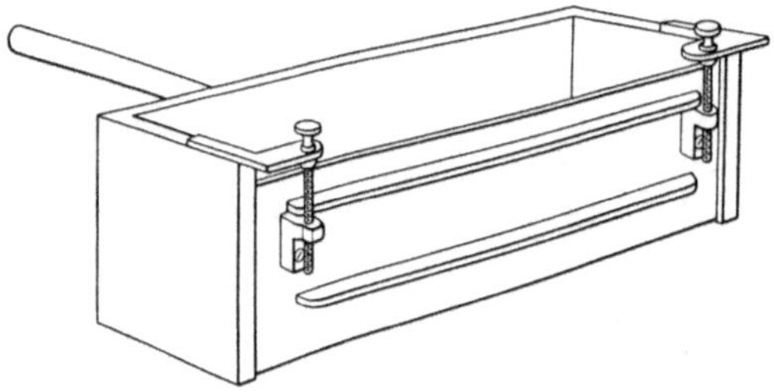

Abb. 6. Filmgießer.

Zum Vergießen eignet sich ein einfacher Apparat aus Messing oder Rotguß, dessen Konstruktion aus Abb. 6 zu ersehen ist. Die Vorderwand trägt einen Handgriff, an dem der Gießer über die Glasplatte gezogen wird, die Hinterwand steckt in einer Nut der beiden Seitenwände und kann mit Hilfe zweier Schrauben hoch und tief gestellt werden. Die untere Kante dieser beweglichen Hinterwand bestimmt die Dicke der Schicht, welche abgestrichen wird, und damit die Dicke des gegossenen Films.

Das Gießen der im Beispiel angegebenen Lösung aus einer niedrigviscosen Kollodiumwolle gestaltet sich wie folgt:

Auf eine Spiegelglasplatte legt man ein Quartblatt glattes festes Papier. Auf dieses stellt man den Gießer und stellt mit Hilfe eines sogenannten Spions die bewegliche Hinterwand des Gießers so ein, daß sie sich 0,5 mm über der Unterlage befindet. Dann füllt man den Gießer mit der Lösung bis etwa zur Hälfte und zieht ihn, während man das Papier festhält, langsam über die Glasplatte (etwa 5 Sekunden für 10 cm). Man erhält so einen Film von 0,1 mm Dicke. Die begossene Glasplatte wird sofort in einen Schrank gebracht, welcher mit Luft von 50—60° beheizt wird. Nach etwa $^1/_2$ Stunde wird die Glasplatte herausgenommen und der Film durch Abschneiden der Ränder so weit gelockert, daß er gegebenenfalls unter Zuhilfenahme von kaltem Wasser von der Glasplatte abgezogen werden kann. Der Film wird 20 Stunden mit Luft von 50—60° getrocknet.

Die Festigkeit wird mit den bekannten Schopperschen Apparaten bestimmt.

Prüfung der Verschnittfähigkeit. 3 g trockne Kollodiumwolle werden in 32 cm³ Amylacetat (0,86) gelöst und mit Benzin (0,715—0,720 18° C) bis zum Auftreten einer leichten bläulichweißen Trübung versetzt. Die verbrauchten Gramm Benzin mal 100, dividiert durch angewandte Gramm Lösung, geben den Wert für Verschnittfähigkeit an.

Berechnung: $\frac{\text{g Benzin} \times 100}{(0{,}86 \times 32) + 3 + \text{g Benzin}} = \%$ Verschnittfähigkeit für Benzin.

Die Verschnittfähigkeit gegen Benzin steigt mit dem Stickstoffgehalt der Nitrocellulose. Über die Abhängigkeit der Verschnittfähigkeit und vom Lösungsmittel wird später näheres mitgeteilt.

Bestimmung der Alkohollöslichkeit. 5 g trockne Nitrocellulose werden mit 500 cm³ Alkohol 4—5 Stunden in einer 750-cm³-Flasche mit Gummistopfen bei Zimmertemperatur kräftig geschüttelt, worauf man mindestens 3 Stunden absitzen läßt. Ist der über der Nitrocellulose stehende Alkohol klar, werden mit einer Pipette 100 cm³ abgezogen und nach evtl. Filtrieren auf dem Wasserbade zur Trockne eingedampft, worauf man im Trockenschrank bei 90—95° bis zur Gewichtskonstanz nachtrocknet. Die Volumenangaben beziehen sich auf eine Temperatur von 15° C. Der zur Löslichkeitsbestimmung zu verwendende Sprit muß 94,0 Gewichtsprozente haben und mit 2% Toluol vergällt sein. Es kommt bei der Löslichkeitsbestimmung sehr genau darauf an, daß man stets Alkohol von der gleichen Stärke verwendet, da geringe Schwankungen der Spritstärke starke Abweichungen in den Resultaten ergeben.

Berechnung: Das bei der Trockenbestimmung ermittelte Gewicht, multipliziert mit hundert, ergibt die Alkohollöslichkeit in Prozenten.

Die Notwendigkeit einer genauen Einhaltung des Verhältnisses Alkohol:NC sowie der Grädigkeit des verwendeten Alkohols ergibt sich aus folgenden Tabellen[1]:

Eingewogene NC	In Lösung gegangener Anteil	Konzentration des Alkohols	In Lösung gegangener Anteil
0 125 g	61,9%	99,5%	12,75%
0,250 g	61,3%	98,0%	12,05%
0,500 g	61 0%	95,5%	11,80%
1,000 g	59,8%	94,0%	9,50%
2,500 g	57,3%	92,0%	7,10%
5,000 g	53,3%		
10,000 g	47,3%		

[1] Vergl. von Mühlendahl u. Reitstötter: Kunststoffe **1927** Nr 7.

Bestimmung der Grädigkeit des Anfeuchtungsmittels für Wolle nach der Paraffinmethode. In einen Rundkolben werden etwa 150 g der spritfeuchten Wolle eingefüllt. Der Kolben ist mit einem doppelt durchbohrten Gummistopfen verschlossen. Durch die eine Bohrung wird die Verbindung hergestellt mit einem Liebigkühler, der weiterhin mit einer in Eis gekühlten Saugflasche und einer Wasserstrahlpumpe in Verbindung steht. Durch die zweite Bohrung geht eine recht weite Capillare. Die Capillare ist oben mit einem Gummistück und Quetschhahn verschlossen. An dem Gummistück befindet sich ein Trichter. Der Kolben wird nun in einem Wasserbad erhitzt, während die Wasserstrahlpumpe angestellt wird. Es destilliert ein Teil der in der Wolle vorhandenen Flüssigkeit über. Wenn die Menge der übergehenden Flüssigkeit anfängt geringer zu werden, wird durch die Capillare so viel heißes Paraffin nachgefüllt, daß die Wolle davon eben bedeckt wird. Es wird nun solange destilliert, bis keine Flüssigkeit mehr übergeht. Die Menge des gebrauchten Paraffins beträgt etwa $^1/_2$—$^3/_4$ kg. Das Vakuum soll etwa 20—30 mm betragen. Das spezifische Gewicht des abdestillierten Alkohols wird in einem Pyknometer bestimmt und aus den bekannten Tabellen die Grädigkeit abgelesen. Die ganze Analyse dauert etwa $^3/_4$ Stunde.

Zur Kontrolle der Bestimmung stellt man sich Proben bekannter Anfeuchtung her unter Benutzung der nachfolgenden Tabelle. Zur Herstellung von Alkohol bestimmter Stärke (Wasser + Alkohol = 100 g ohne Berücksichtigung des vorhandenen Toluols) ist erforderlich:

Gewünschte Gew. % Alkohol	Toluolsprit 94%ig ccm	Wasser ccm
93	125,0	1,06
92	123,7	2,12
91	122,4	3,19
90	121,0	4,25
89	119,7	5,32
88	118,3	6,38
87	116,9	7,44
86	115,6	8,51
85	114,3	9,67
84	112,9	10,64
83	111,6	11,70
82	110,2	12,76
81	108,9	13,83
80	107,5	14,90
79	106,1	15,96
78	104,8	17,02
77	103,4	18,08
75	102,1	19,15
75	100,7	20,22

Vorläufige Liefervorschrift der A. S. T. M. für lösliche Nitrocellulose.

1. Diese Vorschriften beziehen sich auf das Material, das unter der Bezeichnung lösliche Nitrocellulose oder Kollodiumwolle im Handel ist, und das nur im angefeuchteten Zustand verschickt werden darf.

I. Eigenschaften.

2. Das Material muß den folgenden Anforderungen genügen:

a) Aussehen. Die Kollodiumwolle darf nicht mißfarbig sein und soll weder Klumpen noch fremde Bestandteile, wie kohlige Teilchen, enthalten.

b) Aschegehalt. Der höchstzulässige Aschegehalt beträgt 0,3%, auf trockene Nitrocellulose bezogen.

c) Stickstoffgehalt. Der Prozentgehalt an Stickstoff, auf das Trockengewicht bezogen, soll in den zwischen Käufer und Verkäufer vereinbarten Grenzen liegen.

d) Stabilität. Die Farbe des Methylviolettpapiers darf vor Ablauf von 20 Minuten nicht vollständig in Lachsrot umschlagen.

e) Viscosität. Die Viscosität des Materials soll den Vereinbarungen entsprechen, die zwischen Käufer und Verkäufer hinsichtlich der Viscosität der betreffenden Kollodiumwolle getroffen wurden.

f) Löslichkeit und Aussehen der Lösung. Die Probe muß mit dem Standardmuster der betreffenden Nitrocellulosesorte übereinstimmen.

g) Verhalten des Films. Die Probe muß mit dem Standardmuster der betreffenden Nitrocellulosesorte übereinstimmen.

h) Verdünnungsfähigkeit mit Toluol. Die Probe soll das gleiche Verdünnungsverhältnis wie das Standardmuster aufweisen.

II. Probenahme.

3. Bei einer Lieferung sollen mindestens aus 2 Gebinden Proben entnommen werden. Die Gesamtprobe des einzelnen Gebindes soll aus 2 Proben von etwa je 0,5 l bestehen, die an zwei verschiedenen Stellen in einem Abstand von mindestens 30 cm von der Oberfläche entnommen wurden. Die einzelnen Gebinde, aus denen Proben gezogen werden, sollen getrennt für sich untersucht werden.

III. Prüfverfahren.

4. Aschebestimmung. 1 g trockne Nitrocellulose wird in einem getrockneten und gewogenen Platintiegel eingewogen und auf 95—100° C bis zur Gewichtskonstanz erhitzt. (Dazu sind etwa 30 Minuten erforderlich.) Nach dem Abkühlen wird die Nitrocellulose mit 10—15 Tropfen chemisch reiner Salpetersäure angefeuchtet und solange auf dem Dampfbad erhitzt, bis sie in eine harzige Masse übergegangen ist. Manchmal muß man von Zeit zu Zeit noch einige weitere Tropfen Salpetersäure zugeben, um die Zersetzung zu vervollständigen. Schließlich wird über schwacher Flamme oder im elektrischen Ofen erhitzt, bis die flüchtigen Stoffe vollständig entfernt sind. Der Tiegelinhalt wird dann bei dunkler Rotglut bis zur Gewichtskonstanz verascht, im Exsiccator abkühlen lassen und gewogen.

4. Stickstoffbestimmung. Der Stickstoff wird am besten mit dem Nitrometer bestimmt. Eine ausführliche Beschreibung dieses Apparates und seiner Handhabung ist enthalten in den chemisch-technischen Untersuchungsmethoden von Lunge-Berl.

Meß- und Abfüllbürette müssen mit Quecksilber in der üblichen Weise genau kalibriert werden.

Auch muß der Apparat die vorgeschriebenen Abmessungen besitzen. Von den in den obigen Veröffentlichungen genannten Verfahren ist dasjenige vorzuziehen, bei welchem absolut reines Kaliumnitrat verwendet wird. Die Nitrocellulose wird bei 50° C oberflächlich getrocknet, dann etwa 1,0—1,05 g in tariertes Wägeglas eingewogen, bei 90—100° C bis zur Gewichtskonstanz getrocknet, im Exsiccator abkühlen lassen und genau ausgewogen. Die Probe wird darauf in den Becheraufsatz der Entwicklerkugler des Nitrometers eingefüllt, in genau 25 cm³ 95+1%iger Schwefelsäure (spez. Gewicht 1,84) gelöst und die am Wägeglas und Becheraufsatz haftende Nitrocellulosereste in die Entwicklerkugel übergespült. Während dieser Operation muß der untere Hahn der Bürette geöffnet bleiben. Bei starkem Unterdruck und geöffnetem unteren Hahn wird dann die Kugel leicht durchgeschüttelt, wodurch die Gasentwicklung sofort einsetzt. Sobald die Gasentwicklung merklich nachläßt, wird das Niveaurohr so tief gesenkt, daß nur noch 25 cm³ Quecksilber in der Entwicklungskugel verbleibt, der untere Hahn geschlossen und das Ganze 5 Minuten kräftig durchgeschüttelt, um sicher zu gehen, daß alle Nitrocellulose zersetzt wird. Nach dem Abkühlen wird das entwickelte Gas in die Meßbürette übergeführt und sein Volumen bestimmt. Das Resultat wird in Prozent Stickstoff, bezogen auf die trockene Nitrocellulose, ausgedrückt.

Es ist sehr wichtig, daß der untere Hahn geöffnet bleibt, bis die stärkste Gasentwicklung vorüber ist, da sonst durch die plötzliche Gasentwicklung die Kugel zertrümmert und der damit Beschäftigte schwer verletzt werden kann. Auch soll zur Sicherheit während der Untersuchung eine Celluloseacetat-Schutzmaske getragen werden.

6. Die „Viscosität" der zu untersuchenden Nitrocellulose wird derart bestimmt, daß man die Wolle in bestimmtem Mengenverhältnis in einer vorgeschriebenen Lösungsmittelmischung löst und die Geschwindigkeit bestimmt, mit welcher eine Normalstahlkugel durch die Lösung fällt.

Die für die Messung benutzte Lösung muß die unter A oder B angegebene Zusammensetzung aufweisen:

	Gewichtsprozent A	Gewichtsprozent B
Kollodiumwolle (bei 50% C bis zur Gewichtskonstanz getrocknet)	12,2	20,0
Essigäther (85%ig, Rest Alkohol)	17,5	16,0
Denaturierter Alkohol (C. D. Nr 1,188 proof)	22,0	20,0
Toluol (der Siedebereich umfaßt 2° und schließt den Siedepunkt 110,7° C von Reintoluol ein)	48,3	44,0

Formel A wird verwendet, wenn die Viscosität der Wolle mehr als 6 Sekunden beträgt. Bei einer Viscosität von 6 Sekunden oder weniger wird die Bestimmung an der Lösung B durchgeführt. Nachdem sich die Nitrocellulose vollständig gelöst hat, wird die Lösung in einen Glaszylinder gefüllt, der einen inneren Durchmesser von 2,5 cm, eine Höhe von 35 cm besitzt und in 5 und 30 cm Abstand von der oberen Kante zwei Marken trägt. Der Zylinder samt Inhalt wird auf die Temperatur von 25° C gebracht und ruhig stehengelassen, bis die Flüssigkeit keine Luftblasen mehr enthält. Dann läßt man eine Normalstahlkugel von 2,046—2,054 g Gewicht und 0,793—0,797 cm Durchmesser durch die Lösung fallen und bestimmt die Anzahl Sekunden, welche die Kugel zum Durchfallen der zwischen den Marken befindlichen Strecke von 25 cm benötigt. Die Fallzeit in Sekunden gilt als die „Viscosität" der untersuchten Kollodiumwolle. Der ermittelten Zahl wird je nach der benutzten Formel der Buchstaben A oder B vorgesetzt.

7. Die Löslichkeit und das Aussehen der Lösung wird folgendermaßen ermittelt:

Die nach Formel A oder B gelöste Wolleprobe wird mit einer Standardlösung derselben Nitrocellulosetype und der gleichen Zusammensetzung verglichen. Dazu werden kleine Phiolen benutzt. Man achtet genau auf Farbe und Klarheit, sowie auf vorhandene Flocken und Fasern. Soll die Kollodiumwolle für Lacke verwendet werden, die vollkommen klar und durchsichtig sein müssen, dann werden Probe und Standmuster in derselben Weise verglichen, nur daß an Stelle der obigen Formel die Formel C benutzt wird.

Formel C	Gewichtsprozent
Kollodiumwolle (bei 50° C bis zur Gewichtskonstanz getrocknet) . .	12,2
Butylacetat (85—90%ig, Rest Butylalkohol)	87,8

8. Das Verhalten des Films wird folgendermaßen untersucht. Man verdünnt Lösung A oder B mit dem gleichen Volumen Butylacetat und gießt die Lösung neben das Standardmuster auf eine Glasplatte. Die Filme läßt man in einem staubfreien Raum auftrocknen und vergleicht auf Verlauf, Glanz und ungelöste Teilchen, die auf unnitrierte Baumwolle oder auf Verunreinigung hinweisen.

9. Die Verdünnungsfähigkeit mit Toluol wird derart bestimmt, daß man die Probe nach Formel C auflöst und zu 50 cm³ dieser Lösung Toluol aus einer Bürette in kleinen Mengen zugibt. Nach jedem Toluolzusatz wird gut durchgerührt. Als Verdünnungswert gilt die Toluolmenge, nach deren Zusatz die erste beständige Wolleausscheidung eintritt. Dieser Wert wird in Volumenprozenten der Lösung C ausgedrückt. Für diese Untersuchung hält man stets größere Mengen Butylacetat und Toluol vorrätig, um Abweichungen in den Rohmaterialien zu vermeiden.

F. Die technische Herstellung der Acetylcellulose[1].

Als Ausgangsmaterial für die Herstellung von Acetylcellulose kommt nur Baumwolle in Betracht. Über deren Reinigung und Vorbereitung ist oben ausführlich gesprochen worden. Verschiedene Patentschriften betreffen die weitere Behandlung der Cellulose vor der Acetylierung mit dem Ziele, die Veresterung leichter und gleichmäßiger zu gestalten. So ist der I. G. Farbenindustrie die Vorbehandlung mit Milchsäure und Ameisensäure geschützt (E. P. 268289 und E. P. 263128). Die Usines du Rhône verwenden mercerisierte Baumwolle und behandeln bei erhöhter Temperatur mit Essigsäure, welche einen geringen Prozentsatz Schwefelsäure enthält (A. P. 1543310). Von Dreyfuß wird Phosphorsäure und daneben Fettsäuren und Alkohole als Zusatz zur Essigsäure bei der Vorbehandlung angegeben. Alle diese Verfahren haben den Zweck, die Cellulose reaktionsfähiger zu machen. Allerdings wird sie durch diese Behandlungsweise zu einem größeren oder geringeren Betrage in Hydrocellulose übergeführt.

Die eigentliche Acetylierung erfolgt durch Eintragen der Baumwolle in ein Gemisch von Essigsäure, Essigsäureanhydrid und Katalysator, welches sich in einer stark gebauten Knetmaschine befindet. Schon wenige Minuten nach Beginn des Acetylierungsvorganges bildet das Reaktionsgemisch eine knetbare faserhaltige, aber schon durchscheinende

[1] Vgl. hierzu den Beitrag von Eichengrün in der Enzyklopädie d. techn. Chem. von Ullmann **1** (1928). Daselbst eine sehr vollständige Sammlung von Patenten. — Ferner Roos u. Friese: Über Acetylcellulose in Die Kunstseide **1929**, 455ff. — Yarsley, V. E.: Über die Herstellung und die Eigenschaften der Celluloseacetate. Berlin 1927.

Masse. Die gebildete Acetylcellulose löst sich in dem vorhandenen Eisessig auf. Hierdurch wird ein gleichmäßiges Durchreagieren ermöglicht.

Theoretisch benötigt man auf 10 kg Baumwolle von 5% Feuchtigkeit 18,8 kg Anhydrid; der Feuchtigkeitsgehalt der Baumwolle bedingt einen Mehrverbrauch von 3,4 kg Anhydrid, da das Wasser aus Anhydrid bekanntlich Essigsäure bildet. Tatsächlich benötigt man bei der technischen Acetylierung aber 30—40 kg Anhydrid auf 10 kg Baumolle. Dieser Mehrverbrauch ist unvermeidlich, wenn die Reaktion zu Ende geführt werden soll; fast alle Veresterungsreaktionen erfordern einen Überschuß an Veresterungsmittel.

Eine wichtige Rolle bei der Acetylierung spielt der Katalysator, wie schon aus der Fülle der Patente zu entnehmen ist, welche sich hierauf beziehen.

Die Schwefelsäure nimmt praktisch die erste Stelle ein und zahlreiche Patente beziehen sich auf die Verwendung von Substanzen, welche Schwefelsäure frei machen. Abweichend im Prinzip ist die Verwendung von Chlorzink nach Ost und die von Schwefeldioxyd und Chlor nach Barnett; technische Bedeutung dürften diese Vorschläge aber nicht erlangt haben.

Ebenso ist der Acetylierung mit Acetylchlorid kein praktischer Erfolg beschieden gewesen.

Die zur Acetylierung verwendeten Knetapparate werden gewöhnlich aus einer säurefesten Bronze gebaut, sie sind mit Heiz- und Kühlvorrichtung versehen. Die Temperatur während des Veresterungsvorganges übt einen großen Einfluß auf die Beschaffenheit des fertigen Produktes aus.

Gewöhnlich wird die als Katalysator dienende Schwefelsäure dem Gemisch von Essigsäure und Essigsäureanhydrid zugesetzt. In dieses Gemisch trägt man die Cellulose portionsweise ein, wobei die Temperatur nicht über 20° C steigen soll. Meistens benötigt man auf 10 kg Cellulose 30—40 kg Eisessig, ebensoviel Anhydrid und 0,6—2 kg Schwefelsäure. Die Veresterung ist in einigen Stunden beendet.

So einfach dieser Vorgang zu sein scheint, so schwierig ist es, auch bei peinlicher Einhaltung der Reaktionsbedingungen immer wieder zu einem Endprodukt von gleichen Eigenschaften zu kommen. Wie weit die von der Temperatur abhängige Bildung von Sulfoessigsäure und Acetylschwefelsäure von Einfluß auf den Reaktionsverlauf ist, konnte noch nicht geklärt werden.

Durch Fällen der Reaktionsmasse mit Wasser erhält man das Triacetat in körniger Form. Wie schon erwähnt, ist es wegen seiner ungünstigen Löslichkeitseigenschaften (Lösungsmittel sind: Chloroform, Eisessig, Ameisensäure, Tetrachloräthan, Nitrobenzol) als solches nicht zu größerer technischer Bedeutung gelangt, doch bildet es das Ausgangsmaterial für die acetonlöslichen Acetylcellulosen und von seiner Beschaffenheit hängt die Qualität des fertigen Produktes ab.

Zur Herstellung der acetonlöslichen Acetate (z. B. des Cellits) wird das Triacetat nicht isoliert, vielmehr wird die Primärlösung in der Knetmaschine einer Hydrolyse unterworfen, welche eine Verminderung des Essigsäuregehaltes und damit eine grundsätzliche Änderung der Löslichkeitseigenschaften zur Folge hat.

Für diese Umwandlung des Triacetates in ein acetonlösliches Produkt sind zahlreiche Vorschriften bekannt geworden; sie beruhen alle auf der Einwirkung von Säuren auf die Primärlösung bzw. auf das isolierte Primäracetat.

Die grundlegenden Hydrolysierpatente sind A. P. 838340 (1904) Miles, DRP. 252706 (1905) Miles und DRP. aF 20963 (1905) Eichengrün, Becker und Guntrum.

Die Arbeitsweise bei der Hydrolyse sei durch einen Auszug aus den Patentschriften kurz gekennzeichnet.

Eichengrün, Becker und Guntrum mischen 250 Teile Salpetersäure von 40° Bé mit 1250 Teilen Wasser und tragen in diese verdünnte Salpetersäure 100 Teile Primäracetat ein. Man läßt bei gewöhnlicher Temperatur unter gelegentlichem Umrühren stehen und stellt durch Probenahme von Zeit zu Zeit das Fortschreiten der Reaktion fest. Die Reaktion ist beendet, wenn eine getrocknete Probe glatt in Aceton löslich ist. Man wäscht das Acetat bis zum Verschwinden der sauren Reaktion und trocknet bei etwa 40° C. An Stelle von Salpetersäure kann auch Salzsäure von 25° Bé, die mit der fünffachen Menge Wasser verdünnt oder eine 10% ige Oxalsäurelösung verwendet werden.

Die entsprechende Vorschrift von Miles lautet wie folgt:

100 g Cellulose werden mit 240 g Essigsäureanhydrid, 400 g Eisessig und 10—20 g Schwefelsäure acetyliert. Nach Bildung des klaren Reaktionsproduktes wird die Hydrolysierungslösung zugegeben. Diese besteht aus einer Mischung von Eisessig, Wasser und Schwefelsäure in folgendem Verhältnis:

90 Teile Wasser
10 „ Schwefelsäure
100 „ Eisessig.

Von dieser Mischung werden 45 Teile der Primärlösung zugesetzt, homogen gemischt und die Mischung mehrere Stunden auf 50° erwärmt. Dann wird mit Wasser gefällt, wobei das acetonlösliche Acetat in Form eines feinen Pulvers erhalten wird.

Wie bei der Nitrocelluloseherstellung, so ist auch hier die Entfernung der letzten Reste freier Säure, besonders der Schwefelsäure, unbedingt erforderlich.

Ein Gehalt an Schwefelsäure im Celluloseacetat macht sich dadurch bemerkbar, daß daraus hergestellte Filme beim Lagern brüchig werden und sich in der Wärme bräunen.

Die Wiedergewinnung der Essigsäure ist für die Celluloseacetatindustrie ein wichtiges Problem. Es ist nicht möglich, an dieser Stelle eine ausführliche Darstellung der verschiedenen Verfahren zu geben, nach denen die durch Fällung des Acetylierungsgemisches mit Wasser erhaltene verdünnte Essigsäure konzentriert werden kann. Es sei auf die eingehende Darstellung Bugges[1] verwiesen.

Die Konzentration kann nach folgenden Prinzipien erfolgen:

1. Überführung in Salze, die dann mit Schwefelsäure zersetzt werden.
2. Extraktion der Essigsäure mit niedrigsiedenden Stoffen und Abdestillieren des Lösungsmittels aus dem Extrakt.
3. Extraktion mit hochsiedenden Stoffen und Abdestillieren der Essigsäure aus dem Extrakt.
4. Bindung der Essigsäure in Form von sauren Salzen, die beim Erhitzen wieder Essigsäure abspalten.
5. Adsorption an Aktivkohle aus Dämpfen.
6. Behandlung der wässrigen Säure mit wasserbindenden Stoffen, z. B. Na-Bisulfat.
7. Destillation mit Stoffen, die mit Wasser ein aceotropisches Gemisch bilden.

G. Eigenschaften der acetonlöslichen Celluloseacetate.

Die Celluloseacetate sind nur schwer zur Entzündung zu bringen. Sie verändern sich, wenn sie schwefelsäurefrei sind, bis 190° C[2] kaum und zersetzen sich erst zwischen 200 und 250°. Braunfärbung vor dem Zersetzungspunkt zeigt die Anwesenheit von „Sulfoacetaten" an.

Die Celluloseacetate sind unlöslich in Wasser, Ölen und Fetten, Benzin, Benzol, Alkohol, Äther, Butylacetat usw. Von verdünnten Säuren und Basen werden sie nicht angegriffen.

Von Säuren und Basen höherer Konzentration werden sie verseift. Besonders rasch und ohne wesentlichen Abbau des Celluloserestes erfolgt die Verseifung durch eine alkoholische Lösung von Na-Methylat. Die Verseifung mit Schwefelsäure 50%ig, bei der sich das Acetat klar auflöst, wird nach einer von Schranz ausgearbeiteten Methode zur Essigsäurebestimmung verwendet[3].

1. Löslichkeit im Zusammenhang mit dem Essigsäuregehalt.

Bestimmend für die Löslichkeitsverhältnisse ist in erster Linie der Essigsäuregehalt. Die technischen Acetate, auch die Primäracetate sind jedoch so wenig einheitlich, so daß eine bestimmte Formel für die einzelnen Löslichkeitsstufen nicht angegeben werden kann.

Theoretisch würde ein Cellulosetriacetat einen Essigsäuregehalt von 62,5% haben, ein Diacetat 48,8%. Ost gibt für technische Primär-

[1] Bugge: Ullmanns Encyklop. 2. Aufl.. Bd 4, S. 658.

[2] Vgl. jedoch den von verschiedenen Autorenbeobachteten viscositätserniedrigenden Einfluß: Annalen **448**, 164; ferner Z. angew. Chem. **1914**, 506.

[3] Ost: Z. angew. Chem. **19**, 995 (1906).

acetate einen Essigsäuregehalt von 57,1—61,9% an, für sekundäre 50—57,6%.

Nach Eichengrün liegt das Optimum für gute Acetonlöslichkeit bei guten mechanischen Eigenschaften bei 54%, doch kann der Essigsäuregehalt nach demselben Autor sich dem Wert für das Diacetat nähern, ohne daß das Produkt seine wertvollen Eigenschaften verliert.

In Analogie zu den Cellulosenitraten ist auch bei den Acetaten die Viscosität vom Veresterungsgrad nicht abhängig. Man kann Acetate in allen Viscositätsstufen bei gleichem Essigsäuregehalt herstellen.

Lösungsmittel für acetonlösliche Acetate sind: Aceton, Methyläthylketon, Ameisensäureester verschiedener Alkohole, Essigsäuremethylester (und Äthylester), Diacetonalkohol, Ester der Glykolsäure, Milchsäure (Solaktol) und die der Acetylglykolsäure, ferner Äthylidenacetat, Äthylenchlorhydrin, Methylglykol, Diäthylcarbonat, Dioxan.

Cyclohexanon, Cyclohexanolacetat (Adronolacetat), Acetessigester.

Lösungsmittel, welche wegen ihres hohen Siedepunktes als Gelatinierungs- bzw. Weichhaltungsmittel verwendet werden, sind Triphenylphosphat, Phthalsäuredimethylester, Glycerintriacetat usw. Näheres im Kapitel Gelatinierungsmittel.

Von Mehrtypenlösungsmitteln seien genannt; Gemische von Methylenchlorid und Alkohol (Eichengrün), Benzol-Alkohol-Aceton (Eichengrün DRP. 254 784 und 295 764), Benzol-Alkohol in der Wärme, Äthylenchlorid und Pentachloräthan in Mischung mit Alkohol (Eastmann Kodak F. P. 408 396), Bayer (F. P. 417 250).

Die Lösungsmittel der acetonlöslichen Acetylcellulose gehören, wie aus der vorstehenden Zusammenstellung zu entnehmen ist, in der Hauptsache denselben Gruppen an wie die der Kollodiumwollen:

Ketone.

Fettsäureester von Alkoholen und Glykoläthern.

Ester von Oxysäuren.

Die Auswahl ist jedoch geringer; von den Estern sind die der Ameisensäure bevorzugt, von den Acetaten löst nur Methylacetat glatt, während die Verwendung von Äthylacetat an ein Acetat von ganz bestimmten Essigsäuregehalt gebunden ist (56%). Die Alkohole haben überhaupt kein Lösevermögen. Auch von den Glykoläthern kommt nur das Methylglykol in Betracht.

Von den Kollodiumwollen unterscheiden sich die Acetate ferner durch ihre Löslichkeit in Äthylenchlorhydrin, das wegen seiner Giftigkeit allerdings kaum technische Anwendung finden dürfte, ferner durch ihre Löslichkeit in den erwähnten Gemischen von Methylenchlorid und anderen chlorierten Kohlenwasserstoffen mit Alkoholen. Die Celluloseacetate zeigen den Lösungsmitteln gegenüber ein sehr merkwürdiges

Verhalten, das schon wiederholt zum Gegenstand wissenschaftlicher Untersuchungen gemacht worden ist[1].

Neuerdings haben Werner und Engelmann[2] in einer sehr inhaltsreichen Arbeit die Auffassung vertreten, daß es sich bei dem Acetonlöslichwerden des Primäracetates und dem Übergang in die verschiedenen Löslichkeitsstufen unter dem Einfluß hydrolytisch wirkender Agentien um einen vorwiegend kolloidchemischen Vorgang handelt. Sie schreiben dem analytisch ermittelten Essigsäuregehalt lediglich statistische Bedeutung zu. Die Tatsache, daß jedem Veresterungsgrad (Essigsäuregehalt) auch bestimmte Löslichkeitseigenschaften zukommen, wird durch diese Feststellung nicht berührt.

Die Verfasser bedienen sich der oben entwickelten Auffassung von der Micellarstruktur der Cellulose und ihrer Derivate und andererseits der von Zsigmondy[3] gelehrten Anschauung über die Zusammensetzung der Micellen anorganischer Metalloxydsole.

Unter diesen Gesichtspunkten wird der Vorgang der Acetylierung und Hydrolyse wie folgt gedeutet:

Nach einer Oberflächenadsorption des Eisessigs erfolgt ein allmähliges Eindringen des Acetylierungsgemisches in die Intramicellarräume. Es findet ein Durchreagieren nach Art einer perumtoiden Reaktion statt. Die Micellen bleiben, auch nachdem die $C_6H_{10}O_5$ vollständig in Triacetat verwandelt sind und sich in der Essigsäure aufgelöst haben, als solche erhalten. Bei der zur Erzielung eines acetonlöslichen Produktes angewandten Hydrolyse werden mit sinkendem Essigsäuregehalt nacheinander verschiedene Löslichkeitsstufen durchschritten. Aceton beherrscht den größten Bereich, und zwar von etwa 59—50% Essigsäure, bei 56% Essigsäure liegt die in Essigester lösliche Stufe, die scheinbar der stöchiometrischen Verbindung $C_{12}H_{15}O_5\,(OCOCH_3)_5$ entspricht und zwischen 50 und 55% Essigsäuregehalt ist das Acetat in dem bekannten Gemisch Benzol-Alkohol-Aceton 1:1:1 löslich. Unterhalb 50% lösen sich die Acetate nur in wässrigem Aceton.

Es wird nun angenommen, daß von jeder Triacetatmicelle zunächst die an der Oberfläche liegenden strukturellen Einheiten ($C_6H_{10}O_5$) eine ihrer Acetylgruppen abspalten, und daß dieser allmählig verlaufende Verseifungsprozeß den Übergang in die verschiedenen Löslichkeitsstufen bedingt. Für den permutoiden Verlauf dieser Reaktion spricht u. a., daß mechanische Mischungen von Tri- und Diacetat nicht in Aceton löslich sind.

---

[1] Vgl. Die klassischen Arbeiten von Knoevenagel und seinen Schülern: Kolloidchem. Beih. **1921**, 13; **1922**, 14, 16; **1923**, 17, 18.

[2] Werner u. Engelmann: Z. angew. Chem. **1929**, 438.

[3] Zsigmondy: Lehrbuch der Kolloidchemie. 5. Aufl. I. Teil. S. 189.

Wahrscheinlich vermitteln die an der Oberfläche der Micelle entstehenden polaren OH-Gruppen die Löslichkeit in Aceton, da dieses selbst polare und nicht polare Gruppen in gleicher Stärke enthält. Beim Überhandnehmen der OH-Gruppen an der Oberfläche der Micelle müssen zum Aceton noch die stark polaren Gruppen des Wassers hinzukommen, um die Löslichkeit eines weniger als 50% Essigsäure enthaltenden Acetats aufrechtzuerhalten.

Diese Auffassung steht im Einklang mit Messungen derselben Verfasser, welche ergaben, daß die Wasser- und Alkoholaufnahmefähigkeit von Filmen gleicher Stärke in einem gesetzmäßigen Zusammenhang mit dem Essigsäuregehalt steht. Und zwar steigt die Wasseraufnahme mit abnehmendem Essigsäuregehalt. Die nachstehende Tabelle zeigt die Alkohol- und Wasseraufnahme von 0,1 mm starken Filmen.

Essigsäuregehalt der Acetylcellulose %	Aufgenommenes Wasser %	Aufgenommener Alkohol %
60,9	1,2	1,8
59,6	2,8	12,0
59,5	3,1	11,2
58,8	5,2	12,3
57,2	8,5	14,2
56,5	8,6	14,1
56,0	11,4	19,6
54,5	12,2	19,9
52,8	15,1	21,4
52,6	15,5	22,2
51,4	15,9	20,0
51,5	15,8	21,9
49,7	18,4	19,7
42,4	25,4	19,4
0 (Transparit) aus Viscose	55,5	0,6

In der Menge des aufgenommenen Wassers ist ein Maß für die Zerreißfestigkeit im nassen Zustand gegeben, vorausgesetzt, daß Acetylcellulosen gleicher Viscosität zum Vergleich dienen. Als Lösungsmittel für die vergleichenden Viscositätsmessungen muß 98%ige Ameisensäure verwendet werden, da die anderen Lösungsmittel nicht für alle Veresterungsstufen geeignet sind.

Es sei noch auf die Bedeutung der acetolytischen Abbauprodukte für die Löslichkeit der Celluloseacetate hingewiesen.

Es ist eine bekannte und leicht zu reproduzierende Erscheinung, daß Cellulosetriacetat in Eisessig oder Chloroform gelöst und mit Äther gefällt, nicht mehr vollständig in Eisessig löslich ist[1]. Bei mehrfacher Wiederholung des Lösungs- und Fällungsprozesses erhält man ein in

[1] Hess, K., u. G. Schulze: Annalen **455**, 87.

allen Lösungsmitteln unlösliches Produkt, das sich gleichwohl von dem löslichen Ausgangsprodukt seiner chemischen Zusammensetzung nach nicht erkennbar unterscheidet.

Durch das angegebene Verfahren werden in Eisessig-Äther lösliche Abbauprodukte — wahrscheinlich Cellobioseacetate — entfernt.

Die Anwesenheit dieser Abbauprodukte in bestimmter Verteilung auf dem Micell des Celluloseacetates scheint aber die Voraussetzung für dessen Löslichkeit zu bilden. Es liegt nahe, diesen Vorgang als Peptisation aufzufassen und in Beziehung zu setzen zu der von H. Wieland entdeckten Eigenschaft der Desoxycholsäure, zahlreiche wasserunlösliche Körper, wie Kampfer, Naphthalin, Alkaloide usw. in wässrige Lösungen überzuführen (vgl. z. B. das DRP. 388321). Ergänzend sei bemerkt, daß man unter besonderen Bedingungen mit Hilfe von Pyridin und Essigsäureanhydrid ein Cellulosetriacetat herstellen kann, das keine Abbauprodukte enthält und in allen Lösungsmitteln unlöslich ist[1].

2. Verseifungsgrad und Teilchengröße.

Über die Frage, welche Beziehungen zwischen Verseifungsgrad und Teilchengröße bestehen, sind die Ansichten geteilt. R. O. Herzog[2] vertritt die Ansicht, daß mit der Verseifung gleichzeitig auch eine Zerkleinerung der Teilchen stattfinden müsse und setzt die Löslichkeitsstufe der Acetylcellulose in direkte Beziehung zu ihrer Teilchengröße. Andrerseits hat Kita[3] festgestellt, daß unter geeigneten Bedingungen ein Ansteigen der Viscosität bei der Verseifung beobachtet werden kann. Diese Widersprüche lassen sich durch die Annahme klären, daß jeder Verseifungsstufe ein bestimmtes und nur für diese Stufe optimales Lösungsmittel entspricht, daß also ein der Teilchengröße nach niedrig viscoses Produkt bei Anwendung eines nicht geeigneten Lösungsmittels hochviscos erscheinen kann.

Nach einer Mitteilung aus dem Laboratorium des Vereins für chemische Industrie AG., Frankfurt, kommt es sehr auf die Bedingungen an, unter denen die Verseifung ausgeführt wird. Bei richtig geleiteter Verseifung soll diese keinerlei Einfluß auf die Teilchengröße und damit auf die Viscosität haben, vorausgesetzt, daß man als Lösungsmittel die alle Stufen gleich gut lösende Ameisensäure verwendet. Es werden

[1] Als Zwischenprodukte des acetolytischen Abbaues sind von Hess und Friese (A. **450**, 40 1926) sowie von Bergmann und Krehe (A. **445**, 1. 1925) kristallisierbare Substanzen erhalten worden, deren Natur von Freudenberg (B. **62**, 385, 1554, 3072) sowie von K. H. Meyer und Hopf (B. **63**, 790) aufgeklärt worden ist. Es handelt sich um ein Gemisch von acetylierten Okto- bis Dekasachariden. Gefrierpunktmessungen in Bromoform ergaben ein Molekulargewicht von ännähernd 3000.

[2] Herzog: Naturwiss. **13**, 1040.

[3] Kita: Z. angew. Chem. **1924**, 1414.

2%ige Lösungen in 98%iger Ameisensäure unter Verwendung eines Ostwaldviscosimeters gemessen, dessen Capillare eine Weite von 2 mm hat. Die Auslaufmenge beträgt 15 cm^3.

Es zeigte sich nun, daß drei Verseifungsstufen von gleicher Viscosität in Ameisensäure ganz verschiedene Viscositäten in Aceton[1] ergaben:

Essigsäuregehalt	Viscosität in Ameisensäure	Viscosität in Aceton
58—59%	272″	31″
55—56%	270″	40″
53—54%	269″	47″

3. Verseifungsgrad und Naßfestigkeit.

Die Naßfestigkeit hat für die praktische Anwendung der Acetylcellulose erhebliche Bedeutung, da sie ein exaktes Maß der Wetterbeständigkeit darstellt. Hohe Anforderungen werden bei der Lackierung von Flugzeugtragflächen gestellt. Man bestimmt die Naßfestigkeit stets im Vergleich zur Trockenfestigkeit und gibt an, um wieviel Prozent die Festigkeit des trocknen Films durch 24stündige Wässerung abgenommen hat.

Oben wurde schon gezeigt, daß die Wasseraufnahmefähigkeit von Acetylcellulosefilmen abhängt von dem Verseifungsgrade (oder dem reziproken Merkmal: Essigsäuregehalt). Werner und Engelmann haben nun nachgewiesen, daß in gleicher Weise die prozentuale Abnahme der Festigkeit nach 24stündigem Wässern durch den Verseifungsgrad bedingt ist:

Essigsäuregehalt der Acetylcellulose	Abnahme der Zerreißfestigkeit im nassen Zustand
51,3%	57%
52,8%	52%
54,5%	48%
56,0%	47%
57,2%	42%
58,8%	30%
59,9%	26%
60,9%	17%

Bei der Herstellung von Lacken, welche im nassen Zustand beansprucht werden, muß es also das Bestreben des Lackfabrikanten sein, eine Acetylcellulose zu erhalten, die bei guten Löslichkeitseigenschaften einen möglichst hohen Essigsäuregehalt aufweist.

[1] Die Acetonlösung enthielt 10% Acetylcellulose und wurde in einem Ostwaldviscosimeter mit 5 mm weiter Capillare gemessen.

4. Viscosität und mechanische Eigenschaften.

Wie bei der Nitrocellulose, so ist auch bei der Acetylcellulose die Viscosität ein Ausdruck für die Teilchengröße, und diese bedingt neben anderen Faktoren die mechanischen Eigenschaften der Lackhaut.

In der schon erwähnten Veröffentlichung des Vereins für chemische Industrie AG. sind die Untersuchungsergebnisse von 30 Acetylcellulosen verschiedener Viscosität wiedergegeben. Bei gleichartiger Herstellung zeigt sich eine nahezu direkte Proportionalität zwischen Viscosität und Zerreißfestigkeit.

Acetylcellulose-Typen	Viscosität in Ameisensäure	Viscosität in Aceton	Viscosität nach der Vorschrift d. B. E. S. A.[1]	Zerreißfestigkeit in kg/mm²
niedrigviscos . .	200—350″	10—30″	10—15″	6,0— 7,5
mittelviscos . .	350—450″	30—50″	15—21″	7,5— 8,2
hochviscos . . .	450—650″	50—80″	30—40″	8,2—10,0

Die Cellittypen der I. G. Farbenindustrie (Elberfeld) umfassen einen weiteren Viscositätsbereich. Es sind heute im Handel

Cellit K. S. E.,
Cellit L., niedrigviscos,
Cellit L. D. V., dünnviscos.

Die letztere entspricht ihrer Viscositätslage nach etwa der hauptsächlich für Autolacke verwendeten dünnviscosen Kollodiumwolle E 620 bzw. Wasag 6.

Der Essigsäuregehalt dieser drei Marken liegt zwischen 53,2 und 54,2%. Viscosität und mechanische Eigenschaften wurden wie folgt bestimmt:

Bezeichnung der Type		V 10* in ABA	Viscosität dieser Lösung in Centipoisen	Knickzahl im Schopperschen Falzer	Zerreißfestigkeit kg/mm²
Cellit K. S. E.	trocken . . .	616″	2440	80	7,7
	naß			92	5,3
Cellit L. niedrigviscos	trocken .	170″	665	52	7,0
	naß . .			70	4,3
Cellit LDV dünnviscos	trocken .	70″	265	45	6,7
	naß . . .			65	4,6

Die Bestimmung der Zerreißfestigkeit erfolgt, wie bei der Untersuchung der Kollodiumwollen angegeben, mit den Schopperschen Apparaten. Die Umrechnung der Meßergebnisse auf kg/mm² wird wie folgt ausgeführt:

[1] Vgl. den nächsten Abschnitt.

* V 10 in ABA bedeutet die Viscosität einer 10%igen Lösung in Alkohol, Benzol, Aceton 1:1:2 gemessen im Cochiusrohr 7 mm bei 18° C.

Zur Messung gelangen beispielsweise 20 cm lange Streifen von 0,12 mm Dicke und 15 mm Breite. Die gemessenen Kilogramm dividiert durch den Querschnitt ergibt kg/mm²:

$$15 \text{ mm} \times 0{,}12 = 1{,}8$$

Gemessen seien 18 kg, kg/mm² somit $\frac{18}{1{,}8} = 10$ kg/mm².

5. Einige wichtige Untersuchungsmethoden.

a) Viscositätsmessungen.

Zur Messung der Viscosität werden vorteilhaft dieselben Methoden verwendet, welche bei der Prüfung der Kollodiumwollen beschrieben worden sind. Durch Benutzung der auf Seite 56 gegebenen Tabelle können die Meßergebnisse in absoluten Einheiten ausgedrückt werden. Für praktische Zwecke empfiehlt es sich, als Lösungsmittel Aceton oder ein Lösungsmittelgemisch zu verwenden, welches in dem herzustellenden Lacke enthalten ist. Es sei ferner eine Methode angeführt, welche von der British Engineering Standard Association (D 50 und 2 D 6) empfohlen wird.

Man löst 6 g lufttrockne Acetylcellulose in einem Lösungsmittelgemisch von 14 cm³ Äthylalkohol, 14 cm³ Benzol, 10 cm³ Methyläthylketon, 60 cm³ Aceton, 2 cm³ Benzylalkohol.

Nach völliger Durchlösung wird die Durchlaufzeit der Lösung in einem Viscosimeter der nebenstehend abgebildeten Form, bei 25° gemessen. Bezogen wird auf die Durchlaufzeit von chemisch reinem Glycerin (D = 1,2546) = 100.

Es sei bemerkt, daß reines Glycerin leicht Wasser anzieht und dabei sehr schnell seine Viscosität ändert.

b) Essigsäurebestimmung.

Eine genaue aber verhältnismäßig umständliche Methode ist die der sauren Verseifung nach Ost[1]. 1 g Acetylcellulose wird mit 10 cm³ 50%-iger Schwefelsäure 24 Stunden bei Zimmertemperatur unter gelegentlichem Schütteln behandelt. Gewöhnlich hat sich die Substanz nach 24 Stunden klar gelöst. Sie wird mit 120 cm³ ausgekochtem Wasser verdünnt und im Wasserdampfstrom destilliert, wobei in der Stunde 500—600 cm³ übergehen sollen, während das Volum der zu analysierenden Lösung möglichst konstant gehalten wird.

Nach dreistündiger Destillation wird unterbrochen und die übergegangene Essigsäure in der Vorlage titriert.

Fehlergrenze ±1%.

Eine Methode von K. Freudenberg[2] hat den Vorzug mit einfachen Mitteln und in kürzerer Zeit ausführbar zu sein.

[1] Z. angew. Chem. **19**, 995; **29**, 1467. [2] Annalen **433**, 230 (1923).

Sie beruht auf der Umesterung der Acetylcellulose mit Toluolsulfosäure in Alkohol. Man kocht 0,3 g Acetylcellulose mit 5 g p-Toluolsulfosäure und reinem absoluten Alkohol am Rückflußkühler. Hierbei geht die Essigsäure des Celluloseacetates quantitativ in Essigester über, welcher nach Beendigung der Reaktion abdestilliert und auf bekannte Weise mit n/5 Kalilauge verseift und titriert wird.

Die Fehlergrenze beträgt 0,5%.

Die Ausführung dieser Bestimmung erfordert 2—3 Stunden.

Bezüglich der Beurteilung von Farbe und Klarheit der Lösungen sei auf die entsprechenden Angaben bei der Untersuchung der Kollodiumwollen verwiesen. Die übrigen analytischen Methoden haben vom lacktechnischen Standpunkt aus keine Bedeutung oder erfordern — wie die Feuchtigkeits- und Aschebestimmung — an dieser Stelle keine nähere Behandlung[1].

c) Stabilität der Acetylcellulose.

Ungenügende Stabilität kann bedingt sein:

1. Durch Anwesenheit von Resten der Katalysatoren.
2. Durch ungenügendes Auswaschen (Essigsäuregehalt).
3. Durch einen Gehalt von Celluloseschwefelsäureestern.
4. Durch starken Abbau der Cellulose während des Herstellungsprozesses.

Das wichtigste Kriterium für die Stabilität stellt das Verhalten der Acetylcellulose beim Erhitzen dar.

Bei der einfachsten Ausführungsform des Hitzetestes werden nach Vieille 5 g Substanz in einem Kölbchen solange auf 110° C erhitzt bis die Rötung eines eingehängten Lackmuspapier-Streifens erkennbar wird.

In quantitiver Form gestaltet sich der Wärmetest wie folgt: Über 10 g auf 123—125° C erhitztes Celluloseacetat wird trockne kohlensäurefreie Luft geleitet. Die freiwerdende Essigsäure wird durch Absorption mit *n*/10 oder *n*/50 Natronlauge bestimmt.

Der Gehalt an Schwefelsäure-Essigsäureestern wird nach Worden[2] durch Erhitzen einer Probe mit rauchender Salpetersäure und dann mit Königswasser bestimmt. Die saure Lösung wird zur Trockne verdampft, mit Wasser aufgenommen und die Schwefelsäure in bekannter Weise als $BaSO_4$ bestimmt.

---

[1] Über die Analyse gemischter Celluloseester z. B. Nitroacetate vgl. D. Krüger und E. Tschirch, Kunststoffe **20**, 193 (1930) daselbst die Literatur.

[2] Worden, Technologie of Celluloseesters.

H. Die Celluloseäther.

Diese Cellulosederivate gewinnen erst in allerneuester Zeit lacktechnische Bedeutung, nachdem es gelungen ist, diese Produkte in gleichmäßiger Qualität und verhältnismäßig wohlfeil herzustellen. Der alleinige Fabrikant scheint bisher die I. G. Farbenindustrie zu sein.

Es sind im Handel die Äthylcellulose in 2 Alkylierungsstufen, und zwar ein etwa 2 Äthoxylgruppen enthaltendes Produkt unter der Bezeichnung AT-Cellulose BS und ein annähernd 3 Äthoxylgruppen enthaltendes Produkt unter der Bezeichnung AT-Cellulose B, ferner die Benzylcellulose.

Jeder dieser Celluloseäther wird in drei Viscositätsstufen hergestellt.

Zur Kennzeichnung der Herstellungsart sei das Beispiel aus dem DRP. 408342 (patentiert vom 26. April 1922 ab, ausgegeben am 16. Januar 1925) angeführt:

30 kg Cellulose werden mit starker, etwa 50%iger Natronlauge getränkt, abgepreßt oder abgeschleudert und dann mit 30 kg Kochsalz lose gemischt. Die gesamte Masse wird in einem Autoklaven, in dem die Masse bewegt werden kann, mit 150—300 kg Chloräthyl 1—2 Stunden auf 130° erhitzt. Danach wird der Überschuß an Chloräthyl abdestilliert, die Äthylcellulose zerkleinert und gewaschen. Ausbeute 39 kg.

Nach einem DRP. 492319 (ausgegeben am 22. Februar 1930) ist es vorteilhaft, die Verätherung unter Wasserentziehung vorzunehmen. Die hierzu dienende Vorrichtung besteht aus einer Vereinigung von Autoklaven mit Exsiccatoren, die so eingerichtet sind, daß mit oder ohne Bewegung der Reaktionsmasse veräthert und gleichzeitig vorhandenes oder sich bildendes Wasser absorbiert werden kann.

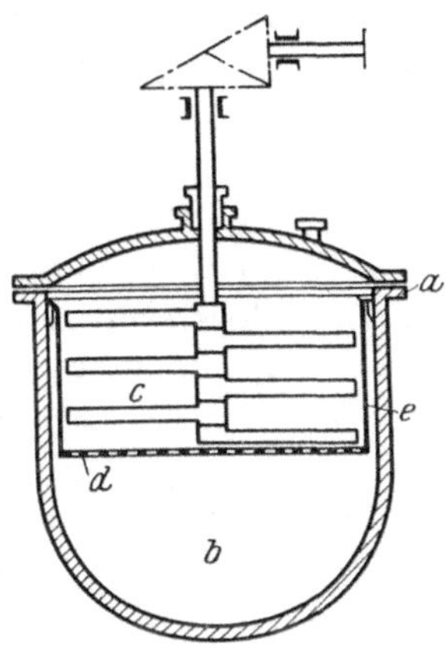

Abb. 6a. Rührautoklav für Zelluloseätherherstellung.

Die Konstruktion einer solchen Apparatur ist aus Abb. 6a ersichtlich. Der Rührautoklav ist durch einen Siebboden in 2 Teile geteilt. Im oberen Teile wird die Verätherung vorgenommen, im unteren befindet sich das Trockenmittel, z. B. Chlorcalcium.

Die Herstellung von Benzylcellulose hat das DRP. 492062 (ausgegeben am 15. Februar 1930) zum Gegenstand.

Hiernach werden 162 g Cellulose (1 Mol) in Form von feuchter Natroncellulose mit 380 g Benzylchlorid gemischt und am Rückflußkühler im Dampfbad einige Stunden zweckmäßig unter Rühren erhitzt.

Die erhaltene gelbliche plastische Masse wird zur Entfernung der Salze mit Wasser gewaschen und eventuell mit Dampf behandelt zur Entfernung überschüssig angewandten Benzylchlorids. Mit einem passenden Lösungsmittel kann der Äther dann gereinigt werden. An Stelle von Benzylchlorid können auch dessen

Homologen, wie Xylylchlorid, Xylylbromid, ferner die Nitro-, Halogen- usw. Substitutionsprodukte des Benzylchlorids und dessen Homologen Verwendung finden.

1. Die im Handel befindlichen Celluloseäther und ihre Eigenschaften.

Es werden heute zwei Typen Äthylcellulose und eine Benzylcellulose technisch hergestellt, und zwar ausschließlich von der I. G. Farbenindustrie.

Die beiden Äthylcellulosetypen werden unter der Bezeichnung AT-Cellulose B und AT-Cellulose BS gehandelt (beide Typen in je 3 Viscositätsstufen). Sie unterscheiden sich durch den Alkylierungsgrad und damit auch in ihren Löslichkeitsverhältnissen.

AT-Cellulose B ist ein hochalkyliertes Produkt von hoher Beständigkeit gegen Wasser, Alkalien und verdünnte Säuren. Lösungsmittel sind Benzol, Toluol, Xylol, Solventnaphtha usw. Zusatz geringer Mengen Alkohol erniedrigt die Viscosität der Lösungen.

AT-Cellulose BS ist weniger hoch alkyliert. Sie zeigt eine etwas geringe Wasserbeständigkeit als ATB, die Naßfestigkeit der aus diesem Typ hergestellten Filme ist aber immer noch ebenso hoch wie die einer acetonlöslichen Acetylcellulose.

Die AT-Cellulose BS löst sich in Gemischen von Alkoholen und aromatischen Kohlenwasserstoffen, z. B. Benzol-Alkohol, Toluol-Butanol, Xylol-Äthylglykol. Solchen Lösungen kann man die von den Kollodiumwollen her bekannten Lösungsmittel zusetzen.

Als Weichmachungsmittel für die AT-Cellulose werden vom Hersteller empfohlen

die Phthalsäureester Palatinol A, M und C, ferner Tricresylphosphat, pflanzliche Öle und ein Spezialweichmachungsmittel Vulkanol B.

2. Die Benzylcellulose

hat große Ähnlichkeit mit AT-Cellulose B sowohl bezüglich der Löslichkeitseigenschaften wie auch bezüglich der verwendbaren Weichmachungsmittel.

Von besonderer lacktechnischer Bedeutung ist die außerordentliche Alkalibeständigkeit der Celluloseäther, die von keinem Celluloseester erreicht wird, sowie ihre ausgezeichnete Lichtbeständigkeit.

Anhang.

1. Einige Bemerkungen über Viscositätsmessungen.

Es gibt drei Methoden, welche die Ableitung absoluter Werte gestatten, d. h. solcher, die sich in das CGS-System einordnen lassen:

1. Capillarviscosimeter, welche mit konstantem Druck arbeiten[1].

Die Theorie dieser Viscosimeter ist durch das Gesetz von Hagen-Poiseuille gegeben. Man bestimmt die Zeit (t), welche eine bestimmte Menge der zu messenden Lösung (Q) braucht, um unter bekanntem Druck (p) eine Capillare zu durchfließen.

Die Einheit der Viscosität (η) wird eine Poise genannt, der hundertste Teil heißt Centipoise.

Wasser hat bei Zimmertemperatur die Viscosität einer Centipoise, also $\eta = 0{,}001$. Die Viscosität des Ricinusöles bei Zimmertemperatur beträgt etwa 15 Poisen.

Nach dem Gesetz von Hagen-Poiseuille ist

$$\eta = \frac{\pi \cdot r^4 \cdot p \cdot t}{8 \cdot l \cdot Q}$$

In dieser Gleichung sind alle Faktoren außer η und pt Apparatekonstanten und bei ein und demselben Viscosimeter ist also

$$\eta = p \cdot t \cdot F$$

Die Apparatekonstanten sind in dem Faktor F zusammengefaßt. Die absolute Viscosität einer Lösung ergibt sich somit aus dem Produkt von Druck in cm-Wassersäule und Zeit in Sekunden, multipliziert mit dem Faktor des Instrumentes, der durch Messungen von Flüssigkeiten bekannter Viscosität zu bestimmen ist. Die absoluten Viscositäten zahlreicher Flüssigkeiten und Lösungen finden sich in den physikalisch-chemischen Tabellen von Landolt-Börnstein.

2. Viscosimeter mit koaxialen Zylindern, bei denen der innere Zylinder in der zu messenden Flüssigkeit rotiert, z. B. die Apparate nach Couette, Hatschek und anderen. Diese Apparate sind teuer und empfindlich, so daß sie für praktische Zwecke ausscheiden dürften.

3. Die Kugelfallviscosimeter.

Die Meßmethoden sind oben beschrieben.

Die Ableitung absoluter Werte fußt auf der Formel von Stokes, ergänzt durch Ladenburg für den hier vorliegenden Fall des Kugelfalls in einer Röhre.

$$\eta = \frac{2}{9} \frac{g - r^2 (D - d)\, t}{s\left(1 + 2{,}4 \frac{r}{R}\right)\left(1 + 3{,}3 \frac{r}{H}\right)}$$

η = Viscosität	t = Fallzeit
g = Erdbeschleunigung	S = Fallhöhe
r = Radius der Kugel	R = Radius der Röhre
D = Dichte der Kugel	H = Höhe der Flüssigkeitssäule.
d = Dichte der Lösung	

[1] Zu empfehlen sind die Viscosimeter nach Holde-Ubbelohde, Lieferant: Göckel, Berlin.

Bei einmal festgelegten Bedingungen kann man alle Glieder der Formel zu einer Konstanten zusammenziehen, die mit der Fallzeit multipliziert unmittelbar die Viscosität in absolutem Maße ergibt. Im Bedarfsfalle kann man die nach der deutschen Fallkugelmethode erhaltenen Sekundenzahlen also ohne Schwierigkeit in absolute Werte umrechnen[1].

2. Die Eigenviscosität der Cellulose und ihrer Derivate.

Für vergleichende Untersuchungen an verschiedenen Cellulosederivaten, besonders aber auch zum Studium der Vorgänge, welche sich beim Übergang der Cellulose in ihre Derivate abspielen, wäre es von großem Vorteil, wenn man die Viscosität durch eine Zahl ausdrücken könnte, welche ohne Rücksicht auf die Konzentration der Lösungen und die Art des verwendeten Lösungsmittels die „Eigenviscosität" des gelösten Produktes angibt, durch eine Zahl also, die ein exaktes Maß der Teilchengröße darstellt. Eine Darstellung dieser Methoden würde hier zu weit führen[2].

III. Lösungsmittel[3].

A. Ketone.

Allgemeine Formel: $\genfrac{}{}{0pt}{}{R}{R}\!\!>C=O$

Die wichtigsten Bildungsweisen der aliphatischen Ketone.

1. Oxydation der sekundären Alkohole.

Aceton bildet sich z. B. bei der Oxydation des Isopropylalkohols nach folgendem Schema:

$$\genfrac{}{}{0pt}{}{CH_3}{CH_3}\!\!>CH\,OH + O = \genfrac{}{}{0pt}{}{CH_3}{CH_3}\!\!>CO + H_2O$$

2. Trockne Destillation der Barium- oder Calciumsalze der Monocarbonsäuren, z. B.

$$\genfrac{}{}{0pt}{}{CH_3\;COO}{CH_3\;COO}\!\!>Ca = CaCO_3 + \genfrac{}{}{0pt}{}{CH_3}{CH_3}\!\!>C=O$$

---

[1] Näheres über diesen Gegenstand bei Hatschek, E.: Die Viscosität der Flüssigkeiten. Deutsche Ausgabe bei Steinkopf, Dresden 1929. — Ferner speziell über die Praxis der Viscositätsmessungen an Celluloseesterlösungen in der demnächst erscheinenden 8. Auflage von Lunge-Berls Chemisch-technischen Untersuchungsmethoden Bd 4.

[2] Vortrag Fikentscher auf der Tagung des Vereins dtsch. Chemiker. Frankfurt 1930.

[3] Eine zusammenhängende Darstellung dieses Gebietes hat H. Wolff gegeben: Die Lösungsmittel der Fette, Öle ... Stuttgart 1927. Viele Lösungsmittel sind auch in der Enzyklopädie der technischen Chemie von Ullmann ausführlich behandelt.

3. Wechselwirkung von Chloriden der organischen Säuren mit Zinkalkylen, z. B.

$$2\,CH_3COCl + Zn(C_2H_5)_2 = ZnCl_2 + 2\,CH_3 - CO - C_2H_5 \text{ (Methyläthylketon)}$$

4. Einwirkung von Kohlenoxyd auf Natriumalkyle (neben tertiären Alkoholen).
5. Einwirkung von Diazomethan auf die Aldehyde.
6- Spaltung von Acetessigester und seiner Derivate.
7. Gärung von Kohlehydraten mit bestimmten Mikroorganismen.
8. Katalytische Zersetzung von Essigsäure bzw. Acetylen.

Nach den beiden letztgenannten Verfahren 7 und 8 wird heute der weitaus größte Teil des Acetons gewonnen.

1. Aceton.

a) Die technische Herstellung des Acetons.

I. Die bis zum Weltkriege wichtigste Art der Acetongewinnung ist ausführlich von Bugge[1], beschrieben. Bei der trocknen Destillation von Laubholz erhält man gasförmige, flüssige und feste Produkte.

Die gasförmigen Produkte sind

Kohlensäure	Holzgas,
Kohlenoxyd	
Methan	
Wasserstoff	

die flüssigen sind

	im Durchschnitt	
Wasser	81%	Holzessig.
Holzgeist	2,5%	
Aceton	0,56%	
Essigsäure	7—9%	
teerige Produkte	7%	

Der feste Rückstand ist die bekannte Holzkohle.

Der Holzessig wird zunächst durch Destillation von den teerigen Bestandteilen getrennt, dann mit Kalkmilch versetzt und eingedampft. Aus dem Dampf kondensiert man den Holzgeist, welcher Methanol, Methylacetat, Aceton und Acetatdehyd enthält. Der Rückstand stellt den Graukalk dar, welcher im allgemeinen aus 82—84% Calciumacetat, -propionat, -butyrat, 3—5% organischen Verunreinigungen und 11% Wasser besteht.

Der Graukalk wird unter Luftabschluß auf 400° erhitzt. Nach der Theorie sollten aus 100 kg Calciumacetat von 80% 30 kg Aceton entstehen; es werden jedoch im allgemeinen nur 20 kg reines Aceton erhalten, da infolge der Anwesenheit von propionsaurem und butter-

[1] Bugge: Industrie der Holzdestillationsprodukte.

saurem Kalk höhere Ketone mitgebildet werden. Es finden ferner Nebenreaktionen statt, welche die Ausbeute an Ketonen verringern.

Das Destillat wird mehrfach rektifiziert, wobei man neben dem reinen Aceton das Methyläthylketon, das bei 70—120° siedende leichte oder weiße Acetonöl und das zwischen 120 und 250° siedende schwere oder gelbe Acetonöl erhält[1].

II. Die Herstellung von Aceton durch katalytische Zersetzung von freier Essigsäure ist von Squibb[2] entdeckt worden. Die Reaktion verläuft nach der Gleichung

$$2\,CH_3COOH = CH_3 \cdot CO \cdot CH_3 + CO_2 + H_2O$$

Eine gleichzeitig stattfindende Reaktion $CH_3COOH = CO_2 + CH_4$ kann durch geeignete Wahl der Katalysatoren unterdrückt werden. Nach einer Veröffentlichung im Giorn. Chim. ind. appl. 2, 117 (1920) wird technisch wie folgt gearbeitet:

Ein Gemisch von Kalk und Magnesia wird in Form einer Paste auf eiserne Kugeln aufgetragen und getrocknet. Diese Kugeln befinden sich in einem elektrisch geheizten Röhrenofen, der auf 485° erhitzt wird. Die verwendete Essigsäure kann bis zu 10% Wasser enthalten. Die Ausbeute an Aceton beträgt 85—95% der Theorie. Es ist wichtig, daß das gebildete Aceton der hohen Temperatur möglichst schnell entzogen wird, um dessen Selbstkondensation zu verhindern.

Nach Senderens wird Tonerde als Katalysator verwendet. Die Scheideanstalt mischt Acetylen mit Dampf und leitet das Gemisch durch ein mit Eisenoxyd beschicktes auf 450° erhitztes Rohr. Es werden 40% des Acetylens in Aceton verwandelt. Das nicht umgewandelte Aectylen passiert erneut das Reaktionsrohr.

Ähnliche Verfahren sind der Rhenania und dem Elektrizitätswerk Lonza patentiert.

III. Die Gewinnung von Aceton durch Gärung. Die Verfahren beruhen auf der Vergärung stärkehaltiger Materialien durch den Bac. acetobutylicus (Weizmann), wobei neben Butanol Aceton entsteht, sowie durch Bac. acetoäthylicus oder macerans, welcher die Stärke zu Aceton und Äthylalkohol vergärt. Über die nach dem Weizmannverfahren arbeitende Fabrikation der Comercial Solvents Corporation ist folgendes bekannt geworden[3].

Als Ausgangsmaterial dient Mais, der für Futterzwecke ungeeignet ist. Nach Reinigung wird in Walzenmühlen gemahlen und das Mehl von der Kleie abgesondert. Das Mehl wird in Silos befördert und von dort den Maischbottichen zugeführt. Die Maischbottiche sind offene Stahl-

---

[1] Ullmann: Enzyklopädie d. techn. Chem. Bd 1, S. 111. 2. Aufl.
[2] Killefer, A. D. H.: Ind. Chem. **1927**, Jan.
[3] A. D. H. Killefer: Ind. and Eng. Chem., Jan. **1927**.

kessel von etwa 40 m^3 Fassungsvermögen. In diesen Kesseln werden etwa 2700 kg Mehl mit 38 m^3 Wasser von 71° C gemischt. Die Mischung gelangt in Rührautoklaven, in denen die Maische 2 Stunden unter Druck gekocht sind. Hierdurch wird neben der Verkleisterung die Sterilisierung der Masse bewirkt.

Mit Hilfe des in den Autoklaven vorhandenen Druckes wird die Stärkelösung in die Fermentationsbotiche geblasen. Auf diesem Wege wird die Lösung auf 37° C abgekühlt, wobei die abgegebene Wärme an das zum Kochen der Maische dienende Frischwasser abgegeben wird. Zur Verhinderung des Eindringens wilder Hefen werden besondere Vorsichtsmaßnahmen getroffen. Jeder Behälter wird nach dem Durchgang einer Charge mit Dampf sterilisiert. In dem Rohrsystem sind Pumpen vollständig vermieden.

Die Vergärung der Stärkelösung wird mit Bac. acetobutylicus vorgenommen; die Verwendung von Kulturen, die aus Sporen gezüchtet sind und nicht älter als 6 Tage sein sollen, hat sich als zweckmäßig herausgestellt. Besondere Sorgfalt erfordert die Überwachung und Züchtung der Kulturen. Es werden fünf immer größere Nährstoffpartien im Laboratorium fermentiert. Die fünfte Partie besteht aus 190 Litern Maische. In diesem Stadium werden die Kulturen auf Säuregehalt und Gasentwicklung geprüft. Es laufen nebeneinander 48 derartige Kulturen, die nach Gutbefund in 48 Gärbottiche von je 40 m^3 Inhalt gelangen und dort mit den aus je 2700 kg Mehl hergestellten Maischechargen gemischt werden.

$1^1/_2$ Tage nach der Impfung setzt die Gärung unter lebhafter Gasentwicklung ein. Die Gase enthalten durchschnittlich 58% Kohlendioxyd und 42% Wasserstoff. Mitgerissenes Aceton wird den Gasen durch Waschung entzogen. Nach 5—6 Tagen ist die Gärung beendet und die flüchtigen Produkte werden mit einem gewöhnlichen Brennereiapparat abgeschieden.

Das Verfahren wird in Amerika und Frankreich in größtem Maßstabe durchgeführt.

IV. Gewinnung aus rohem Holzgeist. Der Acetongehalt des rohen Holzgeistes ist verschieden, je nach den Bedingungen, unter denen die Destillation des Holzes vorgenommen wird.

Bei der Rektifikation des Holzgeistes zwecks Reindarstellung des Methanols werden Vorläufe gewonnen, welche bis zu 50 Aceton enthalten.

In diesen Vorläufen ist neben Aceton infolge der Bildung eines zeotropischen Gemisches Methanol und Methylacetat enthalten, die sich durch Destillation nur schwer trennen lassen. Die holzverkohlende Industrie beschränkt sich darauf, diese Vorläufe an Aceton anzureichern und bringt das erhaltene Produkt unter der Bezeichnung „Methylaceton" auf den Markt. Ein Produkt ähnlicher Zusammensetzung, aber anderer Entstehungsweise ist das Lösungsmittel E 13 der I. G. Farbenindustrie.

Eigenschaften des handelsüblichen reinen Acetons.

Siedegrenzen	55—60° C,
Spez. Gewicht $D\frac{20°}{4°}$	0,791,
Flammpunkt unter	0° C.

Wasserhelle, neutrale, mit Wasser mischbare Flüssigkeit von schwachen Geruch und geringer physiologischer Wirkung. Sehr gutes Lösungsmittel für Kollodiumwollen und Acetylcellulose, Fette, Öle und viele Harze.

Untersuchung des Acetons (englische Methode für Pulverfabriken)[1].

1. Beim Mischen mit Wasser darf es keine Trübung zeigen und keinen Rückstand beim Verdampfen. Bei der Destillation müssen bis 58° wenigstens 95% überdestillieren. Der Rückstand bei dieser Destillation darf außer Aceton keinen Bestandteil erhalten, der nicht ein von der Acetondarstellung herrührendes Nebenprodukt ist.

2. 1 cm³ einer $^1/_{10}$%igen Kaliumpermanganatlösung zu 100 cm³ Aceton hinzugefügt, muß die charakteristische Farbe während 30 Sekunden behalten.

3. Aceton darf, nach der folgenden Methode analysiert, nicht mehr als 0,005% Säure, als Essigsäure berechnet, zeigen. 50 cm³ des Musters, die mit 50 cm³ destilliertem Wasser verdünnt sind, werden unter Zusatz von 2 cm³ Phenolphthaleinlösung (1 g zu 1000 cm³ 50%igen Alkohols) als Indicator mit n/100-Natriumhydroxydlösung (1 cm³ = 0,0006 g Essigsäure) titriert.

Bestimmungsmethode nach Messinger[2]. 2 g Aceton werden mit Wasser auf $^1/_2$ l verdünnt; von dieser Lösung werden 10 cm³ mit 25 cm³ n-Kalilauge, hierauf mit 50 cm³ n/10-Jodlösung versetzt und unter häufigerem Schütteln 15—20 Minuten bei 15° stehen gelassen. Hierauf werden 26 cm³ n-Schwefelsäure hinzugefügt und das ausgeschiedene Jod mit n-/10Thiosulfatlösung zurücktitriert. 1 Mol. Aceton wird durch 6 Jod in 1 Mol. Jodoform verwandelt.

Die Anwendung des Acetons.

Große Mengen werden verwendet zur Fabrikation des rauchlosen Pulvers, zur Herstellung von Filmcelluloid, für Lacke, Klebstoffe und Kappensteifen auf Kollodiumwolle- und Acetylcellulosebasis, ferner zur Herstellung der Acetatseide und zum Extrahieren von Fetten und Harzen. Eine neuere Anwendungsart ist die zur Herstellung von Dissousgas für Beleuchtungs- und Schweißzwecke.

[1] Lunge-Berl: **3,** 820.
[2] Messinger: B. **21,** 3366. (1888).

Hierzu wird Aceton mit Acetylen unter Druck gesättigt.

Das in der Photographie benutzte Acetonbisulfit findet heute keine Verwendung mehr.

Das Aceton bildet das Ausgangsmaterial für eine Reihe chemischer Präparate, von denen folgende genannt seien:

Isopropylalkohol durch Reduktion von Aceton

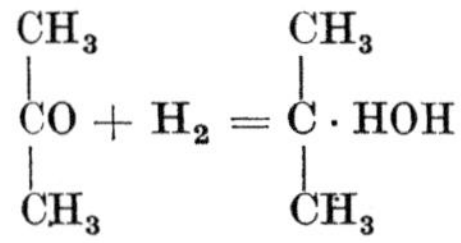

Diacetonalkohol durch Kondensation von Aceton

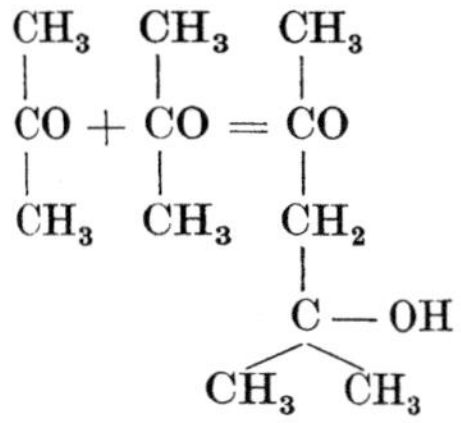

Mesityloxyd durch Wasserabspaltung aus Diacetonalkohol

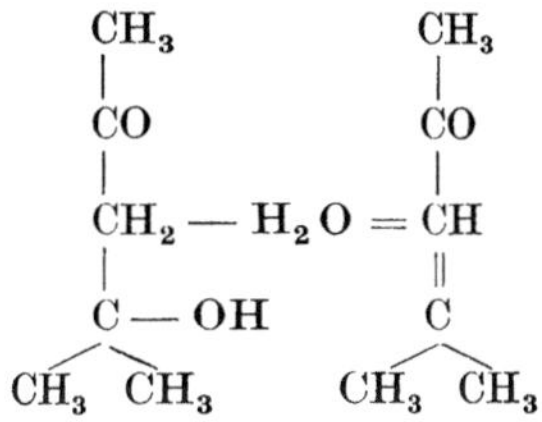

Von großem theoretischem Interesse ist ferner die Bildung von Dimethylhydroresorcin aus Mesityloxyd nach Vorländer, da dieses die Grundlage für die Totalsynthese des Camphers nach Komppa bildet.

2. Acetonöl.

Bei Besprechung der Acetongewinnung durch Holzverkohlung wurde schon auf die Acetonöle hingewiesen.

Die im Handel befindlichen Produkte schwanken in ihrer Zusammensetzung. Große Bedeutung für die Lacktechnik haben die Acetonöle heute nicht mehr. Es sei deshalb nur kurz auf die nachgewiesenen Bestandteile eingegangen.

Das weiße Acetonöl enthält:

Methyläthylketon,	Methylbutylketon,
Methylpropylketon,	Cyclopentanon,
Methylisopropylketon,	Acetaldehyd.

Das schwere Acetonöl muß einer gründlichen Reinigung unterzogen werden, um es für Lackzwecke verwendbar zu machen, da es dunkel gefärbt und übelrichend ist.

Nach Methode von Reinglaß (DRP. 119880) wird das Öl mit Salzsäure behandelt, dann mit Ätzkalk und schließlich im Vakuum destilliert[1].

Es werden folgende Bestandteile angegeben:

Verbindung	Siedepunkt	D 15	% des Öles
Azeton	56—57°	0,7991	2,3
Methyl-äthyl-keton	78°	0,8103	5,8
Methyl-i-propyl-keton	93—94°	0,815	2,1
Methyl-n propylketon	101—102°	0,8123	32,6
Methyl-i-butyl-keton	116—117°	0,8156	7,6
Methyl-äthyl-aceton	118—119°	0,8145	
Äthyl-n-propyl-keton	122—124°	0,816	0,6
Methyl-n-buthyl-keton	126—127°	0,8174	14,5
Mesityloxyd	128—129°	0,8612	3,8
n-Propyl-i-propyl-keton	130—131°	0,8216	4,6
Diäthyl-aceton	136—137°	0,823	9,0
α-Metho-n-propylidon-aceton . . .	147—148°	0,8701	12,5
Methyl-n-amyl-keton	151—152°	0,8202	4,6

3. Diacetonalkohol.

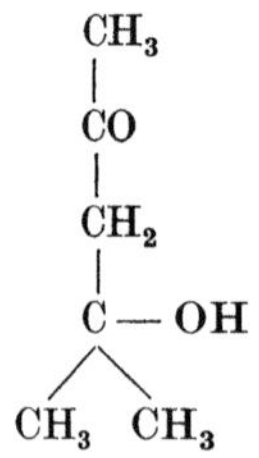

Ein Ketonalkohol vom Kp 164—166°
$D_0 = 0{,}9555$

Relative Verdunstungszeit (bezogen auf Äther = 1) : 147-

Entsteht durch Selbstkondensation von Aceton, wenn man Aceton am Rückfluß derart sieden läßt, daß das aus dem Kühler zurückfließende Aceton durch eine Schicht von trocknem reinen Calciumhydroxyd hindurchläuft.

Diacetonalkohol ist der Hauptbestandteil des von der I. G. Farbenindustrie in den Handel gebrachten Pyranton A. Siedegrenzen 150 bis 165° C, Flammpunkt 45—46°.

Es ist mit Wasser und allen gebräuchlichen Lösungsmitteln in jedem Verhältnis mischbar, zeichnet sich durch schwachen Geruch und geringe physiologische Wirkung aus.

Es ist ein ausgezeichnetes Lösungsmittel für Kollodiumwollen wie für Acetylcellulose und eignet sich besonders zur Herstellung von Streich- und Tauchlacken.

[1] Die Zusammensetzung eines so gereinigten Öles ist eingehend von Pringsheim und Bondi (B. **58**, 1409) sowie von Suida und Pöll (Z. angew. Chem. **1927**, 505) untersucht worden.

4. Mesityloxyd.

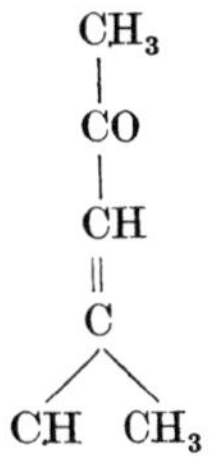

Ein ungesättigtes Keton vom Kp 126 — 130°
$D_{18^0} = 0{,}856$

Es entsteht in nahezu quantitativer Ausbeute bei der Destillation von Diacetonalkohol mit Spuren von Jod, sowie mit Phosphorpentoxyd und anderen wasserabspaltenden Mitteln. Bei der Reduktion geht es leicht in Methylisobutylketon durch Anlagerung von Wasserstoff an die Doppelbindung über. Dieses Keton ist ebenfalls als Lösungsmittel vorgeschlagen worden.

Mesityloxyd hat einen ziemlich starken an Honig erinnernden Geruch. Es besitzt ein hervorragendes Lösevermögen für Kollodiumwollen jeden Stickstoffgehaltes und eine große Verschnittfähigkeit.

Infolge der vorhandenen Doppelbindung ist diese Verbindung ziemlich reaktionsfähig.

Metallzapone, die Mesityloxyd enthalten, bewirken leicht ein Anlaufen blanker Metallflächen; für diesen Zweck kann es deshalb nicht empfohlen werden.

Physiologisch scheint es nicht ganz harmlos zu sein. Das Produkt wird zur Zeit nicht hergestellt.

5. Cyclohexanon und Methylcyclohexanon.

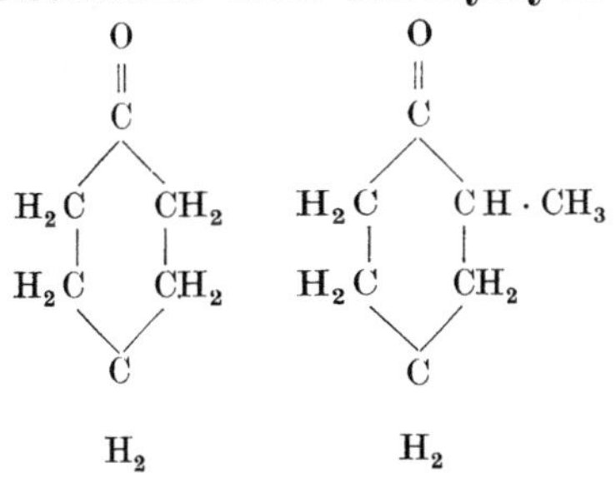

und Isomere

Diese cyclischen Ketone werden von der I. G. Farbenindustrie unter den Bezeichnungen Anon und Methylanon auf den Markt gebracht. Die Eigenschaften der technischen Produkte sind

	Anon	Methylanon	
Siedegrenzen	150—156	165—171	
$D\,\frac{20^\circ}{4^\circ}$	0,947	0,924	
Flammpunkt	44°	45°	
Verdunstungszeit . .	41	47	bezogen auf Äther = 1.

Diese Ketone entstehen durch Hydrierung von Phenol bzw. Kresol und vorsichtige Oxydation der aus dem phenolischen Hydroxyl gebildeten tertiären Alkoholgruppe. Sie zeigen einen zwar schwachen, aber anhaftenden Geruch, der sie nicht für alle Zwecke geeignet erscheinen läßt, obgleich sie ein gutes Lösevermögen für Kollodiumwollen und Acetylcellulose haben.

6. Ketole.

Die Société Anonyme „Le Ketol" Ris-Orangis bringt unter diesem Namen ein Produkt auf den Markt, das aus einem Gemisch von Ketonen besteht.

Nach H. Wolff[1] sollen die „Ketole" durch Vergärung von vorbehandelten Sägespänen in Gegenwart von Kalk erhalten werden. Das Rohprodukt enthält hauptsächlich Calciumbutyrat, welches bei der trocknen Destillation das Gemisch von Ketonen an Stelle des zu erwartenden Butyrons liefert. Die bei Aceton angegebene Bildungsweise der Ketone (Erhitzen der Kalksalze der Fettsäuren) versagt also bei den höheren Säuren.

Das „Rohketol" wird fraktioniert, die Hauptfraktionen liegen zwischen 60 und 200°.

Über Erfahrungen, die in der Lacktechnik mit diesem Lösungsmittel gemacht worden sind, ist bisher nichts bekannt geworden.

B. Die Ester der Fettsäuren.

Die technisch wichtigsten Ester sind die der Essigsäure. Zur Erleichterung der Übersicht sei eine Zusammenstellung der physikalischen Eigenschaften der wichtigsten Essigsäureester gegeben. Die Daten beziehen sich auf chemisch reine Produkte. Die Eigenschaften der handelsüblichen Produkte sind jeweils bei Beschreibung der einzelnen Ester gegeben.

Essigsäureester des	Formel des Alkohols	Siedepunkt des Esters	Spec. Gewicht
Methylalkohols	CH_3OH	57,1	0,959
Äthylalkohols	C_2H_5OH	77,5	0,924
Propylalkohols	C_3H_7OH	101,6	0,910
Isopropylalkohols	C_3H_7OH	90	0,916
Norm. Butylalkohols	C_4H_9OH	124,5	0,902
Iso-Butylalkohols	C_4H_9OH	116,3	0.892
Secundär-Butylalkohols	C_4H_9OH	111,5	0,890
Tertiär-Butylalkohols	C_4H_9OH	97—98	—
Norm, Amylalkohols	$C_5H_{11}OH$	147,6	0,895
Iso-Amylalkohols	$C_5H_{11}OH$	139	0,884
Secundärbutylcarbinols	$C_5H_{11}OH$	138	0,872
Dimethyläthylcarbinols	$C_5H_{11}OH$	125	—
Tertiärbutylcarbinols	$C_5H_{11}OH$	126	0,864

[1] Die Lösungsmittel der Fette, Öle, Wachse und Harze, Stuttgart 1927.

Die Herstellung der Ester erfolgt im allgemeinen durch Erhitzen eines Gemisches von essigsaurem Salz mit Alkohol und Schwefelsäure, wobei der Ester abdestilliert.

1. Methylacetat (Essigsäure-Methylester)

$CH_3COO \cdot CH_3$.

Das von der I. G. Farbenindustrie in den Handel gebrachte Produkt ist sehr rein.

Siedegrenzen	56—62° C,
$D\frac{20°}{4°}$	0,932,
Flammpunkt	—13° C.

Die Verdunstungsgeschwindigkeit entspricht etwa der des Acetons. Mischt sich mit der dreifachen Menge Wasser, mit organischen Lösungsmitteln ist es in jedem Verhältnis mischbar. Es ist geeignet, Aceton vollwertig zu ersetzen, da es ein ausgezeichnetes Lösevermögen für Kollodiumwollen aller Typen wie auch für Acetylcellulose hat. Es wird verwendet als Dunstmittel zum Aufweichen von Steifkappen, für Klebstoffe aus Celluloid- und Filmabfällen, sowie zur Herstellung von Flugzeuglacken aus Acetylcellulose. Es ist billiger als Aceton.

Methylacetat ist auch der Hauptbestandteil der Lösungsmittel E 13 und E 14 der I. G., sowie verschiedener Speziallösungsmittel der Hiag. Diese Speziallösungsmittel sind wesentlich billiger als der reine Ester und erfüllen in den meisten Fällen denselben Zweck.

2. Äthylacetat (Essigester)

$CH_3COO \cdot C_2H_5$.

Der reine Essigester des Handels hat etwa folgende Konstanten:

Siedegrenzen	74—77° C,
$D\frac{20°}{4°}$	0,900
Flammpunkt unter	0°,
Löslichkeit in Wasser	7,8:100
Verdunstungszeit	2,9 bezogen auf Äther = 1.

Seinem ausgezeichneten Lösevermögen für Kollodiumwollen aller Typen entsprechend ist es ein in besonders hohem Maße für Lacke auf NC-Basis verwendetes Lösungsmittel. Es findet ferner ausgedehnte Verwendung in der Kunstlederindustrie — hier meist in Kombination mit Alkohol und Benzol —, zum Kleben in der Celluloidwarenindustrie und in der Sprengstoffindustrie zum Gelatinieren. Es ist eines der wenigen unter 100° siedenden Lösungsmittel, welche auch ohne Zusatz höher siedender Bestandteile Lacke ergeben, die trocknen, ohne weiß anzulaufen, wenn der Feuchtigkeitsgehalt der Luft nicht extrem hoch ist. Nach einer Mitteilung der Chemischen Industrie 1930 S. 233 steht der

Essigäther mit 60 Millionen lbs (Produktion im Jahre 1929) an der Spitze der in Amerika hergestellten Lösungsmittel. Die Produktion hat sich seit 1921 verzehnfacht.

Die Produktionsziffern der europäischen Länder sind nicht bekannt, doch kann angenommen werden, daß der Essigäther das am meisten gebrauchte Lösungsmittel der Lackindustrie ist. Es seien deshalb noch einige Verfahren erwähnt, die außer der oben genannten, für alle Essigsäureester geeigneten Darstellungsweise, bekannt geworden sind: DRP. 332818, gekennzeichnet durch die Verwendung eines Gemisches von Chlorcalcium und Mineralsäure als Katalysator. Die DRP. 277111, 277187, 277188, 286812, welche die Einwirkung von Aluminiumäthylat auf Acetaldehyd zum Gegenstand haben.

3. Normal-Propylacetat und Isopropylacetat

$CH_3 \cdot COO \cdot C_3H_7$.

Eigenschaften der in Deutschland hergestellten Produkte (I. G.).

	Normal	Iso
Siedegrenzen . . .	97—101° C	84—93° C
$D\frac{20^\circ}{4^\circ}$ 20°	0,891	0,869
Flammpunkt . . .	+ 12° C	0° C
Verdunstungszeit . .	6,1	4,2 bezogen auf Äther = 1.

Die beiden Ester sind mit Wasser nicht mischbar, haben ziemlich schwachen Geruch (besonders die Isoverbindung), und eine etwas geringere Verschnittfähigkeit als Butylacetat. Sie lösen Kollodiumwollen, besonders die Typen der M- und E-Klasse, sind jedoch kein Lösungsmittel für Acetylcellulose.

4. Normal-Butylacetat und Isobutylacetat

$CH_3 \cdot COO \cdot C_4H_9$.

Diese Ester sind für die Lacktechnik wesentlich wichtiger als die Propylacetate.

Das n-Butylacetat ist in Deutschland in zwei Reinheitsgraden im Handel (I. G.).

	n-Butylacetat 98—100%ig	n-Butylacetat 85%.
Siedegrenzen . . .	121—127° C	110—132° C
$D\frac{20^\circ}{4^\circ}$	0,879	0,871
Flammpunkt . . .	+ 25° C	+ 24° C
Verdunstungszeit . .	11,8	12,5

Mit Wasser nicht mischbare Flüssigkeiten, sehr gute Lösungsmittel für Kollodiumwollen und viele Harze, nicht für Acetylcellulose. In Mischung mit Butanol sind beide Marken ein vollwertiger Ersatz für Amylacetat. Durch steigende Zusätze von Butanol wird die Verdunstungskurve der des Amylacetates angenähert. Im allgemeinen genügen 15% Butanol. Butylacetat 85%ig enthält bereits 15% Butanol.

Der Geruch des Butylacetates wird von den Lacke verarbeitenden Personen als angenehmer wie der des Amylacetates empfunden. Amylacetat zeigt wesentlich stärkere physiologische Wirkung.

In USA. sind im Jahre 1929 33 Millionen lbs fast ausschließlich für Lackzwecke hergestellt worden. Die europäischen Produktionsziffern sind nicht bekannt. Der größte Teil des zur Herstellung von Butylacetat in Amerika benötigten Butanols wird nach dem oben erwähnten Gärungsverfahren gewonnen. In Deutschland erfolgt die Herstellung von Butylacetat ganz überwiegend aus synthetischen Butanol und synthetischer Essigsäure.

Isobutylacetat ist unter der Bezeichnung Tamasol I im Handel (85%ig).

Siedegrenzen	106—117° C,
$D\frac{20^\circ}{4^\circ}$	0,858
Flammpunkt	+18° C,
Versunstungszeit	7,7.

Das Produkt ähnelt in seinen Eigenschaften dem n-Butylacetat, ist jedoch etwas flüchtiger. Nahe verwandt in Eigenschaften und Zusammensetzung sind Tamasol I N, Tamasol II, Tamasol III.

Die beiden letztgenannten Produkte verdunsten wesentlich langsamer als Butylacetat. Tamasol III ist in dieser Beziehung mit dem unten besprochenen Adronolacetat auf eine Stufe zu stellen.

5. Amylacetat.

Das Amylacetat hat in der Entwicklung der Lacke auf NC-Basis eine bedeutende Rolle gespielt, auf die schon einleitend hingewiesen worden ist. Es wird auch heute noch in erheblichen Mengen verbraucht, wenn es auch gegenüber dem synthetischen Butylacetat vor allem aus preislichen Gründen zurückgetreten ist. Der aus dem Fuselöl der Spiritusbrennereien stammende Amylalkohol und das hieraus hergestellte Amylacetat würde aber auch bei weitem nicht ausreichen, um den Bedarf an Lösungsmitteln dieses Siedebereiches zu decken.

Neuerdings erlangen diese beiden Produkte wieder größere Bedeutung durch ein in Amerika technisch durchgebildetes Verfahren, welches vom Pentan (aus Erdgas) ausgeht. Für das Jahr 1929 wird die Produktion an Amylalkohol aus Pentan auf 5 Millionen lbs. angegeben.

Die Eigenschaften der im Handel befindlichen Amylacetatmarken sind infolge der nicht einheitlichen Ausgangsmaterialien erheblichen Schwankungen unterworfen.

Die „technische“ Ware und das „reine“ Amylacetat.

Die technische Ware wird durch Veresterung von Fuselöl mit technischer Essigsäure hergestellt entsprechend der eingangs angeführten allgemeinen Bildungsweise der Essigsäureester. Dieses technische Amylacetat siedet etwa von 100—150°. Nach einer Notiz der Lösungsmittelzeitung[1] verlangt der Verbraucher, daß nicht mehr als 50% unter 130° überdestillieren. Es enthält 85,95% Ester, der Rest besteht aus Fuselöl.

Das in Deutschland als Lösungsmittel verwendete „reine“ Amylacetat ist aus einem rektifizierten Amylalkohol (aus Fuselöl) hergestellt und enthält das Acetat des Gärungsamylalkohols (Isoamylalkohol)

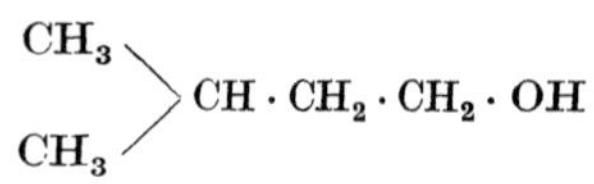

und wechselnde Mengen vom Acetat des optisch aktiven Amylalkohols (Methyl-äthyl-carbinol)

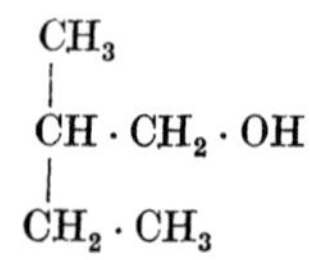

Die Konstanten dieses reinen Amylacetats sind:

Siedegrenzen	135—140° C.
$D\frac{18°}{4°}$	0,8745,
Verdunstungszeit	13 bezogen auf Äther = 1.
Flammpunkt	+ 31° C.

6. Acetat des Cyclohexanols und Methylcyclohexanols.

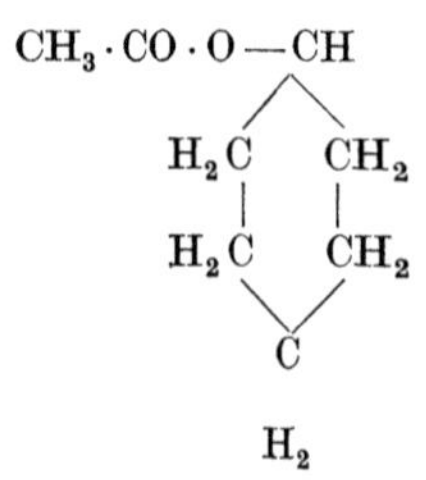

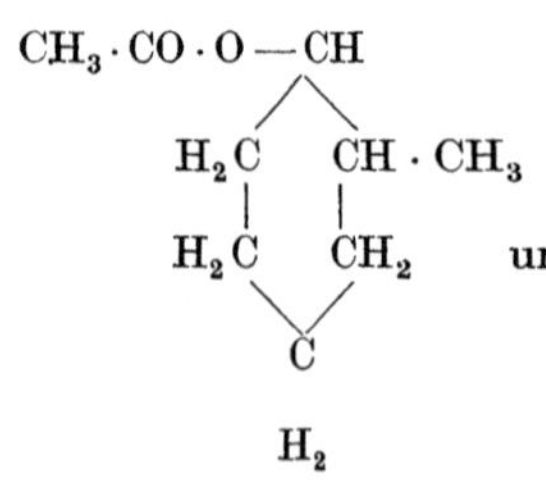

und Homologe

[1] Zitiert bei Wolff, H.: l. c.

Cyclohexanolacetat ist im Handel unter den Bezeichnungen

	Adronolacetat (I. G.)	Hexalinacetat (Riedel)
Siedegrenzen . . .	170—177° C	164—181° C
$D\frac{20^\circ}{4^\circ}$	0,966	0,966
Flammpunkt . . .	58° C	64° C
Verdunstungszeit . .	77	78

Die Produkte sind in Wasser unlöslich, haben ein ausgezeichnetes Lösevermögen nicht nur für Celluloseester, sondern auch für Öle, Fette, Wachse, Harze und Kautschuk. Die Lösungen der Celluloseester sind sehr hochviscos verglichen mit gleichkonzentrierten Lösungen, welche unter Verwendung von Methyl-äthyl- und Butylacetat hergestellt sind. Hierüber wird in einem späteren Kapitel näheres ausgeführt werden.

Im Cyclohexanolacetat haben wir ein besonders auffallendes Beispiel dafür, daß man aus den Siedegrenzen nicht auf die Verdunstungszeit schließen kann. Obgleich der Siedepunkt nur etwa 30° höher liegt als beim Amylacetat, verdunstet es 5—8mal langsamer.

Ursprünglich als Ersatz für Amylacetat gedacht kann es in den Rezepturen dieserhalb nicht ohne weiteres an dessen Stelle treten; die Lacke müssen anders aufgebaut werden.

Hexalinacetat begünstigt einen glatten Verlauf der Lacke und verhindert auch bei hoher Luftfeuchtigkeit das Anlaufen der Schicht. In größerer Menge (über 10%) zugesetzt bedingt es ein zu langsames Trocknen und damit eine Verlängerung des Arbeitsvorganges.

Noch langsamer verdunstet das Acetat des Methylcyclohexanols (Methylhexalinacetat Riedel).

Siedegrenzen	175—195° C,
$D\frac{20^\circ}{4^\circ}$	0,941,
Flammpunkt	65° C.

Als weitere Acetate, die im Handel zu haben sind, die aber vorläufig noch keine größere Bedeutung erlangt haben, seien genannt: Paraacetat (Riedel).

Ein Acetat, das aus Alkoholen hergestellt wird, welche durch katalytische Hydrierung von Ketongemischen gewonnen werden.

7. Glykolmonoacetat

(Lösungsmittel GC der I. G.).

$$\begin{array}{l} CH_2 \cdot OH \\ | \\ CH_2 \cdot O \cdot OC \cdot CH_3 \end{array}$$

Siedepunkt	186° C,
Flammpunkt	102° C,
$D\frac{20^\circ}{4^\circ}$	1,109.

8. Glykoldiacetat.

$$\begin{array}{l} CH_2 \cdot O \cdot OC \cdot CH_3 \\ | \\ CH_2 \cdot O \cdot OC \cdot CH_3 \end{array}$$

Siedepunkt . . . . 181° C.

9. Benzylacetat (I. G.).

$CH_3 \cdot CO \cdot O - CH_2$

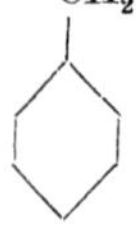

Siedegrenzen . . . . 213—216° C,
$D\frac{20°}{4°}$ 1,055,
Flammpunkt . . . . 95° C.
Verdunstungszeit . . . . 393 bezogen auf Äther = 1.

Über die lacktechnische Verwendbarkeit der drei letztgenannten Acetate bzw. über ihre besonderen Vorzüge ist bisher noch nichts bekannt geworden.

Die Besprechung der Acetate der Glykoläther erfolgt im Anschluß an diese.

Ester von Homologen der Essigsäure. Es kommen in Frage die Ester der Ameisensäure (Formiate), Propionsäure (Propionate), Buttersäure (Butyrate). Die praktische Anwendung dieser Ester ist aus verschiedenen Gründen beschränkt.

Die Ester der Ameisensäure, besonders die niedrig siedenden, zeigen recht unangenehme physiologische Wirkungen, die Propionate haben nur lokale Bedeutung und die Butyrate sind teurer als die Acetate, ohne vor diesen besondere Vorzüge zu haben. Die Situation kann sich jedoch bei Ausbildung neuer Herstellungsmethoden rasch ändern und es soll deshalb auf diese Lösungsmittel kurz eingegangen werden.

10. Die Formiate.

Im Handel befinden sich:	Spez. Gewicht	Siedepunkt d. reinen	Siedepunkt des techn.	Flammpunkt
Methylformiat	D 17° = 0,9764	Kp. 32°	(25—40)	— 18°
Äthylformiat	D 20° = 0,9183	Kp. 55°	—	—
Amylformiat	D 15° = 0,8809	Kp. 116°	(90—130)	—
Hexalinformiat (Riedel) . . .	D 20° = 0,973	Kp. —	150—159	+ 81°
Methylhexalinformiat (Riedel)	D 20° = 0,959	Kp. —	173—185	+ 64°

Methyl- und Äthylformiat gehören zu den wenigen Estern, die außer den Kollodiumwollen auch Acetylcellulose zu lösen vermögen.

Die übrigen Formiate sollen an Stelle der entsprechenden Acetate Verwendung finden.

11. Propionate.

Butylpropionat soll nach dem A. P. 1470885 durch Einwirkung von Bacillus acidi propionici auf Molken in Gegenwart von Calciumcarbonat und Veresterung der entstehenden Propionsäure mit Butylschwefelsäure hergestellt werden.

Die Siedegrenzen dieses Produktes 120—160°.

Der Kp. des reinen Produktes liegt bei 150°.

12. Die Buttersäure.

Die Buttersäure und damit ihre Ester sind durch gärungsphysiologische und synthetische Methoden leicht zugänglich geworden.

Als Ausgangsmaterial für die Vergärung dienen billig zur Verfügung stehende kohlehydrathaltige Substanzen wie Kartoffeln, Mais, minderwertiges Mehl und die Melasse der Rübenzuckerfabrikation[1].

Die Vergärung wird mit Bacillus butylicus in Gegenwart von Kalk vorgenommen. Aus 100 Teilen Stärke werden bis zu 35 Teilen Buttersäure gewonnen. Das gebildete Calciumbutyrat wird mit Mineralsäuren zersetzt, die Veresterung erfolgt in bekannter Weise gemäß den allgemeinen Bildungsreaktionen der Fettsäureester.

In neuerer Zeit sind verschiedene aussichtsreiche Verfahren entwickelt worden. Das eine geht vom Butanol aus, welches über Butyraldehyd zu Buttersäure oxydiert werden kann. Das zweite, rein synthetische Verfahren, ist oben bereits erwähnt worden; es sei durch die nachstehende Reaktionsfolge kurz gekennzeichnet:

Acetylen → Acetaldehyd → Aldol → Crotonaldehyd

$CH \vdots CH \rightarrow CH_3 \cdot CHO \rightarrow CH_3CH \cdot OH \cdot CH_2 \cdot CHO \rightarrow CH_3 \cdot CH \vdots CH \cdot CHO$

→ Butyraldehyd → Buttersäure.

$CH_3 \cdot CH_2 \cdot CH_2 \cdot CHO \qquad CH_3 \cdot CH_2 \cdot CH_2COOH.$

Während die Buttersäure einen unangenehmen und anhaftenden Geruch besitzt, riechen die Ester angenehm und finden vielfache Verwendung in der Essenzenindustrie. Sie sind durchweg ausgezeichnete Lösungsmittel für Kollodiumwollen.

Buttersäuremethylester	Kp 102°	riecht nach Reinetten,
Buttersäureäthylester	Kp 120°	Geruch erinnert an Ananas,
Buttersäureisobutylester	Kp 157°	Geruch erinnert an Ananas,
Buttersäureamylester	Kp 179°	riecht nach Birnen.

Buttersäureäthylester wird heute schon in größerem Maße technisch hergestellt.

---

[1] Ullmann II, S. 705. 2. Aufl.

C. Die Ester von Oxysäuren und Dicarbonsäuren.

1. Milchsäureäthylester.

Der unter der Bezeichnung Solaktol in den Handel gebrachte Milchsäureäthylester (Byk-Guldenwerke) hat folgende Eigenschaften:

Siedegrenzen	145—155° C,
$D\frac{20°}{4°}$	1,037,
Flammpunkt	+ 45° C,
Versunstungszeit	80.

Der Ester zeigt einen schwachen esterartigen Geruch und hat nur geringe physiologische Wirkung. Er löst Kollodiumwollen, Acetylcellulosen, weniger gut Harze. Mit Leinöl ist er nicht mischbar. Das technische Produkt neigt zur Abspaltung von Säure, wodurch Klumpungserscheinungen bei Lacken eintreten können, die in metallenen Behältnissen aufbewahrt werden. Neuerdings scheint diese Gefahr geringer geworden zu sein, da der Ester in sehr reiner Form geliefert wird.

2. Milchsäurebutylester (I. G.).

Dieser Ester zeigt gleichfalls schwachen Geruch. Seine Konstanten sind:

Siedegrenzen	170—195° C,
$D\frac{20°}{4°}$	0,974,
Flammpunkt	+ 61,5° C,
Verdunstungszeit	443 bezogen auf Äther = 1

Gutes Lösungsmittel für Kollodiumwollen, Öle und Harze. Für sich allein zeigt es im Gegensatz zum Äthylester kein Lösevermögen für Acetylcellulose, kann deren Lösungen aber in größerer Menge zugesetzt werden. Bemerkenswert die außerordentliche Verschnittfähigkeit mit Benzin.

3. Acetylglykolsäureäthylester (I. G.).

Siedegrenzen	181—195° C,
$D\frac{20°}{4°}$	1,094,
Flammpunkt	+ 82° C,
Verdunstungszeit	464.

Lösungsmittel für Kollodiumwollen, Acetylcellulose und Harze.

4. Kohlensäurediäthylester (Diäthylcarbonat).

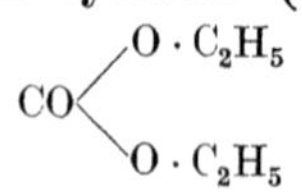

Siedegrenzen	120—130° C,
$D\frac{20^\circ}{4^\circ}$	0,97,
Flammpunkt	+31° C,
Verdunstungszeit	14.

Wird hergestellt durch Einleiten von Phosgen in absoluten Alkohol. Löst Kollodiumwollen, dagegen nicht Acetylcellulose und schlecht Harze und Öle. Die Lösungen der Kollodiumwollen sind hochviscos, ihre Verschnittfähigkeit ist gering.

Der Ester scheint in Europa bisher nicht in größerem Maßstabe hergestellt zu werden.

5. Äthylbutylcarbonat (I. G.).

$$CO\begin{cases} O \cdot C_2H_5 \\ O \cdot C_4H_9 \end{cases}$$

Siedegrenzen	135—175° C,
Flammpunkt	+150° C,
$D\frac{20^\circ}{4^\circ}$	0,92,
Verdunstungszeit	68.

Über lacktechnische Erfahrungen mit den Estern der Kohlensäure ist bisher noch nichts bekannt geworden.

D. Glykolderivate.

Obwohl die Derivate des Glykols erst in den letzten Jahren technische Bedeutung erlangt haben, sind sie doch schon vor langer Zeit entdeckt und nach allen Richtungen hin erforscht worden. Der Entdecker dieser Körperklasse ist Wurtz. In einer 1859 erschienenen Abhandlung[1] faßte er die Ergebnisse seiner Forschungen zusammen. Diese Abhandlung hat durch die Fülle des neuen tatsächlichen Materials einen ungewöhnlichen Einfluß auf die Entwicklung der organischen Chemie ausgeübt.

Die Glykole sind zweiwertige Alkohole, das einfachste und wichtigste Glykol ist das Äthylenglykol

$$\begin{array}{l} CH_2-OH \\ | \\ CH_2-OH \end{array}$$

Während das Glykol und seine Homologen selbst kein Lösungsvermögen für Celluloseester besitzen, sind deren nachstehend angeführten Umwandlungsprodukte als Lösungsmittel geeignet; sie werden allerdings nur zum Teil technisch verwendet.

---

[1] A. ch. **55**, 400 (1859).

Infolge seines Gehaltes an 2 Hydroxylgruppen ist das Glykol befähigt zur Bildung von:

Monoestern z. B. Glykolmonoacetat $CH_2 \cdot O \cdot O \cdot C \cdot CH_3$
$|$
CH_2OH

Diestern z. B. Glykoldiacetat $CH_2 \cdot O \cdot OC \cdot CH_3$
$|$
$CH_2 \cdot O \cdot O \cdot C \cdot CH_3$

Monoaethern z. B. Glykolmonomethyläther $CH_2 \cdot O \cdot CH_3$
$|$
CH_2OH

Diäthern z. B. Glykoldimethyläther $CH_2 \cdot O \cdot CH_3$
$|$
$CH_2 \cdot O \cdot CH_3$

Ätherestern z. B. Methylglycolacetat $CH_2 \cdot O \cdot CH_3$
$|$
$CH_2 \cdot O \cdot O \cdot C \cdot CH_3$

Inneren Anhydriden, z. B. Äthylenoxyd 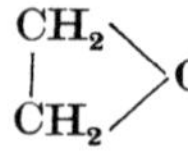 und Dioxan

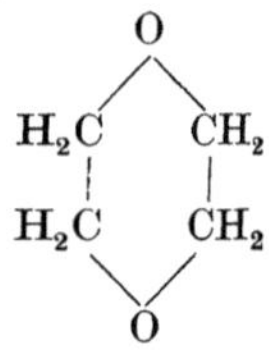

Polyglykolen z. B. CH_2OH
$|$
$CH_2 \cdot O \cdot CH_2 \cdot CH_2OH$

Glykolmonoacetat und Glykoldiacetat ist bereits oben bei den Estern der Essigsäure besprochen worden.

1. Die Monoäther des Glykols.

Die reinen Monoäther haben nach Davidsohn[1] folgende Konstanten:

	Siedepunkt	Spez. Gewicht bei 15° C.
Methyläther. . .	124,5°	0,9748
Äthläther . . .	134,8°	0,9360
Isopropyläther .	144,0°	0,9139
n-Propyläther .	150,0°	0,9110
Isobutyläther. .	158,8°	0,9130
n-Butyläther . .	170,6°	9,9188
Isoamyläther . .	181,0°	0,9000

Von diesen Produkten ist im Handel

1. der Methyläther unter der Bezeichnung „Methylglykol“ (I. G.),

[1] Ind. Chem. 18, 669 (1926).

„Methylcellosolve" (Carbide & Carbon Chemicals Corporation). Das Methylglykol der I. G. hat folgende Eigenschaften:

Siedegrenzen	115—130° C.
$D\frac{20°}{4°}$	0,967,
Flammpunkt	+36° C,
Verdunstungszeit	35.

Mit Wasser mischbare Flüssigkeit von schwachem Geruch.

Im Gegensatz zu den Estern ist es auf Grund seiner Konstitution nicht in der Lage, Säure abzuspalten.

Es ist ein gutes Lösungsmittel für Kollodiumwollen, besonders aber für Acetylcellulose. Methylglykolhaltigen Lacken, die bei feuchter Luft anlaufen, werden zweckmäßig höhere Glykoläther zugesetzt.

2. Der Äthyläther unter der Bezeichnung „Äthylglykol" (I. G.), „Cellosolve" (Carbide & Carbon Chem. Corp.).

Das Äthylglykol der I. G. hat folgende Eigenschaften:

Siedegrenzen	126—138° C,
$D\frac{20°}{4°}$	0,932,
Flammpunkt	+40° C,
Verdunstungszeit	43.

Mit Wasser mischbare Flüssigkeit von schwachem Geruch. Gutes Lösungsmittel für Kollodiumwollen, Öle und Harze, nicht für Acetylcellulose. Die Lösungen zeigen hohe Verschnittfähigkeit. Die hervorragenden Eigenschaften dieses Äthers werden illustriert durch die rapide Zunahme der Produktion in USA. Nach einer Veröffentlichung des oben genannten amerikanischen Produzenten hat folgende Entwicklung stattgefunden. Es zeigt nach Bresser die größte Verschnittfähigkeit von allen Lösungsmitteln für Kollodiumwollen.

1923 . . .	10,000 lbs.	1927	1079,000 lbs.
1924 . . .	39,000 „	1928	?
1925 . . .	23,000 „	1929 etwa . .	1200,000 „
1926 . . .	1041,000 „		

3. Der Butyläther, von der I. G. unter der Bezeichnung „Butylglykol", von der Carbide & Carbon Chem. Corp. unter der Bezeichnung „Butylcellosolve" in den Handel gebracht.

Das technische Butylglykol hat folgende Eigenschaften:

Siedegrenzen	164—182° C,
$D\frac{20°}{4°}$	0,907
Flammpunkt	+60° C,
Verdunstungszeit	163.

Mit gleichen Teilen Wasser mischbare Flüssigkeit von schwachem Geruch. Gutes Lösungsmittel für Kollodiumwollen, nicht für Acetylcellulose. Es dient zur Regulierung der Verdunstungszeit von Lacken.

4. Alkylglykol BM (I. G.) ist ein Gemisch verschiedener Glykoläther.

Siedegrenzen	115—180° C,
$D\frac{20^\circ}{4^\circ}$	0,94,
Flammpunkt	+ 36° C.

Ähnliche Eigenschaften wie Äthylglykol.

Nahe verwandt mit diesen Verbindungen sind die Polyglykole. Sie haben ebenfalls ein ausgezeichnetes Lösevermögen. Die wichtigsten Vertreter seien durch Bildungsweise und Siedepunkte charakterisiert[1].

Bei der Fortnahme von einem Molekül Wasser aus zwei Molekülen Glykol wird ein Polyglykol gebildet. Für Äthylenglykol kann die Reaktion folgendermaßen dargestellt werden:

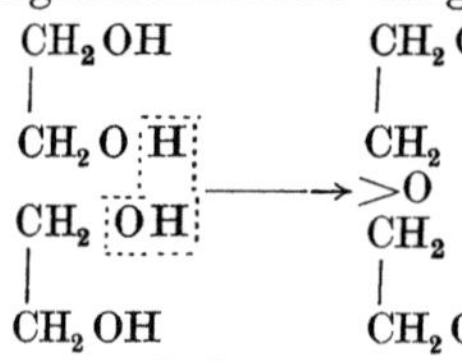

Diäthylenglykol. Siedepunkt 245° C.

Für Triäthylenglykol verläuft die Reaktion nach folgendem Schema:

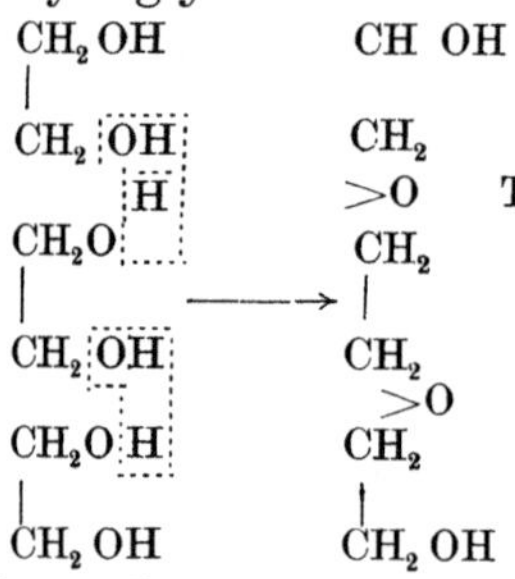

Triäthylenglykol. Siedepunkt 276° C.

Es bestehen neben diesen Reaktionen auch noch andere, die zur Bildung von Polyglykolen führen. So wird das Äthylenpropylenglykol folgendermaßen gebildet:

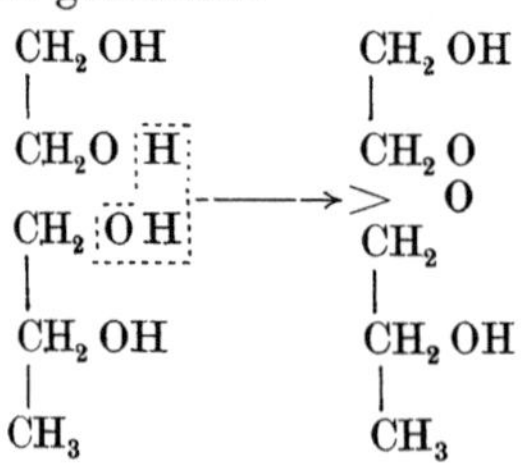

Äthylenpropylenglykol.

2. Die cyclischen Äther der Glykole.

Die Herausnahme von einem Molekül Wasser aus einem Glykolmolekül führt zur Bildung cyclischer Äther. So werden aus den entsprechenden Glykolen Äthylen-, Propylen- und Butylenoxyd gewonnen.

[1] Nach Bresser: Il Notiziario Chimico Industriale 2, 280 (1928).

Auch diese cyclischen Äther sind ausgezeichnete Lösungsmittel, sowohl für Nitro- als auch für Acethylcellulose. Sie sind ebenfalls mit Wasser mischbar und farb- und fast geruchlos. Die Siedepunkte des Äthylen- und Propylenoxyds sind zu niedrig, so daß sie keine Verwendung in der Lackindustrie finden können. Die höher siedenden Oxyde dürften sich allerdings bald einführen. Es sind nun folgende Oxyde verwendungsfähig bzw. bekannt. Beim Äthylen 1, beim Propylen 2, beim Butylen 5. Sie haben folgende Formel:

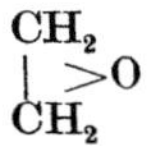
= Äthylenoxyd. Siedepunkt 10,5° C.

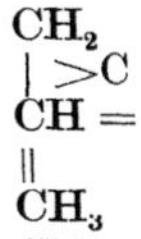
= α-Propylenoxyd. Siedepunkt 35,0° C.

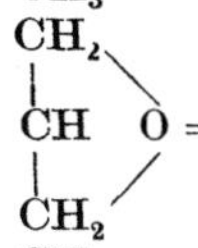
= β-Propylenoxyd. Siedepunkt 50,0° C.

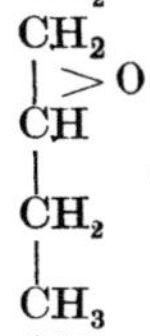
= α-Butylenoxyd. Siedepunkt 50—60° C.

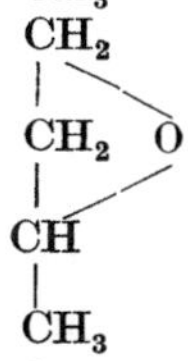
= β-Butylenoxyd. Siedepunkt 50—60° C.

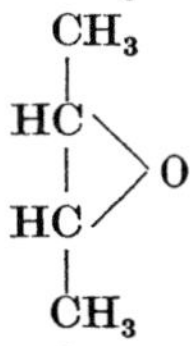
= Dimethyläthylenoxyd. Siedepunkt 50—60° C.

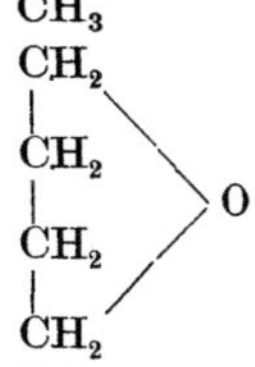
= γ-Butylenoxyd. Siedepunkt 50—60° C.

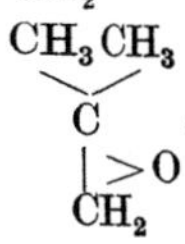
= Isobutylenoxyd. Siedepunkt 52,0° C.

Zu dieser Gruppe von Lösungsmitteln gehört das von der I. G. hergestellte Dioxan (Diäthylenoxyd). Nach **Bresser** l. c. wird es durch Destillation von Äthylenglykol mit Phosphorsäure hergestellt.

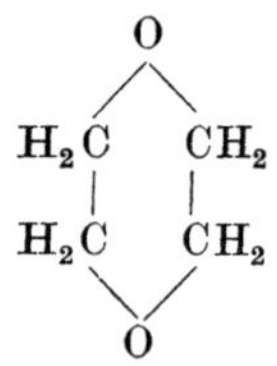

Kp 102

Eigenschaften des technischen Produktes:

Siedegrenzen	92—104° C,
$D\frac{20^\circ}{4^\circ}$	1,03,
Flammpunkt	+ 8° C.

Ätherisch riechende, leicht bewegliche Flüssigkeit, die sich mit Wasser und den üblichen Lösungsmitteln mischt.

3. Die Ätherester des Glykols.

Methylglykolacetat. (I. G.)

$CH_3 \cdot OCH_2$
|
$CH_2 \cdot O \cdot O \cdot CH_3$

Siedegrenzen.	138—152° C,
$D\frac{20^\circ}{4^\circ}$	1,001,
Flammpunkt	+ 44° C,
Verdunstungszeit.	35.

Mit Wasser mischbare Flüssigkeit von schwachem Geruch. Lösungsmittel von guter Verschnittfähigkeit für Kollodiumwollen wie für Acetylcellulose.

Äthylglykolacetat (I. G.) Cellosolveacetat (Carbide & Carbon, Chem. Corp.).

$C_2H_5 \cdot O \cdot CH_2$
|
$CH_2 \cdot O \cdot O \cdot C \cdot C_2H_5$

Eigenschaften des I. G.-Produktes:

Siedegrenzen	149—160° C,
$D\frac{20^\circ}{4^\circ}$	0,971,
Flammpunkt	+ 47° C,
Verdunstungszeit.	52.

Mit Wasser teilweise mischbare Flüssigkeit von schwachem Geruch. Ausgezeichnetes Lösungsmittel für Kollodiumwollen und viele Harze, nicht für Acetylcellulose.

E. Die Acetale.

Die Acetale sind Äther, die aus einem Molekül Aldehyd und zwei Molekülen Alkohol durch Wasserabspaltung abzuleiten sind, z. B. bildet sich das gewöhnliche Acetal nach folgendem Schema:

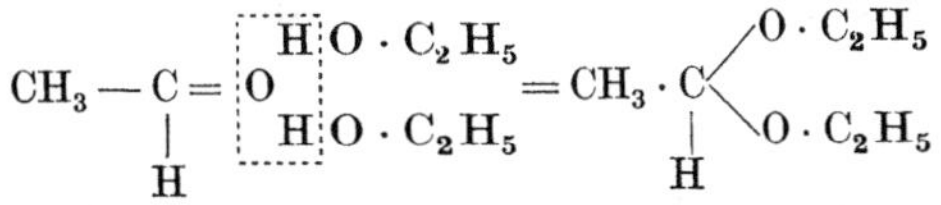

Acetal bildet sich:

1. Aus Monochloräther und Na-Äthylat.

2. Aus Alkohol beim Destillieren mit Braunstein und Schwefelsäure.

3. Beim Erhitzen von Alkohol mit Acetaldehyd und Eisessig. Die Acetale zeichnen sich durch völlige Beständigkeit gegen Alkalien aus, durch Mineralsäuren werden sie schon in der Kälte in Aldehyd und Alkohol zerlegt. Die Acetale haben keine reduzierenden Eigenschaften. Das gewöhnliche Acetal mischt sich mit den üblichen Lösungsmitteln in jedem Verhältnis, mit Wasser schlecht (1:18). Von der I. G. Farbenindustrie werden zwei Produkte in den Handel gebracht, welche im wesentlichen aus Acetalen bestehen.

1. Dissolvan C A.

Siedegrenzen	60—80° C,
$D\frac{20^\circ}{4^\circ}$	0,850,
Flammpunkt unter	0° C,
Verdunstungszeit	5,8.

Farblose Flüssigkeit von charakteristischem ziemlich kräftigem Geruch. Gutes und billiges Lösungsmittel für Kollodiumwollen und besonders für Celit. Es wird hauptsächlich zur Herstellung von Klebmitteln, Kitten und Steifen verwendet.

2. Dissolvan D N.

Siedegrenzen	60—80° C,
$D\frac{20^\circ}{4^\circ}$	0,855,
Flammpunkt unter	0° C,
Verdunstungszeit	4,8.

Das Produkt zeigt ähnlichen, aber schwächeren Geruch als Dissolvan CA -Lösungsmittel für Kollodiumwollen. Für sich allein angewendet ergibt es genau wie Acton keine klar auftrocknenden Schichten. Es wird zur Herstellung von Kitten und Kappensteifen gebraucht. Wenn klares Auftrocknen erwünscht ist, so kann dies durch Zusatz von höher siedenden Verdünnern und Lösungsmitteln erreicht werden (Benzol, Butanol, Butylacetat usw.).

F. Äther einwertiger Alkohole.

Die Äther sind Anhydride der Alkohole.

In der Technik spielt nur der Äthyläther, fälschlich auch Schwefeläther genannt, eine Rolle. Er besitzt an sich keinerlei Lösungsvermögen für Celluloseester und Äther, wird aber doch unter die Lösungsmittel gerechnet, weil schon ein geringer Zusatz von Alkohol genügt, um ihm ein ausgezeichnetes Lösevermögen für Kollodiumwollen mittleren und höheren Stickstoffgehaltes (M- und E-Wollen) zu geben. Äther-Alkohol ist das bekannteste „Zweitypenlösungsmittel".

Die technische Herstellung des Äthers erfolgt nach einem Prozeß, dessen Theorie von Williamson gegeben worden ist. Der Vorgang wird wie folgt formuliert:

$$C_2H_5OH + H_2SO_4 = C_2H_5SO_3 + H_2O$$

(Äthylschwefelsäure)

$$C_2H_5\boxed{O\,SO_3 + H}\,O\,C_2H_5 = C_2H_5 \cdot O \cdot C_2H_5 + H_2SO_4.$$

Der Äther wird in verschiedenen Reinheitsgraden geliefert. Der reinste Äther wird entsprechend seiner Verwendung als Narkoseäther bezeichnet. Das als Lösungsmittel hauptsächlich in Frage kommende technisch reine Produkt, z. B. der Äthyläther 98—100% der I. G. hat folgende Eigenschaften:

Siedegrenzen	34—35° C,
$D\frac{15^\circ}{4^\circ}$	0,722,
Flammpunkt unter	0° C.

Die wichtigsten Verunreinigungen des technischen Äthers sind Alkohol, Aceton und Wasser. Als Bestandteile unreiner Sorten werden angegeben: Aldehyd, Vinylalkohol, Äthylperoxyd, Essigsäure usw. Die Peroxyde bilden sich bei der Berührung des Äthers mit dem Sauerstoff der Luft im Lichte. Reiner Äther nimmt etwa 2% Wasser auf, mit den praktisch angewendeten Lösungsmitteln ist er in jedem Verhältnis mischbar.

Das Arbeiten mit Äther erfordert wegen dessen leichter Entzündlichkeit besondere Vorsicht. Ätherluftgemische sind in weiten Grenzen explosiv. Die Explosionsgefahr beginnt schon mit einem Gehalt von 35 g Äther im Kubikmeter Luft, erreicht ein Maximum bei 120 g und endet bei etwa 200 g. Luft, welche mehr als 200 g Äther im Kubikmeter Luft enthält, ist nicht mehr explosiv.

Die Wirkung des Äther auf das Centralnervensystem ist bekannt.

IV. Verdünner.

Den Übergang zwischen den Lösungsmitteln und Verdünnern bilden die Alkohole.

1. Methanol.

Methanol, CH_3OH, das erste Glied in der Reihe der aliphatischen Alkohole, gehört noch wie schon erwähnt, zu den Lösungsmitteln, da es alle Kollodiumwolltypen zu lösen vermag. Von dem Lösevermögen des Methanols macht man jedoch wegen seiner starken phyliologischen Wirkung und auch aus rein lacktechnischen Gründen nur selten Gebrauch.

Methanol wird aus dem Holzgeist der Holzdestillation und seit einigen Jahren auch synthetisch gewonnen. Bei der Gewinnung aus Holzgeist versetzt man diesen mit Wasser und trennt die Methanol enthaltende wässrige Schicht von den ausgeschiedenen Estern und Ketonen. Dann wird mit Kalk versetzt und destilliert. Das Destillat wird nunmehr mit Schwefelsäure destilliert. Die zwischen 64 und 66 übergehende Fraktion stellt den technisch reinen Methylalkohol dar. Nach H. Wolff werden an diesen folgende Ansprüche gestellt:

1. Mindestens 95 Volumprozent sollen innerhalb eines Grades übergehen.

2. Die Dichte bei 15° soll nicht über 0,7995 liegen.

3. Der Acetongehalt soll 0,7% nicht übersteigen.

4. Mit der doppelten Menge 66%iger Schwefelsäure versetzt darf er höchstens eine lichtgelbe Färbung annehmen, mit beliebigen Mengen Natronlauge versetzt soll er farblos bleiben.

5. 1 cm^3 einer Lösung von 1 g Kaliumpermanganat in 1 l Wasser darf durch 5 cm^3 Methylalkohol nicht sofort entfärbt werden. 1 cm^3 einer Bromlösung, die 1 Teil Brom in 80 cm^3 einer 50%igen Essigsäure enthält, soll zu 25 cm^3 des Alkohols zugesetzt, diesen nach deutlich gelb färben.

Von den bisher bekannt gewordenen synthetischen Herstellungsverfahren (vgl. Wollf l. c.) spielt das Verfahren die größte Rolle, welches von Kohlenoxyd und Wasserstoff ausgeht. Man kann die grundlegende Reaktion wie folgt ausdrücken $CO + 2\,H_2 = CH_3OH$ (vgl. das DRP. 415686).

Das Gasgemisch wird unter einem Druck von 200—300 at in Gegenwart geeigneter Katalysatoren auf 300—400° erhitzt. Die technische Ausbildung dieser Verfahren ist der I. G. gelungen. Es sei bemerkt, daß wohl der größte Teil des synthetischen Methanols zur Herstellung von Formaldehyd verwendet wird. Das synthetische Produkt ist fast 100%ig.

Siedegrenzen	64—65° C,
$D\frac{20°}{4°}$	0,796,
Flammpunkt	+ 6,5° C,
Verdunstungszeit	6,3.

2. Äthylalkohol.

Das zweite und wichtigste Glied in der Reihe der aliphatischen Alkohole ist der Äthylalkohol CH_3CH_2OH.

Siedepunkt des reinen Alkohols 78° C.

Seine wichtige Rolle im deutschen Wirtschaftsleben ist allgemein bekannt. Die weitaus größten Mengen Alkohols werden durch Gärung gewonnen. Der Vertrieb liegt in den Händen der Reichsmonopolverwaltung.

Auch der Äthylalkohol zeigt wie schon oben ausgeführt, noch Lösungsmitteleigenschaften, und zwar gegenüber den Kollodiumwollen mit niedrigem Stickstoffgehalt (A-Klasse). Im allgemeinen kann er aber als Verdünner angesprochen werden, und zwar als einer der wichtigsten; einmal wegen seiner schwachen physiologischen Wirkung, sodann wegen seines niedrigen Preises. Auf seine Gewinnung kann nur kurz eingegangen werden. Die Vorgänge bei der Gärung sind von zahlreichen Forschern bearbeitet worden[1]. Als Zwischenprodukt bei der Alkoholherstellung aus stärkehaltigen Rohstoffen tritt meistens Traubenzucker (Glucose) auf. Die Umwandlung der Glucose in Alkohol wird wie folgt formuliert:

$$\underset{\text{Glucose}}{C_6H_{12}O_6} \rightarrow \text{Zymase}\ \underset{\text{Brenztraubensäure}}{2\,CH_3CO \cdot COOH} + 2H_2O$$

$$\xrightarrow{\text{Carboxylase}} \underset{\text{Acetaldehyd}}{2\,CH_3CH \cdot O} + CO_2 \rightarrow H_2 = \underset{\text{Alkohol.}}{2CH_3 \cdot CH_2OH}$$

Aus 100 g Glucose werden bei normaler Gärung erhalten: 48,6% Alkohol, 46,4% Kohlendioxyd, 5% Nebenprodukte.

Die vergorene Masse enthält bis zu 18% Alkohol. Sie wird destilliert, wobei man durch Rektifikation und Dephlegmation einen 90%igen Rohsprit erhält.

Zu modernen Anlagen werden aus 45000 l Rohsprit, der auf 100000 l verdünnt wird, folgende Fraktionen gewonnen:

4000 l Vorlauf 95 Volumprozent enthält neben Alkohol Acetaldehyd und Essigester.

3000 l Sekundasprit von 96,2% enthält noch etwas Aldehyd.

[1] Eine ausführliche Monographie stammt von Neuberg, C.: Die Gärungsvorgänge und der Zuckerumsatz der Hefe. Jena 1913. — Ferner Neuberg: Biochem. Z. **92**, 234 (1918) und Ber. dtsch. chem. Ges. **52**, 1677 (1919).

37000 l Primasprit von 96,4% enthält noch geringe Mengen Fuselöl, die durch Holzkohle entfernt werden.
500 l Sekundasprit von 96%.
1500 l Fuselöle.

Von den neueren synthetischen Verfahren sei das vom Acetylen ausgehende erwähnt. Man lagert Wasser in Gegenwart von Quecksilbersalzen an Acetylen an: $C_2H_2 + H_2O = CH_3CHO$, der entstehende Acetaldehyd wird reduziert: $CH_3CHO + H_2 = CH_3CH_2OH$.

Aus 2 kg Carbid soll etwa 1 kg Alkohol (100%) gewonnen werden.

Für die lacktechnische Verwendung des Alkohols ist eines Grädigkeit besonders wichtig. In der nachstehenden Tabelle sind die spezifischen Gewichte von Alkohol-Wassermischungen zwischen 87 und 99% Alkoholgehalt angegeben.

D 15°	Gewichtsprozent	Volumprozent
0,831	86,97	90,99
0,830	87,35	91,29
0.829	87,74	91,58
8	88,12	91,87
7	88,50	92,15
6	88,88	92,44
5	89,26	92,72
4	89,64	93,00
3	90,02	93,28
2	90,39	93,55
1	90,76	93.82
0,820	91,13	94,09
0,819	91,50	94,35
8	91,87	94,61
7	92,23	94,87
6	92,59	95,13
5	92,96	95,38
4	93,31	95,63
3	93,67	95,88
2	94,03	96,13
1	94,38	96,37
0	94,73	96,61
0,809	95,08	96,85
8	95,43	97,08
7	95,77	97,31
6	96,11	97,54
5	96,46	97,76
4	96,79	97,99
3	97,13	98,20
2	97,47	98,42
1	97,80	98,63
0	98,13	98,84
0,799	98,46	99,05
8	98,79	99,26
7	99,11	99,46
6	99,44	99,66
5	99,76	99,86

In den meisten Fällen genügt es, die Dichte mit der Spindel zu bestimmen.

Für lacktechnische Zwecke ist im allgemeinen eine chemische Untersuchung des Alkohols nicht erforderlich. Verunreinigungen machen sich durch ihren Geruch bemerkbar. Ohne Bedeutung ist das Vorhandensein von Essigester und geringen Mengen Fuselöl, die Anwesenheit von Aldehyd und Furfurol ist dagegen nicht erwünscht.

Qualitative Probe auf Aldehyd:

Von 500 cm³ werden 100 cm³ abdestilliert. Destillat wird mit einer salzsauren Lösung von m-Phenylendiaminchlorhydrat unterschichtet. Eine in 2—4 Minuten erscheinende gelbrote Schicht zeigt Aldehyd an.

Qualitative Probe auf Furfurol:

10 cm³ Sprit werden mit 10 Tropfen frisch destilliertem Anilin und

2 Tropfen konzentrierter Salzsäure versetzt. Rote Färbung zeigt Furfurol an.

Vergällung.

Von den zahlreichen zugelassenen Vergällungsmitteln kommt für die Industrie der Celluloseesterlacke nur Toluol, Benzol oder Terpentinöl in Betracht. Holzgeist und Pyridinbasen scheiden aus, da sie sehr unangenehme Wirkung auf die Lackschicht ausüben können.

Über Bestimmung von Vergällungsmitteln, sowie über die Menge der bei den einzelnen Mitteln vorgeschriebenen Zusätze vgl. H. Wolff[1]. Der mit 2% Toluol vergällte 95%ige Sprit hat eine Verdunstungszeit von 8,3 und einen Flammpunkt von 11° C.

3. Isopropylalkohol.

$$\begin{matrix} CH_3 \\ CH_3 \end{matrix} > CH \cdot OH$$

Die Herstellung erfolgt in Deutschland durch Reduktion von Aceton (Tetralingesellschaft und I. G. Farbenindustrie), in Amerika durch Anlagerung von Wasser an Propylen (Zwischenprodukt: Propylschwefelsäure).

Isopropylalkohol ist wie die ersten beiden Glieder der Reihe in Wasser löslich, jedoch unlöslich in Salzlösungen. Das in Deutschland im Handel befindliche Produkt hat folgende Eigenschaften:

Siedegrenzen	79,5—81,5° C,
$D\frac{20^\circ}{4^\circ}$	0,808,
Flammpunkt	+ 19° C,
Verdunstungszeit	21.

Isopropylalkohol ist auch für die Kollodiumwollen der A-Klasse kein Lösungsmittel mehr und dient daher vielfach zum Verdrängen des Wassers bei solchen Wollen, die mit Äthylalkohol gelatinieren.

4. Synthetisches n-Butanol (I. G.).

$$CH_3 \cdot CH_2 \cdot CH_2 \cdot CH_2 \cdot OH.$$

Über seine Herstellung ist oben schon das Erforderliche mitgeteilt worden.

Die Eigenschaften des I. G. Produktes sind:

Siedegrenzen	114—118° C,
$D\frac{20^\circ}{4^\circ}$	0,812,
Flammpunkt	+ 34° C,
Verdunstungszeit	33.

Butanol ist mit Wasser im Verhältnis 1:12 mischbar.

[1] Wolff, H.: Die Lösungsmittel S. 115 ff.

Vor dem technischen Amylalkohol hat es den Vorzug der Einheitlichkeit, des schwächeren Geruchs und der geringeren physiologischen Wirkung. Wie der Isopropylalkohol dient es zum Verdrängen des Wassers in alkohollöslichen Wollen, die vielfach „butanolfeucht" geliefert werden. Als Zusatzstoff bei der Herstellung von Lacken auf NC-Basis hat es eine große Bedeutung erlangt, da es das Weißanlaufen der Lackschichten und die gefürchtete „Schleierbildung" bei Glanzlacken verhindert. Butanolzusatz begünstigt den glatten Verlauf der Lackschichten. Während es Kollodiumwollen für sich allein nicht zu lösen vermag, ist es ein gutes Lösungsmittel für Öle und Harze.

Die zunehmende Bedeutung des Butanols ist aus den Produktionsziffern der Vereinigten Staaten zu entnehmen. Nach einer Mitteilung der „Chemischen Industrie" ist die Produktion von 5 Millionen lbs. im Jahre 1921 auf etwa 55 Millionen im Jahre 1929 gestiegen. Ein wesentlicher Teil ist zur Herstellung von Butylacetat verwendet worden.

5. Das Fuselöl und dessen Bestandteile.

Das Fuselöl, wie es bei der Spiritusbrennerei aus Kartoffeln gewonnen wird, besteht nach Windisch[1] aus folgenden Substanzen.

1 kg von Wasser und Spiritus befreit enthält:

n-Propylalkohol	68,5 g
Iso-Butylalkohol	243,5 g
Amylalkohole	687,6 g
Freie Fettsäuren	0,1 g
Fettsäureester	0,2 g
Rest Furfurol und Basen.	

Das rohe Fuselöl hat einen scharfen zum Husten reizenden Geruch. Die zwischen 100 und 140° übergehende Fraktion ist als gereinigter Amylalkohol im Handel. Der doppelt rektifizierte Amylalkohol siedet zwischen 128 und 132°, der furfurolfreie von 130—132° siedende wird als chemisch rein bezeichnet.

Amylalkohol wirkt im Lack ähnlich wie Butanol, es reguliert die Verdunstungszeit und begünstigt den glatten Verlauf.

Zu den Alkoholen gehören ferner:

Cyclohexanol (Hexalin), das für Kollodiumwollen kein Lösevermögen besitzt, wohl aber zahlreiche Harze, Wachse, Öle, Asphalt und Kautschuk zu lösen vermag und daher zur Herstellung von Kombinationslacken empfohlen wird. Es wird durch Hydrierung von Phenol hergestellt.

Hersteller sind die Tetralingesellschaft und die I. G. Farbenindustrie (Anol).

---

[1] Arbeiten des K. Ges. Amtes, Berlin 1892.

Siedegrenzen	159—162° C,
$D\frac{20^\circ}{4^\circ}$	0,945,
Flammpunkt	+ 59° C,
Schmelzpunkt	+ 16° C,
Verdunstungszeit	403.

Das Produkt ist unlöslich in Wasser und hat einen schwachen Geruch. Methylhexalin siedet etwas höher und hat ähnliche Eigenschaften.

Benzylalkohol besitzt ebenfalls kein Lösevermögen für Kollodiumwollen. Acetylcellulose wird in der Wärme gelöst. Bemerkenswert ist das Lösevermögen für fast alle Celluloseäther. Benzylalkohol begünstigt den Verlauf der Lacke. Er wird von der I. G. in den Handel gebracht.

Siedegrenzen	205—210° C,
$D\frac{20^\circ}{4^\circ}$	1,045,
Flammpunkt	+ 96° C,
Verdunstungszeit	1767

zeigt einen schwachen aromatischen Geruch und ist in Wasser praktisch unlöslich.

6. Die aromatischen Kohlenwasserstoffe: Benzol, Toluol und Xylol.

Das Ausgangsmaterial für diese Stoffe bildet die Steinkohle. Man gewinnt sie aus dem Teer der Gasanstalten und Kokereien sowie durch Waschen des Steinkohlengases. Die für die Gewinnung in Frage kommende Fraktion ist das Leichtöl, welches zwischen 80 und 170° siedet.

Das Leichtöl wird weiter fraktioniert, wobei man Rohbenzol, Toluol, Xylol und Solventnaphtha erhält. Die Fraktionen werden mit Schwefelsäure behandelt, wodurch die ungesättigten Verbindungen und das Thiophen entfernt werden. Es folgt Waschen mit Lauge und erneute Rektifikation. Die auf diese Weise erhaltenen handelsüblichen Produkte sind in der folgenden Tabelle zusammengestell[1].

Handelsbenzole	Spez. Gew.	Flammpunkt	Es gehen über bei	Zusammensetzg. in Proz.				
				Benzol	Toluol	Xylol	Cumol	Naphthalinöl
Handelsbenzol I sog. 90er Benzol	0,880—0,883	— 15°	100° 90%	84	13	3	—	—
Handelsbenzol II sog. 50er Benzol	0,875—0,887	— 9,5°	100° 50%	43	46	11	—	—
Handelsbenzol III sog. gerein. Toluol	0,870—0,872	+ 5°	120° 90%	15	75	10	—	—
Handelsbenzol IV sog. gerein. Xylol	0,872—0,876	+ 21°	145° 90%	—	25	70	5	—
Solventnaphtha I	0,874—0,880	+ 21°	160° 90%	—	5	70	25	—
„ II	0,890—0,910	+ 28°	190° 90%	—	—	35	60	5
Handelsschwerbenzol	0,920—0,945	+ 47°	190° 90%	—	—	5	80	15

[1] Nach Neumann: Flüssige Heizstoffe.

Die Zahlen der Tabelle sind Schwankungen unterworfen. Genaueres ist aus der sogenannten Typentabelle des Benzolverbandes zu entnehmen. Auch das „Reinbenzol“ des Handels enthält noch Thiophen, Schwefelkohlenstoff und Spuren von Toluol.

Verdampfungskurven von Benzol und Benzin, englische Abnahmebedingungen für Lösungsbenzole bei H. Wolff l. c.

Die I. G. Farbenindustrie bringt Reintoluol und Reinxylol als Lösungsmittel auf den Markt.

Reintoluol 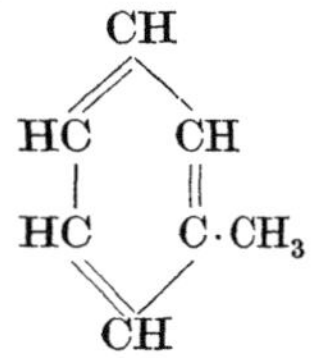

Siedegrenzen	109,5—110,5° C,
$D\frac{20°}{4°}$	0,864,
Flammpunkt	+ 4° C,
Verdunstungszeit	6,1.

Reinxylol 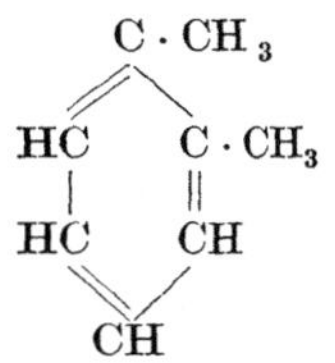

Siedegrenzen	137—139° C,
$D\frac{20°}{4°}$	0,857,
Flammpunkt	+ 23° C,
Verdunstungszeit	13,5.

Diese Verdünner sind unlöslich in Wasser und mischen sich mit den üblichen Lösungsmitteln in jedem Verhältnis.

7. Benzin.

Die Nomenklatur ist in den einzelnen Ländern so verschiedenartig, daß zur Vermeidung von Verwechslungen näheres mitgeteilt werden soll.

Unter Benzin oder Naphtha versteht man in der deutschen Literatur[1] die bis etwa 150° übergehenden Teile des Rohpetroleums (Erdöl).

Dasselbe Produkt wird in fremden Sprachen wie folgt bezeichnet: italienisch Benzina, französich essence, englisch-amerikanisch gasoline.

Unter Solventnaphtha (italienisch Solvente nafta) versteht man da-

[1] Vgl. z. B. Lunge-Berl: III.

gegen ein Gemisch mit Benzolkohlenwasserstoffen herrührend aus der Steinkohlenteerdestillation.

An die Lackbenzine werden bezüglich Flammpunkt und Siedegrenzen bestimmte Anforderungen gestellt.

Die Lackbenzine sollen erst oberhalb 21° entflammen. Die spezifischen Gewichte liegen zwischen 0,730 und 0,800, die Siedegrenzen liegen meistens zwischen 90 und 140°, jedoch finden sich oft Anteile vor, die erst bei 200° übergehen.

Das im allgemeinen höher siedende Leuchtpetroleum läßt sich von den Lackbenzinen durch die verschiedene Löslichkeit in 96%igem Spiritus unterscheiden.

Die Lackbenzine lösen sich im dreifachen Volum 96%igem Sprits vollkommen klar auf, während alle Brennöle, auch das sogenannte Sicherheitspetroleum stark getrübte Lösungen ergeben, die beim Stehen erhebliche Ölmengen ausscheiden.

In Anilin sind reine Benzine der Paraffinreihe völlig unlöslich. Zusätze von aromatischen und ungesättigten Kohlenwasserstoffen können mit Hilfe von Anilin leicht erkannt werden. Diese Probe kann auch zum Nachweis von Braunkohlenbenzin verwendet werden, da dieses aromatische Kohlenwasserstoffe enthält.

Anhang.

Vorschriften der A. S. T. M. für die Prüfung von Lösungs- und Verdünnungsmitteln für Nitrocelluloselacke (USA.)[1].

1. Diese Vorschriften beziehen sich auf die Untersuchung und Prüfung von Lösungs- und Verdünnungsmitteln, die zur Herstellung von Nitrocelluloselacken verwendet werden.

Probenahme.

2. a) Probenahme aus gefüllten Tankwagen und anderen großen Behältern. Die Gesamtprobe muß mindestens 2 l betragen und soll aus möglichst vielen Einzelproben von höchstens je einem Liter bestehen. Diese werden vermittels eines Glas- oder Metallgefäßes mit abnehmbarem Deckel oder Stopfen von oben und vom Boden des Behälters entnommen. Das Entnahmegefäß wird an einer geeigneten Stange befestigt, in die verschiedenen Tiefen eingetaucht und durch Öffnen des Verschlusses gefüllt.

b) Tonnen und Fässer. Es sollen mindestens 5% der Gebinde untersucht werden. Wenn es der Käufer für notwendig erachtet, müssen entsprechend mehr Gebinde untersucht werden, und es ist zu empfehlen, daß bei teuren Lösungsmitteln, die in kleinen Mengen eingekauft werden, jedes Gebinde geprüft wird. Die Probe wird vermittels eines Stechhebers oder einer anderen Vorrichtung aus der Mitte des Behälters entnommen. Die Gesamtprobe soll mindestens 1 l betragen und aus gleichen Teilen von mindestens $^1/_3$ l aus jedem zur Probenahme herangezogenen Gebinde bestehen.

---

[1] Serienbezeichnung D 86—26 T, Proceedings of the A. S. T. M. **26** I, 816 (1926) und 1926 Book of A. S. T. M. Tentative Standards, S. 388.

Prüfverfahren.

3. Das spezifische Gewicht soll bei allen Lösungs- und Verdünnungsmitteln bestimmt werden. Die Bestimmung muß bei 20° C ausgeführt werden, und zwar nach einer Methode, welche bis zur dritten Dezimale genaue Werte liefert.

4. Auch sollen alle Lösungs- und Verdünnungsmittel auf ihre Farbe untersucht werden. Die Probe und das vereinbarte Typmuster werden in 50 cm^3-Nesslerröhren gegen einen weißen Hintergrund verglichen. Ein Lösungsmittel gilt dann als wasserhell, wenn es nicht dunkler als eine Lösung von 0,0030 g Kaliumbichromat in einem Liter Wasser ist.

5. Die Siedeanalyse wird bei allen Lösungs- und Verdünnungsmitteln ausgeführt, und zwar nach den A. S. T. M.-Vorschriften für die Prüfung von Lackbenzin, Naphtha, Kerosin und ähnlichen Erdölprodukten[1], nur mit dem Unterschied, daß bei dem Destillat nicht die Volumina bestimmt werden, welche bis zu bestimmten Temperaturen überdestillieren, sondern die Temperaturen, bis zu welchen bestimmte Volumina des Destillats übergehen. Es wird also die Temperatur des Siedebeginns und des Siedeendes bestimmt sowie die Temperaturen, bis zu welchen überdestillieren 5, 10, 20, 30, 40, 50, 60, 70, 80, 90 und 95 cm^3. Die Volumina werden bis auf 0,5 ccm genau abgelesen.

6. Bei allen Lösungs- und Verdünnungsmitteln muß auch der Rückstand bestimmt werden. Vermittels einer Pipette werden 5 cm^3 von der zu untersuchenden Probe und von dem Standard in getrennte Abdampfschalen aus Porzellan eingefüllt und zum Verdunsten 24 Stunden unter einem Abzug aufgestellt. Falls ein Rückstand hinterbleibt, muß dieser näher geprüft und die Probe auch auf ihren Gehalt an nichtflüchtigen Bestandteilen untersucht werden.

7. Der Gehalt an nichtflüchtigen Bestandteilen wird nur dann bestimmt, wenn bei der Prüfung nach 6. ein Rückstand hinterbleibt. Von der zu untersuchenden Probe werden 100 cm^3 in eine tarierte Abdampfschale eingefüllt und auf dem Dampfbad bis fast zur Trockene eingedampft. Darauf wird die Probe bis zur Gewichtskonstanz auf 100—110° C erhitzt. Die Gewichtszunahme der Schale entspricht dem Gehalt an nichtflüchtigen Bestandteilen, welcher in Gewichtsprozenten ausgedrückt wird. Dabei wird das Gewicht der Probe aus dem unter 3. bestimmten spezifischen Gewicht berechnet.

8. Falls die Lösungs- oder Verdünnungsmittel keinen starken Geruch hinterlassen dürfen, müssen sie daraufhin geprüft werden. Zu diesem Zwecke werden Streifen aus starkem Filtrierpapier von derselben Größe und Form bis zur gleichen Tiefe in Bechergläser oder weithalsigen Flaschen eingetaucht, die mit der zu untersuchenden Probe und mit der Vergleichsflüssigkeit gefüllt sind. Die getränkten Streifen werden dann mit Stiften an einem Stück Holz befestigt und in bestimmten Zwischenräumen auf einen Unterschied im Geruch geprüft.

9. Sämtliche Lösungs- und Verdünnungsmittel müssen auf einen Gehalt an Wasser untersucht werden. Von der zu untersuchenden Probe werden 5 cm^3 in einen mit Glasstopfen versehenen Zylinder von 100 cm^3 Inhalt eingefüllt und portionsweise mit je 5 cm^3 Lackbenzin von 60° Bé versetzt, wobei man nach jedem Zusatz kräftig durchschüttelt. Ein Gehalt an Wasser verursacht hierbei eine Trübung. Falls eine solche eintritt, muß auch das Typmuster in der gleichen Weise untersucht werden.

10. Sämtliche Lösungs- und Verdünnungsmittel müssen auf Säuregehalt untersucht werden. Aus einer Bürette werden 50 cm^3 von der zu untersuchenden Flüssigkeit in einen kleinen Erlenmeyerkolben eingefüllt und bei Gegenwart von Phenolphthalein mit 0,1 n-alkoholischer Kalilauge (KOH in 99%igem Methylalkohol) titriert. Das Gewicht des untersuchten Materials wird aus dem spezifischen Gewicht berechnet und die Säurezahl in Milligramme KOH pro Gramm Material ausgedrückt.

11. Auf einen Gehalt an Alkali soll nur dann geprüft werden, wenn die nach 10. erhaltenen Resultate auf einen Gehalt an Alkali hindeuten. Aus einer Bürette werden 50 cm³ von der zu untersuchenden Flüssigkeit in einen kleinen Erlenmeyerkolben eingefüllt und bei Gegenwart von Methylorange mit 0,1 n-Schwefelsäure titriert. Das Gewicht der untersuchten Probe wird aus dem spezifischen Gewicht berechnet und der Gehalt an Alkali in Milligramme KOH pro Gramm Material angegeben.

12. Bei den esterartigen Lösungsmitteln wird auch die Esterzahl bestimmt. Von der Probe werden 1—2 g in ein kleines Kugelröhrchen eingewogen, indem man zuerst das leere Röhrchen wiegt, anwärmt und füllt und dann zuschmilzt und zurückwiegt. Das Kugelröhrchen wird in einen mit 50 cm³ 0,5 n-alkoholischer Kalilauge beschickten 200 cm³-Erlenmeyerkolben übergeführt, mit einem Glasstab zerdrückt und der Kolben mit einem Rückflußkühler verbunden. Je nach der Natur des Esters wird dann ein bis vier Stunden auf dem Dampfbad erhitzt und der Inhalt häufig durchgeschüttelt, wobei kein Material verlorengehen darf. Nach dem Abkühlen wird der Rückflußkühler mit etwas destilliertem Wasser ausgespült und der Inhalt des Kolbens nach Zusatz von 3 Tropfen Phenolphthalein mit 0,5 n-Salzsäure titriert. Zur Kontrolle werden gleichzeitig 2 Blindversuche durchgeführt. Diese Blindversuche müssen auf der ersten Dezimale übereinstimmen. Die ermittelten Werte werden in Gewichtsprozent Ester ausgedrückt, wobei der Gehalt an Säure oder Alkali in Rücksicht gezogen werden muß.

Anmerkung. Die Probe kann statt in Kugelröhrchen auch in ein kleines Wägeglas eingewogen und der Stopfen nach Einbringen in den Kolben mittels eines Glasstabs oder durch Umschütteln entfernt werden. Nach Möglichkeit soll man einen Kolben mit eingeschliffenen Kühler verwenden.

13. Steinkohlenteer- und Petroleumderivate (Benzolkohlenwasserstoffe und Benzine) müssen auch einer Korrosionsprobe unterworfen werden. Ein sauberer Streifen aus mechanisch poliertem reinem Kupferblech 2,5 × 2,5 cm Größe wird in eine Abdampfschale von 10 cm Durchmesser gelegt und mit 100 cm³ von der zu untersuchenden Flüssigkeit bedeckt. Die Schale wird mit einem Uhrglas bedeckt und 30 Minuten auf dem Dampfbad erhitzt. Dann gießt man die Flüssigkeit ab und prüft den Kupferstreifen auf Schwärzung. Ein schwaches Anlaufen ist ohne Bedeutung, aber bei deutlicher Schwärzung muß die Probe zurückgewiesen werden.

Einige weitere Untersuchungsmethoden, die besondere Bedeutung für das lacktechnische Verhalten haben.

Verseifungszahl. Die Ester enthalten vielfach Alkohole. Zur annähernden Bestimmung des Estergehaltes bestimmt man die „Verseifungszahl", indem man 1 g Substanz etwa $^1/_2$ Stunde mit 25 cm³ n/2-KOH (alkoholisch) am Rückfluß kocht und die überschüssige KOH zurücktitriert.

Die Verseifungszahl ist = der Anzahl mg KOH, die 1 g Substanz verbraucht.

Verseifungszahlen der wichtigsten für Celluloseesterlacke gebräuchlichen Ester in der nachfolgenden Tabelle[1].

---

[1] Calvert, R. (Ind. Chem. **1929**, 213) stellt fest, daß die Hydrolysierungsgeschwindigkeit von der Dissoziationskonstante der im Ester enthaltenen Säure abhängt. Es muß bemerkt werden, daß auch der alkoholische Anteil die Hydrolysierungsgeschwindigkeit beeinflußt.

	Molekular-Gewicht	Verseifungszahl	1 cm^3 KOH = mg	1,000 g = mg KOH
Methylacetat	74	757	74	13,52
Äthylacetat	88	636	88	11,36
Propylacetat	102	549	102	9,84
Isopropylacetat	102	549	102	9,84
Butylacetat 100%ig ...	116	483	116	8,62
„ 85%ig ...	—	ca. 410	136	7,32
Isobutylac. = (Tamasol J)	116	483	116	8,62
Amylacetat rein.....	130	431	130	7,69
techn. Amylacetat....	—	ca. 400	140	7,14
Isorbornylacetat.....	196	281	196	5,10
Äthylglykolacetat	132	424	132	7,57

KOH = n/10 KOH

Die relative Flüchtigkeit. Die Kenntnis der relativen Flüchtigkeit ist für den Aufbau von Lacken von erheblicher Wichtigkeit, die Siedekurve gibt bekanntlich keinen sicheren Anhalt für die Flüchtigkeit. Angenäherte Zahlen erhält man dadurch, daß man Schalen gleicher Form und Größe mit der gleichen Menge verschiedener Lösungsmittel beschickt und die Zeit feststellt, welche bis zur völligen Verdunstung des Lösungsmittels verstreicht. Zur exakten Bestimmung der Flüchtigkeit, die namentlich bei hochsiedendem Lösungsmittel, wie auch besonders bei den Gelatinierungsmitteln in der erwähnten einfachen Form nicht ausgeführt werden kann, bedient man sich zweckmäßig einer gekapselten Torsionswaage, die von einem genau definierten Luftstrom bestimmter Temperatur und Feuchtigkeit bestrichen wird. Es sei bemerkt, daß die Lösungsmittel aus Celluloseesterfilmen langsamer verdunsten als wenn sie in reiner Form zur Untersuchung gelangen. Namentlich die letzten Reste werden außerordentlich fest gehalten. Ausführliche Mitteilungen über den Verdunstungsverlauf von Lösungs- und Verdünnungsmitteln von H. Jores[1].

Das Anlaufen der Lackschichten infolge der Luftfeuchtigkeit ist eine lacktechnisch sehr wichtige Frage. Bestimmende Faktoren sind u. a. Verdampfungswärme und Verdunstungszeit der Lösungs- und Verdünnungsmittel. Eine wichtige Rolle spielt auch die Bildung azeotropischer Gemische[2] während des Verdunstungsvorganges.

Prüfung von Lösungsmitteln auf Wasserempfindlichkeit.

Ein feuchter Luftstrom wird mit einem trocknen in regulierbarer Weise gemischt und durch eine aus zwei aufeinander geschliffenen Glasglocken gebildete Kammer hindurchgesaugt. Die gleichmäßige Sättigung des feuchten Luftstromes erzielt man dadurch, daß man die Luft durch

[1] Farbenztg **34**, 2886 (1929).

[2] Über den Begriff der Azeotropie vgl. Lecat, M.: La tension de vapeur des melanges de liquides. L'azéotropisme. Brüssel 1918. Ferner Ostwald, W.: Grundriß der allgemeinen Chemie. S. 358. Leipzig 1909.

zwei hintereinander geschaltete Waschflaschen mit Wasser leitet. Temperaturkonstanz ist durch Aufstellung der Apparatur in einem gleichmäßig temperierten Zimmer zu erreichen. Man saugt die Luft durch eine Wasserstrahlpumpe an. Sie strömt durch die Waschflaschen und einen mit Glasperlen gefüllten Turm in die Kammer und trifft hier zwecks gleichmäßiger Verteilung auf ein Prellblech. Von da strömt die Luft langsam durch die Kammer und verläßt diese an ihrem tiefsten Punkt. Zur Kontrolle und Einstellung der Luftgeschwindigkeit schaltet man zwischen Kammer und Pumpe ein Rotameter. Zweckmäßig ist ein Luftwechsel von etwa 200 Litern pro Stunde.

Die Kammern haben zweckmäßig einen Inhalt von 40—45 Litern. In der Kammer hängt ein empfindliches Hygrometer und ein Thermometer. Als Hygrometer ist das Lambrechtsche Haarhygrometer zu empfehlen. Dieses Instrument spricht auf Veränderung der relativen Luftfeuchtigkeit in etwa 5 Minuten an. Die zu prüfenden Lacke werden auf Glasscheiben gegossen. Nach dem Abtropfen werden die Glasscheiben rasch bei abgestellten Luftstrom in die Kammer gebracht; diese wird schnell wieder geschlossen, damit das vorher eingestellte Feuchtigkeitsverhältnis möglichst wenig gestört wird. Die Platten stehen am besten senkrecht an der Kammerwandung auf einem Drahtnetz.

Über das Verhalten der in der Lacktechnik üblichen Lösungs- und Verdünnungsmittel bei verschiedener Luftfeuchtigkeit haben J. G. Davidson und E. W. Reid eine interessante Arbeit veröffentlicht[1].

Ausführliche Angaben über Flammpunkte von Lösungs- und Weichmachungsmitteln sind von E. v. Mühlendahl veröffentlicht worden[2].

Diese Veröffentlichung befaßt sich auch mit den am 11. Mai 1929 in Kraft getretenen neuen Bedingungen der Reichsbahn betreffend die Beförderung brennbarer Flüssigkeiten[3].

Hiernach werden die Lösungsmittel in drei Gefahrenklassen eingeteilt: Maßgebend ist der mit dem Penski-Abel-Apparat bestimmte Flammpunkt. In die erste Gefahrenklasse fallen Stoffe mit einem Flammpunkt unter 21°, in die zweite solche mit einem Flammpunkt von 21 bis 55°, in die dritte solche mit einem Flammpunkt von 55—100°.

Die Bestimmungen gelten sinngemäß auch für Lacke. Bezüglich der Einzelheiten sei auf die Originalliteratur verwiesen.

Explosive Eigenschaften von Lösungsmitteldämpfen.

Die Anwendung des Spritzverfahrens bringt bei schlecht ventilierten Räumen Gefahren mit sich. Es dürfte daher zweckmäßig sein, auf diese Verhältnisse näher einzugehen.

[1] Ind. Chem. **1928**, Februar. Thinners for nitrocellulose laquers.

[2] Farbenztg **34**, 1427 (1929). Daselbst eine Liste aller praktisch vorkommenden Lösungs-, Verdünnungs- und Weichmachuungsmittel.

[3] Deutscher Eisenbahngütertarif vom 1. Oktober 1928, S. 75.

E. G. Richardson und C. R. Sutton[1] haben sich der Aufgabe unterzogen, die Explosionsgrenzen von Gemischen von Lacklösungsmitteldämpfen, einzelner Lösungsmittel oder Lösungsmittelgemischen mit Luft bei gewöhnlicher Temperatur festzustellen. Sie bedienten sich dazu einer Explosionspipette, die mit Gasbürette und Gasmischreservoir durch Capillarröhren verbunden war. Wegen der Löslichkeit vieler Lösungsmittel in Wasser oder anderen Flüssigkeiten bestand die Absperrflüssigkeit bei sämtlichen Teilen des Apparates aus Quecksilber. Soweit Untersuchungsergebnisse anderer Beobachter vorliegen, war eine gute Übereinstimmung mit den durch oben beschriebenen Apparat erhaltenen Resultaten zu konstatieren. Letztere sind aus der Tabelle ersichtlich. Zu beachten ist, daß die Kohlenwasserstoffe Benzin, Toluol und V. M. P. Naphtha niedrige „untere" Grenzwerte zeigen. Dieses erklärt sich durch die Tatsache, daß eine große Luftmenge theoretisch für die Verbrennung dieser Substanzen erforderlich ist, wie auch durch den hohen Heizwert. Damit eine Explosion eintreten kann, muß durch das Gas in Nähe des Funkens eine genügende Wärmemenge frei gemacht werden, um die angrenzenden Gasschichten auf die Entzündungstemperatur zu erhitzen. Das Wärmeleitvermögen des Gemisches muß außerdem groß genug sein, um einen gewissen Wärmefluß zu der nächsten Schicht zu gestatten.

Da alle Mischungen sehr verdünnt sind, kommt ihre Wärmeleitfähigkeit derjenigen Luft nahe, so daß der Heizwert allein ausschlaggebend ist.

Eine Reihe von Lösungsmitteln haben folgende Heizwerte:

	cal/g
Äther	8807
Aceton	7304
Äthylalkohol	7080
Äthylacetat	6103
Benzin	9960
Toluol	10150

Die Werte für die Alkohole und Ester sind im allgemeinen niedriger als diejenigen für die Kohlenwasserstoffe. Deshalb ist zur Bildung eines explosiven Gemisches eine größere Konzentration dieser Lösungsmittel erforderlich als bei den Kohlenwasserstoffen. Äther zeigen anormale Resultate wegen ihrer Fähigkeit, sich in sehr geringen Dampfkonzentrationen zu entzünden.

Sämtliche Versuche sind bei 25° C und herrschendem Luftdruck ausgeführt.

---

[1] Ind. Chem. **20**, 187—190 (1928).

Explosive Eigenschaften von Lacklösungsmitteldämpfen.

Lösungsmittel	Explosionsgrenzen[1]			
	untere		obere	
	Volumprozent	g/liter	Volumprozent	g/liter
Äther	1,25	0,0386	10,0	0,308
Aceton	2,5	0,0605	9 0	0,218
Methanol	5,5	0,0734	21,0	0,280
Äthylalkohol	4,0	0,0733	14,0	0,256
Äthyacetat	2,25	0,0824	11,0	0,403
Isopropylalkohol	2,5	0,0627	—	—
Isopropylacetat	2 0	0,0896	—	—
Butylalkohol	—	—	—	—
Butylacetat	—	—	—	—
Butylpropionat	—	—	—	—
Amylalkohol	—	—	—	—
Amylacetat	—	—	—	—
Äthyllactat	—	—	—	—
Benzin 90%ig	1,5	0,0487	9,5	0,308
Toluol	1,3	0,0498	7,0	0,268
V. M. P. Naphtha	—	0,0499	—	—

Einige Lösungsmittel der Tabelle bilden keine explosiven Gemische mit Luft bei 25° C. Diese nichtexplosiven Lösungsmittel entzündete man zur weiteren Untersuchung in einer 7,5 cm langen, mit Zündstift versehenen Eisenröhre, wobei jedoch keines der benutzten Gemische der hochsiedenden Lösungsmittel mit Luft explodierte.

Aus den verfügbaren Daten geht hervor, daß die gewöhnlich bei der Lackherstellung benutzten niedrigsiedenden Ester und Alkohole sowie Kohlenwasserstoffe leicht mit Luft explosive Mischungen bilden, wenn sie in Konzentrationen von ungefähr 0,075 g für Alkohole und Ester und 0,05 g für Kohlenwasserstoffe pro Liter vorhanden sind. Die größere Gefährlichkeit bei Anwendung der Kohlenwasserstoffe ist bedingt durch die niedrige Konzentrationsgrenze für explosive Mischungen, durch die leichte Flüchtigkeit und die beträchtlichen Mengen, die gewöhnlich in einem Lack enthalten sind.

Noch zu bemerken ist, daß eine größere Gefahr in der Ansammlung von staubförmiger Nitrocellulose und feinverteiltem Harz liegt. Solche Ansammlungen verbrennen infolge der feinen Verteilung der Bestandteile äußerst rasch.

Preise der wichtigsten Lösungs- und Verdünnungsmittel.

Die Preise sind naturgemäß gewissen Schwankungen unterworfen. Es dürfte aber für manche Leser von Interesse sein, die Marktpreise der wichtigsten Lösungsmittel kennenzulernen, wie sie im Sommer 1930 notiert wurden (unter Benutzung der Marktberichte der Farbenzeitung sowie der Notierungen in Farbe und Lack).

[1] Die Striche in der Tabelle bedeuten: Explosive Gemische bilden sich bei 25° C. nicht.

	je 100 kg		je 100 kg
Aceton 95/100% techn. rein	150—160 RM.	Methanol	77,5—82,5 RM.
Amylacetat technisch	215—230 ,,	Essigäther (bei großen Mengen)	80 ,,
Amylacetat chem. rein	260—275 ,,	Äther 0,722	119—125 ,,
Amylalkohol 132°	300—310 ,,	90er Benzol	41,5—45,5 ,,
Butylacetat 100%ig	210—220 ,,	Reintoluol	54—60 ,,
Butylacetat 85%ig	175—185 ,,	Reinxylol	48—55 ,,
Butanol	165—180 ,,		

V. Weichmachungsmittel.

Man unterscheidet solche Weichmachungsmittel, welche ein Lösevermögen für Celluloseester haben als „Gelatinierungsmittel" von solchen, welche Celluloseester für sich allein nicht zu lösen vermögen, diese aber aus ihren Lösungen auch nicht ausflocken.

Der wichtigste Vertreter der letztgenannten Gruppe ist das Ricinusöl.

1. Das Ricinusöl

nimmt unter den fetten Ölen des Pflanzenreiches — das Öl wird aus den Samen von Ricinus communis gewonnen — eine Sonderstellung ein, insofern als es ganz überwiegend aus Glyceriden von Oxysäuren besteht. Neben etwas Dioxystearinsäure ist Ricinolsäure, eine Oxyölsäure, als Hauptbestandteil nachgewiesen worden. Von allen chemisch nicht veränderten Ölen zeigt es die höchste Viscosität, nämlich etwa 10 Poisen bei Zimmertemperatur, und das höchste spezifische Gewicht.

Zufolge des fast ausschließlichen Gehaltes an Oxysäuren ist die Acetylzahl sehr hoch.

Für lacktechnische Zwecke ist die Löslichkeit und die relative Beständigkeit gegen den Luftsauerstoff von besonderer Bedeutung.

So mischt sich Ricinusöl mit absolutem Alkohol in jedem Verhältnis, mit 90%igem Sprit ist es im Verhältnis 1:3 ohne Trübung mischbar. Mit Benzol und den meisten Estern ist es ebenfalls in jedem Verhältnis mischbar, in Benzin ist die Löslichkeit beschränkt.

Die Konstanten schwanken nach Lewkowitsch wie folgt:

Spez. Gewicht b. 15°	0,9591—0,9736
Erstarrungspunkt	—10 bis —18° C
Verseifungszahl	176—191
Jodzahl	81—90
Acetylzahl	150
Hexabromidzahl	0

Ricinusöl für Celluloseesterlacke sollte höchstens die Säurezahl 1 aufweisen.

Der größte Teil der Weltproduktion wird von der Kunstlederindustrie aufgenommen. Nach einer Schätzung von Max Biehl gelangen 150000 to

Ricinussaat in den Welthandel, aus denen 60 000 to Öl gewonnen werden. Im Jahre 1929 führte Deutschland 8 955 to ein.

Für manche Zwecke verwendet man geblasenes und auch acetyliertes Ricinusöl. Diese Produkte sind noch wesentlich höher viscos als das natürliche Öl. Über ihre besonderen Vorzüge bei der Zubereitung von Lacken ist bisher nichts bekannt geworden.

Neuerdings wird von verschiedenen Fabrikanten in Amerika und in Deutschland das Rezylharz, ein Kondensationsprodukt aus Ricinusöl mit Phthalsäureanhydrid, hergestellt, über das im nächsten Kapitel noch zu sprechen ist.

2. Das Leinöl.

Die hervorragende Bedeutung des Leinöls und seiner Veredlungsprodukte für die Lackindustrie ist bekannt. Für die Technik der Celluloseesterlacke ist es bei weitem nicht so wichtig wie das Ricinusöl, doch scheint es in neuerer Zeit nicht selten zur Herstellung von Kombinationslacken verwendet zu werden.

Das Leinöl wird aus den Samen des Leines oder Flachses (Linum usitatissimum) durch Pressen gewonnen. Die Preßkuchen enthalten noch etwa 10% Öl und sind als Viehfutter geschätzt. Es findet sich in roher und raffinierter Form (Lackleinöl) im Handel. Erhitzt man rohes Leinöl, so beobachtet man bei 250—300° die Erscheinung des „Brechens". Das Brechen ist bedingt durch die Abscheidung gelöster Eiweiß- und Pektinstoffe und begleitet von einer wesentlichen Aufhellung der Farbe. Die Abtrennung des ausgeschiedenen Schleimes erfolgt meist mit Hilfe von Zentrifugen.

Das Leinöl ist das am besten untersuchte pflanzliche Öl; zahlreiche Forscher haben sich mit den Vorgängen bei der Trocknung beschäftigt. Die Zusammensetzung ist besonders von Eibner und seinen Schülern aufgeklärt worden. Hiernach kann man das Leinöl als ein Gemisch von einfachen und gemischten Glyceriden der Linol- und Linolensäuren ansprechen. Glyceride der Ölsäure und Stearinsäuren treten der Menge nach zurück; ihre Anwesenheit ist unerwünscht, da sie Anlaß zu Trübungen geben können (Wolff und Dorn).

Beim Erhitzen unter Auschluß von Luft über 300° bildet sich ein hochviscoses Produkt von dunkler Farbe, das als „Standöl" im Handel ist. Die Löslichkeitsverhältnisse des Standöles sind vom Standpunkt der Celluloseesterlackefabrikation ungünstiger als die des raffinierten Öles.

Standölartige Produkte werden auch dadurch erzielt, daß man das Öl ultravioletten Strahlen (Uviolöle) oder dunklen elektrischen Entladungen aussetzt (Voltolöl).

Über die Kennzahlen der handelsüblichen Leinöle hat H. Wolff berichtet[1].

[1] Chemikerztg **40**, 142 (1923) und Farbenztg **30**, 1383 (1925).

Joh. Scheiber[1] gibt folgende Grenzen an:

Spez. Gewicht bis 15°	0,9305—0,9370
Erstarrungspunkt	—15 bis —30° C
Säurezahl	0,5—3,0
Verseifungszahl	188—197
Jodzahl	171—191
Acetylzahl	8,5
Hexabromidzahl	50,5—51,7

Die wirtschaftliche Bedeutung des Leinöles erhellt aus der Höhe der Weltproduktion an Leinsaat; diese beträgt etwa 3 Millionen Tonnen im Jahr. Der größte Teil des Leinöles wird von der Linoleum-, Lack- und Seifenindustrie aufgenommen. Für die Herstellung von Spachteln und Kombinationslacken haben neuerdings die Leinölglyptale, Einwirkungsprodukte von Phthalsäureanhydrid auf Leinöl, Bedeutung gewonnen. Sie vertragen sich gut mit Kollodiumwollen.

3. Das Holzöl (Wood-oil oder Tung-oil).

Dieses wertvollste trocknende Öl wird gleich dem Leinöl für Kombinationslacke angewendet und es sei gleich eingangs bemerkt, daß diese Anwendungsart große Erfahrungen voraussetzt, wenn es gelingen soll, die Vorzüge der Celluloseesterlösungen mit denen des Holzöles zu vereinigen.

Obgleich das Holzöl nachweisbar im Mittelalter in China mit Erfolg zu Lackarbeiten verwendet worden ist, fand es in Europa erst zu Beginn dieses Jahrhunderts Eingang. Die Gründe für diese Vernachlässigung eines so wertvollen Lackrohstoffes sind in seinem eigentümlichen und vom Leinöl abweichendem Verhalten beim Erhitzen zu erblicken.

Bei 280° C verwandelt es sich nämlich innerhalb weniger Minuten in eine feste, schneidbare Masse, die in allen Lacklösungsmitteln unlöslich ist. Man benutzt diese Eigenschaft als Test und kann beim Ausbleiben der Erstarrung auf Verfälschung schließen. Die Bildung einer festen Masse tritt aber nur dann nicht ein, wenn erhebliche Zusätze an fremden Ölen gemacht worden sind. Andererseits variieren Alter, Wachstumsbedingungen und Vorbehandlung (z. B. Belichtung) diese Erscheinung in weiten Grenzen.

Insbesondere zeigen Holzöle japanischer Herkunft ein anderes Verhalten wie die chinesischen[2].

Eine spezifische Eigentümlichkeit des Holzöles ist auch die sogenannte Eisblumenbildung beim Trocknen der Aufstriche. Bezüglich dieser Erscheinung und ihrer Vermeidung muß auf die unten aufgeführte Spezialliteratur verwiesen werden.

---

[1] Lacke und ihre Rohstoffe. Leipzig 1926.

[2] Über die Herstellung eines Holzdicköles, das keine Gerinnungserscheinungen zeigt, vgl. das DRP. 474546. Ausführliches Referat in Farbe u. Lack **1929**, 242.

Die Viscosität des Holzöles ist höher als bei allen praktisch in Frage kommenden trocknenden Ölen. Die Löslichkeitsverhältnisse entsprechen denen des Leinöls.

Das Öl löst sich in Äther, Petroläther, Benzol, Benzin, Terpentinöl, gechlorten Kohlenwasserstoffen, während Alkohol anders wie beim Ricinusöl nur geringe Mengen aufzulösen vermag.

Konstanten des Holzöles[1].

Spez. Gew. bei 15°	0,9300—0,9440	0,929—0,9372
Erstarrungspunkt	frisch: + 2—3 °C alt: —18 bis —21 °C	unter —17°
Säurezahl	0,5—2,0	?
Verseifungszahl	188—197	193,5—197
Jodzahl	154—176	149—176
Acetylzahl	—	—
Hexabromidzahl	0	0

Holzöl hat einen unangenehmen Geruch und kann Reizungen der Haut hervorrufen.

Die zunehmende Bedeutung des Holzöles ergibt sich aus der Anlage großer Anpflanzungen in Kalifornien und Florida. Das Öl entstammt baumartigen Gewächsen (Aleuritis und Elaeococca-Arten). Die Nußkerne enthalten 50% Öl. Der Weltverbrauch mit Ausnahme der Ursprungsländer wird auf 50000 t geschätzt.

Literatur der Öle.

Die neueste und vollständigste Behandlung dieses Gebietes stammt von K. H. Bauer, Leipzig. Daselbst auch die Originalliteratur.

Ältere Darstellungen:

Eibner, A.: Über fette Öle. München 1922.

Fahrion: Trocknende Öle. Berlin 1911.

Grün, A.: Analyse der Fette und Wachse. Berlin 1925.

Hefter, G.: Technologie der Fette und Öle. Berlin 1906.

Lewkowitsch: Technologie der Fette und Wachse. Berlin 1905.

Holde, D.: Kohlenstoffwasserstofföle und Fette. 6. Aufl. 1924.

Einheitliche Untersuchungsmethoden für die Fettindustrie von der wissenschaftlichen Zentralstelle für Öl- und Fettforschung E. V. in Berlin. Stuttgart 1927.

Die speziell lacktechnische Verarbeitung und Prüfung der Öle behandeln Scheiber, J.: Lacke und ihre Rohstoffe, Leipzig 1926; Gardner, H. A.: Untersuchungsmethoden der Lack- und Farbenindustrie; Seeligmann u. Zieke: Handbuch der Lack- und Firnisfabrikation. 3. Aufl. 1923.

4. Gelatinierungsmittel.

Gelatinierungsmittel sind hochsiedende Lösungsmittel für Celluloseester; sie gehören im wesentlichen denselben Körperklassen an wie die Lösungsmittel. Die heute in der Lackindustrie angewendeten gehören

[1] Nach Scheiber, J.: Lacke und ihre Rohstoffe.

ganz überwiegend zur Klasse der Ester. Vor allem sind es die Ester der folgenden Säuren:

o — Phosphorsäure $O = P(OH)_3$

Phthalsäure

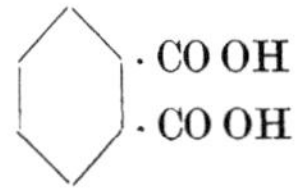

Adipinsäure (und Methyladipinsäure) $CH_2 \cdot CH_2 \cdot COOH$ | $CH_2 \cdot CH_2 \cdot COOH$

p Toluolsulfosäure

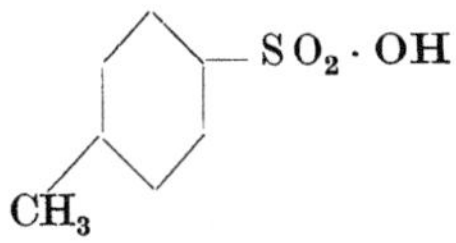

Essigsäure CH_3 COOH.

Den Estern gegenüber spielen Verbindungen anderer Körperklassen, wie Harnstoffderivate, Amide, Ketone und Anilide in der Lackindustrie eine untergeordnete Rolle. Insbesondere ist der in der Celluloidindustrie anscheinend ganz unersetzliche Campher — ein Keton — für Lackzwecke wegen seines starken Geruches und seiner Flüchtigkeit wenig geeignet.

a) Die Ester der o-Phosphorsäure.

Triphenylphosphat. Triphenylphosphat wird heute in sehr reiner Form geliefert. Es ist praktisch geruchlos.

Schmelzpunkt	53° C
Siedepunkt	240° C bei 8 mm Druck
Spez. Gewicht D_{20°	1,25
Flammpunkt	255° C

Es entzündet sich, wie der hohe Flammpunkt zeigt, erst bei hoher Temperatur und brennt dann langsam mit stark russender Flamme. Es ist das wichtigste Gelatinierungsmittel für Acetylcellulose, eignet sich aber auch zum Gelatinieren von Kollodiumwollen. Wie die anderen beiden Phosphorsäureester wird es meist zusammen mit pflanzlichen Ölen verarbeitet. Nitrocellulosefilme, welche größere Mengen Triphenylphosphat enthalten, zeigen eine herabgesetzte Entzündlichkeit. Der Zusatz findet aber seine Grenze dadurch, daß beim Überschreiten einer bestimmten, von der übrigen Zusammensetzung des Lackes abhängigen Grenze, eine krystallinische Abscheidung des Gelatinierungsmittels auf dem Lackfilm eintreten kann.

Hersteller sind ebenso wie von dem folgenden Phosphat: von Heyden, die I. G. Farbenindustrie und die Hiag.

Tricresylphosphat. Tricresylphosphat ist heute der weitaus wichtigste Phosphorsäureester unter den Gelatinierungsmitteln und wahrscheinlich auch der im größten Maße verbrauchte. Sein Jahresverbrauch liegt erheblich über 1000 t. Ein besonders reines Produkt ist das Tricresylphosphat C II S der I. G. Es ist der Phosphorsäureester des O-Kresols. Seine Eigenschaften werden von der herstellenden Firma wie folgt angegeben:

Spez. Gewicht D_{20^0}	1,179
Siedepunkt über	400° C
Flammpunkt	233° C

Das Produkt ist geruchlos, säurefrei, unlöslich in Wasser und zeigt blaue Fluorescenz. Außer in der Lackindustrie wird es in großen Mengen von der Kunstlederindustrie aufgenommen, die es zusammen mit Ricinusöl verwendet. Wie das Triphenylphosphat zeigt es im Nitrocellulosefilm eine gewisse Lichtempfindlichkeit, die bei andauernder Bestrahlung zur Vergilbung farbloser oder sehr hellfarbiger Lackschichten führt, so daß es für solche Lacke ausscheidet.

Für die meisten Lacke auf NC-Basis ist es aber hervorragend geeignet.

Sein Preis ist verhältnismäßig niedrig.

Neuerdings wird auch der Phosphorsäureester des Butanols **Tributylphosphat** auf den Markt gebracht. Die mit diesem Produkt hergestellten Lackschichten zeichnen sich durch besonders hohe Kältebeständigkeit und Lichtechtheit aus. Über lacktechnische Erfahrungen ist bisher noch nichts Näheres bekannt geworden.

b) Die Ester der Phthalsäure.

Ausgangsmaterial ist das Phthalsäureanhydrid, gewonnen durch katalytische Oxydation von Naphthalin. Neutrale Ester der Phthalsäure werden von der I. G. und der Hiag hergestellt. Die Fabrikate der I. G. werden unter der Bezeichnung „Palatinole“ gehandelt. Sie sind ausnahmslos farblose schwach esterartig riechende Flüssigkeiten, die ein ausgezeichnetes Lösevermögen für Kollodiumwollen, einige auch für Acetylcellulose und Celluloseäther haben.

Phthalsäuredimethylester, Palatinol M.

Spez. Gewicht D_{20^0}	1,186
Siedegrenzen	164—169° C bei 20 mm
Flammpunkt	132° C

Es eignet sich besonders zum Gelatinieren von Acetylcellulosen.

Phthalsäurediäthylester, Palatinol A.

Spez. Gewicht D_{20^0}	1,118
Siedegrenzen	176—179° C bei 20 mm
Flammpunkt	140° C

Ausgezeichnetes Gelatinierungsmittel für Kollodiumwollen, auch für Acetylcellulose geeignet.

Phthalsäure di-n-butylester, Palatinol C.

Spez. Gewicht D_{20° 1,046
Siedegrenzen . . . . 200—214° C bei 20 mm
Flammpunkt . . . . 160° C

Wichtigstes Gelatinierungsmittel der Patatinolreihe, wird viel für Nitrocelluloselacke verwendet, für Acetylcellulose nicht geeignet. Infolge seiner geringen Verdunstungsgeschwindigkeit bleibt es lange in der Lackschicht und verbürgt deren Elastizität. Die Lichtbeständigkeit ist gut.

Weitere im Handel befindlichen Palatinole sind

Palatinol O, Phthalsäureester des Methylglykols.

Spez. Gewicht D_{20° 1,170
Siedegrenzen . . . . 209—261° C bei 20 mm

Besonders für Acetylcellulose geeignet.

Palatinol E, Phthalsäureester des Äthylglykols.

Spez. Gewicht D_{20° 1,130
Siedegrenzen . . . . 207—254° C bei 20 mm

Gelatinierungsmittel für Kollodiumwollen.

Über lacktechnische Vorzüge dieser beiden Palatinole ist bisher noch nichts bekannt geworden.

c) Die Ester der Adipinsäure.

Die Adipinsäure ist durch katalytische Hydrierung von Phenol und Oxydation des entstehenden Cyclohexanols eine leicht zugängliche Substanz geworden. Bei der Hydrierung von Kresol erhält man Methylcyclohexanol, und dieses läßt sich in Methyladipinsäure überführen. Hersteller der Adipinsäure und ihrer Ester sind die Deutschen Hydrierwerke AG., Berlin-Charlottenburg (Dehydag); sie werden unter der Bezeichnung „Sipaline" gehandelt.

	Dichte	Siedegrenze bei 12 mm	Flammpunkt
Sipalin A O C = Adipinsäure-cyclohexylester	1,030	212—214	185°
Sipalin A O M = Adipinsäure-Methylcyclo-hexylester	1,011	225—232	189°
Sipalin M O M = Methyl-Adipinsäure-Methylcyklo-hexylester	1,009	216—224	195°

Die Sipaline sind farblose bis schwach gelbliche ölige Flüssigkeiten von schwachem Geruch (Cyclohexanol), wie die Palatinole sind sie wasserunlöslich und praktisch säurefrei. Sie besitzen gutes Lösevermögen für Kollodiumwollen und Celluloseäther, Acetylcellulose lösen sie nicht. Bemerkenswert ist ihr Lösevermögen für Kautschuk. In dieser Beziehung nehmen sie eine Sonderstellung ein, die ihnen eine bevorzugte

Stellung für bestimmte, heute noch wenig entwickelte, Spezialgebiete sichert, zumal auch ihre Lichtbeständigkeit sehr gut ist. Umfangreiche lacktechnische Erfahrungen dürften noch nicht vorliegen.

Hans Wolff hat zusammen mit B. Rosen eine sorgfältige Arbeit über die Verwendbarkeit der Sipaline im Vergleich zu Tricresylphosphat und Dibutylphthalat veröffentlicht, auf die verwiesen sei[1].

d) Verbindungen der p-Toluolsulfosäure.

Nach Verwendungsmöglichkeiten der p-Toluolsulfosäure hat man eifrig gesucht, da sie bei der Sacharinfabrikation als Nebenprodukt entsteht und billig zur Verfügung stand. Der Kresylester wird unter der Bezeichnung Kp (von Heyden) in den Handel gebracht. Er ist ein Gelatinierungsmittel für Kollodiumwollen. Das p-Toluolsulfonamid ist unter der Bezeichnung Plastomoll. p. (I. G.) im Handel. Es gelatiniert Kollodiumwollen und Acetylcellulosen. Plastol L (I. G.) ist p-Toluolsulfosäureäthylamin und eignet sich nur zum Gelatinieren von Acetylcellulose.

Die Derivate der p-Toluolsulfosäure haben heute für Celluloseesterlacke keine große Bedeutung mehr. Ihre Lichtbeständigkeit läßt zu wünschen übrig.

e) Triacetin.

Von den Estern der Essigsäure hat als Gelatinierungsmittel nur Glycerintriacetat eine gewisse Bedeutung bei der Herstellung von plastischen Massen und Lacken aus Acetylcellulose erlangt. Es ist unter dem Namen „Triacetin“ bekannt. Ein Vorzug des Triacetins ist seine hervorragende Lichtbeständigkeit, ein Nachteil seine Wasserlöslichkeit und verhältnismäßig hohe Flüchtigkeit.

Friedländer[2], teilt einige vergleichende Zahlen mit, die hier wiedergegeben seien,

	Flammpunkt °C	Flüchtigkeit (Verlustproz. bei 6stünd. Erhitzen auf 100° C	Säuregrad auf Essigsäure berechnet	Löslichkeit von Wasser im Weichhaltungsmittel bei 25°C in %
Trikresylphosphat .	233	0,15	0,0003	0,2
Dibutylphthalat . .	185	3,74	0,053	0,6
Diamylphthalat . .	159	2,04	0,0014	0,7
Dibutyltartrat . . .	157	2,58	1,84	4,7
Triazetin	145	15,0	0,0203	5,3
Campher	—	99,6	0,0005	—
Triphenylphosphat .	235	1,15	0,0018	0,3
Ricinusöl	285	0,04	0,0016	0,5

[1] Wolff, H., u. B. Rosen: Farbenztg **1929**, 2564.
[2] Friedländer: Rev. Produits Chem. 1927.

Weitere Weichmachungsmittel[1], die für Lackzwecke geringere Bedeutung haben und deren Zusammensetzung nur zum Teil bekannt ist, sind

Dikresylin Mittel B 6 Mittel 5 d	von Heyden	Mannol (Äthylacetanilid) Mollit B (Glycerinbenzoat) Mollit A (Acetylbenzoylglycerinester	I. G.

5. Allgemeine Prüfung von Weichmachungsmitteln.

Die allgemeine Prüfung erfolgt nach den gleichen Gesichtspunkten wie die der Lösungsmittel. Es werden also bestimmt: die Siedegrenzen und die relative Flüchtigkeit, der Flammpunkt (im Abel-Penski), der Säuregehalt und die Abspaltbarkeit von Säure bei Berührung mit Wasser.

Einige Prüfungsmethoden.

Die relative Flüchtigkeit kann nach v. Mühlendahl und Schulz[2] sehr einfach dadurch bestimmt werden, daß man je 10 g der zu untersuchenden Weichmachungsmittel in Glasschalen mit ebenen Boden ∅ 7,5 cm 10 Tage lang in einem ventierten Trockenschrank auf 100° erhitzt. Die Gewichtsabnahme bestimmt man in regelmäßigen Abständen.

Den Säuregehalt von Weichmachungsmitteln bestimmt man ähnlich wie bei den Lösungsmitteln durch Auflösen einer gewogenen Menge in neutralem Alkohol, Zusatz von Phenolphthalein und Titration mit n/10-Kalilauge.

Die Abspaltbarkeit von Säure ermittelt man durch Kochen des Weichmachungsmittels mit Wasser am Rückflußkühler. M. B. Trimmer[3] fand bei einer Reihe von Weichmachungsmitteln folgende Zahlen:

	Säuregehalt berechnet als Essigsäure	Zunahme des Säuregehaltes nach 5stündigem Kochen mit Wasser
Triphenylphosphat	0,0010	0,0018
Trikresylphosphat	0,0003	0,0007
Dibutylphthalat	0,053	0,09
Diäthylphthalat	0,0164	0,0217
Dibutyltartrat	1,84	1,96
Triacetin	0,0203	0,063
Campher	0,0005	0,0005
Ricinusöl	0,0016	0,0017

[1] Ausführliche Angaben und Patentliteratur bei Wolff, H.: Die Lösungsmittel. S. 167ff. Stuttgart 1927. Ferner bei Scheiber, J.: Lacke und ihre Rohstoffe, S. 307, Leipzig 1926; sowie in der periodischen Literatur Farbe u. Lack, Farbenztg und Kunststoffe.

[2] v. Mühlendahl u. Schulz: Farbe u. Lack **1927**, 276.

[3] Paint: Oil and Chem. Rev. **2**, Nr 3.

VI. Harze.

Die Harze sind Gemische von Substanzen verschiedener chemischer Zusammensetzung. Wenn auch durch die Untersuchungen von Herzog und Kreidl nachgewiesen wurde, daß das Auftreten des „harzigen Zustandes" in der Regel an das Vorhandensein bestimmter Molekülgruppen (resinophore oder resinogene) gebunden ist, so scheint es doch für praktische Zwecke vorteilhafter zu sein, den physikalischen Zustand in den Vordergund zu stellen. Johannes Scheiber hat sich in seiner Monographie die künstlichen Harze[1] sehr eingehend mit der Begriffsbestimmung befaßt. Er gelangt zu dem Ergebnis, daß „Harz" ein bestimmter Zustand ist, der auf dem Vorliegen typischer Stoffgemische beruht. Das Besondere dieser Stoffgemische ist durch ihre Fähigkeit zu gegenseitiger Löslichkeit gegeben. Harze sind hiernach als feste Lösungen oder auch als unterkühlte Schmelzen aufzufassen.

Definition. Harze sind natürliche oder künstliche Stoffgemische organischer Natur, die mindestens anfänglich Löslichkeit und allmählige Erweichbarkeit bzw. Schmelzbarkeit aufweisen und weiterhin die Fähigkeit besitzen, aus Lösungen in geeigneten Lösungsmitteln bei deren Verdunstung als Filme ausgeschieden zu werden.

Scheiber[2] teilt die Harze vom praktischen Standpunkt aus in drei Gruppen, und zwar:

1. Harze, welche dauernde Löslichkeit und Schmelzbarkeit besitzen.
2. Harze, welche durch „Reifung" an Löslichkeit und Schmelzbarkeit eingebüßt, dafür an mechanischer Festigkeit und Härte gewonnen haben.
3. Harze, welche zunächst löslich und schmelzbar sind, aber durch einfache Maßnahmen — z. B. Erhitzen — Unlöslichkeit und Unschmelzbarkeit unter gleichzeitiger Erhöhung der mechanischen Festigkeit erlangen.

Diese drei Gruppen kann man bei den Naturharzen wie bei den Kunstharzen beobachten. Für Celluloseesterlacke kommen in erster Linie die Harze der ersten Gruppe in Betracht, doch muß auch unter diesen eine Auswahl getroffen werden, da zwar alle diese Harze löslich sind, aber nicht immer in den Lösungsmitteln und Lösungsmittelgemischen, welche für die Herstellung von Celluloseesterlacken geeignet sind.

A. Die Naturharze.

Mit einer Ausnahme — dem Schellack, welcher übrigens der zweiten Gruppe angehört — sind alle Naturharze pflanzlichen Ursprungs. Die pflanzlichen Harze werden in dem klassischen Werke von Tschirch

[1] Stuttgart 1929.
[2] Scheiber: Farbe u. Lack **1929**, 86.

nach den Klassen eingeteilt, denen die Stammpflanzen angehören. Es ist vielleicht von Interesse, die wichtigsten Harze nach diesem Gesichtspunkt geordnet aufzuführen.

Gymnospermen	
Colophonium Canadabalsam Bernstein	(Abietineae)
Sandarac	(Cupressinae)
Kauri- u. Manilakopal	(Araucariaceae)

Monocotylen	
Drachenblut	(Palmae)
Aloe Akaroid	(Liliaceae)

Dicotylen.	
Elemi Myrrhe Weihrauch	(Burseraceae)
Mastix Japan. Lack	(Anacardiaceae)
Dammar	(Dipterocarpaceae)
Benzoe	(Styraceae)

Diese Harze stellen physiologische Exkrete dar, also solche, die im normalen Stoffwechsel der Pflanze erzeugt werden. Einige Pflanzen bilden das Harz erst im verletztem Zustande, und solche Harze werden als pathologische bezeichnet. Über den Chemismus der Harzbildung in der Zelle ist wenig bekannt. Man nimmt an, daß Cellulose und andere Kohlehydrate das Ausgangsmaterial für die Harzbereitung der Pflanzen darstellen, und daß diese unter Mitwirkung von Enzymen erfolgt.

Literatur.

Während das grundlegende Werk von Tschirch die biologischen Gesichtspunkte in den Vordergrund stellt, werden in dem Buch von H. Wolff: Die natürlichen Harze, Stuttgart 1928, in erster Linie die praktischen Anforderungen berücksichtigt.

Die spezifisch lacktechnische Verarbeitung der Harze behandelt J. Scheiber in seinem schon wiederholt angezogenem Werke: Die Lacke und ihre Rohstoffe, Leipzig 1926. Bezüglich der Orginalliteratur muß auf diese Werke verwiesen werden. Fortlaufende Berichte finden sich in den Zeitschriften Farbe u. Lack, Farbenztg und Kunststoffe.

1. Dammar.

Das echte Dammarharz ist das pathologische Sekret von verschiedenen Dipterocarpeen. Es sind Laubbäume, die auf den Sundainseln beheimatet sind. Gute Dammarsorten sind klar und durchsichtig. Es kommen aber auch trübe, bräunliche bis schwarze Sorten vor. Bei Handwärme wird das Harz etwas klebrig, der Bruch ist muschelig, glasglänzend. Die Härte entspricht annähernd der des Gipses. Als Erweichungspunkt findet man bei den meisten Sorten 75°. Bei etwa 100° wird das Harz zähflüssig, bei 150° dünnflüssig.

Löslichkeit. Dammar löst sich in aromatischen Kohlenwasserstoffen, Amylalkohol, Butanol, Amylacetat klar auf, in Alkohol, Äther, Essigäther und Aceton häufig nur teilweise.

Die chemische Zusammensetzung ist wenig geklärt.

Tschirch[1] gibt an α-Dammaroresen $C_{11}H_{17}O$ 40%, β-Dammaroresen $C_{31}H_{52}O$ 22,5%, Dammarolsäure $C_{56}H_{80}O_8$ 23%.

Rest: Ätherisches Öl, Bitterstoffe und Verunreinigungen. Sein hoher Gehalt an Resenen kennzeichnet es in der Nomenklatur von Tschirsch als „Resenharz".

Die Säurezahl liegt zwischen 20 und 55.

Die Verseifungszahl zwischen 30 und 60.

Die niedrige Säurezahl erschwert eine Verfälschung, da die in Betracht kommenden Zusätze Kolophonium oder Kopal wesentlich höhere Säurezahlen aufweisen.

Zur Bewertung der Reinheit wird eine Bestimmung des in Benzol Unlöslichen empfohlen:

5 g Dammar werden mit 50 cm^3 Benzol übergossen und durch schwaches Erwärmen gelöst. Man filtriert durch ein gewogenes Filter, wäscht mehrmals mit Benzol nach und trocknet bei 90°. Die Gewichtszunahme des Filters gibt den Gehalt an Verunreinigungen an.

Handelssorten. Man unterscheidet die Dammarsorten nach Herkunft und Größe der Stücke, wobei die größten Stücke die kleinste Zahl bzw. die ersten Buchstaben des Alphabetes erhalten.

Eine Zusammenstellung einiger Sorten nach Herkunft und Eigenschaften ist von Coffignier[2] veröffentlicht worden. Dieser Veröffentlichung ist nachstehende Tabelle entnommen. Dammarharz ist von allen natürlichen Harzen am besten für Celluloseesterlacke geeignet. Seine gute Lichtbeständigkeit und der geringe Säuregehalt gestatten auch die Anwendung für hellfarbige Lacke. Die Eigentümlichkeit reiner Dammarschichten, in der Wärme klebrig zu werden, ist für Kombinationslacke bedeutungslos, da der vorhandene Celluloseester selbst bei Zusätzen von 50% Harz ein Klebrigwerden verhindert.

Ein besonders zur Verarbeitung mit Nitrocellulose geeigneter veredelter Dammar mit günstigen Löslichkeitseigenschaften ist der „Cellodammar" von Blumer, Zwickau.

Verschiedene Dammarsorten nach Coffignier.

1. Padangdammar aus Sumatra, ziemlich regelmäßige gelblichweiße sehr saubere Stücke, die ein weißes Pulver lieferten.

2. Borneodammar, kleine gelbe, durchscheinende oder opake, sehr unsaubere Stücke, die ein rötlich graues Pulver lieferten.

---

[1] Tschirch: Harze I, S. 485.

[2] Coffignier: C. **1929** I, 1279.

3. Singapordammar, weiße bis gelbliche saubere Stücke, die ein weißes Pulver lieferten.

4. Pontianakdammar aus Borneo, ähnlich dem Singapordammar, war aber noch heller.

5. Sumatradammar, gelbliche, ausgehöhlte und matte bzw. rötliche, schwarze und braune harte und glänzende Stücke, die ein unsauberes hellbraunes Pulver lieferten.

6. Batjandammar, ziemlich große, weißliche, gelbliche und rötliche ziemlich saubere Stücke, die ein rötliches Pulver lieferten.

	1	2	3	4	5	6
Dichte (18°)	1,036	1,048	1,057	1,025	1,004	1,032
Erweicht bei	55°	70°	55°	65°	115°	60°
Schmelzpunkt	95°	120°	95°	110°	190°	105°
Säurezahl	31	35	30	20	60	18
Verseifungszahl	34	64	39	31	64	20
Unlöslich in:						
Alkohol	20%	24%	19%	22%	46%	33%
Methylalkohol	53%	32%	25%	29%	52%	40%
Amylalkohol	8%	12%	6%	4%	34%	11%
Äther	4%	10%	1%	4%	37%	3%
Chloroform	löslich	7%	löslich	löslich	13%	4%
Benzol	löslich	8%	löslich	löslich	18%	3%
Aceton	15%	20%	14%	16%	45%	21%
Terpentinöl	löslich	5%	löslich	löslich	13%	3%
Amylacetat	6%	10%	4%	5%	30%	7%
Tetrachlorkohlenstoff	löslich	8%	2%	löslich	31%	11%

Reinigung von Dammar für Celluloseesterlacke. 4 kg Dammar werden in 1 kg Benzol gelöst. Bei Zusatz von 3 kg Alkohol fällt eine feinkörnige Masse aus, die abfiltriert wird. Die klare Lösung enthält 45% Harz. Die Fällung ist ein alkalibeständiges, alkoholunlösliches Resen, das etwa 20% des ursprünglichen Harzes ausmacht.

2. Mastix.

Das Harz entstammt der an den Mittelmeerküsten vorkommenden Pistacienart Pistacia lentiscus. Auf der Insel Chios wird eine baumartige Varietät seit langem kultiviert und diese liefert den im Handel befindlichen Mastix.

Die Rinde der Bäume wird mit Einschnitten versehen, aus denen das Harz heraustropft; die Tropfen fallen auf den Boden und erstarren zu runden glatten Gebilden.

Die beste Sorte wird von den Bäumen abgelesen. Die zweite, den Hauptteil der Handelsware bildende Sorte wird von Steinplatten gesammelt, mit denen man den Boden unter den Bäumen bedeckt. Die guten Sorten bestehen aus erbsengroßen glatten Tropfen von weingelber Farbe und schwach aromatischem Geruch.

Der Bruch der Tropfen ist muschelig und glaslänzend.

Das spezifische Gewicht des Mastix schwankt zwischen 1,03 und 1,08, sein Schmelzpunkt liegt zwischen 100 und 120° C.

Das Harz ist vollständig löslich in Äther, Butanol, Amylalkohol, Benzol und dessen Homologen, Butylacetat und Amylacetat, teilweise löslich in Alkohol, Aceton und Terpentinöl. Von den meisten Lösungsmittelgemischen, die für Celluloseesterlacke Verwendung finden, wird es glatt aufgenommen.

Die chemische Konstitution der Hauptbestandteile ist unbekannt. Das Harz enthält etwa 42% verschiedener Säuren (Masticonsäure usw.) und 50% Resene, der Rest sind Bitterstoff, ätherisches Öl und Verunreinigungen. Nach Wolff enthält gutes Mastix nicht mehr als 0,25% Asche. Die Säurezahl liegt zwischen 50 und 75. Als Verfälschungsmittel werden Sandarac und Kolophonium angegeben. Diese Zusätze sind leicht nachzuweisen. Sandarac ist in Benzol schwer löslich und Kolophonium gibt die Storch-Morawski-Reaktion. Bei guten Sorten Mastix kommt eine Verfälschung kaum vor.

Die jährliche Produktion wird mit 125000 kg angegeben. Wieviel davon in der Lackindustrie verbraucht wird, läßt sich nicht feststellen. Für Celluloseesterlacke ist Mastix jedenfalls hervorragend geeignet. Erhebliche Mengen werden im Orient als Kauharz und bei der Zubereitung alkoholischer Getränke verwendet. Die medizinische Verwendung geht bis in das Altertum zurück.

Vorschrift zur Reinigung von Mastix.

Für glänzend auftrocknende Celluloseesterlacke wird zweckmäßig folgende Reinigung vorgenommen: 2 kg Mastix werden mit 400 g Benzol 24 Stunden geschüttelt. Zu dem erhaltenen Syrup setzt man 1600 g Alkohol zu und schüttelt abermals 24 Stunden. Nach dem Absitzen wird filtriert. Man erhält 3,7 kg Lösung, die etwa 45% Harz enthält.

3. Sandarac.

Stammpflanze ist die in Nordafrika beheimatete Conifere Callitris quadrivalvis. Sandarac kommt meistens in länglichen Stücken von 0,5 mm Dicke vor. Die Farbe der handelsüblichen Sorten ist hellgelb, die Körner sind bestäubt. Das Harz ist härter als Mastix und Dammar. Es zeigt einen schwachen angenehmen Geruch, ähnlich den Kopalen. Australische Sorten bestehen aus größeren Stücken und haben stärkeren Geruch.

Das spezifische Gewicht liegt zwischen 1,05 und 1,09, die Säurezahl liegt bei reinen Sorten zwischen 130 und 160, die Verseifungszahl zwischen 155 und 180.

Säurezahlen über 160 sind nach Wolff als verdächtig anzusehen (Verschnitt mit Kolophonium), Säurezahlen unter 130 deuten auf Verschnitt mit Dammar.

Sandarac löst sich nahezu vollständig in Äther, Aceton, Alkohol, Butanol, Amylalkohol, Butylacetat und Amylacetat, teilweise löslich ist das Harz in Benzol, Methanol und Terpentinöl, nahezu unlöslich in Tetrachlorkohlenstoff und Benzin.

Das Harz besteht zu über 90% aus Harzsäuren. Resene sind nur zu etwa 3% vorhanden, für Celluloseesterlacke ist es aus diesem Grunde weniger geeignet als die vorgenannten Harze. Aus geeigneten Lösungsmitteln bildet es glänzende und ziemlich feste Filme. Die Aufstriche zeigen meist eine gewisse Rauheit. Man benutzt die Lösungen viel zum Lackieren von Negativen, welche retouchiert werden sollen, sowie für Schultafelanstriche. Die Rauhheit der Fläche richtet sich nach dem Benzolgehalt der Lösung.

4. Elemiharze.

Elemi ist eine Sammelbezeichnung für die zahlreichen teils freiwillig, teils nach Verwundungen ausfließenden Harze der Burseraceen, die im tropischen Asien wachsen und der Rutaceen besonders Zentralamerikas. Die Harze zeigen im frischen Zustand die Konsistenz des Honigs und riechen infolge ihres Gehaltes an ätherischen Ölen meist angenehm nach Citronen oder Fenchel. Beim Aufbewahren in geschlossenen Gefäßen bleiben die Harze jahrelang unverändert, bei Luftzutritt verdicken sie bald infolge Verdunstung der ätherischen Öle. Diese ätherischen Öle bestehen nach Wiesner u. a. aus Limonen, Phellandren, Pinen und Terpineolen. Die Elemiharze sind in zahlreichen Lösungsmitteln löslich. Charakteristisch ist ihre niedrige Säure- und Verseifungszahl, die sie als Zusatz zu Celluloseesterlacken geeignet erscheinen lassen.

Die krystallinischen Bestandteile dieser Harze, die man durch Verreiben einer Probe mit Alkohol leicht sichtbar machen kann, sind als ein Gemisch zweier isomerer Harzalkohole (Resinole) erkannt worden, die man als Amyrin bezeichnet.

Das wichtigste Handelsprodukt ist das Manilaelemi; nach Tschirch und Mitarbeitern besteht dieses aus 20—25% Amyrin, 30—35% Resenen, 13—16% Harzsäuren, 20—25% ätherischen Ölen.

In dem handelsüblichen Balsam sind Holzstückchen und erdige Bestandteile eingebettet. Man reinigt das Harz durch Auflösung in heißem Alkohol oder Essigäther und Filtration.

5. Die Kopale.

Diese Gruppe von Harzen steht hinsichtlich der produzierten Menge wie auch hinsichtlich ihrer lacktechnischen Bedeutung an der Spitze der natürlichen Harze.

Eine systematische Darstellung des recht verwickelten Gebietes würde den Rahmen dieses Buches überschreiten. Es kann um so eher darauf verzichtet werden, als die Kopale, besonders die wertvollsten fossilen und recentfossilen wegen ihrer Löslichkeitseigenschaften wie auch wegen ihres stark sauren Charakters für Celluloseesterlacke nicht in Frage kommen. Einige Sorten werden aber möglicherweise für Lacke auf Basis der Celluloseäther Bedeutung erlangen, und diese sollen kurz behandelt werden.

Weichmanilakopal.

Stammpflanze ist die im malayischen Archipel verbreitete Conifere Dammara orientalis. Die besseren Qualitäten kommen in unregelmäßigen Stücken von heller Farbe in den Handel und ähneln äußerlich dem Kolophonium. Beim Zerreiben der Stücke entwickelt sich ein angenehmer Geruch nach Orangen.

Weichmanilakopal schmilzt bei 110—120°.

Es ist klar löslich in Spiritus, Aceton, den Estern der Essigsäure, Äthylglykol sowie in Gemischen von Benzol mit Alkohol. Von Wichtigkeit für die Identifizierung des Harzes ist seine Löslichkeit in 80%iger Chloralhydratlösung.

Die Säurezahl und Verseifungszahl stimmt nahezu überein und liegt zwischen 130 und 190, demgemäß besteht das Harz zu etwa 55% aus Harzsäuren. Der hohe Säuregehalt schließt eine Verarbeitung des Harzes mit basischen Pigmenten aus.

Von den in Alkoholen, sowie in Gemischen von Alkoholen mit Estern, Alkoholen mit Kohlenwasserstoffen löslichen Kopalen sind noch Kauri und Pontianak zu nennen.

Kauri wird auf Neuseeland in mehreren tausend Tonnen jährlich gewonnen. Stammpflanze ist die Kaurifichte (Dammara australis). Im Handel sind zahlreiche Sorten, die sich durch ihr verschiedenes Alter und durch ihre verschiedene Erhaltung (trockene oder nasse Lagerung im Erdboden) voneinander unterscheiden. Auch das frische Harz von lebenden Bäumen wird gesammelt.

Die Kennzahlen der verschiedenen Sorten schwanken beträchtlich. H. Wolff fand bei zahlreichen Kaurikopalen Säurezahlen von 65—75, Verseifungszahlen von 75—85.

Pontianakkopal stammt von Borneo und ist dem Kauri sehr ähnlich. Über die Verarbeitung der Kopale sei bemerkt, daß sie vor der Kombination mit Ölen einen Schmelzprozeß unterworfen werden, der sie in ihren Löslichkeitseigenschaften wie auch in ihrer chemischen Zusammensetzung erheblich ändert. Nach Wolff bewirkt das Schmelzen eine Depolymerisation und die Überführung einer zweibasischen Harzsäure in eine einbasische unter Entwicklung von Kohlendioxyd.

Die Säurezahl der Kopale geht durch den Schmelzprozeß zurück.

6. Akaroid.

Akaroidharze sind neuerdings für Acetylcelluloselacke in Vorschlag gebracht worden. Ihrer allgemeinen Anwendung steht die starke — übrigens sehr lichtechte — Eigenfarbe im Wege.

Das Harz entstammt verschiedenen Xautorrhoeaarten Australiens, es tritt freiwillig aus und bedeckt die Stämme, von denen es abgelöst wird.

Im Handel erscheint es in einer gelben und einer roten Sorte. Die Harze sind nur in dünnen Splittern durchsichtig, sie haben einen vanilleartigen Geruch und zimtartigen Geschmack.

Die hohe Säurezahl von etwa 130 beruht nicht auf dem Vorhandensein von Harzsäuren, sondern auf dem hohen Gehalt an phenolartigen Resinotannolen, die bis zu 85% zum Teil als Ester in dem Harz enthalten sind. Nachgewiesen wurden ferner einige Prozent Paracumarsäure, Zimtsäure und p-Oxybenzaldehyd.

Nach Scheiber verwendet man in Amerika die Akaroide zur Herstellung hochwertiger Lederlacke, indem man die Harzlösungen mit Kautschuk kombiniert.

Die Anwendung für Spritlacke beruht auf der glatten Löslichkeit beider Sorten in Alkohol und seinen höheren Homologen, sowie auf der Bildung harter, glänzender Schichten.

7. Stocklack und Schellack.

Schellack ist eines der wichtigsten Harze und wegen seiner hervorragenden Eigenschaften in einigen Gebieten der Lackiertechnik auch heute noch unentbehrlich. Als Zusatz zu Celluloseesterlacken ist er praktisch bedeutungslos gewesen; infolge der Schaffung hochalkohollöslicher Kollodiumwolltypen, mit denen er sich gut verarbeiten läßt, hat er in neuester Zeit trotz seines hohen Preises erhöhtes Interesse gefunden.

Der Schellack ist ein tierisches Stoffwechselprodukt. Über seine Entstehung vgl. die interessante Schilderung des englischen Staatsentomologen E. P. Stebbing[1]. Die Zweige der Bäume, welche von der Lacklaus (Tachardia lacca) bevölkert sind, bedecken sich mit einer Kruste des Stocklackes. Der Stocklack wird in besonderen Mühlen zunächst grob zerkleinert und von dem beigemengten Holz möglichst befreit. Die weitere Reinigung erfolgt durch andauerndes Waschen mit Wasser, neuerdings vielfach auf maschinellem Wege mit Hilfe von Waschtrommeln. Die Trocknung bewirkt man in größeren Betrieben mit Heißluft (Angeli Brothers in Kalkutta).

Dann wird der Lack in geschlossenen Kesseln und anschließend in

[1] Seeligmann u. Zieke. S. 80. 4. Aufl. 1930.

dampfgeheizten Trögen geschmolzen, wobei sich die unschmelzbaren Anteile und Verunreinigungen absetzen.

Durch Aufstreichen des geschmolzenen Produktes auf wassergekühlte Zinkzylinder erhält man die bekannten Blättchen des Handels.

Nach H. Wolff wird zur Erleichterung des Schmelzvorganges vielfach etwas Kolophonium zugesetzt. Ein gewisser Kolophoniumgehalt soll demnach handelsüblich sein.

Die Schellacksorten unterscheiden sich durch Form und Farbe. Man unterscheidet nach dem Aussehen Körnerlack, Granatlack, Knopflack, Orangeschellack usw. TN-Schellack ist eine Standardmarke.

Standard I ist frei von Kolophonium und heller als TN.

Nach W. B. Parker werden an einige der wichtigsten Sorten folgende Anforderungen gestellt:

	1. Reiner Knopflack	2. Schwarzer Knopflack	3. Reiner Lemon-Schellack	4. Reiner Orange-Schellack	5. TN Standard
Äusseres . . .	rundliche Stücke, etwa 4—12 cm Durchmesser und 0,3—1 cm Durchmesser	wie 1	dünne Blättchen	wie 3	Blättchen
Farbe	halbdurchsichtig, klar rot oder gelbbraun	dunkelrot bis schwarzbraun, in dünner Schicht halbdurchsichtig	klar, hellgelb durchscheinend	hell, orange durchscheinend	dunkelorange, halbdurchscheinend
Kolophonium .	nicht statthaft	maximal 2 %	nicht zulässig	wie 3	maximal 3%
Asche	maximal 0,6 %	maximal 2 %	maximal 0,7 %	maximal 1 %	maximal 1,5%
Säurezahl . .	maximal 66	wie 1	maximal 60	wie 3	wie 1
Verseifungszahl	maximal 225	wie 1	200	wie 3	wie 1
Wachsgehalt					
minimal . .	3 %	3 %	3 %	3 %	3%
maximal . .	6 %	10 %	6 %	8 %	9%

Bei allen Sorten wird ferner verlangt, daß eine Lösung von 160 Teilen Schellack in 246 Teilen Sprit (D 15° = 0,820) bei 15,5° durch zwölfstündiges Stehen unter häufigem Schütteln hergestellt, eine durchschnittliche Dichte von 0,925 bei 15,5° habe. Die Lösung soll leicht durch ein 60iger Maschendrahtsieb laufen und darf beim Stehen keinen Niederschlag geben und keine ungelösten Teilchen enthalten (natürlich außer dem suspendierten Wachs, das sich zum Teil allmählich absetzt).

Der Schellack löst sich in Sodalösung und wird aus dieser Lösung beim Ansäuern wieder gefällt. Das Bleichen wird so vorgenommen, daß man der Sodalösung des Harzes Hypochlorite zusetzt oder Chlor einleitet.

Auf Einzelheiten kann nicht eingegangen werden.

Kennzahlen und Löslichkeiten der wichtigsten rezenten Harze.

Harzprodukt	S.-Z.	V.-Z.	J.-Z.	Löslichkeit in Alkohol	Äther	Aceton	Benzol	Petroläther	Terpentinöl	Bemerkungen
Schellack . . .	40—70 meist 55—65	185—220 (225)	5—25 10—20 (8—9,6)	löslich (bis auf Wachs)	unlöslich (10 bis 25 Prozent)	fast unlöslich (50 bis 80 Proz.)	unlöslich	unlöslich	unlöslich	Verliert beim Erhitzen d. Löslichkeit in Alkohol. Charakteristisch ist die Löslichkeit in schwachen Alkalien (Borax)
Weichmanila .	130—190	160—240	60—125	löslich	zu 70 bis 90 Prozent löslich	löslich	meist teilweise löslich	wenig löslich, teilweise aber bis 50 Proz.	etwa zu 40 bis 50 Proz. löslich	Die Löslichkeitsverhältnisse wechseln sehr stark bei den einzelnen Handelssorten
Acaroid rot .	60—100	160—200	150—185	löslich	wenig löslich	wenig löslich	wenig löslich	unlöslich	wenig löslich	
Acaroid gelb.	125—140	200—220	75—110							
Elemi	18—55 15—35	25—90 25—72	40—80	fast löslich (warm löslich)	löslich	löslich	löslich	löslich	löslich	
Mastix	50—75	70—105	60—130, meist 70—90	teilweise löslich	teilweise löslich	teilweise löslich	löslich	unlöslich	teilweise löslich	
Sandarak . . .	95—160	145—185	55—90	löslich	löslich	löslich	schwer u. nur z. Teil löslich	nur wenig löslich	löslich	
Dammar . . .	20—55	30—60	50—70	nur teilweise (zu 19 bis 45 Proz. lösl.)	löslich	weitgehend löslich	löslich	löslich	löslich	Im allgemeinen zeigt Sumatra-Dammar geringere Löslichkeit als andere Sorten (z. B. Batavia)
Kolophonium .	140—180	165—195	110—200	löslich	löslich	löslich	löslich	weitgehend löslich	löslich	

Der gebleichte Schellack hält Chlor und Wasser zurück und hat etwas andere Löslichkeitseigenschaften als vor der Bleiche. Filtriert man die Lösung des gebleichten Produktes vor der Fällung mit Säure, so erhält man die klarlösliche wachsfreie Ware. Der Wassergehalt des meist zu Strähnen geformten handelsüblichen Produktes liegt zwischen 15 und 20%.

Der gebleichte Schellack verliert durch längeres Aufbewahren seine Alkohollöslichkeit, doch kann dieser Vorgang durch Lagerung unter Wasser verzögert werden.

8. Kolophonium.

Dieses wohlfeilste aller Harze kann nur für billige Lacke auf Celluloseesterbasis verwendet werden, da es die Lackfilme spröde macht und eine sehr mangelhafte Lichtbeständigkeit aufweist. Für die Steifkappen der Schuhindustrie wird es in Kombination mit Nitrocellulose in erheblichen Mengen verbraucht.

Von großer Bedeutung ist es aber als Ausgangsmaterial für die Herstellung der lacktechnisch wertvollen Esterharze und der Abietinsäure, deren Ester von amerikanischer Seite als Weichmachungsmittel empfohlen werden.

Kolophonium bildet nach seiner Entstehungsart den Übergang zwischen Natur- und Kunstharzen.

Es wird aus dem „Balsam“ gewonnen, der aus zahlreichen Abietineen beim Verletzen der Stämme ausfließt, indem man die als Terpentinöl bezeichneten ätherischen Öle mit Wasserdampf abdestilliert und den Rückstand zusammenschmilzt.

Hauptproduzenten sind Amerika mit den Stammpflanzen Abies balsamea, Pinus strobus, Pinus resinosa, Pinus toeda (White-pine Fichte), Pinus palustris.

Frankreich, besonders die Departements Les Landes und Gironde mit den Stammpflanzen Pinus maritima und Pinus haricio.

Dieselben Pflanzen kommen auch für die Gewinnung in Spanien, Portugal und Algier in Frage.

Für Deutschland wird Picea excelsa, für Österreich besonders Pinus austriaca (Schwarzföhre) als Stammpflanze genannt.

Der größte Produzent ist Amerika mit jährlich etwa 100000 t Terpentinöl und 400000 t Kolophonium und Frankreich mit etwa 20000 t Terpentinöl und 80000 t Kolophonium.

Die Kolophoniumsorten des Handels werden nach Herkunft und Farbe unterschieden.

Eigenschaften des Kolophoniums.

H. Wolff gibt für Säure- und Verseifungszahlen folgende Grenzwerte an: S. Z. 140—185, V. Z. 145—195.

Der Schmelzpunkt liegt meistens zwischen 90 und 100°.

Seiner chemischen Zusammensetzung nach ist Kolophonium ein Gemisch verschiedener Harzsäuren.

Das amerikanische Harz enthält überwiegend Abietinsäuren, das französische, spanische und portugiesische, außerdem Pimarsäuren. Die dunkleren Sorten enthalten auch Oxysäuren und Kolophensäure. Das in jedem Kolophonium enthaltene „Unverseifbare" sind Resene.

E. Stock ist die Isolierung der Abietinsäuren durch Destillation im Hochvakuum gelungen.

Die bekannte Farbenreaktion auf Kolophonium nach Liebermann, auch Storch-Morawski-Probe genannt, wird wie folgt ausgeführt:

Ein Splitterchen Kolophonium wird mit etwa 3 cm^3 Essigsäureanhydrid geschüttelt. Die entstehende Lösung wird mit einem Tropfen Schwefelsäure (D. nicht unter 1,56) versetzt. Es entsteht eine intensive violette Färbung, die bald verschwindet.

Bei der Untersuchung von Gemischen hat sich die Kupferacetatprobe bewährt.

Eine Lösung von wenig Kolophonium in Benzin wird mit einer wässrigen 3%igen Kupferacetatlösung geschüttelt. Es bildet sich das smaragdgrüne benzinlösliche Kupfersalz.

Die Probe eignet sich gut zum Nachweis von Kolophonium in Dammar, Mastix und Schellack.

Die oben angeführte Liebermannsche Reaktion ist wiederholt der Kritik unterworfen worden[1]. Luxemburg[2] wies nach, daß Alkohole, Cholesterin, Ölsäure und Mineralöle die Reaktion stören oder verhindern. H. C. Cohen[3] gibt eine neue Methode an, mit der es gelingt, Kolophonium auch in geringsten Mengen sicher nachzuweisen. Eine Mischung von 4 Vol. Teilen Chlorsulfonsäure in 20 Vol- Teilen Chloroform wird hergestellt. Von dieser Mischung wird 1 ccm mit 1 ccm einer etwa 10%igen Lösung von Harz in Choroform versetzt.

Es tritt eine lebhafte violettrote Färbung auf, die stundenlang bestehen bleibt.

Albertole und Harzester geben eine schwache rosenrote Färbung. Holzöl, Leinöl, Standöl und Ölsäure geben keine Farbenreaktionen.

Es ist von Interesse, welchen Anteil die einzelnen Industriezweige am Verbrauch der gewaltigen Produktion haben. Nach einer Schätzung von Wolff:

Anstrichfarben und Lackindustrie	17%
Seifenindustrie	42%

[1] Eibner und Tittel: Farbenzeitung **31**, 1746 (1926). Scheiber: Lacke und ihre Farbstoffe **1926**, 502.

[2] Luxemburg: Chemiker-Ztg **19**, 182 (1920).

[3] Cohen: Farbenztg **36**, 121 (1930).

Papierfabrikation (in Form des Natriumsalzes zum Leimen)	25%
Linoleum und ähnliches	3%
Kitte, Kaltleime und ähnliche Verwendungsgebiete	13%

Die Lackindustrie verwendet den weitaus größten Teil in Form des Kalksalzes und der Ester.

Für die Celluloseesterlacke kommt das Kolophonium in erster Linie als Ester in Betracht.

Hierüber wird im nächsten Abschnitt näheres mitgeteilt.

B. Die künstlichen Harze.

Die natürlichen Harze sind in ausreichender Menge vorhanden; die Schaffung von künstlichen Harzen für die Zwecke der Celluloseesterlackindustrie ist aber deshalb von so großer Bedeutung, weil — wie schon aus den vorstehenden Darlegungen zu entnehmen ist — relativ wenige Naturharze für die vorliegenden Zwecke geeignet sind und auch diese wenigen erhebliche Mängel aufweisen. Vor allem ist der meist hohe Säuregehalt und die nicht immer befriedigende Lichtbeständigkeit dieser Harze ein Nachteil, der den Anreiz zur Herstellung synthetischer Produkte gegeben hat. Die Bildung dieser Harze erfolgt durch Kondensations- und Polymerisationsreaktionen. Eine wichtige Gruppe wird durch Veresterung natürlicher Harze mit mehrwertigen Alkoholen gewonnen. Eine Sonderklasse stellen die Albertole dar.

Der Reaktionsmechanismus ist nur in den wenigsten Fällen geklärt.

1. Cyclohexanonharz.

Cyclische Ketone, wie Cyclohexanon, Cyclohexylidencyclohexanon, Cyclopentylidencyklopentanon werden beim Erhitzen mit alkalischen Kondensationsmitteln in Harze verwandelt. Nach dem DRP. 337993 der B.A.S.F. erhitzt man z. B. 200 Teile Cyclohexanon mit 100 Teilen 30%iger alkoholischer Kalilauge unter Druck 20 Stunden auf 200—220°. Die so erhaltenen Harze sind in den meisten Lösungsmitteln der Celluloseester löslich, vor allem auch in Alkohol. Nach dem DRP. 420414 I. G. sind diese Harze gut geeignet zur Kombination mit Celluloseestern.

Die I. G. Farbenindustrie bringt drei Kunstharze dieser Art unter der Bezeichnung AW 1, AW 2 und AH in den Handel. Diese Produkte sind den besseren Kopalen bezüglich Farbe und Lichtechtheit ebenbürtig. Bezüglich der Alkaliechtheit sind sie allen Naturharzen überlegen. Bemerkenswert und für die Verwendung im Nitrocelluloselack besonders wichtig ist ihre fast völlige Freiheit von Säure (S.Z. 1,5). In der Härte entspricht die Marke AH den fossilen Kopalen, die Marke AW 1 etwa dem Weichmanilakopal. Die Kopale zeigen zwar bei der üblichen Kombination mit trocknenden Ölen eine gute Lichtbeständigkeit. Bei der Kombination mit Nitrocellulose bewirkt der hohe Säuregehalt jedoch eine rasche Vergilbung im Sonnenlicht und eine baldige Zerstörung des Lackfilms. Bei den Cyclohexanonharzen ist dagegen eine Einwirkung auf Nitrocellulose nicht zu beobachten.

2. Polyvinylacetat-Harze[1].

Ausgangsmaterial ist der sehr reaktionsfähige Vinylalkohol

$$CH_2 = CH \cdot OH$$

Es wird Essigsäurevinylester oder Monochloressigsäurevinylester in geeigneten Gefäßen dem direkten Sonnenlicht oder den Strahlen einer künstlichen Lichtquelle ausgesetzt. Die je nach der Intensität der Belichtung und der herrschenden Temperatur mehr oder weniger rasch sich bildenden Polymerisationsprodukte sind feste, farblose, durchsichtige und vollkommen geruchlose Massen. Zur Erzielung besonderer Effekte kann man vor der Polymerisation Zusätze von Ölen usw. machen.

Die Herstellung von Lacken aus Polyvinylacetaten haben folgende Patente der gleichen Firma zum Gegenstand: DRP. 290544, DRP. 291299. Hiernach erhält man einen brauchbaren Lack, z. B. durch Anwendung folgender Rezeptur: 200 g Polyvinylacetat, 400 g Essigäther, 200 g Amylacetat, 200 g Äthylbutyrat.

Die angeführten Lösungsmittel zeigen ohne weiteres, daß das Harz mit Lösungen von Kollodiumwolle kombiniert werden kann. Über lacktechnische Erfahrungen ist bisher noch nicht viel bekannt geworden; das dürfte auch damit zusammenhängen, daß die Polyvinylacetate, nachdem sie während der Kriegszeit vorübergehend fabriziert wurden, erst in allerjüngster Zeit im Handel erschienen sind.

Die I. G. vertreibt dieses Harz unter der Bezeichnung Mowilith, Dr. Alexander Wacker unter der Bezeichnung Vinnapas.

Den Veröffentlichungen der Dr. Alexander Wacker Gesellschaft für elektrochemische Industrie, G. m. b. H., entnehmen wir auszugsweise folgende Angaben über die lacktechnische Verwendung:

Vinnapas kann für sich allein als Grundstoff oder als Zusatzstoff für Lacke gebraucht werden. Die Lackfilme zeichnen sich durch besonders große Haftfähigkeit aus. Das Produkt wird in Form farbloser hochkonzentrierter Lösungen in Sprit, Aceton, Benzol, Butylacetat, Essigester oder Toluol geliefert.

Es eignet sich unter anderem als Grundierlack unter Celluloseesterlacken für sich oder im Gemisch mit solchen Lacken für Kombinationslacke zur Erhöhung des „Körpers“, da es sich sowohl mit Kollodiumwollen, wie mit Acetylcellulose verträgt, für die Herstellung spritz- und streichbarer Metallbronzelacke und für Isolationslacke der elektrischen Industrie.

Ein Nachteil der unvermischten Polyvinylharzlacke ist die verhältnismäßig große Wasserempfindlichkeit der Schichten, die eine unver-

---

[1] Die grundlegende Beobachtung, welche zur Herstellung der polymeren Vinylacetate führte, ist in der Patentschrift 281687 der I. G. Farbenindustrie (Griesheim Elektron 1913) beschrieben.

kennbare Hygroskopizität aufweisen. Die bei vielen Harzen beobachtete Eigenschaft, Lösungsmittel lange festzuhalten, tritt bei den Polyvinylharzen besonders stark in Erscheinung.

Immerhin hat das Produkt so viele Vorzüge, besonders Säurefreiheit und Lichtbeständigkeit, daß es die Aufmerksamkeit der Lacktechnik verdient.

3. Die Esterharze.

Das Gebiet der Esterharze ist außerordentlich verwickelt; nach verschiedenen Methoden werden meist Naturprodukte mit Kunstprodukten in Reaktion gebracht. Man kann die Esterharze unterscheiden in solche, deren saure Komponente Kolophonium oder ein anderes saures Naturharz ist und solche, bei denen Phthalsäure und andere mehrbasische Säuren als saure Reaktionskomponente verwendet werden.

Der Ausdruck Esterharz wird meistens auf die schon seit langem bekannten Reaktionsprodukte aus Kolophonium und Glycerin angewendet. Solche Esterharze finden ausgedehnte Verwendung in der Öllackindustrie.

Wegen ihrer Wohlfeilheit und ihrer (bei geeigneter Herstellung) vorteilhaften Eigenschaften haben sie auch erhebliche Bedeutung für die Herstellung von Celluloseesterlacken gewonnen.

Die Veresterung des Glycerins mit Kolophonium, das wie oben erwähnt zum größten Teil aus Harzsäuren besteht, geschieht durch Erhitzen der Komponenten unter Bedingungen, bei denen das freiwerdende Wasser abdestilliert. Häufig werden Autoklaven verwendet.

Die Reaktionstemperatur beträgt etwa 240°.

Die in der Lackindustrie häufig vorgenommene Erhitzung der Komponenten in offenen Kesseln führt nur zu teilweiser Veresterung. Nach H. Wolff werden hierbei nicht mehr als 10% der Harzsäuren an Glycerin gebunden.

Bei geeigneter Apparatur gelingt es, fast neutrale Harzester herzustellen, die sich durch große Widerstandsfähigkeit gegen Verseifung und relativ gute Lichtbeständigkeit auszeichnen. Esterharze werden von verschiedenen Firmen in verschiedenen Helligkeitsgraden hergestellt.

Ein besonders für die Bedürfnisse der Celluloseesterlackbereitung hergestelltes Produkt ist das Kunstharz E 1 der I. G. Die Herstellerin gibt folgende Daten an:

	Erweichungspunkt nach Krämer-Sarnow	Säurezahl
E 1 überhell . . .	90—94	5—6
E 1 hell	85—92	5—6
E 1 mittelhell . .	78—82	6—7
E 1 dunkel	76—79	13—18

Das Produkt löst sich in Benzolkohlenwasserstoffen, Estern wie Äthylacetat, Butylacetat, Äthylglykolacetat, in Ketonen wie Aceton, Methylcyclohexanon, Pyranton, sowie in Gemischen von Sprit mit Benzolkohlenwasserstoffen. E 1 verträgt sich gut mit Kollodiumwolle und den Celluloseäthern.

Ähnliche Produkte der Firma Albert sind die Albert-Harzester 92 R, 120 U, 121 V, 122 W.

4. Kondensate aus mehrbasischen Säuren und Polyalkoholen.

Harze dieser Art sind schon 1856 von van Bemmelen beschrieben worden. Ausgangsmaterial war Bernsteinsäure bzw. Citronensäure und Glycerin. Beim Erhitzen äquimolekularer Gemische bilden sich Harze, die zunächst in Aceton und anderen organischen Lösungsmitteln löslich sind. Bei längerem Erhitzen gehen die Anfangskondensate in unlösliche und unschmelzbare Produkte über. Dasselbe gilt für die Kondensationsprodukte von Phthalsäure mit Glycerin, die man als Glyptale bezeichnet (übrigens eine der Bakelite-Gesellschaft geschützte Bezeichnung).

Callahan gibt in dem A. P. 1108329 vom Jahre 1914 folgende Herstellungsvorschrift an: Ein Gewichtsteil Glycerin und zwei Gewichtsteile Phthalsäureanhydrid werden langsam erhitzt. Bei 100° bildet die Mischung eine klare Flüssigkeit und das bei der Reaktion gebildete Wasser beginnt abzudestillieren. Man erhitzt weiter auf 185° bis keine flüchtigen Bestandteile mehr entweichen. Dann erhitzt man auf 210° solange, bis kleine Proben des Reaktionsproduktes beim Abkühlen ein hartes, nicht klebendes Harz ergeben.

In diesem Zustand ist das Harz in Aceton löslich. Bei weiterem Erhitzen erfolgt eine lebhafte Reaktion unter Bildung der unlöslichen Stufe[1].

Von wesentlich größerer lacktechnischer Bedeutung als diese Glyptale sind die glyptalartigen Kondensationsprodukte aus natürlichen Fettsäureglyceriden, z. B. Leinöl oder Ricinusöl mit Phthalsäureanhydrid. Diese Kondensate bilden den Übergang zwischen den Harzen und den Weichmachungsmitteln und stellen meist zähflüssige sirupöse Massen ähnlich dem Kanadabalsam dar.

Die Ricinusglyptale werden als Rezylharze bezeichnet. Sie sind von der Ellis Foster Company in Montclair eingehend bearbeitet und besonders auf ihre Eignung zur Kombination mit Nitrocellulose geprüft worden.

[1] Zahlreiche weitere Vorschläge zur Herstellung der Glyptale sind in dem Werke „Die künstlichen Harze" von Scheiber und Sendig: Stuttgart 1929, S. 148ff. angeführt. (Vgl. auch Farbenztg **1929**, 1491).

Die Rezylharze scheinen für diesen Zweck ganz hervorragend geeignet zu sein, und es erweckt den Anschein, als ob diesen gegenüber alle anderen Harze für Nitrolacke in den Hintergrund treten würden.

Nach einem Vortrag von T. F. Bradley[1] haben die Rezyle folgende Vorzüge:

1. Da die Rezyle ihre Überlegenheit am schlagendsten dann erweisen, wenn sie in einem die Nitrocellulose wesentlich übersteigenden Quantum verwendet werden, so ist es nunmehr möglich, Gemische herzustellen, welche sich hinsichtlich ihres Gehaltes an festen Stoffen den Öllacken und Emaillen an die Seite stellen lassen. Damit ist der Hauptmangel der Nitrocelluloselacke überwunden.

2. Es können klare, durchsichtige Nitrolacküberzüge hergestellt werden, welche an Widerstandsfähigkeit gegen das Sonnenlicht und andere Witterungseinflüsse den Außenöllacken ebenbürtig oder sogar überlegen sind.

3. Es stehen jetzt erstmals Nitrolacke zur Verfügung, welche auf Holzflächen bei Innen- wie Außenanstrichen befriedigende Dauerhaftigkeit besitzen.

4. Es sind nunmehr pigmentierte Nitrolacke zur Hand, welche auch ohne entsprechendes Abschleifen und Polieren beim Trocknen eine Hochglanzfläche liefern.

5. Die Entzündlichkeit der Nitrolackfilme wird durch Zusatz von synthetischen Rezylen wesentlich vermindert.

6. Es lassen sich jetzt klare wie pigmentierte Nitrolacke herstellen, welche verbesserte Streichbarkeit und auf Außen- wie Innenflächen außerordentliche Haltbarkeit besitzen. Zu einem solchen Streichlack, der für alle Zwecke brauchbar und äußerst dauerhaft sein soll, nimmt man am besten auf 1 Teil Nitrocellulose ungefähr 4 Gewichtsteile Rezyl.

7. Infolge der großen Verträglichkeit der Rezyle mit Nitrocellulose kann jedes Nitrocelluloselösungsmittel verwendet werden, ohne daß ein wolkiger oder opaker Film entsteht. Die Filme sind ohne Rücksicht auf das gegenseitige Verhältnis von Rezyl und Nitrocellulose vollständig homogen. Durchsichtige Filme erhält man von einem jeden Nitrocelluloselösungsmittel, das bei alleiniger Verwendung von Nitrocellulose solche liefert.

8. Vermöge des Lösevermögens der Rezyle gegenüber der Nitrocellulose können Nitrolacke hergestellt werden, welche lediglich niedrigsiedende Lösungsmittel enthalten und trotzdem selbst in hochgradig feuchter Luft klare und durchsichtige Filme liefern[2].

---

[1] Paint, Oil and Chemical Rev. 85, Nr 15; refer. in Farbe u. Lack **1929**, 495.

[2] Vgl. hierzu die Literaturzusammenstellung am Schluß dieses Kapitels, S. 146.

5. Die Phenol-Formaldehyd-Harze und die Albertole.

Die Bildung von Harzen beim Erhitzen von Phenolen mit Formaldehyd ist bereits von A. v. Bayer und E. ter Meer in den siebziger Jahren des vorigen Jahrhunderts beobachtet worden. Die technische Entwicklung dieses Gebietes in den letzten 25 Jaren führte zur Ausbildung folgender Hauptgruppen:

I. Schellackersatzprodukte (Novolake).
II. Härtbare Harze (Resole).
III. Kopalersatzprodukte (vom Typ der Albertole).

Das erste Verfahren zur Herstellung von Novolakharzen wurde 1902 im DRP. 172877 von L. Blumer beschrieben.

In einem doppelwandigen Gefäß mit Bleiauskleidung werden 135 Teile Weinsäure in 150 Teilen 40%iger Formaldehydlösung aufgelöst. Darauf werden 195 Teile reines Phenol hinzugegeben und die Mischung vorsichtig erwärmt bis zum Eintritt der Reaktion.

Die gelbliche harzartige Masse schwimmt auf der Oberfläche. Sie wird durch Kochen mit ammoniakhaltigem Wasser von den nicht in Reaktion getretenen Komponenten befreit. Beim Einbringen in kaltes Wasser erstarrt die Masse[1].

Ursprünglich als Schellackersatz gedacht, haben die unter zahlreichen Namen in den Handel gebrachten Produkte dieser Art (Laccain, Novolak, Abalak, Sibolit, Metakalin, Bucheronium, Albertolschellack) wegen ihrer günstigen Löslichkeitsverhältnisse auch für Celluloseesterlacke eine gewisse Bedeutung erlangt. Die meisten dieser Harze sind völlig indifferent gegenüber Kohlenwasserstoffen, eine Eigenschaft, auf die bei der Rezeptur der Celluloseesterlacke Rücksicht zu nehmen ist.

Die Resole, welche für die Herstellung von Kunststoffen und Isoliermaterialien infolge ihres Überganges in die unlöslichen und unschmelzbaren Resite (Bakelit c) so große Bedeutung erlangt haben, scheiden für die Kombination mit Celluloseesterlacken aus.

Von größerer lacktechnischer Bedeutung sind dagegen die albertolartigen Harze (in Amerika Amberole), welche im Gegensatz zu den Novolaken in fetten Ölen löslich sind.

Diese Öl- und Benzollöslichkeit erreicht man nach den DRP. 254411, 269659, 281939 usw. der Firma Kurt Albert durch Kombination der Phenolformaldehydharze mit natürlichen Harzen (Kolophonium), deren Estern und Salzen, künstlichen Harzen, fetten Ölen oder Ölsäuren. Welcher Art die hierbei eintretenden Reaktionen sind, ist nicht bekannt; anscheinend handelt es sich um Veresterungen, doch dürften auch kolloidchemische Vorgänge eine Rolle spielen. Hauptverwendungsgebiet

[1] Über die zahlreichen Verbesserungsvorschläge vergl. Scheiber u. Sendig l. c. S. 211—13.

dieser Harze sind die Öllacke; hier machen sie den Kopalen scharfe Konkurrenz.

Für Nitrolacke wird das Albertolharz 82 G empfohlen[1].

Die auch für die Celluloseesterlacke gelegentlich empfohlenen Kumaronharze kommen nur für farbigen Lack in Betracht, da sie Trübungen ergeben.

Einige analytische Methoden zur Prüfung von Harzen.

a) Die Bestimmung der Säurezahl.

Eine ausgezeichnete Methode, welche auch bei dunkelgefärbten Harzen anwendbar ist, findet sich in der „Albertschrift 15". Hiernach werden 10 g Harz in 100 cm³ eines neutralisierten Gemisches aus 2 Teilen Benzol und 1 Teil Spiritus gelöst. Dann werden 50 cm³ einer heißgesättigten, erkalteten und neutralisierten Kochsalzlösung zugegeben, sowie 15—20 g gepulvertes Kochsalz, zum Schluß noch 20 Tropfen einer 1%igen Phenolphthaleinlösung. Man titriert mit wäßriger $\frac{n}{2}$-Natronlauge unter oftmaligem starken Schütteln bis zum Auftreten einer schwachen Rosafärbung in der Kochsalzlösung. Nachdem man dann nochmals soviel Kubikzentimeter neutralisierten Spiritus zugegeben hat, wie man bisher Kubikzentimeter Lauge zum Titrieren verbrauchte, gibt man nunmehr Natronlauge zu, bis eine intensive karminrote Färbung auftritt und

Harzsorte	Einwaage	Übliche Bestimmungsmethode		Einwaage	Methode nach Albertschrift 15	
	g	cm³ Na OX	S.-Z.	g	cm³ Na OX	S.-Z.
Albertol 82 G extra hell	1	0,6	16,8	1	0,6	16,8
Albertol 112 M extra hell	1	5,0	140,4	1	5,3	148,8
Albertol 117 R extra hell	1	0,8	22,5	1	0,6	16,8
Albertol 209 L normal hell	1	0,5	14,0	1	0,6	16,8
Kunstharz Kl 31 hell (I. G.)	1	0,7	19,6	1	0,7	19,6
dito mittel (I. G.)	1	0,4	11,2	1	0,4	11,2
dito dunkel (I. G.)	1	0,8	22,5	1	0,7	19,6
Glycerin Harzester	1	0,6	16,8	1	0,6	16,8
Kolophonium, franz. dunkel	1	5,4	151,6	1	5,1	143,2
Kauri-Albertol 103 C extra	1	0,5	14,0	1	0,4	11,2
Albertol-Schellack	1	1,1	30,8	1	1,1	30,8

[1] Vgl. hierzu Hebberling: Neues von den Albertolen. Die Kunststoffe **1930**, 56; ferner Scheiber, J.: Über die Prinzipien der Kunstharzherstellung. Farbe u. Lack **1929**, 86.

titriert dann mit $\frac{n}{1}$-Schwefelsäure zurück, bis die intensive Färbung in schwaches Rosa umschlägt. Dieser Umschlag ist ziemlich scharf und auch bei wiederholtem Zurücktitrieren immer gleichmäßig.

Die vorstehende Tabelle ist einer Veröffentlichung von Erich Stock entnommen. Die Werte sind erhalten durch Multiplikation der verbrauchten Kubikzentimeter Lauge mit 28,08. Statt 10 g Harz verwendet Stock nur 1 g und von den Lösungen entsprechend geringere Mengen.

b) Erweichungspunkt.

Der Schmelzpunkt der Harze ist nur von geringem diagnostischen Wert. Man bestimmt zweckmäßig den Erweichungspunkt nach der von W. Nagel modifizierten Methode von Krämer-Sarnow wie folgt: In Glasröhrchen von 5 mm lichter Weite, die in 1 cm Entfernung vom Ende sich konisch auf 3 mm Weite verengen, füllt man das feingepulverte Harz ein und drückt es fest, so daß es die untere Öffnung der Röhre verschließt. In 1 cm Höhe befindet sich eine Marke, bis zu der die Harzmenge reichen soll. Bei dem geringen Unterschied der spezifischen Gewichte der verschiedenen Harze benötigt man stets annähernd etwa 0,12 bis 0,15 g. Auf das zusammengestampfte Harzpulver kommen, genau wie bei der Methode von Krämer-Sarnow 5 g Quecksilber. Die Proberöhrchen (denn man soll, da es sich um die Ermittlung von Durchschnittswerten handelt, stets zwei, besser noch drei Bestimmungen machen) werden mit dem Thermometer durch einen durchbohrten Stopfen in ein als Luftbad dienendes weites Reagensrohr geführt und dieses am besten in einem Glycerinbad erhitzt. Man erhitzt zunächst in raschem Tempo bis auf 25° unter den vorher ungefähr ermittelten Erweichungspunkt, nimmt dann die Flamme fort, und fährt dann fort, vorsichtig zu erhitzen, so daß die Temperatur genau 1° pro Minute steigt. Die Temperatur, bei der das Quecksilber durchbricht, ist der Erweichungspunkt.

Nagel gibt folgende Werte an:

Bezeichnung	Erweichungspunkt Durchschnittswerte Grad	Erweichungspunkt häufigste Werte Grad
Akaroid, gelb	100—105	101—104
Akaroid, rot	128—133	129—131
Dammar, hell	84—86	84—86
Kolophonium, amerik., W. W.	85—90	87—89
Kolophonium, franz., hell .	75—80	76—79
Kolophonium, deutsch . . .	70—80	73—78
Mastix	72—77	73—74
Sandarak	135—140	136—138

Anhang.

Die große Bedeutung, welche von verschiedenen Autoren den glyptalartigen Kondensationsprodukten der Phthalsäure als Zusatz zu Celluloseesterlacken beigemessen wird, rechtfertigt eine Zusammenstellung der neueren Patentschriften über diesen Gegenstand.

Die Literatur bis 1928 ist von Scheiber und Sendig[1] ausführlich behandelt worden.

Als Grundlage für die nachfolgende Zusammenstellung dienten die Referate des Chemischen Zentralblattes.

Brit. Thomson Houston Co. E. P. 252394, F. P. 616463, C 1928 II 1336.

Herstellung harzartiger Phthalsäure-Glycerinkondensationsprodukte in Gegenwart von konzentrierter Schwefelsäure und nachherigem Zusatz von Leinöl, Holzöl usw.

92 T. Glycerin, 200 T. Phthalsäureanhydrid mit 10 cm^3 konzentrierter Schwefelsäure langsam auf 120° erhitzt, wobei die Masse braun, dann rot wird. Es entweichen Wasser und Schwefligsäure. Nach Beendigung der heftigen Reaktion werden 70 T. Oleostearinsäure oder Leinölsäure zugesetzt und höher erhitzt.

Bei 150° lebhafte Reaktion, Steigerung der Temperatur auf 175—185°. Das Produkt zunächst in Aceton, Benzol u. a. löslich, wird bei längerem Erhitzen unlöslich und unschmelzbar.

Bakelite Corp. New York E. P. 300668.

1 T. Glycerin, 2 T. Phthalsäureanhydrid zunächst auf 150—175° erhitzt. Das Anfangskondensationsprodukt ist flüssig und härtet bei 125—135°.

Brit. Thomson Houston Co. E. P. 275219.

2 T. polymerisiertes Juden und andere Harze oder Weichmacher zu einem Glyptalharz aus 12 T. Phthalsäureanhydrid und 8 T. Glycerin.

Imperial Chemical Industries. E. P. 305965, C. 1929 I 2708.

370 T. Phthalsäureanhydrid, 250 T. Glycerin, 50 T. Äthylenglykol unter Rückfluß so erhitzt, daß das Wasser entweichen kann. Zunächst auf 100°, dann 180 bis 190°, dann 200—210° unter Durchleiten von CO_2. Hartes Produkt, löslich in Aceton, Benzol und Alkohol.

Andere Kombinationen: Phthalsäureanhydrid + Äthylenglykol oder Phthalsäuremonobutylester + Glycerin oder Phthalsäureanhydrid + Cyclohexanol + Glycerin.

Du Pont de Nemours F. P. 652119.

148 T. Phthalsäureanhydrid, 92 T. Glycerin, 298 T. Leinölsäure unter CO_2 langsam auf 220°. 7—10 Stunden bei 220° gehalten und danach das unveränderte Anhydrid abdestilliert. Oder Phthalsäureanhydrid mit Glycerin, Leinölsäure und Colophonium. An Stelle von Glycerin auch Glykol, Mannit, Cellulose, Dextrin usw. Produkte meist zähflüssig und löslich.

Du Pont C 1930 II 146.

16,2 T. Phthalsäureanhydrid, 11,4 T. Glycerin, 47,7 T. Kongoharz, 24,7 T. Eläostearinsäure auf 180°, dann während 20 Minuten auf 250°, noch heiß in Naphtha gießen. Mischbar mit verschiedenen Lacken.

Brit. Thomson Houston Co. E. P. 284349, F. P. 654175.

296 T. Phthalsäureanhydrid, 92 T. Glycerin auf 200° erhitzen, dann 140 T. Fettsäure aus Holzöl oder Leinöl und weitere 74 T. Phthalsäureanhydrid zusetzen und bis zum Schäumen erhitzen. Löslich in den meisten Lösungsmitteln.

Brit. Thomson Houston Co. E. P. 285459.

206 T. Phthalsäureanhydrid, 70 T. Leinöl, 92 T. Glycerin auf 250° erhitzen

[1] Scheiber und Sendig: l. c., S. 146—151.

oder 92 T. Glycerin und 148 T. Phthalsäureanhydrid auf 200°, dann 55 T. Anhydrid und 70,5 T. trocknendes Öl hinzu und weiter erhitzen.

Brit. Thomson Houston Co. E. P. 310854.

Phthalsäure oder Bernsteinsäureanhydrid mit Glycerin in Gegenwart von Kobaltlinoleat oder Bleioleat erhitzen, an deren Stelle auch Aluminiumstearat oder Eisenlactat.

Imperial Chem. Ind. Ld. E. P. 316325.

Kondensation von Phthalsäure- oder Bernsteinsäureanhydrid mit Monoalkyl- oder Aryläthern des Glycerins usw. Die Harze eignen sich für Nitrocelluloselacke.

H. A. Gardner u. Knaus. Ind. Chem. 21, 57.

Phthalsäureanhydrid und Triäthylenglykol kondensieren, weitere Erhitzung unter Zusatz von Weinsäure; hellfarbige viscose Masse, die sich mit Celluloseesterlösungen mischen läßt. Beim Erhitzen unter Druck feste Harze.

Brit. Thomson Houston Co. E. P. 273290.

Gleiche Teile eines härtbaren Harzes (Glyptal oder Bakelit) und eines Öles (Leinöl, Holzöl, Ricinus) in Gegenwart eines hochsiedenden Lösungsmittels (Benzylbenzoat, Glykoldiacetet usw.) erhitzen auf 200°.

Brit. Thomson Houston Co. E. P. 308671.

Öllösliches Glyptal mit der doppelten Menge Kolophonium auf 220° erhitzen. Löslich in Leinöl bei 320°. Lösung mit Kopalen unter Druck erhitzen. Harz löst sich in Holzöl.

Bakelite Comp. E. P. 275604.

100 T. Glycerin mit 200 T. Phthalsäureanhydrid kondensiert, in 100—200 T. eines über 170° siedenden Lösungsmittels gelöst und bis zur Gelbbildung gekocht. Gel in niedrigsiedenden Lösungsmitteln zu einem Lack gelöst.

R. Kienle, New York. Jap. Pat. 79187, C 1929 II 498.

Zähes Harz aus Phthalsäureanhydrid, Glycerin und Stearinsäure.

I. G. Farbenindustrie E. P. 316914, C 1930 I 902.

Kolophonium mit Glycerin verestert, dann mit Phthalsäureanhydrid erhitzt bis Säurezahl 9 erreicht ist. Produkt erweicht bei 85° und löst sich in vielen Lösungsmitteln und Ölen.

Leinöl mit Glycerin unter Einleiten von CO_2 erhitzen auf 220—230°, nach Abkühlen auf 170° Zusatz von Phthalsäureanhydrid und Fortsetzung der Erhitzung auf 230°.

Comp. Nationale des Matières Colorantes. A. P. 17 34 446, C 1930 I 1384.

Phthalsäureanhydrid mit Kolophonium und Glycerin erhitzen. In ähnlicher Weise: Phthalsäureanhydrid mit Dammarharz und Glycerin.

Dieselbe, A. P. 17 39 447.

Leinöl und Harz im Autoklaven erhitzen bei 5—6 at 16 Stunden auf 210°. Zähfl. Prod. Lösung in Naphtha als Lack.

VII. Farben[1].

Die für Celluloseesterlacke in Frage kommenden Farben teilen wir wie folgt ein:

A) Lösliche Farbstoffe.

B) Körperfarben oder Pigmente.

[1] Empfehlenswerte allgemeine Literatur: Wagner, H.: Die Körperfarben. Mit zahlreichen Farbtafeln. Stuttgart 1928. Daselbst ausführliche Literaturangaben. — Ferner Zerr u. Rübenkamp: Handbuch. Berlin 1930.

Die Körperfarben teilen wir ein in
I. Anorganische Körperfarben.
II. Organische Körperfarben.

A. Lösliche Farbstoffe.

Wenngleich die weitaus größte Menge der farbigen Celluloseesterlacke Decklacke mit Körperfarben sind, so finden doch auch die transparentbunten Lacke regelmäßige Anwendung, und die für solche Lacke verwendeten löslichen Farbstoffe können daher in einem Buche über Celluloseesterlacke nicht übergangen werden. In der beigefügten Tabelle ist eine Reihe von Farbstoffen der in der I. G. Farbenindustrie AG. zusammengefaßten deutschen Farbenfabriken zusammengestellt, die sich für Celluloseesterlacke eignen[1]. Bei der Wahl des Farbstoffes ist auf die angegebenen Echtheits- und Löslichkeitseigenschaften Rücksicht zu nehmen.

a) Produkte von mäßiger oder geringer Lichtechtheit.

Name	Besonders geeignete Lösungsmittel	Lichtechtheit
Auramin konz.	Alkohole, Glykoläther, Ketone, Lösungsmittel E 13 und E 14	gering
Metanilgelb extra .	Alkohole, Glykoläther, Ketone, Lösungsmittel E 13 und E 14	ziemlich gut
Ölrot B	allgemein gut löslich	gering
Sudanrot 5 B . . .	allgemein gut löslich	gering
Spritscharlach B .	Alkohole, Glykoläther, Ketone, Lösungsmittel E 13 und E 14	ziemlich gut
Rhodamin B extra	Alkohole, Glykoläther, Ketone, Lösungsmittel E 13 und E 14	ziemlich gut
Sudanorange R . .	allgemein gut löslich	gering
Sudanbraun BB . .	allgemein gut löslich	gering
Spritblau Bl . . .	Alkohole, Glykoläther, Ketone, Lösungsmittel E 13 und E 14	gering
Zaponblau G . . .	allgemein gut löslich	gering
Viktoriablau B hoch konzentriert	Alkohole, Glykoläther, Ketone, Lösungsmittel E 13 und E 14	gering
Zaponviolett R . .	allgemein gut löslich	gering
Methylviolett N blau	Alkohole, Glykoläther, Ketone, Lösungsmittels E 13 und E 14	gering
Sudanschwarz RT	allgemein gut löslich	mäßig

[1] Nach Veröffentlichungen der I. G. Farbenindustrie AG.

b) Produkte von guter bis sehr guter Lichtechtheit.

Name	Besonders geeignete Lösungsmittel	Weniger geeignete Lösungsmittel
Sudangelb 3 G	allgemein gut löslich	Sprit
Sudangelb GR	allgemein gut löslich	—
Zaponechtgelb GGG	Sprit, Lösungsmittel E 13, Glykoläther, Butanol, Pyranton	Ester, Kohlenwasserstoffe
Zaponechtgelb GR	Sprit, Butanol, Lösungsmittel E 13, Glykoläther (Äthylglykol, Methylglykol usw.), E 14	Kohlenwasserstoffe, Ester, wie Butyl- und Amylacetat, Anon
Zaponechtorange G	Sprit, Butanol, Lösungsmittel E 13, Glykoläther (Äthylglykol, Methylglykol usw.), E 14	Kohlenwasserstoffe, Ester, wie Butyl- u. Amylacetat, Anon
Zaponechtorange R	Sprit, Butanol, Lösungsmittel E 13, Glykoläther, Anon, E 14	Kohlenwasserstoffe, Ester
Zaponechtscharlach CG	Sprit, Butanol, Glykoläther, Anon	Kohlenwasserstoffe, Ester
Zaponechtscharlach CR	Sprit, Glykoläther	Butanol, Ester, Kohlenwasserstoffe, Anon
Zaponechtrot RN	Sprit, Butanol, Glykoläther, Lösungsmittel E 13, Anon, Pyranton, E 14	Kohlenwasserstoffe, einige Ester
Zaponechtrot CB	Sprit, Butanol, Glykoläther, Anon	Ester, Kohlenwasserstoffe
Spritechtrot B	Sprit, Butanol, Lösungsmittel E 13, Glykoläther, Anon, E 14	Ester, Kohlenwasserstoffe
Zaponechtviolett CB	Sprit, Glykoläther	Ester, Kohlenwasserstoffe
Zaponechtviolett CRR	Sprit, Glykoläther	Ester, Kohlenwasserstoffe
Zaponechtviolett R	Sprit, Butanol, Lösungsmittel E 13, Glykoläther, Pyranton, E 14	Ester, Kohlenwasserstoffe
Zaponechtblau G	Sprit	Butanol, Kohlenwasserstoffe, Ester, Anon, Pyranton
Zaponechtblau CGG	Sprit, Glykoläther	Butanol, Kohlenwasserstoffe, Ester, Anon, Pyranton
Zaponechtgrün B	Benzol, Benzylalkohol . . .	Ester, Sprit
Zaponecht schwarz M	Sprit, Glykoläther	Ester, Kohlenwasserstoffe

B. Die Körperfarben.

1. Weiße Farben.

a) Titanweiß.

Das reine Titanweiß ist Titandioxyd TiO_2 und dem Siliciumdioxyd, der Kieselsäure analog zusammengesetzt.

Obgleich reines Titandioxyd schon 1821 von H. Rose dargestellt worden ist, hat es als Farbe erst in den letzten Jahren industrielle Bedeutung erlangt.

Unter den zahlreichen Erzen, in denen Titan vorkommt, sind als wichtigste zu nennen der Rutil, in dem das Titan als TiO_2 vorliegt, und der Ilmenit, ein Eisentitanit der Zusammensetzung $Fe\,Ti\,O_3$.

Die wichtigsten Fundstätten für Titanerze liegen in Skandinavien, in Nordamerika, Brasilien und im Ural.

Herstellung des Titanweiß.

Die erste Titanfarbe aus Rutil ist von J. Overton 1870 in Louisville dargestellt worden. Erstmals im Jahre 1914 wurde Titanoxyd als Titanweiß technisch hergestellt, und zwar auf Grund der Arbeiten von Jebsen und Farub. 1918 wurde von der Titan Co. in Frederikstadt eine Anlage zur Erzeugung von 8000 Jahrestonnen erbaut. Nach dem DRP. 355116 arbeitet diese Firma wie folgt:

Die Erze werden von Gangart befreit, gemahlen, mit Schwefelsäure erhitzt und dann ausgelaugt. Die Lösung enthält die Sulfate des Eisens und Titans. Sie wird eingedampft und mit heißem Wasser zersetzt, wobei sich infolge der Hydrolyse des Titansalzes das Titan als Hydrat ausscheidet. Dieses amorphe Hydrat wird von der Eisensalzlösung abgetrennt und durch Erhitzen in Drehöfen in Titanoxyd TiO_2 übergeführt. Das mikrokrystalline Fertigprodukt wird gemahlen und gesichtet.

Dem so hergestellten Produkt haften noch verschiedene Mängel an. Es enthält noch Schwefelsäure und größere Rutikrystalle.

Die Verbesserungen beziehen sich in erster Linie auf die Art der Hydrolyse. Man neutralisiert z. B. die schwefelsaure Lösung des Erzes mit Bariumcarbonat, wodurch ein Niederschlag von Bariumsulfat entsteht, der sich beim Erhitzen der Lösung mit dem ausfallenden Titanhydrat vermischt. Besonders günstige maltechnische Eigenschaften soll eine Mischung von 73,5 $BaSO_4$ und 26,5 TiO_2 haben. Nach dem DRP. 421631 werden Titanzinkfarben durch Fällen der Titanlösung mit Schwefelwasserstoff und Rösten des entstandenen Titansulfides mit Zinksulfat bzw. Zinksulfat und Bariumsulfid hergestellt.

Nach einem Referat der Farbenzeitung[1] enthält ein USA-Normenblatt folgende Angaben über die Zusammensetzung solcher Mischfarbe 12,5 TiO_2, 37,5 $Ba\,SO_4$, 40 $Zn\,O$.

Eigenschaften des Titanweiß und der handelsüblichen Mischpräparate.

Titanweiß ist völlig beständig gegen Schwefelwasserstoff und schweflige Säure. Sein hohes Brechungsvermögen bedingt eine gute Deck-

[1] Farbenztg **1926**, 1180.

fähigkeit, in der es allen anderen Pigmenten überlegen sein soll[1]. Als besonderer Vorteil ist seine Ungiftigkeit anzusehen. Untersuchungen über seine physiologische Wirkung sind im physiologischen Institut in Christiania, sowie in der Klinik der königlichen Universität Mailand durch Dr. Vernetti ausgeführt worden[2]. Mit Celluloseesterlacken, Ölen und Harzen verträgt es sich ausgezeichnet; Eindickungen sind nicht zu befürchten, selbst wenn stark saure Harze wie Kolophonium oder Kopale zur Anwendung gelangen. Titanweiß wird in verschiedenen Qualitäten gehandelt, und zwar als reines Titandioxyd, das anscheinend lacktechnisch keine besonderen Vorzüge besitzt und außerdem recht teuer ist, ferner als „Kronostitanweiß".

Standard X	und Extra X
TiO_2 31	64,5
Ba SO_4 62,5	16,4
Ba-u Ca-Phosphate 4	17,1
andere Bestandteile 2,5	2

Die entsprechenden Marken der I. G. Farbenindustrie werden als Standard T und Extra T bezeichnet.

Die Degea bringt drei Marken Titanweiß in den Handel: Degea Vierstern, Dreistern und Zweistern.

Da nach Eibner[3] das Mischen von Farben von verschiedenem Brechungsindex eine Vergrößerung der Deckfähigkeit gegenüber den aus den Einzelindices zu errechnenden Werten bewirkt, ist es verständlich, daß das reine Titandioxyd lacktechnisch kaum angewendet wird.

So ist für Standard X und Extra X ein Wert von 1,89 bzw. 1,99 zu erwarten, gefunden wird jedoch 2,3 bzw. 2,6.

Die von Eibner behauptete gegenüber anderer Weißpigmente ungünstigere Beeinflussung der Lichtbeständigkeit farbiger Pigmente wird von anderer Seite bestritten.

Ungeklärt ist auch die Frage, ob für Celluloseesterlacke das Titanweiß den Vorzug vor Zinkweiß verdient. Manche Beobachtungen speziell an Nitrocelluloselacken sprechen für Zinkweiß.

Für die lacktechnische Beurteilung der Körperfarben ist deren spezifisches Gewicht von geringer Bedeutung. Die wichtigsten Weißpigmente zeigen im Vergleich zu Titanweiß Standard X etwa folgende Werte:

	Spez. Gew.		Spez. Gew.
Titanweiß	4,6	Blanc fixe	4,3
Zinkweiß	5,5	Talkum	2,7
Lithopone	4,2.		

Wichtiger für die praktische Verarbeitung ist Schüttgewicht und Schütt-

[1] Wagner, H.: Die Körperfarben. S. 160.
[2] Riforma med. **1928**, Nr 47.
[3] Lunge-Berl **4**, 738, 764.

volum. Nach dem deutschen Farbenbuch wird das Schüttgewicht wie folgt bestimmt:

Man füllt die Farbe in einen Zinkblechwürfel von 1 l Inhalt, der auf einer Waage tariert wurde. Während des Einfüllens wird zeitweilig aufgestoßen, dann wird überfüllt und schließlich mit einem Holzlöffel abgestrichen. Das Gewicht von einem Liter Farbe ist das Schüttgewicht.

Führt man die Bestimmung so aus, daß man eine gewogene Menge Farbe in einen Meßzylinder einfüllt und solange aufstößt, bis das Volum sich nicht mehr verringert, so erhält man das Schüttvolum.

Unterschiede im Schüttgewicht einer Farbe derselben chemischen Zusammensetzung beruhen auf strukturellen und Größenunterschieden der Stoffteilchen.

Die Literaturangaben über diese Werte schwanken derart, daß auf ihre Wiedergabe verzichtet werden kann.

Zum Nachweis von Titan schmilzt man die Farbe mit Kaliumsulfat, löst die Schmelze in Wasser und versetzt mit Wasserstoffsuperoxyd. Bei Anwesenheit von Titan entsteht eine intensiv gelbe Farbe (Übertitansäure, vom sechswertigen Titan abgeleitet)[1].

b) Zinkweiß (Zinkoxyd, ZnO).

Zinkweiß wird mit Nitrocellulose seit Jahrzehnten zusammen verarbeitet, und zwar zur Herstellung von weißem Celluloid. Keines der anderen Weißpigmente konnte für diesen Zweck das Zinkweiß ersetzen, und es war vorauszusehen, daß es auch für die Celluloseesterlacke besonders geeignet sein würde. Günstig ist sein großer Schüttvolum. Von allen Weißpigmenten kann Zinkweiß in der größten Menge den Celluloseesterlacken zugesetzt werden, ohne die Lackschichten spröde zu machen. Die gemeinsame Verarbeitung mit sauren Harzen führt zu Klumpungserscheinungen, da das Zinkoxyd infolge seiner basischen Natur zur Bildung von gallertigem harzsauren Zink Veranlassung gibt.

Zur Herstellung wird ein trocknes Verfahren angewendet, jedoch sind auch einige nasse Verfahren bekannt geworden. Das trockne Verfahren geht von metallischem Zink aus. Das Zink wird aus tönernen Retorten destilliert, der Zinkdampf wird entzündet und das gebildete Zinkoxyd in einer Reihe von Vorlagen aufgefangen. In den ersten Vorlagen setzt sich reines metallfreies Zinkoxyd ab. Gehalt an metallischem Zink gibt einen grauen Ton. Das metallhaltige Zinkweiß wird mit Wasser angerührt und geschlämmt, wobei sich das Metall zu Boden setzt. Nach der Theorie sollte man aus 100 Teilen Zink 124 Teile Zinkweiß erhalten; es werden in der Regel aber nur 93% reines Weiß gewonnen. Durch

[1] Eine Zusammenstellung der gesamten umfangreichen Literatur über Titanweiß hat C. P. v. Hoek gegeben (Farbenztg **31**, 2296).

Schlämmen des metallhaltigen Weiß gewinnt man weitere 12% sogenanntes Waschweiß.

Von den Naßverfahren seien genannt:

1. Überführung von Zinkerzen oder Metall in das Sulfat, fällen mit Sodalösung, auswaschen des Niederschlags, trocknen und erhitzen des gebildeten Zinkcarbonats. Zinkcarbonat zersetzt sich in Zn O und CO_2.

2. Geröstetes Erz wird mit Salmiaklösung behandelt. Es bildet sich ein Zinkammoniakkomplex, der durch heißes Wasser unter Abscheidung von Zinkoxyd zersetzt wird.

3. Auf dem amphoteren Charakter des Zinkoxydes beruht das Verfahren von Flügger. Zinkabfälle werden in Natronlauge zu Natriumzinkat gelöst. Bei starker Verdünnung findet Hydrolyse statt und das Zinkoxyd, gemischt mit Zinkhydroxyd scheidet sich ab.

4. Leriche elektrolysiert Kochsalzlösung mit Zinkanode. Das gebildete Zinkhydroxyd läßt sich leicht in Zinkoxyd überführen.

Im Gegensatz zum Titanweiß wird das Zinkweiß in chemisch einheitlicher Form geliefert. Die technischen Produkte bestehen zu 99,5 bis 99,8% aus Zn O. Die praktische Bewertung kann nicht mit Hilfe der chemischen Untersuchung erfolgen, sie hat sich vielmehr auf die physikalische Beschaffenheit — insbesondere Korngröße und die hiermit zusammenhängenden Eigenschaften — zu richten. Nach H. Wagner unterscheidet man 3 Zinkweißsorten:

1. Schneeweiß, Chinesischweiß, Grünsiegel, fein flockig, Korngröße nach Eibner 2—10 μ.

2. Lackweiß, Weißsiegel, besonders leicht, lose und flockig.

3. Zinkweiß I und II, Rot- und Blausiegel.

Nach Wilhelm Ostwald hat Schneeweiß einen Weißgehalt von 95,5% in Pulverform.

Das spezifische Gewicht wird mit 5,15—5,61 angegeben. Das Lichtbrechungsvermögen gegen Luft ist 2,01 (gegen 1,90 von Bleiweiß). Die Lichtbeständigkeit von Anstrichen, welche Zinkweiß enthalten, ist im hohen Maße von der Natur des Bindemittels abhängig. Während Celluloseätherschichten und auch solche aus Acetylcellulose mit Zinkweiß gefärbt außerordentlich lichtbeständig sind und kaum eine Neigung zum Vergilben zeigen, tritt bei Nitrocellulose-Zinkweißschichten bei fortgesetzter Sonnenbestrahlung Vergilbung ein. Diese tritt jedoch viel weniger in Erscheinung als bei farblosen Nitrocelluloselacken auf heller Unterlage. Es ist nicht ausgeschlossen, daß das Zinkoxyd eine gewisse stabilisierende Wirkung ausübt, dadurch, daß es spurenweise abgespaltene Stickoxyde bindet.

Von Eibner wurde die Beeinflussung der Lichtechtheit von organischen Farbstoffen beim Mischen mit Zinkweiß eingehend untersucht. Er kommt zu dem Schluß, daß die Wirkung des Lichtes auf den Farbstoff durch Zinkweiß erheblich verstärkt werde, und daß diese Wirkung katalytischer Art sei. Eibner[1] stellte fest, daß die Begünstigung der ausbleichenden Wirkung des Lichtes durch die Natur des Bindemittels bedingt sei, und daß vor allem alkalisch-wäßrige Bindemittel schädlich wirken. Es liegen aber auch Versuche vor, bei denen Farbabmischungen mit Bleiweiß (Kremserweiß) rascher verbleichen als solche mit Zinkweiß oder Lithopone. Wie weit diese Beobachtungen auf farbige Celluloseesterlacke übertragen werden können, ist nicht bekannt, doch dürften die Verhältnisse wegen der Abwesenheit von Wasser wesentlich günstiger liegen als bei wäßrigen Bindemitteln.

c) Lithopone.

Zusammensetzung. Lithopone ist kein chemisch einheitlicher Körper wie Zinkweiß, sondern ein Gemisch von Bariumsulfat mit Zinksulfid. Das Verhältnis, in dem diese Bestandteile vorliegen, ist mitbestimmend für die farbtechnischen Eigenschaften. Gewöhnlich überwiegt in der Mischung das Bariumsulfat. Der Zinksulfidgehalt der Handelsmarken liegt zwischen 50 und 15%. Meistens ist 1% Zinkoxyd vorhanden.

Das erste technisch ausgeführte Verfahren zur Herstellung von Lithopone wurde 1874 von Orr erfunden. Orr ließ sich die doppelte Umsetzung zwischen Schwefelbarium und Zinkchlorid bzw. Zinksulfat, das Erhitzen und Abschrecken des Reaktionsproduktes patentieren. Nach demselben Verfahren wird auch heute noch gearbeitet. Sehr eingehend hat Stock[2] die Fabrikation der Lithopone behandelt. In großen Zügen sei ohne Rücksicht auf die historische Entwicklung die Fabrikation geschildert. Schwefelbarium, das eine Ausgangsprodukt, wird heute durch Schmelzen von Schwerspat mit Koks im elektrischen Ofen gewonnen.

$$BaSO_4 + 2C = BaS + 2CO_2$$

Als Ausgangsmaterial für die Zinksalze dienen meist die Kiesabbrände der Schwefelsäurefabrikation. Diese werden mit Schwefelsäure ausgezogen oder chlorierend geröstet und dann ausgelaugt. Man erhält eine saure Lösung, welche neben Zinksalz die Salze verschiedener Schwermetalle enthält. Man entfernt Kupfer, Blei, Cadmium und Arsen durch Zusatz von Schwefelnatrium, die Zinksalzlösung wird mit einer Lösung von Schwefelbarium, häufig unter Zusatz von Schwefelnatron gefällt. Stock gibt folgende Gleichungen an, welche sich bei der technischen Herstellung abspielen:

$$ZnSO_4 + BaS = ZnS + BaSO_4$$
$$ZnCl_2 + Na_2SO_4 + BaS = ZnS + BaSO_4 + 2\,NaCl$$
$$ZnCl_2 + ZnSO_4 + 2\,BaS = 2\,ZnS + BaSO_4 + BaCl_2$$
$$BaS + Na_2S + 2\,ZnSO_4 = 2\,ZnS + BaSO_4 + Na_2SO_4$$

[1] Chem. Ztg 35, 753 (1911). — Wagner, H.: Farbenztg 31, 1032 (1926).
[2] Grundlage des Farben- und Lackfaches. Meißen 1923.

Die erste Formel führt zu der Lithopone Rotsiegel und stellt gewissermaßen den normalen Reaktionsverlauf dar. Die zweite Formel zeigt den Ersatz des Zinksulfates durch die billigere Chlorzinklauge und liegt angeblich der Herstellung von Lithopone Grünsiegel zugrunde. Die beiden letzten Formulierungen entsprechen den Vorgängen bei der Gewinnung zinkreicher Lithoponsorten.

Bei billigeren Lithoponsorten wird gemahlener Schwerspat zugesetzt. Für Celluloseesterlacke kommen solche Marken nicht in Frage; sie sollen nur gefälltes $Ba\,SO_4$ enthalten.

Das Fällungsprodukt wird in luftdicht schließenden Retorten oder Drehöfen geglüht und nach dem Glühen abgeschreckt. Das Glühen bewirkt Verdichtung und Erhöhung der Deckkraft. Durch Debye-Scherrer-Aufnahmen ist von Maaß und Kämpf sowie von Wöhler nachgewiesen worden, daß das Glühen der Fällungsprodukte nicht nur bei Lithopone, sondern auch bei anderen anorganischen Pigmenten den Übergang der amorphen Substanzen in cryptokrystalline bewirkt, welche eine günstige Deckkraft haben sollen.

Lithopone zeigt die eigentümliche Eigenschaft, sich bei starker Bestrahlung zu schwärzen und im Dunklen die ursprüngliche Farbe wieder anzunehmen. Zahlreiche Patentschriften befassen sich mit der Beseitigung dieser Lichtunechtheit, ohne daß es bis heute gelungen wäre, eine völlig befriedigende Erklärung für die Erscheinung zu finden. Es ist nicht möglich, auf alle diese Erklärungsversuche einzugehen.

O'Brien sprach 1915 die Vermutung aus, daß Zinksulfid durch die Einwirkung des Lichtes zu Zink reduziert würde, ohne jedoch erklären zu können, weshalb die Schwärzung im Dunklen wieder verschwindet. Neuerdings haben Maaß und Kempf die von Fajans an Bromsilber gemachten Feststellungen auf Zinksulfid übertragen. Sie nehmen an, daß durch den Übergang eines Elektrons vom Schwefel- zum Zinkion neutrale Zink- und Schwefelatome entstehen.

Nach den Untersuchungen von Eibner[1] liegt die Ursache der Lichtunechtheit von Lithopone in der chemischen Umsetzung derjenigen Schwermetallbestandteile mit Schwefelzink unter der Einwirkung des Lichtes, die zu dunkel gefärbten Schwefelverbindungen führen. Diese Fremdmetalle sind: Blei, Thallium, Nickel, Kobalt, Eisen und Mangan.

Eibner hat ein Verfahren zur Reinigung der Zinkrohlaugen von allen fremden Bestandteilen ausgearbeitet. Aus solchen Laugen hergestellte Lithopone soll absolut lichtecht sein, auch wenn sie Spuren von Chlor enthält.

H. Wagner versucht in seinem schon wiederholt angezogenen Werke das vorliegende Material über die Lichtunechtheit der Lithopone objektiv

[1] Vgl. z. B. die Ausführungen dieses Autors in Lunge-Berl: Untersuchungsmethoden IV, 7. Aufl. S. 763.

auszuwerten und kommt zu dem Schluß, daß nach dem heutigen Stande unseres Wissens in erster Linie die Strukturverhältnisse des Zinksulfides — Vorliegen der regulären oder hexagonalen Form, von denen nur die letztere lichtempfindlich ist — und in zweiter Linie die Wirkung der Verunreinigungen maßgebend sind.

Handelssorten und ihre Zusammensetzung.

Bronzesiegel	mit	50%	Zinksulfid
Grünsiegel	„	33—42%	„
Rotsiegel	„	30%	„
Weißsiegel	„	26%	„
Blausiegel	„	22%	„
Gelbsiegel	„	15%	„

Auf dem Gebiet der Celluloseesterlacke verwendet man Lithopone im allgemeinen nur für Spachtel und für solche Grundierlacke, die mit hellfarbigen Decklacken überzogen werden sollen.

d) Zinksulfid.

Neuerdings gewinnt für Celluloseesterlacke das reine gefällte Zinksulfid Bedeutung. Es soll wesentlich stärkeres Deckungsvermögen haben als Bleiweiß. Wichtig für die Herstellung eines rein weißen Produktes ist naturgemäß die Reinheit der Zinksalzlösung. Nach dem DRP. 192531 gelingt es, das Eisen aus Zinksalzlösungen mit Schwefelwasserstoff quantitativ auszufällen, wenn diese etwa 2% Bleisalz enthalten. Das gefällte Schwefelzink wird entwässert.

Über andere Methoden zur Herstellung von reinem Schwefelzink vgl. die DRP. 167172, 167498, 171872.

e) Bariumsulfat.

$Ba\,SO_4$ (Blancfixe, Barytweiß, Permanentweiß).

Ausgangsmaterial für die Herstellung des gefällten Bariumsulfates ist der Schwerspat ($Ba\,SO_4$), welcher mit Koks zu $Ba\,S$ reduziert wird und das Bariumcarbonat (Witherit).

Besonders einfach gestaltet sich die Herstellung aus dem in England und in der Steiermark gefundenen Witherit. Dieses Mineral wird mit Salzsäure zersetzt. Die gebildete Bariumchloridlösung wird mit Schwefelsäure gefällt:

$$Ba\,Cl_2 + H_2\,SO_4 = Ba\,SO_4 + 2HCl$$

mit den Fällungsbedingungen variiert die Korngröße.

Eine andere wichtige Herstellungsart, bei der das Bariumsulfat als Nebenprodukt gewonnen wird, geht ebenfalls vom Bariumcarbonat aus. Dieses wird in Bariumnitrat übergeführt, das Nitrat in Bariumsuperoxyd und dieses mit Schwefelsäure zersetzt, wobei Wasserstoffsuperoxyd und Bariumsulfat entstehen.

Hinsichtlich seiner Beständigkeit gegen Licht, Hitze und chemische Einflüsse ist das Bariumsulfat eine ideale Farbe. Sein Weißgehalt wird, wenn aus reinen Bariumsalzlösungen gefällt, von W. Ostwald zu 100% angegeben. Ungünstig ist das geringe Schüttvolum. Für Celluloseesterlacke kommt nur das gefällte Bariumsulfat, dem allein nach Eibner die Bezeichnung Permanentweiß zukommt, in Frage. Wenn diese Farbe für Celluloseesterlacke nur in beschränktem Umfange angewendet wird, so liegt das vor allem an ihrer verhältnismäßig geringen Deckkraft.

Von größerer lacktechnischer Bedeutung ist die Anwendung als Substrat für Farblacke. Hier wird das Bariumsulfat meist im Arbeitsgang selbst erzeugt.

Ausgedehnte Anwendung findet das gefällte Bariumsulfat da, wo es auf Abschwächung starker Farben bei größter Feinheit des Substrates ankommt, so besonders bei Buntdruck-, Buntpapier- und Aquarellfarben.

Eine beschränkte Anwendung in der Nitrocellulose verarbeitenden Industrie findet auch der gemahlene Schwerspat, und zwar zur Herstellung der in der Schuhfabrikation verwendeten Kappensteifen.

f) Talkum.

Im Anschluß an die Weißpigmente soll der Talkum erwähnt werden, der zwar als Farbstoff nicht verwendet werden kann, wohl aber als Poliermittel und als Füllstoff für Spachtel auf NC-Basis eine gewisse Bedeutung besitzt.

Talkum ist ein Magnesiumsilicat von der Zusammensetzung

$$H_2Mg_3(SiO_3)_4.$$

Bedeutende Lager dieses Minerals finden sich bei Wunsiedel in Oberfranken. Talkum ist leicht zerreiblich und fühlt sich etwa wie Rindertalg an. An dem genannten Gewinnungsorte wird er als Speckstein bezeichnet. Für die Zwecke der Farben- und Lackindustrie kommt er in feingepulverter Form in den Handel.

g) Asbestine.

Von ähnlicher Zusammensetzung ist die zu dem gleichen Zweck empfohlene kurzfaserige Form des Asbestes, welche im Burgenlande sowie in Amerika (Asbestine) gewonnen wird[1].

Die übrigen Weißpigmente wie Bleiweiß (Kremserweiß), Kreide, Gips, Antimonweiß scheiden für die Verwendung in Celluloseesterlacken aus.

Über die Wertbestimmung der Weißpigmente finden sich im nächsten Kapitel einige Angaben.

---

[1] Vorschläge zur lacktechnischen Verwendung dieser Produkte macht u. a. Düssel: Chem. Ztg **48**, 179 (1924).

2. Blaue Farben.

a) Ultramarin.

Wenn auch das Ultramarin in Nitrocelluloselacken eine ungenügende Lichtechtheit aufweist, so kann es doch an dieser Stelle nicht übergangen werden, weil es auf einem Spezialgebiet, nämlich bei der Herstellung der Auftragsmassen für Kunstleder auf NC-Basis ausgedehnte Verwendung findet und für diesen Zweck durchaus geeignet ist.

Weit weniger als bei den bisher besprochenen Pigmenten ermöglicht die chemische Untersuchung des Ultramarins, also die quantitative Bestimmung sämtlicher Bestandteile die Beurteilung der lacktechnischen Qualität. Man nahm früher an, daß eine bestimmte chemische Verbindung, die man allerdings nicht fassen konnte, das färbende Prinzip darstelle.

Aus zahlreichen Untersuchungen über die Konstitution und das färbende Prinzip der Ultramarine geht aber hervor, daß durch eine ungefärbte Grundmasse ein noch unbekanntes farbiges Prinzip etwa in der Art festgehalten wird, wie die farbstoffartigen Bestandteile in den Farblacken[1].

Die Herstellung des künstlichen Ultramarins wurde dadurch angeregt, daß Hermann, Kuhlmann und 1814 Tessaert in Sodaöfen blaue Massen fanden, deren chemische Verwandtschaft mit dem schon im Altertum als Malerfarbe verwendeten natürlichen Ultramarin oder blauen Lasurstein von Vauquelin festgestellt wurde.

Die Société d'Encouragement de l'Industrie nationale française setzte 1824 einen Preis von 6000 Fr. für die Auffindung eines billigen Verfahrens zur Herstellung künstlichen Ultramarins aus. Dieser Preis wurde 1828 Guimet zuerkannt. Zu gleicher Zeit veröffentlichte Gmelin ein von ihm ausgearbeitetes Verfahren, ferner hatte König in der Meißner Porzellanmanufaktur selbständig ein Verfahren ausgearbeitet, nach dem schon im Jahre 1829 fabriziert wurde.

Ultramarin bildet sich stets, wenn man Tonerdesilikate mit Schwefelnatrium erhitzt. Es entstehen zunächst grüngefärbte Massen, die beim Glühen unter Luftzutritt in das blaue Produkt übergehen. Das Schwefelnatrium setzt man nicht als solches zu, sondern reduziert meist in einem Arbeitsgange Natriumsulfat mit Kohle. Man unterscheidet 3 Hauptarten von Ultramarin:

1. Sulfat-Ultramarin, grünliche und hellblaue Sorten von geringer Deckkraft.

2. Soda-Ultramarin mit wenig Schwefel, rein blaue, etwas dunklere, besser deckende Sorten.

---

[1] Vgl. die Literaturzusammenstellung bei Eibner in Lunge-Berl: Untersuchungsmethoden IV, 7. Aufl. S. 821.

3. Soda-Ultramarin mit viel Schwefel und hohem Kieselsäuregehalt, dunkelblau und feuriges Produkt, Stich ins Rötliche, beste Deckwirkung.

Rohmaterialien sind

1. Kaolin möglichst eisenfrei, pulverisiert.
2. Natriumsulfat, calciniert, säurefrei.
3. Soda calciniert.
4. Schwefel gemahlen.
5. Holzkohle getrocknet und gemahlen, auch Kolophonium oder Schwarzpech.
6. Gemahlener Quarz, Infusorienerde calciniert.

Wie oben erwähnt, ist die Art der Mischung von Einfluß auf Farbton und Deckfähigkeit.

Die Arbeitsvorgänge sind folgende:

Mischen der Bestandteile auf Kollergängen.

Rohbrennen der Mischungen in muffelartigen Öfen, wobei die Mischung sich in Tongefäßen befindet.

Temperaturen bis 1300°.

Feinbrennen. Das gemahlene Ultramaringrün wird zusammen mit Salmiak, Borsäure oder schwefliger Säure erhitzt. Dem Sulfat- und Sodagrün wird Schwefel zugesetzt.

Auslaugen der wasserlöslichen Bestandteile, Naßmahlen, Schlämmen, Pressen und Trocknen.

Die Zusammensetzung von Handelsultramarin schwankt in folgenden Grenzen: 17,05—21,50% Natrium, 16,11—16,60% Aluminium, 17—18% Silicium, 6,40—8,42% Schwefel, 38,40—41,30% Sauerstoff.

Prüfung des fertigen Ultramarins.

1. Auf Färbevermögen nach Typ. Man mischt 0,1 g der zu untersuchenden Sorte in einer Reibschale innig (ohne dabei zu stark zu drücken) mit 1 g feinst gesiebten gebranntem Ton, oder einem anderen weißen, deckenden Pulver. Die Mischung streicht man mittels eines Hornspatels auf Papier aus und vergleicht sie mit der Normalmischung oder Ausmischung einer anderen Sorte.

2. Auf Feinheit. Ein farbkräftiges Ultramarin ist gewöhnlich auch äußerst fein, das feinste aber nicht immer hoch farbkräftig. Auf Feinheit prüft man entweder, indem man eine kleine Probe auf ein mit feinster Seidengaze (Nr. 17) überspanntes Siebchen legt und mit dom Finger verreibt. Etwaige größere Partikelchen fühlt man leicht heraus. Oder man wägt 1 g der zu untersuchenden Probe ab, schüttelt in einer Flasche mit 200 cm^3 Wasser um und läßt ruhig stehen. Je feiner das Blau ist, desto länger blau wird das Wasser bleiben. Die Probe ergibt auch die Verteilbarkeit des Ultramarins in Wasser. Ultramarine, die sich bei dieser Probe nicht völlig verteilen, sondern zusammengeballt bleiben, sind für manche technische Zwecke unverwendbar. Das Zusammenballen solcher Ultramarinsorten rührt meist von unrichtigem Niederschlagsmittel her, oder das nasse Ultramarin hatte beim Eindampfen einen noch zu großen Gehalt an Glaubersalz.

Die allgemeine lacktechnische Prüfung wird weiter unten zusammenhängend dargestellt.

b) Preußischblau.

Diese von Diesbach 1704 entdeckte Cyaneisenfarbe wird unter verschiedenen Bezeichnungen gehandelt. Die Bezeichnungen sind aber keine Synonyme; sie kennzeichnen vielmehr zum Teil Substanzen verschiedener und nicht völlig geklärter Konstitution.

Das direkt hergestellte „Berlinerblau" Diesbachs bildet sich aus Kaliumferrocyanid und einem Ferrisalz nach folgender Gleichung

$$3K_4Fe(CN)_6 + 4FeCl_3 = Fe_4(FeCN_6)_3 + 12KCl$$

Hiernach ist das Berlinerblau das Ferrisalz der Ferrocyanwasserstoffsäure. Es besitzt heute keine technische Bedeutung mehr, da es in so hochdisperser Form ausfällt, daß seine Reinigung mit großen Schwierigkeiten verknüpft ist.

Man schlägt heute einen indirekten Weg ein, indem man Kaliumferrocyanid (gelbes Blutlaugensalz, auch gelbblausaures Kali genannt) mit Ferrosalz fällt. Man erhält einen weißen, an frischen Käse erinnernden Niederschlag, den sogenannten Weißteig, welcher das Ferrosalz der Ferrocyanwasserstoffsäure darstellt. Anwesenheit von Säure während des Fällungsvorganges beeinflußt den Farbton des fertigen Produktes.

Der „Weißteig" wird gekocht und dann zur Überführung des Ferrosalzes in das blaue Ferrisalz mit einem Oxydationsmittel (meistens chlorsaures Kali und Salzsäure) versetzt.

Geringer Säurezusatz und kurzes Kochen begünstigt die Entstehung dunkler Sorten, bei größerem Säurezusatz und längerem Kochen entstehen hellere Blaus.

Die weiteren Arbeitsvorgänge sind Absitzenlassen, Waschen mit Wasser, Pressen, Trocknen bei höchstens 70°.

Die für Celluloseesterlacke in Frage kommenden Handelsmarken sind:

Pariserblau, kurz gekocht oder kalt gefällt, dunkelblau.

Miloriblau (Preußischblau, Stahlblau), der Weißteig ist länger gekocht: helleres Blau, einige Sorten grünstichig, mit Ferrosulfat hergestellt. Kupferglanz.

Die indirekt gewonnenen Blaus enthalten stets Kalium, und zwar nicht als technische Verunreinigung, sondern als qualitätsverbessernden konstitutionellen Bestandteil. Der Gehalt an festgehaltenem, wahrscheinlich chemisch gebundenem Wasser steht in Beziehung zum Kaligehalt. Eibner formuliert die vorliegenden Gesetzmäßigkeiten wie folgt:

1. Mit dem Kaligehalt steigt die Reinheit des Blautones bis zu dem für Stahlblaue charakteristischen Grünstich. Diese sind also die schönstfarbigen Handelssorten.

2. Mit dem Wassergehalt wächst die Neigung der Blaue, indigoartige, also unreine Tönung anzunehmen. Diese zeigt das kalifreie gefällte Berlinerblau am ausgesprochensten neben dem Turnbullsblau.

3. Das Färbevermögen dieser Blaue steht im umgekehrten Verhältnis zu ihren Wassergehalten und im geraden zu den Kaligehalten.

4. Die kalireichsten sind in Mischung mit Zinkweiß reintonig blau; im Lichte weit beständiger als die kaliarmen, die sich mit Zinkweiß unschön violett- oder graustichig mischen. Demgemäß erhöht Kaligehalt die Lichtechtheit dieser Blaue und die Schönheit des Mischtones mit Weiß[1].

Miloriblau ist das einzige für Celluloseesterdecklacke in Betracht kommende blaue Pigment mit grünlichem Stich. Es besitzt in Lackschichten auf Basis der Celluloseester eine ausgezeichnete Lichtechtheit. Ausgedehnte Verwendung findet es auch zur Erzielung grüner Farbtöne und zum Nuancieren von Schwarz.

Günstig für seine lacktechnische Anwendung ist die leichte Dispergierbarkeit und seine Verträglichkeit mit allen für Celluloseesterlacke verwendeten Rohstoffen. Die Empfindlichkeit des Miloriblaus und seiner Verwandten gegenüber alkalischen Reagenzien ist hier ohne Bedeutung, da solche Substanzen für die Verarbeitung mit Celluloseestern sowieso ausscheiden. Im Gegensatz zum Ultramarin ist es gegen schwache Säuren bzw. gegen Mineralsäuren im verdünnten Zustande beständig.

Von den blauen organischen Farbstoffen hat nur das Indanthrenblau GG SL sowie das Heliomarin RL eine gewisse Bedeutung erlangen können. Die blauen und violetten Indanthrene erscheinen als Pigmente braunstichig und ohne Feuer.

Die Grundsubstanz der Indanthrene ist das von René Bohn entdeckte Indanthrenblau R.

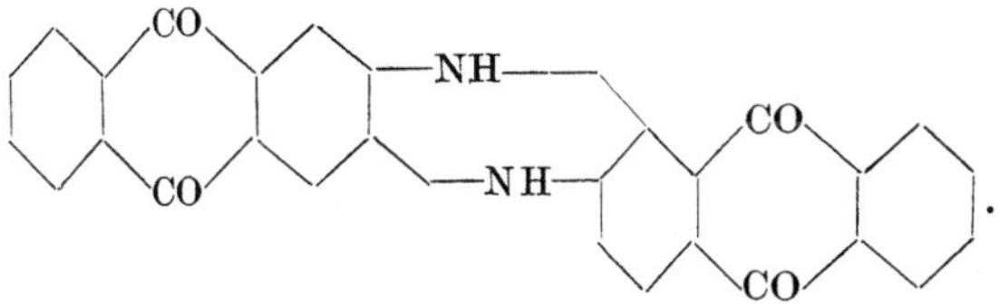

[1] Kurze Darstellung der eingehend bearbeiteten Konstitutionsfrage mit Literaturangabe bei Wagner, H.: Die Körperfarben, S. 222ff.; ferner bei Eibner in Lunge-Berl IV, S. 809ff.

Es entsteht beim Verschmelzen von 2 Amidoanthrachinon mit Ätzkali.

Die Konstitution des Heliomarins ist öffentlich nicht bekannt. Es kommt im Farbton den besten Ultramarinen nahe.

Beide Pigmente sind reine unlösliche Farbstoffe ohne Substrat[1].

3. Schwarze Farben.

Von den im wesentlichen aus Kohlenstoff bestehenden unlöslichen schwarzen Farben scheiden die durch trockne Destillation von tierischen und pflanzlichen Abfällen gewonnenen Schwärzen wie Beinschwarz, Rebschwarz und dessen Ersatzprodukte für die Herstellung der Celluloseesterlacke aus. Lediglich auf dem verwandten Gebiete der Auftragmassen für Kunstleder findet Rebschwarz Verwendung. Von großer Bedeutung sind dagegen die Rußfarben.

Man unterscheidet:

1. Flammruß, gewonnen durch Verbrennen von harzigen, öligen oder teerigen Stoffen.
2. Lampenruß, gewonnen durch Verbrennen von Ölen in lampenartigen Vorrichtungen.
3. Gasruß, gewonnen durch Zersetzung von Kohlenwasserstoffen. Ein Spezialfall des letzteren ist der Acetylenruß.

a) Flammruß.

Teer, Schwelöl, Harz und Mineralölrückstände werden verbrannt. Die Gase werden in Kammern geleitet, in denen sich der Ruß absetzt. Wichtig ist die Regulierung und Führung des Gasstromes, sowie die Entfernung mitgeführter öliger Bestandteile. Diese werden durch geeignete Vorrichtungen verbrannt oder durch Kühlung abgeschieden, um eine Verunreinigung des Rußes so weit als möglich hintanzuhalten. Durch besondere Filter wird Austritt von Ruß in den Schornstein verhindert.

Die im Ruß noch vorhandenen öligen Bestandteile werden durch nochmaliges Erhitzen in geschlossenen Eisenrohren zerstört. Nach dem DRP. 380838 soll ein ölfreier Ruß in einem Arbeitsgang dadurch gewonnen werden, daß man ölige Kohlenwasserstoffe unter Luftabschluß erhitzt und die Zersetzungsgase in einer hocherhitzten Kammer zur Rußabscheidung bringt, abkühlt und mit einem inerten Gas zur Entfernung von flüchtigen Verunreinigungen behandelt.

b) Lampenruß.

Bestimmte Fraktionen des Rohpetroleums und auch Braunkohlenteerdestillate werden in geeigneten Lampen verbrannt. Meist werden gekühlte Eisenblechtrommeln durch die Flamme gedreht, auf denen sich

---

[1] Vgl. Farbtafel bei Wagner, H., S. 272.

der Ruß absetzt. Leicht entzündliche Öle und Naphthalin werden auch in offenen Schalen verbrannt.

c) Gasruß, Carbon black.

Zur Herstellung des wichtigen Gasrußes verwendet man die an verschiedenen Stellen Nordamerikas (Pennsylvanien, Ohio, Virginien) der Erde entströmenden Gase, die etwa 90% Methan enthalten. Man verbrennt die Gase entweder bei ungenügendem Luftzutritt oder erhitzt sie in besonderen Apparaten auf hohe Temperaturen, wobei die Rußabscheidung ohne Verbrennungsvorgang erfolgt[1].

Die Jahresproduktion Amerikas wird mit 30000 t angegeben. In Deutschland verwendet man zur Gasrußherstellung mangels ausreichender Naturgasmengen die bei der Destillation von Stein- und Braunkohle entstehenden Gase, sowie auch Generator- und Wassergas, häufig mit Benzoldampf carburiert.

Eine Spezialform der Gasrußherstellung ist die Spaltung des Acetylens in Kohlenstoff und Wasserstoff. Zahlreiche Patentschriften befassen sich mit der zweckmäßigen Durchführung der Reaktion. Der Acetylengasruß gilt als der schwärzeste und am besten deckende aller Rußsorten; er ist aber auch der teuerste.

Für Celluloseesterlacke wird Lampen- und Gasruß verwendet. Das spezifische Gewicht des Lampenrußes beträgt 1,7—1,8, das des Gasruß 1,9—2, die Korngröße schwankt zwischen 0,25 und 10 μ. Ruß ist mit organischen Lösungsmitteln, Ölen und Weichmachungsmitteln leicht anzureiben und kann ohne Schwierigkeit in kolloide Dispersion übergeführt werden. Seine starke Deckwirkung kommt durch Lichtabsorption zustande. Ruß ist amorph und zeigt die Eigenschaften amorpher Pigmente, nämlich geringe Reflexion und starke Adsorptionsfähigkeit.

Zum Nuancieren von schwarzen rußhaltigen Lacken verwendet man vielfach lösliche Farbstoffe, z. B. das oben bereits erwähnte Zaponechtschwarz M, ferner die verschiedenen Typophorschwarzmarken[2].

4. Rote Farben.

a) Eisenrot.

Die roten Eisenfarben sind wegen ihrer völligen Lichtechtheit und Unlöslichkeit für Celluloseesterlacke hervorragend geeignet. Voraussetzung für diese Verwendungsart ist Freiheit von sauren und alkalischen Bestandteilen sowie geringes Schüttgewicht.

Das Ausgangsmaterial bilden die natürlichen Ocker und Sienen. Diese werden in Muffelflammöfen gebrannt.

[1] Vgl. z. B. die USA. Pat. 1490469, 1478730.

[2] Vgl. hierzu Moven, M.: Canad. Vaint & Jarmish Magazin **3,** Nr 1; Referat Kunststoffe **1930,** 61.

Der Farbton der fertigen Produkte wird durch die Korngröße und die Zusammensetzung der Ausgangsstoffe bestimmt, also durch den Gehalt an Eisenoxyd, Mangan und Kieselsäure. Der Übergang von Gelb nach Rot erfolgt nach Bouchonnet bei 230—260°. Über 700° tritt Purpurfärbung auf.

Die durch Glühen der natürlichen Eisenfarben erhaltenen Eisenrots werden unter der Bezeichnung Eisenmennige zusammengefaßt.

Als Ausgangsmaterial für das hochrote Englischrot und das blaurote Caput mortuum dienen reines Ferrisulfat, basisches Sulfat und besonders der Eisenschlamm der Alaunwerke.

Ferrisulfat zerfällt beim Glühen nach folgender Gleichung

$$Fe_2(SO_4)_3 = Fe_2O_3 + 3SO_3$$

Das basische Sulfat des Alaunschlammes zerfällt beim Glühen wie folgt:

$$Fe_2(OH)_2(SO_4)_2 = Fe_2O_3 + SO_3 + H_2SO_4$$

Mischt man das basische Sulfat vor dem Glühen mit Kochsalz, so erhält man das blaustichige Caput mortuum. Auf ähnliche Weise werden Venetianisch-, Spanisch-, Pompejanisch-, Neapel- und Pariserrot gewonnen.

Hauptsächliche Bestandteile außer Fe_2O_3 sind Kieselsäure, Tonerde und Gips. Größere Mengen Gips vor allem aber freie Schwefelsäure und unzersetztes Eisensulfat sind zu beanstanden[1].

b) Cadmiumrot.

Dieses hervorragend echte und ausgiebige Pigment wird nach dem DRP. 388535 der I. G. Farbenindustrie durch Fällung von Cadmiumsalz mit Natriumsulfid und Natriumselenid hergestellt. Es besteht meist aus einem Gemisch von 55% Cadmiumsulfid und 45% Cadmiumselenid.

Nach einer Patentanmeldung der Degea soll kolloiddisperses Cadmiumsulfid mit wäßrigen Lösungen geschüttelt werden, welche elementares Selen enthalten oder abscheiden.

Die Farbtöne der Cadmiumrotmarken liegen zwischen Zinnober und Scharlach. Für Celluloseesterlacke kommen nur substratfreie Cadmiumfarben in Frage.

Von organischen roten Pigmenten können empfohlen werden:

Litholechtscharlach,	Permanentrot R extra,
Litholrot,	Permanentrot F 4 R extra,
Litholrot R C K X,	Pigmentlackrot L C,
Litholrot 3 B N,	Litholrubin B K,
Heliorot R M T extra,	Heliobordo B L C.

[1] Über die mikroskopische Untersuchung von roten Eisenfarben vgl. den Vortrag von H. Wagner auf der Hauptversammlung des Vereins deutscher Chemiker 1930. Kurzes Referat Farbenztg **1930**, 1936.

Soweit die Konstitution dieser Farbstoffe bekannt ist, soll sie nachfolgend kurz dargestellt werden.

Permanentrot R ist diazot. 2 — Chlor 4 — Nitranilin gekuppelt mit β-Naphthol. Unlöslich in org. L. Lichtechtheit sehr gut.

Litholechtscharlach R (Helioechtrot R L, Hansarot B, Permanentrot 4 R) ist diazot. 4 — Nitro 2 — toluidin gekuppelt mit β-Naphthol. In der Hitze etwas löslich in organischen Lösungsmitteln. Lichtechtheit mäßig.

Von den Sulfosäuren diazotierter Basen leiten sich die folgenden Pigmente ab:

1. Heliorot RM, diazotierte m-Toluidinsulfosäuren gekuppelt mit β-Naphthol.

Als Sulfosäure reagiert das Heliorot leicht mit Bariumsalzen. Der Barytlack ist verhältnismäßig lichtecht und billig; er wird unter den Bezeichnungen Heliorot R M T extra (Brillantrotlack R M T und Litholrot D K) gehandelt.

2. Die Litholrote. Die Azokomponenten der meisten dieser Farbstoffe sind Chlortoluidinsulfosäuren, die Kupplungskomponenten β-Naphthol.

3. Litholrot 3 B ist der Kalklack eines Azofarbstoffes, dessen Azokomponente 2,1-Naphthylaminsulfosäure ist; es ist der älteste unlösliche Lackfarbstoff. Seine Lichtechteit ist mäßig.

In der Kupplungskomponente sulfuriert ist das Heliobordo und dessen Verwandte.

Man kuppelt diazotiertes Naphthylamin mit β-Naphtholdisulfosäure R (der sogenannten R-Säure). Der wichtigste Vertreter ist Heliobordo B L (Lackbordo B L) sein Barytlack wird unter der Bezeichnung Helioechtbordo 2 B (Pigmentlackbordo B B, Litholbordo B B) gehandelt.

Aus diazotierten Anilinsulfosäuren und β-Oxynaphthoesäure gewinnt man Azofarbstoffe, die meist als Rubin bezeichnet werden. Ein sehr lichtechter, blaustichig roter Kalklack dieser Gruppe ist das Litholrubin B K (Helioechtrubin L G, Brillantlackkarminogen 3 B).

Ein Anthrachinonabkömmling, also mit den Indanthrenen verwandt, ist das lichtechte und ausgiebige Helioechtrosa R L.

Im Farbtone entspricht es den hellen Krapplacken. Es ist unlöslich in organischen Lösungsmitteln. Leider ist der Preis dieses ausgezeichneten, reinen Farbstoffs ziemlich hoch.

5. Gelbe Farben.

a) Gelber Ocker.

Die färbenden Bestandteile der natürlichen Ockerarten sind Eisenverbindungen, meist Eisenoxydhydrat. Man kann sie als durch Eisenoxydhydrat angefärbte Tone bezeichnen. Sie entstehen durch Ver-

Eigenschaften verschiedener Ocker.

Nr.	Handelsname	Aussehen	Fühlprobe	Zungenprobe	Volumen 10 g	Adsorpt. %	Sedim.-höhe	Korngröße D = Durchschnitt	Bestandteile
1	Ocker 13 . . .	hellrötlich ockergelb	weich sehr fett	klebt	16	0,5	8,5	0,5—5 μ D = 1 μ	wenig Fe viel Al-silikat
2	Ocker 80070 .	ebenso, etwas grünlicher	weich, sandig	klebt	11	0,75	9,8	0,5—10 μ D = 2 μ	wenig Fe Al, viel SiO_2
3	Goldocker 218	ebenso, wenig voller	weich-trocken etwas sandig	klebt wenig	10	6,8	8	0,5—10 μ D = 2—3 μ	Fe Gel Al, SiO_2, $CaCO_3$
4	Goldocker 232	voll gelb	mager erdig-sandig	klebt	9	2,7	4,7	0,5—25 μ D = 3 μ	viel Fe, wenig Al $CaCO_3$, $CaSO_4$
5	Goldsatinocker	dunkel, rötlich gelbbraun	weich, etwas fettig	klebt stark	8,5	0,75	4,1	0,5—20 μ D = 5 μ	sehr viel Fe (Mn) wenig Al, SiO_2
6	Terra di Siena N	voll gelbbraun	mager-erdig rauh	klebt	11	6	6,5	0,5—30 μ (sec.) D = 2 μ	viel Fe Gel wenig Al, $CaCO_3$
7	Siena nat. 529 .	hell ockergelb	weich etwas fettig	klebt	14,5	1	7,5	0,5—15 μ D = 1,5 μ	sehr wenig Fe, Al $CaCO_3$, Kieselgur

witterung eisenhaltiger Urgesteine und werden durch Schlämmen gereinigt. In scharfer Weise kennzeichnet H. Wagner die Beziehungen zwischen Zusammensetzung und farbtechnischen Eigenschaften. Es sind im wesentlichen zwei Faktoren, die teilweise in demselben, teilweise im entgegengesetzten Sinne wirkend, die Eigenschaften eines Okkers bedingen: Eisengehalt und Gehalt an amorpher bzw. krystalliner Substanz.

Es folgt aus höherem Eisengehalt Zunahme der Färbekraft, Farbtiefe und der Deckfähigkeit, Abnahme des Schüttvolums, der Sedimentationshöhe, des Ölbedarfs. Aus höherem Gehalt an amorpher Substanz: Zunahme der Farbtiefe, Lasurwirkung, Adsorptionsfähigkeit.

Aus höherem Gehalt an krystalliner Substanz Zunahme der Deckfähigkeit, Abnahme der Farbtiefe, der Adsorptionsfähigkeit.

In manchen Ockern ist das Eisen als basisches Sulfat vorhanden.

Die Praxis beurteilt die Ocker nach Farbton, Farbtiefe, Tonänderung beim Befeuchten, Verhalten in Wasser und organischen Lösungsmitteln (Adsorptionsfähigkeit) und mit der sogenannten Finger- und Zungenprobe, mit denen die fetten von den erdigen, sandigen und kalkigen Ockern unterschieden werden.

Nebenstehend eine Tabelle wichtiger Handelsocker mit ihren Eigenschaften nach Wagner l. c.

Künstliche Ocker sind die deckkräftigen voluminösen Marsfarben. Marsgrüne werden durch Mischung von Marsgelb mit Pariserblau hergestellt.

b) Siena.

Die Sienen sind ebenfalls Eisenhydroxydfarben, zeichnen sich jedoch vor den Ockern durch höheren Eisengehalt aus. Dementsprechend zeigen sie große Farbstärke und meist einen reineren Farbton.

H. Wagner und R. Haug[1] weisen auf die Ähnlichkeit der echten Sienen mit den Quellsedimenten aus Eisenquellen hin und sprechen die Vermutung aus, daß die Toskaner Sienen reine Quellsedimente sind, die am Ort der Entstehung gegraben werden. Diese echten Sienen bestehen überwiegend aus Eisenhydroxyd und kolloidaler Kieselsäure. Der Eisengehalt beträgt 60—70%.

Die unechten Sienen enthalten neben Eisenhydroxyd und kolloidaler Kieselsäure Tonerdesilicate, die eisenarmen Veroneser Sienen enthalten auserdem Dolomit.

Von den echten Sienen unterscheiden sie sich genetisch durch ihr Vorkommen an sekundären Lagerstätten, an die sie durch die Schlämmtätigkeit des Wassers gelangt sind.

Ihr Eisengehalt beträgt 24—32%.

Die einheimischen eisenreichen Goldocker (49—60% Eisen) sollen ebenso wie die unechten Sienen entstanden sein.

Alle Sienen besitzen infolge ihres Gehaltes an kolloidaler Kieselsäure Adsorptionsfähigkeit gegenüber basischen Farbstoffen.

c) Chromgelb.

Technisch reine Sorten Chromgelb bestehen im wesentlichen aus chromsaurem Blei

$$PbCrO_4$$

Je nach der Temperatur, der Konzentration der Lösung der Ausgangsmaterialien und der Art und Dauer des Auswaschens des gefällten Pigments entstehen hellgelbe bis dunkelgoldgelbe Töne. Besonders gesucht sind helle nicht nachdunkelnde Töne. Man erhält sie nach Zerr und Rübenkamp, wenn man auf $37^1/_2$ Teile Bichromat 100 Teile

[1] Heft 6 der Veröffentlichungen des Fachausschusses für Anstrichtechnik 1930. Zahlreiche Sienen sind in dieser Arbeit chemisch, physikalisch und mikroskopisch untersucht. Die Ergebnisse werden in Beziehung gesetzt zu den mal- bzw. lacktechnischen Eigenschaften.

Bleizucker verwendet und gründlich auswäscht. Andauerndes Waschen bedingt Kornvergrößerung und damit Vertiefung des Farbtons.

Die hell citronengelben Marken werden in der Weise erzeugt, daß man gleichzeitig mit der Fällung des Bleichromats die Fällung einer bestimmten Menge Bleisulfats in sehr verdünnten Lösungen vor sich gehen läßt. Nach Milbauer[1] handelt es sich bei dem Chromgelb citron um eine feste Lösung von Bleichromat in Bleisulfat.

Trotzdem das Chromgelb infolge seines hohen spezifischen Gewichts von 5,9—6,7 leicht absetzt und durch Schwefelwasserstoff geschwärzt wird, scheint es auch im Gebiet der Celluloseesterlacke nicht entbehrlich zu sein.

Das Chromgelb des Handels ist schon mit der Lupe als krystallinisch zu erkennen.

d) Cadmiumgelb.

Der wesentliche Bestandteil der verschiedenen Cadmiumgelbmarken ist Cadmiumsulfid = Cd S.

Beim Einleiten von Schwefelwasserstoff in Cadmiumsalzlösungen erhält man Fällungen, die stets gewisse Anteile des Salzes enthalten, als welches das Cadmium vor der Fällung vorlag. Diese mitgerissenen Anteile sind nicht auswaschbar, können aber durch Glühen beseitigt werden. Man erhält deshalb aus den aus verschiedenen Salzen gefällten Cadmiumsulfiden beim Glühen reine Sulfide von annähernd gleichem Farbton: einem hellen Goldgelb.

Durch das Fällen von Cadmiumsalzlösungen mit Schwefelalkalien erhält man ein im trocknen Zustande orangegelbes Pigment. Dieses enthält nach Eibner ein Sulfhydrat folgender Zusammensetzung

$$Cd(OH)(SH)$$

Das spezifische Gewicht der hellen Sorten beträgt 3,9—4,5, das der dunkleren 4,5—4,8.

Die hellsten Sorten enthalten über 50% Cadmiumcarbonat oder Oxalat. Sie sind wesentlich weniger lichtbeständig wie die reinen Sulfide, noch ungünstiger wirkt ein Gehalt an Zinkoxyd.

Zinkoxydhaltige Mischungen sollten für Celluloseesterlacke keine Anwendung finden, dagegen scheint Zinksulfid als Zusatz zwecks Aufhellung unbedenklich zu sein.

Die reinen Sorten Cadmiumgelb haben sich im Celluloseesterlack gut bewährt. Sie haben eine ausgezeichnete Deckfähigkeit und sind sehr lichtecht. Die technischen Produkte sind krystallinisch.

Qualitative Prüfung nach Eibner durch Glühen im Glasrohr: Weißer Beschlag zeigt Anwesenheit von Sulfochlorid, -nitrat, -sulfat an,

---

[1] Z. physik. Chem. **91**, 410 und Chem. Ztg **46**, 1145.

metallisch glänzender Spiegel weist auf einen Gehalt von Cadmiumoxalat hin, welches beim Erhitzen metallisches Cadmium abscheidet.

Carbonathaltige Präparate geben erst bei langem Erhitzen einen schwachen Spiegel. Die Kohlensäure wird durch Erhitzen der Probe mit 10%iger Schwefelsäure und Einhalten eines mit Barytwasser befeuchteten Glasstabes in bekannter Weise nachgewiesen.

Zinkhaltige Cadmiumfarben erkennt man durch Ausziehen mit warmer Essigsäure und Fällen des Filtrates mit Schwefelammon (weißer Niederschlag von Zinksulfid).

Die Handelsmarken sind: Cadmium citron, hell, mittel, dunkel und orange. Einige Firmen bezeichnen die Farbtöne auch durch Zahlen (0—6 bzw. 1—7).

Organische Pigmente: Hansagelb G, 5 G, 10 G, G R und 3 R, Litholechtgelb R N, Litholechtorange R N. Die Handelsgelbmarken entstehen durch Diazotieren von meist nitrosubstituierten Anilinbasen mit Acetessigsäureanilid, z. B. aus m-Nitro-p-toluidin und Acetessigsäureanilid

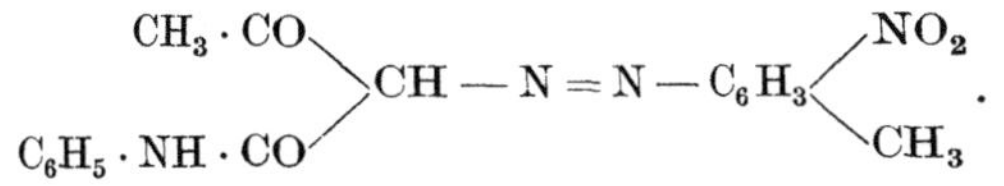

Als Kupplungskomponente dienen auch die Pyrazolone. Die genaue Zusammensetzung der einzelnen Marken ist nicht öffentlich bekannt. Die Produkte sind lichtecht und sehr ausgiebig, so daß sie trotz verhältnismäßig hohen Preises ausgedehnte Verwendung gefunden haben. Litholechtorange ist das Kupplungsprodukt von diazotiertem 2,4-Dinitranilin mit β-Naphthol.

6. Grüne Farben[1].

Für Celluloseesterlacke verwendet man im allgemeinen Mischungen von gelben und blauen Farben, z. B. Hansagelb g + Miloriblau oder Hansagelb 5 g + Heliomarin 2 g L.

Schöne Grüns erhält man auch durch Mischung von Cadmiumgelb mit Miloriblau. Gegenüber diesen Mischungen tritt das völlig lichtbeständige Chromoxydgrün wegen seines stumpfen unansehnlichen Farbtons ganz zurück.

Wesentlich feuriger und schön smaragdgrün gefärbt ist das durch Glühen von Kaliumchromat mit Borsäure und Auslaugen der Schmelze hergestellte *Guignetgrün*.

Für Celluloseesterlacke scheint es keine Anwendung zu finden.

[1] Vgl. die Tafel „Farblacke für Ölanstriche“ in *Wagner*, H.: Die Körperfarben. S. 448. Fertige Grünpigmente werden unter Phantasienamen von der Firma Siegle & Co. geliefert.

7. Braune Farben.

Umbra (Kastanienbraun, Rehbraun).

Die natürliche Umbra ist ein durch Manganoxyde braun gefärbter Ocker.

Es werden als Umbra aber auch braune erdige Produkte bezeichnet, die größtenteils aus Braunkohle bestehen und daher in heißer Kalilauge zum größten Teil löslich sind (Kölnische Erde, Kasseler Braun). Diese Umbren kommen für Celluloseesterlacke nicht in Betracht.

Mineralische Umbra gibt beim Erhitzen im Rohr nur Wasser ab. Die Qualitätsbestimmung auf chemischem Wege beschränkt sich auf die Bestimmung des Verhältnisses von Eisen zu Mangan, da von diesem der Ton und die Ausgiebigkeit abhängig ist.

Die Rehbraune sind helle Umbren von geringem Mangangehalt. Die gebrannte Umbra ist tiefer gefärbt und hat einen rötlichen Stich.

8. Die Bronzen.

Bronzefarben sind pulverige Metalle und Metallegierungen, welche an Stelle von Pigmenten verwendet werden, um den Lacküberzügen metallartiges Aussehen zu geben. Die weißen Bronzen bestehen aus Aluminium, die Ausgangsmaterialien für die übrigen sind Kupfer, Zink und Zinn.

Durch geeignete Mischungsverhältnisse bei der Legierung erhält man die Töne: Reichgold, Bleichgold, Reichbleichgold, Grüngold, Reichgrüngold, Rotgold und Kupfer.

Durch Erhitzen der gepulverten Legierungen in Öl usw. erhält man als beständige Anlauffarben die Töne Hochgelb, Orange, Citron, Carmin, Carmoisin, Braun, Rosa, Lila, Blau, Blaugrün und Grün.

Die Arbeitsvorgänge sind Stampfen der Metalle, Sieben, Polieren.

Abbildungen der technischen Apparatur bei E. Stock, Grundlagen.

Die verschiedenen Feinheitsgrade trennt man durch Maschinen, in denen durch eine rotierende Bürste das Metallpulver hochgewirbelt wird. In verschiedener Höhe werden die einzelnen Feinheitsgrade abgezogen.

Bei der Herstellung der sogenannten Patentbronzen, welche in den Farbtönen Amaranth, Purpur, Violett, Blau, Oliv, Smaragd und Dunkelgrün geliefert werden, verwendet man reines Zink oder Aluminium, welches mit basischen Farbstoffen in alkoholischer Lösung angefärbt wird. Die Fixierung erzielt man durch Vorbeize mit Tannin oder Katanol.

Im Gegensatz zu den reinen Legierungen und den durch Erhitzen in Öl hergestellten Anlaufbronzen sind die Patentbronzen nicht lichtbeständig.

Die Größe der Einzelteilchen ist erheblich. Eibner gibt für Aluminiumbronze an 70% 20—50 μ, 30% 50—80 μ, für Kupferbronze 60%

20—50 μ, 40% 50—100 μ. Es ist aber zu bemerken, daß die Blättchen sehr dünn sind. Unterhalb einer bestimmten Größe geben die Bronzen im Lack keinen metallischen Effekt mehr. Dieses Verhalten ähnelt dem des Fischsilbers, welches bei zu weitgehender Zerkleinerung den Perlmuttereffekt verliert.

Bei der Herstellung haltbarer Bronzelacke auf NC-Basis bestehen erhebliche Schwierigkeiten, auf die später noch eingegangen wird. Hier soll nur bemerkt werden, daß bei der Natur der Bronzen die völlige Säurefreiheit der Lackbestandteile unerläßlich ist.

Literatur über Metallbronzen.

Ullmann: Enzyklopädie d. techn. Chem. 2. Aufl.
Buchner: Die Metallfärbung.
Hebing: Vergoldung und Bronzierung.

Literatur zu Kapitel 7.

Zerr u. Rübenkamp: Handbuch der Farbenfabrikation. Berlin 1930.
Bock: Herstellung von Buntfarben. Halle 1927.
Krais: Werkstoffkunde. Leipzig 1921.
Stock: Grundlagen des Farben- und Lackfachs. Bd 4. Meißen 1923.
Eibner: Beitrag in Lunge-Berl Bd 4.
Schultz: Farbstofftabellen. Berlin 1930.
Wagner: Die Körperfarben. Stuttgart 1928.

Großhandelspreise für einige Pigmente im Sommer 1930.

Zinkoxyd, weiß, windgesichtet etwa 86—88% ZnO . . .	31 RM.	je	100 kg
Zinkoxyd 92/94% ZnO	32 „	„	100 „

L K-Lichtecht-Lithopone (Lithopone Kontor Köln).

Bronzesiegel 50% ZnS	63 RM.	je	100 kg
Grünsiegel 40% ZnS	56 „	„	100 „
Lilasiegel 35% ZnS	50 „	„	100 „
Rotsiegel 30% ZnS	44 „	„	100 „
Gelbsiegel 15% ZnS	32 „	„	100 „

Kronos-Titanweiß d. I. G. Farbenindustrie.

Standard A	72 RM.	je	100 kg
Extra T	108 „	„	100 „

Titanweiß „Münz Titan“.

Rotsiegel	72 RM.	je	100 kg
Extra	104 „	„	100 „
Etwa 100%ig	148 „	„	100 „

Zweiter Teil.

Die lacktechnischen Aufgaben der Rohstoffe und der Aufbau der Lacke.

VIII. Die Filmbildung. Celluloseester und Lösungsmittel in ihren wechselseitigen Beziehungen.

A. Die Celluloseester als Filmbildner.

Im Kapitel II sind die analytischen Merkmale der Celluloseester behandelt worden. Hier soll im Zusammenhang gezeigt werden, in welcher Weise die Eigenschaften der Kollodiumwollen die Beschaffenheit des Lackes und des Lackfilms beeinflussen.

Die Bildung des Lackfilms beim Lackieren mit Celluloseesterlacken kommt bekanntlich dadurch zustande, daß die Lösungsmittel des Lackes verdunsten und den Celluloseester als glatte zusammenhängende Schicht hinterlassen.

Sehen wir zunächst von dem bedeutenden Einfluß ab, den die Wahl des Lösungsmittelgemisches ausübt, indem wir ein empirisch als optimal erkanntes anwenden, gehen wir ferner von Filmen aus, die unter gleichen atmosphärischen Bedingungen entstanden sind, die frei von Lösungsmittelresten sind und kein Weichmachungsmittel, Harz oder Pigment enthalten, so gelangen wir zu einer schon seit Jahrzehnten bekannten qualitativen Beziehung, die etwa wie folgt formuliert werden kann: Hohe Viscosität der Wolle — hohe mechanische Festigkeit des Films, niedrige Viscosität der Wolle — geringe mechanische Festigkeit des Films.

Gelegentlich wird auch angenommen, daß zwischen Viscosität und mechanischen Eigenschaften eine direkte Proportionalität bestünde, und daß somit alle Wollen gleicher Viscosität auch Filme von gleicher Festigkeit gäben.

Jeder Lackfabrikant, der mit niedrig viscosen Wollen arbeitet, weiß, daß diese Proportionalität nicht besteht.

Es gibt niedrig viscose Wollen, die bei gleicher Viscosität ganz verschiedene Filmfestigkeiten aufweisen.

Ferner: stellt man gleichstarke Filme aus einer Reihe von Wollen her, die den ganzen Viscositätsbereich der technischen Kollodiumwollen umfassen, eine Aufgabe übrigens, deren Lösung nicht ganz leicht ist, so gelangt man zu der Feststellung, daß im Bereich der niedrigviscosen Typen eine gewisse Parallelität zwischen Viscosität und mechanischen Eigenschaften besteht, wenn auch die Werte bei Wollen verschiedener Herkunft erheblich streuen. Steigt man jedoch in das Gebiet der mittel- und hochviscosen Wollen auf, so gelangt man sehr bald in eine Viscositätslage, von der ab eine weitere Zunahme der Viscosität keine mit den üblichen Methoden mehr meßbare Erhöhung der mechanischen Festigkeit zur Folge hat. Die Lage dieses Punktes in der Viscositätsreihe ist naturgemäß Schwankungen unterworfen, welche auf Differenzen im Ausgangsmaterial, im Nitrierprozeß usw. zurückzuführen sind. Daß diesem Punkte der Viscositätsreihe nicht die Natur einer Konstanten zukommen kann, ergibt sich aus den von verschiedenen Forschern durchgeführten Fraktionierungen[1].

Die im streng physikalischen Sinne geringe Einheitlichkeit technischer Kollodiumwollen, die wir in Anknüpfung an die in Kapitel II gegebenen Darstellung in der Weise anschaulich machen können, daß wir in jeder Wolle eine Mischung von Hauptvalenzketten[2] verschiedener Länge annehmen, führt zu dem Schluß, daß jeder Viscositätsmessung an Celluloseestern in erster Linie statistische Bedeutung zukommt.

Hierdurch erklärt sich zwanglos, weshalb bei Wollen verschiedener Herstellung die Lage des oben charakterisierten Punktes gewissen Schwankungen unterworfen ist.

Es wäre von großem Interesse, diesen Punkt in der Viscositätsreihe der Wolletypen zum Feinbau des Films bzw. zur Länge der Hauptvalenzketten in Beziehung zu bringen.

Bis jetzt ist dies in einwandfreier Weise noch nicht gelungen. Zwar zeigen gedehnte Films aus höher viscosen Wollen ein Faserdiagramm und Stäbchendoppelbrechung, während niedrigviscose Wollen ein amorphes Bild ergeben; über quantitative Beziehungen ist aber noch nichts bekannt geworden. Im übrigen scheint die Ungültigkeit des Hagen-Poiseuilleschen Gesetzes bei Lösungen von extrem hochviscosen Wollen (Druckabhängigkeit, Inkonstanz von $p \cdot t$) darauf hinzudeuten,

[1] Vgl. z. B. Kumichl: Koll. Beihefte XXVI.

[2] Staudinger hat festgestellt, daß bei synthetischen Kolloiden, die aus langgestreckten Makromolekülen bestehen, die relative Viscosität

$$\frac{\eta_c}{\eta_0}$$

nicht temperaturabhängig ist. Für die Existenz der Hauptvalenzketten in Lösung spricht nun die Tatsache, daß die Lösungen der Cellulosederivate ebenfalls keine Temperaturabhängigkeit der relativen Viscosität aufweisen.

daß sich in solchen Lösungen nicht solvatisierte Hauptvalenzketten, sondern Micellen befinden. Unter dieser Voraussetzung kann man annehmen, daß im Bereich der hochviscosen Typen eine Abnahme der Viscosität auf der Aufspaltung von Micellen beruht, und daß die Viscositätserniedrigung mit geeigneten Mitteln so weit ohne Verschlechterung der mechanischen Eigenschaften getrieben werden kann, als ein Eingriff in die Hauptvalenzketten noch nicht erfolgt.

Mechanische Analogien sollten auf die Vorgänge bei der Filmbildung nur mit Vorsicht angewendet werden, weil bei der Größe der hier vorliegenden Moleküle unzweifelhaft van der Waalsche Kräfte zur Wirkung gelangen, welche zur Erklärung der Zugfestigkeit von Filmen völlig ausreichen[1].

Von einer physikalischen Deutung der auf übliche Weise bestimmten mechanischen Eigenschaften (Zugfestigkeit, Reißdehnung, elastische Dehnung usw.) und deren exakter Bezugsetzung zum Feinbau des Films und seiner Bausteine ist man noch weit entfernt. Dahingehende Versuche sind besonders von A. V. Blom für Ölfilme unternommen worden[2].

In einer lesenswerten Studie über Öl und Nitrocelluloselacke von H. Wolff und W. Toeldte[3] äußert sich Wachholtz wie folgt über diesen Gegenstand:

,,Da Celluloseesterfilme sich bei Belastung, ohne zu zerreißen, dehnen, ist notwendig auf einen gewebeartigen Aufbau zu schließen. Nur wenn langgestreckte Einzelteilchen gewebeartig ineinandergreifen, ist eine Dehnung neben verhältnismäßig hoher Reißfestigkeit denkbar.

Diesen gewebeartigen Aufbau vorausgesetzt, kann man sich folgende Vorstellung über die Wirkung von Zusätzen von Harz oder Weichmachungsmittel machen. (Als eine weitere Voraussetzung wollen wir zunächst annehmen, daß die einzelnen Teilchen [,,Fasern", Micelle?] in allen drei Dimensionen des Films gleich angeordnet liegen, und zwar unabhängig von der Faserlänge.) Reißfestigkeit und Dehnbarkeit können dann nur beeinflußt sein von 1. der Länge der einzelnen Teilchen (der Fasern), 2. der Krümmung der einzelnen Teilchen.

Je länger die einzelnen Teilchen sind, um so größer ist die Wahrscheinlichkeit gegenseitiger Überschneidung, um so größer wird auch die Reißfestigkeit.

---

[1] Nach einer Bemerkung von K. H. Meyer bei seinem Vortrag auf der Hauptversammlung des Vereins dtsch. Chem. in Frankfurt 1930 zeigt die Zerreißfestigkeit von Hexamethylentetramin und anderen einfachen Verbindungen einen gesetzmäßigen Zusammenhang mit der berechneten Molkohäsion. Vgl. hierzu auch Z. angew. Chem. **1928**, 943.

[2] Vgl. Blom: Vortrag Korrosrionstagung Wien, Metallschutz Beih. **1929**, 46; Farbenztg **35**, 493 (1930); Vortrag Hauptversammlung d. Vereins dtsch. Chem. Frankfurt 1930, Referat Farbenztg **35**, 1935 (1930).

[3] Herausgegeben vom Fachausschuß für Anstrichtechnik beim VDI.

Bei gleicher Anzahl von Faserkreuzungspunkten, gerechnet auf die Längeeinheit, werden bei gleicher Belastung sich kurz- und langfaserige Filme annähernd gleich stark dehnen. Da die Reißbelastung mit der Faserlänge wächst, wird die Reißdehnung demnach bei langfaserigen Filmen größer als bei Filmen mit kurzen Fasern. Die Wahrscheinlichkeit dieses Ergebnisses wird gesteigert durch die Wahrscheinlichkeit einer mit der Länge der Einzelteilchen häufiger werdenden Verhakung der Fasern.

Mit steigender Krümmung wird die Dehnbarkeit abnehmen. Durch das gegenseitige Verhaken müssen nämlich die Teilchen am Ausrichten verhindert werden, indem die Haken jede Lagenänderung erschweren. Man wird in erster Annäherung annehmen dürfen, daß der durchschnittliche Krümmungsradius bei kurzen und langen Fasern annähernd gleich ist. Unter dieser Voraussetzung wird die Dehnbarkeit beider Filmsorten ebenfalls annähernd gleich sein. Die Dehnung bei Reißbelastung wird aber beim langfasrigen Film größer sein. Ein aus längeren Einzelteilchen aufgebauter Film muß also größere Reißfestigkeit und größere Dehnung bei Reißbelastung zeigen, als ein kurzfasriger Film. Dieses Ergebnis steht in guter Übereinstimmung mit den gefundenen Werten:"

Wolle Wasag	5	6_1	6_2	8
Reißfestigkeit	27	34	52	75
Dehnung	1,2%	1,35%	1,5%	2,7%
Viscosität	21	25	41	51

Anmerkung. Die Anwendung des Ausdrucks „Fasern" kann zu Mißverständnissen führen. Man kann eine hochviscose Wolle im Holländer so weit mahlen, daß die Länge der einzelnen „Fasern" nur noch Bruchteile eines Millimeters beträgt, ohne daß hierdurch eine beträchtliche Verminderung der Viscosität und eine Abnahme der Filmfestigkeit eintritt. Es dürfte zweckmäßig sein, den Ausdruck Faser durch Hauptvalenzkette zu ersetzen. An der realen Existenz der Hauptvalenzketten kann nicht mehr gezweifelt werden.

Die vorstehend angegebenen Zahlen geben Veranlassung zu der Anregung, alle Werte, welche die Viscosität von Celluloseestern und die mechanischen Eigenschaften der daraus hergestellten Filme betreffen, so auszudrücken, daß sie allgemein verständlich sind.

Die Viscositätswerte also unter Angabe des Lösungsmittels und der Konzentration in Centipoisen (wozu die mitgeteilte Umrechnungstabelle dienen mag), die Zerreißfestigkeit in Kilogramm pro Quadratmillimeter Querschnitt, die Dehnung in Prozent der Länge des gemessenen Filmstreifens. Empfehlenswert ist auch die Angabe der Knitterzahl, die mit dem weitverbreiteten Schopperschen Falzer erhalten wird. Dieser Wert ist allerdings nicht ohne weiteres auf beliebige Stärken reduzierbar; bei dieser Messung können also nur Filme gleicher Stärke verglichen werden. Grade bei der Beurteilung von Wollen niedriger

Viscosität leistet diese Bestimmung gute Dienste. Als Beispiel seien die Messungen an einer Reihe von Kollodiumwollen angegeben, welche den ganzen praktisch für Lackzwecke in Betracht kommenden Viscositätsbereich umfassen. Wie aus den vorausgehenden Ausführungen zu entnehmen ist, stellen diese Zahlen keine Konstanten dar, sondern sind besonders bei den niedrigst viscosen Typen gewissen Schwankungen unterworfen. Immerhin werden diese Angaben für die Beurteilung von Lackwollen einen Anhalt bieten.

Lackwollen nach der Viscosität geordnet	Stickstoffgehalt in %	Alkohollöslichkeit	Viscosität Ceutipoisen in Butylacetat		Mechanische Eigenschaften		
			5% ige Lösung in cp	10% ige Lösung in cp	Zerreißfestigkeit in kg pro mm²	Reißdehnung in %	Knitterzahl bei 0,13 mm Stärke
a	12,20	3,5	650	—	10,77	28	115
b	12,10	5,1	275	—	10,76	28	117
c	12,04	7,2	75	800	10,62	24	90
d	12,30	5,2	—	100	8,20	13,4	48
e	12,25	6,5	—	70	8,13	10	40
f	12,16	14,0	—	40	3,13	1,6	10

Im folgenden soll nun noch festgestellt werden, wie weit man in der exakten Ableitung der mechanischen Eigenschaften gelangt ist.

Wie wir oben gezeigt haben, sind die Celluloseester aus Hauptvalenzketten aufgebaut.

Es bestehen keine Anhaltspunkte dafür, daß in einem ungedehnten Film die Hauptvalenzketten regelmäßig gelagert sind. Lackfilme nach irgendeiner der bekannten Techniken hergestellt, zeigen ein amorphes Röntgenogramm. Die Celluloseester befinden sich (vgl. die nächsten Abschnitte dieses Kapitels) in Lösung bzw. im Lack in Form von solvatisierten Ketten und die Immobilisierung des Lösungsmittels bei den lacktechnisch üblichen Konzentrationen macht es sehr unwahrscheinlich, daß die Ketten sich beim Trocknen eines Lackauftrages regelmäßig anordnen können. Wenn wir ein allerdings grobes Bild gebrauchen wollen, so kommen wir dem wahren Sachverhalt am nächsten, indem wir die Bildung des Films mit der Bildung des Papiers in der Schöpfbütte vergleichen. Im Papier liegen die Einzelteilchen völlig ungeordnet durcheinander, wenn auch überwiegend in einer Ebene.

Zu den Faktoren, welche die Festigkeit eines geschöpften ungeleimten Papieres in erster Linie bedingen, werden gerechnet die durchschnittliche Länge und die Festigkeit der einzelnen Fasern. Demgemäß sollte bei den Celluloseesterfilmen die durchschnittliche Länge und die Festigkeit der Hauptvalenzketten maßgebend sein.

Diese beiden Faktoren sind der Berechnung zugänglich und es wird sich zeigen, ob man auf diese Weise zu brauchbaren Resultaten gelangt.

Die Hauptvalenzketten eines hochviscosen Celluloseesters sind etwa 50 $\mu\mu$ lang (1 mm = 1000 μ = 1 000 000 $\mu\mu$). Die Zerreißfestigkeit einer Hauptvalenzkette ist kürzlich von Meyer u. Mark berechnet worden[1]. Die Trennungsarbeit einer organischen Hauptvalenzbindung ist von der Größenordnung 70 cal pro Mol. Für die einzelne Hauptvalenzkette ergibt sich unter der Voraussetzung, daß sie an der Sauerstoffbrücke zerreißt, $6{,}10^{-12}$ erg. Diese Arbeit wird dadurch geleistet, daß eine gewisse, an den Enden der Kette angreifende Kraft über einen so langen Weg wirken muß, daß die Reisstellen genügend weit voneinander entfernt werden, um keine merklichen Kräfte mehr aufeinander auszuüben. Nun nehmen die Hauptvalenzkräfte mit der Entfernung sehr rasch ab, und zwei Atome, die 0,5 $\mu\mu$ voneinander entfernt sind, üben jedenfalls nur Kräfte von der Größenordnung einer Calorie aufeinander aus.

Rechnet man überschlagsweise mit einer mittleren Zerreißfestigkeit, indem man den Trennungsweg und die Kraft als konstant einsetzt, so ergibt sich aus Arbeit = Kraft · Weg $6{,}10^{-12}$ kg pro Hauptvalenzkette. Die Querschnittsbeanspruchung einer Hauptvalenzkette wird mit 2,5 $\mu\mu^2$ angenommen.

Unter der willkürlichen Annahme parallellagernder unendlich langer Ketten kommen also $4 \cdot 10^{12}$ = 4 000 000 000 000 Hauptvalenzketten auf einen Quadratmillimeter Querschnitt, und die Festigkeit eines solchen Gebildes würde den ungeheuren Betrag von 800 kg/mm² nur unter Berücksichtigung der Trennungsarbeit je einer Hauptvalenz pro Kette erreichen, würde also die Zerreißfestigkeit besten gehärteten Stahls um das Fünffache übertreffen.

Nun sind ja die Hauptvalenzketten nicht parallel gelagert und auch nicht unendlich lang, sondern liegen mit 50 $\mu\mu$ weit jenseits der Grenze mikroskopischer Sichtbarkeit.

Die außerordentlich hohe Festigkeit der Hauptvalenzkette einerseits, die im Vergleich zu den Molekülen im klassischen Sinne zwar beträchtliche, im Vergleich zu den für mechanische Analogien anwendbaren faserigen Gebilden aber sehr geringe Länge, machen es wahrscheinlich, daß beim Zerreißen eines Films die Hauptvalenzketten überhaupt nicht reißen, sondern aneinander vorbeigleiten, so etwa, wie die Fasern eines locker gesponnenen kurzstapeligen Garns.

Die berechnete Zerreißfestigkeit der Hauptvalenzkette muß also zur Beurteilung der mechanischen Eigenschaften von Filmen unberücksichtigt bleiben.

Gleiten aber beim Zerreißen eines Films die Hauptvalenzketten aus-

[1] Meyer, K. H., und H. Mark: Der Aufbau der hochpolymeren organischen Naturstoffe auf Grund molekular-morphologischer Betrachtungen. Leipzig 1930.

einander, so folgt, daß der Widerstand gegen das Auseinandergleiten auf eine Kraft zurückzuführen ist, welche zwischen den Hauptvalenzketten wirkt, die Molkohäsion.

Die Molkohäsion ist nicht nur von der Länge und Lagerung der Moleküle, sondern auch von der Art der wirksamen Gruppen abhängig (Hydroxyl-Acetyl-Nitratgruppen).

K. H. Meyer und H. Mark a. a. O. gehen bei der Schätzung der Molkohäsion eines Cellulosefilms vom Rohrzucker aus, dessen Festigkeit etwa 2 kg/mm² beträgt. Die Kräfte, welche den Rohrzucker zusammenhalten, gehen von denselben Gruppen wie bei der Cellulose aus. Bei idealer Parallellagerung und regelmäßiger Überlappung der Hauptvalenzketten müßte die Zerreißfestigkeit eines Cellulosefilms 50- bis 60mal größer sein, als die des Rohrzuckers. Tatsächlich gelangt man bei stark verstreckten und damit orientierten Cellophanfilmen bis zu einer Zerreißfestigkeit von 100 kg/mm². Daß die Lackfilme auch aus den höchstviscosen Celluloseestern diesen Betrag bei weitem nicht erreichen, liegt an dem Fehlen der Orientierung der Ketten.

Die Zerreißfestigkeit eines Lackfilms ist also — da hier die Orientierung ausscheidet — abhängig von der Länge der Hauptvalenzketten, denn mit der Größe der Moleküle nimmt die Molkohäsion zu und ferner von der Art und Zahl der die Kohäsion bedingenden Gruppen.

Wenn man auch diese Faktoren noch nicht exakt erfassen kann, so zeigt doch die Überschlagsrechnung, daß wir uns auf dem richtigen Wege befinden.

B. Lösungs- und Verdünnungsmittel.

1. Methoden zur Bestimmung der Lösefähigkeit.

Worauf beruht das Lösevermögen bestimmter organischer Flüssigkeiten für Celluloseester, und wie kann es quantitativ bestimmt werden.

Der Hauptunterschied zwischen der Bestimmung des Lösevermögens von Lösungsmitteln für Krystalloide und lyophile Kolloide, als welche die Celluloseester anzusprechen sind, besteht darin, daß bei den Krystalloiden das Lösevermögen durch Sättigungserscheinungen definiert wird, während bei den Kolloiden ein scharfer Unterschied zwischen der festen und der flüssigen Phase nicht gemacht werden kann.

Wenn auch heute noch kein exaktes Prüfungsverfahren zur Verfügung steht, so ist doch wahrscheinlich, daß die Celluloseester mit ihren Lösungsmitteln in jedem Verhältnis mischbar sind.

Unter dieser Voraussetzung können wir eine Parallele zu einem Problem der Molekularchemie, der Bestimmung des Lösevermögens der Bestandteile von Gemischen vollkommen mischbarer Flüssigkeiten, ziehen.

Aber auch diese Methoden haben sich nur von begrenzter Anwendbarkeit erwiesen. Sie bedienen sich eines Fällungsmittels oder der kritischen Temperatur vollständiger Mischbarkeit (Mc Ewen und Flaschner). Beide Methoden haben Nachteile.

Bei der Fällungsmethode wird z. B. die Wassermenge, die erforderlich ist, Kerosin aus einem Alkohol-Kerosingemisch zu fällen, als Maß für die Löslichkeit angegeben. Man erhält aber mit verschiedenen Fällungsmitteln verschiedene Ergebnisse und außerdem bilden sich zwei Phasen, von denen jede Lösungsmittel, Fällungsmittel und Gelöstes enthält.

Die zweite Methode ist auf teilweise mischbare Flüssigkeit beschränkt.

Die Fällungsmethode hat eine gewisse Bedeutung für die praktische Prüfung der Verschnittfähigkeit der Kollodiumwollen (Benzinverträglichkeit) und auch der Lösungsmittel gefunden, da sich herausgestellt hat, daß die Lösungen von Kollodiumwolle in verschiedenen Lösungsmitteln ganz verschiedene Zusätze von Verdünnungsmitteln vertragen, bevor eine Entmischung eintritt. Die Methode dient also nicht nur zur lacktechnischen Beurteilung der Kollodiumwolle, sondern auch zur Bewertung von Lösungs-, Verdünnungs- und Weichmachungsmitteln.

Wenn eine Lösung sich auf Zusatz eines Verdünnungsmittels trübt, so scheidet sie sich in der Regel in zwei kolloide Systeme mit einem trennenden Meniscus.

Die eine Phase enthält mehr NC und weniger Fällungsmittel als die andere. Da sich nach solchen Versuchen vollständige Phasenregeldiagramme nicht aufstellen lassen, ist es unzulässig, aus den Ergebnissen Schlüsse auf das Lösevermögen zu ziehen. Abgesehen davon läßt die Reproduzierbarkeit zu wünschen übrig.

Trotzdem konnten mit dieser Methode einige Gesetzmäßigkeiten gefunden werden, die von erheblichem praktischen Interesse sind. Die praktische Ausführung gestaltet sich wie folgt:

Man löst je 10 g trockne Kollodiumwolle, z. B. eine niedrigviscose Lackwolle von 12,2% Stickstoffgehalt, in je 90 g der verschiedenen Lösungsmittel auf.

Das Verdünnungsmittel, z. B. Benzol oder Benzin, wird in eine Quetschhahnbürette gefüllt. Unter lebhaftem Schwenken der NC-Lösung läßt man das Verdünnungsmittel zulaufen, bis eine bleibende Trübung entsteht und stellt die Anzahl der benötigten Kubikzentimeter Verdünnungsmittel fest. Man erhält so etwa folgende Zahlenreihe, die sich mit der Art der Nitrocellulose (Viscosität und Stickstoffgehalt) ändert. Außerdem ist die Reaktion temperaturabhängig.

10 prozentige Lösungen von NC in:	Verbrauchte cm^3 Benzol	Verbrauchte cm^3 Benzin
Aceton	393	46
Äthylglykol	312	39
Butylacetat 100%ig	155	75
Mesityloxyd	240	59
Pyranton	183	24

Es ergibt sich, daß Lösungen von Kollodiumwolle einen wesentlich höheren Zusatz an Benzol als an Benzin vertragen. Es zeigt sich ferner, daß Aceton- und Äthylglykollösungen wesentlich größere Zusätze an Benzol vertragen als Butylacetatlösungen, während für Benzinzusatz das umgekehrte der Fall ist. J. G. Davidson und E. W. Reid haben diese Verhältnisse eingehend studiert[1]. Sie finden folgende Gesetzmäßigkeit:

$$DR = \frac{Vd}{Vn}$$

$V d$ = Volum des Verdünnungsmittels.

$V n$ = Volum des Lösungsmittels.

DR (Dilution ratio) ist von folgenden Faktoren abhängig: Lösungsmittel, Verdünnungsmittel, Temperatur, Typ der Nitrocellulose, Gehalt der Lösung an NC.

Das Ergebnis der Untersuchung, welches die wichtigsten Verdünnungsmittel und einige häufig angewandte Lösungsmittel umfaßt, ist folgendes:

a) *DR.*, das Verdünnungsverhältnis, ist ein Maß des Lösevermögens,

b) bei gleichbleidenden Bedingungen ist das Verdünnungsverhältnis von Lösungsmitteln größer bei aromatischen als bei aliphatischen Kohlenwasserstoffen,

c) die Glykoläther haben ein größeres Verdünnungsverhältnis gegenüber den aromatischen Kohlenwasserstoffen als die Ester; gegenüber den aliphatischen Kohlenwasserstoffen bestehen keine wesentlichen Unterschiede,

d) gekrackte Benzine sind bessere Streckmittel als direkt destillierte,

e) die tiefer siedenden Fraktionen der Benzine sind bessere Streckmittel als die höher siedenden Fraktionen,

f) das Verdünnungsverhältnis sinkt mit zunehmender Konzentration der Nitrocellulose.

Man kann sich noch auf andere, sehr einfache Weise ein Urteil über das Lösevermögen der Lösungsmittel und Gemische bilden, indem man nämlich die Viscosität gleichprozentiger Lösungen ein und desselben Celluloseesters in verschiedenen Lösungsmitteln bestimmt.

In der ersten Tabelle auf Seite 181 sind die Ergebnisse einer solchen Meßreihe verzeichnet.

Es zeigt sich, daß die Viscosität gleichkonzentrierter Lösungen je

[1] Dilution ratios of nitrocellulose solvents. Ind. Chem. Sept. 27.

Messungen von 10%igen Lösungen einer E 620 in folgenden Lösungsmitteln im Cochius-7 mm-Rohr.

	Sekunden	Centipoisen
Aceton	12	35
Methyläthylketon	15	50
Mesithyloxyd	28	99
Aceton, Benzol 3:2	16	52
Aceton, Benzol, Alkohol 2:1:1	16	52
Ester der Essigsäure		
Methylacetat	35	125
E 13	13	37
Äthylacetat	23	81
Isopropylacetat	25	87
N-Butylacetat, rein	39	140
Amylacetat, rein	98	377
Äthylglykolacetat	208	830
Methylglykolacetat	267	1057
Adronolacetat	580	2340
Benzylacetat	1240	?
Essigester, Benzol, Alkohol 1:1:1	19	68
Butylacetat-Alkohol 1:1	35	125
Äthylglykolacetat, Alkohol 1:1	53	198
Methylglykol	225	890
Äthylglykol	235	910
Diäthylcarbonat	86	327
Äthylglykol, Alkohol 1:1	49	181
Acetylglykolsäureäthylester	235	910
Milchsäureäthylester	163	637
Milchsäureäthylester, Alkohol 1:1	60	225

nach dem verwendeten Lösungsmittel in absoluten Einheiten fast um das hundertfache differiert.

Die Werte liegen näher beieinander, wenn man volumprozentige Lösungen vergleicht, die man erhält, wenn man beispielsweise 10 g trockne Wolle in einen 100 cm³ Meßkolben bringt, das Lösungsmittel zugibt und nach Durchlösung auf 100 cm³ auffüllt, wie dies in der Maßanalyse allgemein üblich ist.

Gibt man die Meßergebnisse in absoluten Werten an und dividiert sie durch die absolute Viscosität des angewandten Lösungsmittels, so erhält man die noch eindeutigeren relativen Viscositäten.

Hochviscose Lackwolle.

Lösungsmittel	Konzentration %	η_c	z
Essigester	10	6.634	1 452
	15	42,52	9 305
	20	235,9	51 630
Butylacetat	10	10,42	1 538
	15	70,64	10 120
	20	399,4	60 420

Eine bestimmte Wolle zeigt also in 10%iger Lösung von Essigester 6,634 Poisen, in 10%iger Lösung von Butylacetat 10,42 Poisen, die relativen Viscositäten derselben Lösungen liegen aber viel näher zusammen: 1452 und 1538. Diese beiden Zahlen dürften die verschiedene Affinität der Wolle zu den beiden Lösungsmitteln ganz roh zum Ausdruck bringen.

2. Erklärungsversuche für das Lösevermögen der Lösungsmittel.

Wir haben oben gezeigt, daß das Lösevermögen für Kollodiumwollen an bestimmte Gruppen von Verbindungen gebunden ist, Ketone, Ester, Glykoläther usw., und daß auch bestimmte Gemische von Nichtlösern die Eigenschaft von Lösungsmitteln haben.

In den letzten Jahren ist von verschiedenen Forschern der Versuch gemacht worden, diese bevorzugte Stellung bestimmter Verbindungsgruppen mit Hilfe der Langmuir-Hildebrandschen Theorie zu erklären.

Das Kausalbedürfnis vermögen diese Versuche nicht in ausreichender Weise zu befriedigen. Immerhin lohnt es sich, darauf einzugehen, da sie zweifellos einen richtigen Kern enthalten[1].

Nach der Langmuir-Hildebrandschen Theorie wird die Tatsache, daß polare Stoffe in polaren Flüssigkeiten und nichtpolare Stoffe in nichtpolaren Flüssigkeiten löslich sind, durch die spezifische Anziehung zwischen polaren Gruppen in Lösungsmittel und Gelöstem erklärt.

Highfield hat wohl als erster die Vermutung ausgesprochen, daß Stoffe, die sowohl polare wie nichtpolare Gruppen enthalten, in einem Gemisch von polaren und nichtpolaren Lösungsmitteln löslicher sein werden als in Lösungsmitteln stark polarer oder nichtpolarer Natur. Diese Vermutung konnte von ihm experimentell an Nitrocellulosen verschiedenen Stickstoffgehaltes bestätigt werden. Die Nitrocellulose enthält Gruppen von sehr verschiedener Polarität; am stärksten polar sind die OH-Gruppen, am schwächsten polar die Kohlenwasserstoffgruppen. Mit zunehmendem Stickstoffgehalt vermindert sich die Zahl der OH-Gruppen, und es müßte gefordert werden, daß sich damit der polare Charakter der optimalen Lösungsmittel bzw. Gemische ändert. Dies trifft bekanntlich zu.

Innerhalb des Stickstoffbereichs der technischen Kollodiumwollen kann mit abnehmendem Stickstoffgehalt, also mit zunehmendem Gehalt an Hydroxylgruppen der stark polare Alkohol als Lösungsmittel in wachsendem Maße mit verwandt werden und für Wollen, die bezüglich des Stickstoffgehaltes an der unteren Grenze der Kollodiumwollen stehen, kann Alkohol schon allein lösungsbildend wirken.

---

[1] Vgl. hierzu Mc Ewen: J. chem. Soc. Lond. **123**, 2279 (1923). — Highfield, A.: Trans. Faraday Soc. **64**, 22 (1926).

Andrerseits erklärt sich nach dieser Hypothese sehr gut, daß die sogenannte Benzinverträglichkeit der Nitrocellulosen (vgl. die Prüfungsmethoden für Nitrocellulose) mit dem Stickstoffgehalt ansteigt: Abnahme der stark polaren Hydroxylgruppen — Zunahme der Verwandtschaft zu dem schwach polaren Kohlenwasserstoff.

Es sind also Verbindungen mit polaren Radikalen bestrebt, die Nitrocellulose zu lösen vermöge ihrer Ähnlichkeit mit den OH- und ONO_2-Gruppen, während Verbindungen mit nichtpolaren Radikalen wegen ihrer Ähnlichkeit mit den Kohlenwasserstoffgruppen der Nitrocellulose Lösevermögen haben. Maßgebend für die Zusammensetzung eines optimalen Lösungsmittelgemisches ist dann ein dem Gehalt an Hydroxylgruppen bzw. Nitratgruppen der Nitrocellulose angepaßtes Verhältnis der Komponenten. Es ist tatsächlich kein Stoff bekannt, der wie Wasser oder Kohlenwasserstoffe polare oder nichtpolare Gruppen vorherrschend enthält und Nitrocellulose zu lösen vermag.

Im übrigen dürfte die Nitrocellulose für solche Untersuchungen nicht das geeignetste Objekt sein. Viel klarere Verhältnisse liegen bei der Äthylcellulose vor. Die Triäthylcellulose ist löslich in Benzol, Toluol usw., mit abnehmendem Äthoxylgehalt erfordert sie zur klaren Lösung zunehmenden Alkoholzusatz und bei weiterer Abnahme des Äthoxylgehaltes (unter 40%) gelangt man zu Produkten, die zur klaren Lösung Wasserzusatz verlangen.

Um die Highfieldsche Hypothese zur Theorie auszubilden, müßten die Untersuchungen auf das ganze Gebiet der löslichen Cellulosederivate und der anderen lyophilen Kolloide ausgedehnt werden. Unerläßlich ist dabei, daß in jeder Versuchsreihe nur Produkte annähernd gleicher Molekülgröße (gleichen Abbaugrades, annähernd gleicher Viscosität im optimalen Lösungsmittel) behandelt werden, da sonst weitere Komplikationen eintreten. Es sei an die Alkohollöslichkeit stark abgebauter Kollodiumwollen der E-Klasse erinnert[1].

C. Über die Natur der Celluloseesterlösungen.

An dieser Stelle unserer Darstellung erscheint es geboten, auf einige Lehren der Kolloidchemie einzugehen.

Die Einordnung unserer Kenntnisse und Vorstellungen von der Natur der Celluloseesterlösungen in den größeren Rahmen der physikalischen Chemie hat von den Solen auszugehen.

Die Ansichten vom Wesen der Sole, oder was dasselbe ist, der kolloiden

[1] In einer Reihe von Untersuchungen bringt J. Sakurada (Kioto) das Lösevermögen in Beziehung zur Dielektrizitätskonstante und zum Dipolmoment. Die Arbeiten sind in sieben Fortsetzungen veröffentlicht in Kolloid-Z. **49**, 49 u. 175 (1929). Vgl. ferner Mardles, E. W.: Löslichkeit von Cellulosederivaten. Kolloid.-Z. **49**, 2—11 (1929).

Lösungen, hat seit ihrer Entdeckung durch Graham in den sechziger Jahren des vorigen Jahrhunderts erhebliche Wandlungen erfahren.

Nur ein Merkmal solcher Lösungen kann nach wie vor als sicheres Kriterium gelten: die Unfähigkeit kolloidgelöster Stoffe durch semipermeable Scheidewände (Pergament, Kollodiummembran usw.) zu diffundieren. Diese Unfähigkeit zur Diffussion beruht auf der Größe der Teilchen der kolloidgelösten Stoffe. Die Teilchen können Krystallform haben oder amorph sein, der kolloide Zustand ist auch nicht an bestimmte Stoffe gebunden; vielmehr kann im Prinzip jeder Stoff in kolloider Form auftreten. Das entscheidende Merkmal ist die Größe der Einzelteilchen.

Die Bausteine der Materie sind bekanntlich Elektronen, Atome und Moleküle. Sie sind kleiner als ein milliontel Millimeter (1 milliontel Millimeter = 1 $\mu\mu$). Lösungen, welche größere Teilchen enthalten als ein $\mu\mu$, rechnet man zu den Kolloiden; als obere Grenze des kolloiden Zustandes gilt die Teilchengröße von 500 $\mu\mu$ oder $\frac{1}{2}\mu = \frac{1}{2}$ tausendstel mm.

Mit $\frac{1}{2}\mu$ gelangt man an die untere Grenze der mikroskopischen Sichtbarkeit.

Der uns interessierende Bereich liegt zwischen 1 $\mu\mu$ und 50 $\mu\mu$.

Die Arbeiten der letzten Jahre haben nun den Nachweis erbracht, daß die Einzelteilchen in den Lösungen der Celluloseester Moleküle darstellen, die wir wegen ihrer ungewöhnlichen Größe und der hierdurch bedingten besonderen Eigenschaften als Hauptvalenzketten bezeichnet haben, hiermit zugleich ihr Bauprinzip andeutend.

Nach dem Vorgang von Staudinger werden solche Kolloide als Molekülkolloide bezeichnet.

Man rechnet die Celluloseester zu den lyophilen Kolloiden. Mit diesem Ausdruck charakterisiert man die in verschiedener Weise zur Geltung kommende Verwandtschaft der Lösungsmittel zu den Celluloseestern, die, wie wir oben gezeigt haben, auf der spezifischen Affinität gleichpolarer Gruppen beruhen dürfte. Lyophile Kolloide nehmen große Mengen Lösungsmittel auf, indem sie sich wie ein Schwamm vollsaugen.

Handelt es sich um wäßrige Sole dieser Art, so spricht man auch von hydrophilen Kolloiden. Hierzu gehören beispielsweise viele Eiweißarten, Gelatine, Stärke, Methylcellulose und Agar.

Eine bemerkenswerte Eigenschaft der lyophilen bzw. hydrophilen Sole ist ihre Beständigkeit gegen Flockung bei Elektrolytzusatz und die beträchtliche Erhöhung der Viscosität, die solche Lösungen gegenüber der des Lösungsmittels zeigen.

Man kann z. B. dem Kollodium erhebliche Mengen einer alkoholischen Silbernitrat- und Jodkaliumlösung zusetzen, ohne daß Flockung eintritt; ebenso kann man wäßrige Gelatinelösungen mit Lösungen von Silbernitrat, Bromammonium, Chlorammonium usw. versetzen, ohne daß die Gelatinelösung ihren kolloiden Charakter einbüßt. Man macht hiervon bekanntlich in der photographischen Industrie ausgiebigen Gebrauch.

Im Gegensatz dazu reagieren die lyophoben bzw. hydrophoben Kolloide meist außerordentlich scharf auf Elektrolytzusatz durch Flockung des Kolloids. Ihre Lösungen zeigen in der Regel nur eine geringe Zunahme der Viscosität gegenüber der des Lösungsmittels. Das Lösungsmittel hat nur geringe Verwandtschaft zum Kolloid (kolloides Gold, Silber, Schwefel usw.).

Nach diesen allgemeinen Ausführungen wollen wir versuchen, weiter in das Wesen der Celluloseesterlösungen einzudringen.

1. Die Solvatation.

Mit Solvatation bezeichnet man die Vorgänge der Quellung und Lösung. Mehrere Forscher sind auf verschiedenen Wegen zu der Ansicht gelangt, daß die Solvatation auf der Betätigung von Kräften der Anziehung zwischen den Gruppen der Lösungsmittel und des Kolloids zustande kommt.

So gelangt Katz[1] auf Grund von thermochemischen Untersuchungen zur Annahme einer „Molekularattraktion". Nach K. H. Meyer[2] sind die Solvatationsenergien größenordnungsmäßig den Micellarkräften vergleichbar. Wie sich die Micellarkräfte aus den Inkrementen, also den Kräften der einzelnen Gruppen, berechnen lassen, so müßte analog auch die Solvatationsenergie der Berechnung zugänglich sein. Nach W. Ostwald[3] geht die Quellung unter zunehmender Vergrößerung der „Solvathüllen" in Lösung über. Der Punkt, an dem nicht mehr alles Lösungsmittel zur Ausbildung der Solvathüllen verbraucht wird, sondern frei zwischen den solvatisierten Hauptvalenzketten beweglich ist, muß physikalisch erkennbar sein. Dies ist auch der Fall, wie wir unten sehen werden.

Freundlich[4] rechnet mit der Möglichkeit, daß die Lösungsmittelmoleküle die Teilchen des Kolloids in mehreren Lagen geordnet bedecken. Es ist sehr wahrscheinlich, daß das so gebundene Lösungsmittel das hundertfache vom Gewicht des trocknen Kolloids betragen kann[5]. Einen schönen Beweis für die mit der Solvatation zunehmende Größe der Teilchen haben Duclaux und Wollmann geliefert, indem sie osmotische Messungen an verschiedenen konzentrierten Lösungen einer Nitrocellulose anstellten. Die Meßergebnisse und die hieraus errechneten scheinbaren Molekulargewichte (nach K. H. Meyer) sind in der nachfolgenden Tabelle verzeichnet.

---

[1] Erg. exakt. Naturwiss. **3**. [2] Biochem. Z. **208**, 18 (1929).
[3] Kolloid-Z. **23**, 68. [4] Kolloid-Z. **46**, 289.
[5] Eggert u. Reitstötter: Z. physik. Chem. **123**, 363.

Konzentration g in 1000 cm³ c	Druck in Wasserhöhe cm	Druck in Atmosphären p	scheinbares Molekulargewicht M
1,16	0,62	0,0006	46 300
3,65	2,68	0,00269	33 800
8,33	8,0	0,0077	25 900
18,8	25,4	0,0246	18 400
46,2	105	0,1015	10 900
67,2	210	0,203	7 940
106,3	502	0,485	5 260
141	963	0,930	3 640

Eine ähnliche Auffassung über die Größe der solvatisierten Kolloidteilchen vertritt auch Hatschek[1].

2. Die Konzentrationsfunktion.

Man hat wiederholt versucht, die Regelmäßigkeit, welche der Verlauf von Viscositätskonzentrationskurven zeigt, mathematisch zu behandeln. Bei lyophilen Kolloiden war man hierbei bisher noch nicht zu brauchbaren Resultaten gelangt, weil der Einfluß der Solvatation nicht erfaßt werden konnte. Es sei bezüglioh dieser Versuche auf die

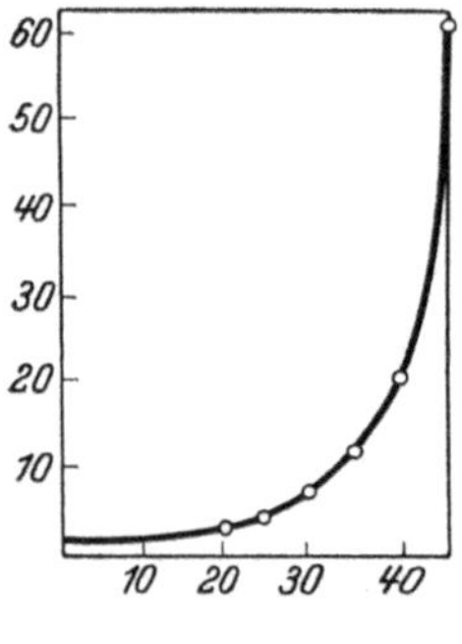

Relative Viscosität-Konzentrationskurve des Glykogensols (Bottazzi u. d'Errico). Absz. g in 100 ccm Sol.

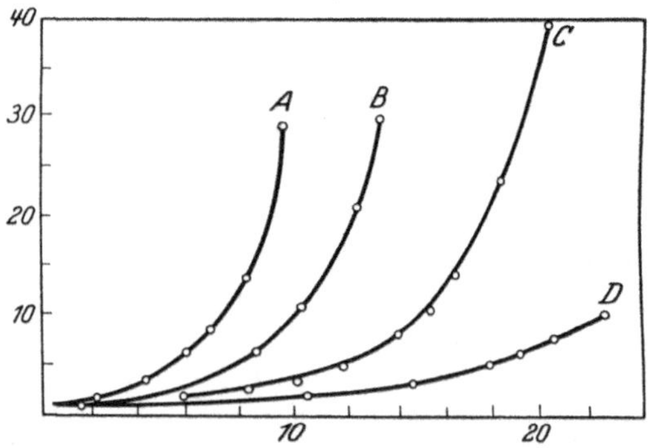

Abb. 7.

Relative Viscosität-Konzentrationskurven verschiedener Proteinsole (Chik). *A* Natriumcaseinat, *B* Euglobin (mit NaCl), *C* Pseudoglobulin, *D* Serumeiweiß. Absz. Gewichtsprozente.

Darstellung von Hatschek l. c. verwiesen, sowie auf die interessante Arbeit von H. Staudinger[2]. Viscositätsuntersuchungen an Molekülkolloiden. Wie solche Viscositätskonzentrationskurven aussehen, ist aus den Schaubildern zu entnehmen (Abb. 7).

Bei allen diesen Schaubildern ist die relative Viscosität auf der Ordinate, die Konzentration auf der Abzisse dargestellt. Sie zeigen un-

[1] Die Viscosität der Flüssigkeiten. S. 193. Dresden 1929.
[2] Kolloid-Z. **51** (1930).

abhängig von der Natur der Kolloide einen ähnlichen Kurvenverlauf. Die niedrigviscosen Produkte zeigen flachliegende und langsam ansteigende Kurven, die hochviscosen Produkte steil ansteigende Kurven.

Die Kurven verlaufen im Bereich der niedrigen Konzentrationen, namentlich bei niedrigviscosen Produkten annähernd linear. Es ist nun sehr wahrscheinlich, daß das Gebiet des linearen Kurvenverlaufs dem Zustande entspricht, bei dem noch nicht alles Lösungsmittel zur Solvatation verbraucht ist. In dem Maße, wie das Lösungsmittel immobilisiert wird, geht die Linie in eine logarithmische Kurve über.

Abb. 8 zeigt, daß diese Immobilisierung des gesamten Lösungsmittels bei hochviscosen Wollen schon bei einem Trockengehalt von weniger als 1% erfolgt.

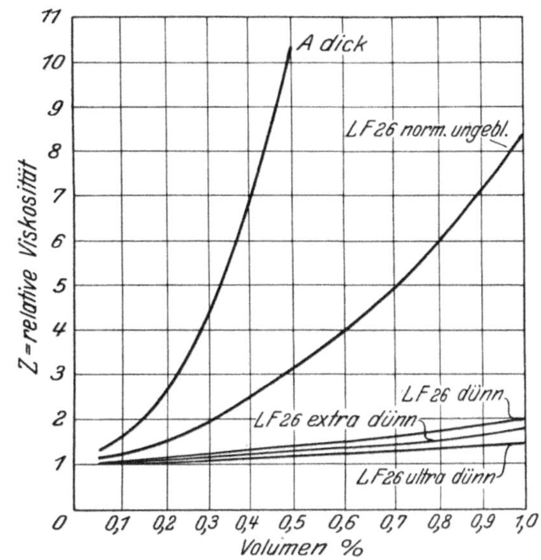

Abb. 8. Viscosität von NC in Abhängigkeit von der Konzentration.

In jüngster Zeit hat man vielfach die Einsteinsche Formel zum Ausgangspunkt für theoretische Eröterungen gewählt, obwohl deren Voraussetzungen für lyophile Kolloide nicht zutreffen. Einstein geht nämlich in seiner aus den hydrodynamischen Grundgleichungen abgeleiteten Gleichung von einer Suspension nicht deformierbarer Kugeln in einer zähen Flüssigkeit aus.

Unter der Annahme, daß das Gesamtvolum der Kugeln klein ist im Vergleich zum Volum der Flüssigkeit, und daß die Kugeln so weit voneinander entfernt sind, daß sie sich nicht gegenseitig beeinflussen können (verdünnte Lösung), gelangt er für die Viscosität einer Lösung von der Konzentration c in erster Näherung zu der Beziehung

$$\eta_c = \eta_o \left(1 + a \frac{N \cdot \varphi}{v}\right)$$

η_c = Viscosität des Lösungsmittels,
N = Zahl der Teilchen im Gesamtvolum,
φ = Eigenvolum eines Teilchens,
a = 2,5
v = gesamtes Volum der Lösung.

Die Gleichung besagt, daß die relative Viscosität $\frac{\eta_c}{\eta_0}$ nur abhängt vom Verhältnis des Gesamtvolums der gelösten Phase zum Gesamtvolum des Lösungsmittels.

Es ist gleichgültig, ob die gelöste Phase aus vielen kleinen oder wenig großen Kugeln zusammengesetzt ist.

Die Viscosität steigt linear mit der Konzentration, wenn die Voraussetzung der Gleichung erfüllt wird.

Bei einer Reihe von lyophoben Kolloiden konnte die Gültigkeit der Gleichung bestätigt werden. Die oben wiedergegebenen Schaubilder zeigen, daß sie für die uns interessierenden lyophilen Kolloide nicht gültig ist; dies ist auf die Solvatation zurückzuführen.

Wird mit G die eingewogene Menge in Gramm, mit M das Molekulargewicht der gelösten Substanz, mit s ihre Dichte und mit N_L die Lohschmidtsche Zahl bezeichnet, so ist

$$N = \frac{G}{M} \cdot N_L \quad \text{und} \quad \varphi = \frac{M}{s} \cdot \frac{1}{N_L}.$$

Setzt man beide Ausdrücke in die Einsteinsche Gleichung ein, so hebt sich das Molekulargewicht aus der Formel weg und man kann somit aus solchen Messungen nur entnehmen, welchen Raum ein Gramm Substanz im gelösten Zustand einnimmt. Dieser von Einstein stammende Gedankengang hat sich für die Beurteilung der Vorgänge bei der Solvatation als fruchtbar erwiesen. Auf die Lösungen der Celluloseester haben ihn kürzlich Fikentscher und Mark[1] angewandt, deren Ausführungen wir folgen.

Die Raumbeanspruchung ist durch $\frac{G}{s}$ gegeben. Schon Einstein hat die Raumbeanspruchung von einem Gramm Zucker in Lösung verglichen mit der Raumbeanspruchung des krystallisierten Zuckers. Diese beträgt je Gramm 0,61 cm³, während sich aus der Viscosität sehr verdünnter Zuckerlösungen 0,98 cm³ je Gramm berechnen. Einstein deutet dies durch Hemmung der Beweglichkeit der den Zuckermolekülen unmittelbar benachbarten Lösungsmittelteilchen. Ein bestimmtes Quantum Wasser wird von den Zuckermolekülen „mitgeführt".

Die tatsächliche Raumbeanspruchung der dispersen Phase kann also ausgedrückt werden durch

$$N\varphi' = N \cdot \varphi \cdot f,$$

wobei f angibt, wievielmal das Volum des Kolloids im gelösten Zustand größer ist als im trocknen Zustand.

Hiermit wäre ein exaktes Maß für die Solvatation gefunden. Man hätte damit auch ein Maß für die spezifische Affinität des Lösungsmittels zum gelösten Körper, von der oben die Rede war, wenn die Molekülgröße,

[1] Kolloid-Z. **49**, 137.

in unserem Falle die Länge der Hauptvalenzketten ohne Einfluß auf die Solvatation wäre. Daß dieser Einfluß doch besteht, kann ebenfalls aus den oben wiedergegebenen Schaubildern entnommen werden.

Fikentscher und Mark (l. c.) nehmen nun an, daß die gute Löslichkeit der Stoffe, welche in Form von Hauptvalenzketten auftreten, auf ihrer großen molekularen Oberfläche beruht, welche dem Lösungsmittel gestattet, sich rings um das Molekül anzulagern. Schematisch wird die Hauptvalenzkette als fadenförmiger langer Zylinder von kleinem Radius dargestellt. Der Solvathülle geben die genannten Autoren die Gestalt eines Rotationsellipsoids. Das Volum eines solchen Teilchens im solvatisierten Zustand ist dann

$$\varphi' = \frac{4}{3}\pi \frac{l}{2} \cdot \left(\frac{m}{2}\right)^2.$$

Der große Durchmesser l des Ellipsoids fällt mit der Länge des Kettenmoleküls zusammen, während der kleine Durchmesser m eine Funktion dieser Länge ist (vergl Abb. 9).

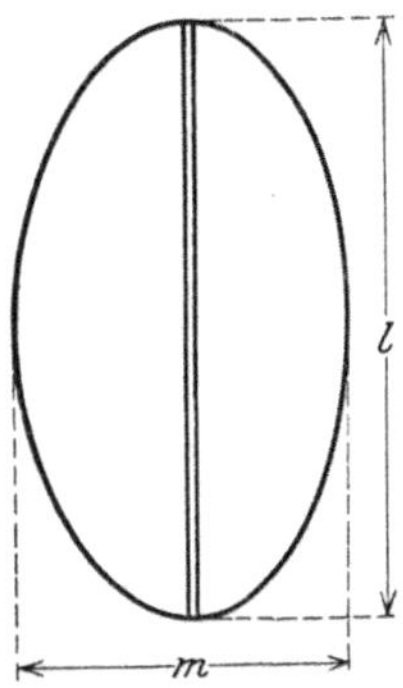

Abb. 9. Schematische Darstellung einer solvatisierten Hauptvalenzkette.

In dem Verhältnis der beiden Durchmesser drückt sich schematisch die spezifische Affinität des Kolloids zum Lösungsmittel aus.

Bei starker Affinität des Kolloids zum Lösungsmittel nähert sich das Ellipsoid der Kugelgestalt, bei geringerer Affinität hat es eine langgestreckte Form.

In polymerhomologen Reihen, also beispielsweise bei Nitrocellulosen gleichen Stickstoffgehaltes aber verschiedener Viscosität, bleibt in einem Lösungsmittel das Verhältnis der Durchmesser konstant. Das bedeutet, daß sich bei polymerhomologen Reihen mit der Länge der Hauptvalenzkette das Maß, aber nicht die Art der Wechselwirkung ändert.

Wir setzen l in der Formel des Ellipsoids der Länge der Hauptvalenzkette proportional und erhalten

$$\varphi' = k \cdot M^3.$$

Unter Berücksichtigung des Gesamtvolums der gelösten Phase lautet die Einsteinsche Gleichung dann

$$z = 1 + a \frac{G \cdot K' M^2}{v}.$$

Werden alle Lösungen auf $v = 100\ \text{cm}^3$ bezogen und mit c die Anzahl Gramm in $100\ \text{cm}^3$ bezeichnet, so erhält man

$$z = 1 + a \frac{c K' M^2}{100}.$$

Diese umgeformte Einsteinsche Beziehung ermöglicht nun die Ableitung der relativen Molekulargewichte aus der Messung der relativen

Viscosität. Stellt man von Nitrocellulosen gleichen Stickstoffgehalts aber verschiedener Viscosität gleichviscose (isoviscose) Lösungen her, so ergibt sich

$$1 + a\frac{c_1 K' M_1^2}{100} = 1 + a\frac{c_2 K' M_2^2}{100}$$

und nach Wegheben des wegen der Ähnlichkeit der Solvathüllen gleichen Faktors a

$$c_1 K' M_1^2 = c_2 K' M_2^2.$$

In isoviscosen Lösungen ist also das solvatisierte Volum der gelösten Phasen gleich groß und man erhält

$$\frac{c_1}{c_2} = \frac{M_2^2}{M_1^2},$$

d. h. in isoviscosen Lösungen polymerhomologer Substanzen verhalten sich die Quadrate der Molekulargewichte oder der Hauptvalenzkettenlängen umgekehrt proportional wie die eingewogenen Mengen.

Die erweiterte Einsteinsche Beziehung

$$z = 1 + a\frac{G \cdot K' M^2}{v_l}$$

hat naturgemäß auch nur unter den Bedingungen Gültigkeit, unter denen die ursprüngliche Gleichung abgeleitet worden ist. Insbesondere muß die Konzentration so klein gewählt werden, daß unter Berücksichtigung der Sovatation das Volum der gelösten Phase klein bleibt im Verhältnis zum Volum des freien Lösungsmittels. Wächst das Volum der ersteren so, daß es im Vergleich zum Volum des Lösungsmittels nicht mehr vernachlässigt werden kann, so ist das Volum der solvatisierten Teilchen vom Gesamtvolum der Lösung in Abzug zu bringen

$$z = 1 + a\frac{c K' M^2}{100 - c K' M^2},$$

setzt man $K' M^2 = b$, so ist $z = 1 + a\frac{cb}{100 - cb}$,

worin b das Volum von 1 g Kolloid im solvatisierten Zustand bedeutet; b ist also der Solvatisierungsgrad. In der nachfolgenden Tabelle sind die relativen Viscositäten von 0,1—1%igen Butylacetatlösungen verschiedener Nitrocellulosen mit den errechneten b-Werten zusammengestellt. Die Abb. 8 bezieht sich auf die gleichen Messungen.

Innerhalb der in dieser Tabelle verzeichneten Viscositätsgrenzen, also bis zu $z = 2{,}5$ erweist sich die Gültigkeit der erweiterten Beziehung durch die Konstanz der b-Werte.

In Lösungen, deren relative Vicsosität den Wert 2,5 oder mit anderen Worten, in denen das Volum der gelösten Phase $c \cdot b$ den Wert 35 überschreitet, gilt die Beziehung nicht mehr, weil sich die Solvathüllen beeinflussen und mit steigender Konzentration die Solvatation zurückgehen muß.

Berechnung des Solvatisierungsgrades *(b)* aus der relativen Viscosität nach der Gleichung

$$z = 1 + 2{,}5 \cdot \frac{c \cdot b}{100 - cb} \, .$$

Nitrocellulosen in Butylacetat.

Vol.-Proz. Gramm in 100 cm³	Nitrierte Baumwolle *z*	*b*	Nitrocellulose dick viscos *z*	*b*	Nitrocellulose mittel viscos *z*	*b*	Nitrocellulose dünn viscos *z*	*b*	Nitrocellulose extra dünn *z*	*b*	Nitrocellulose ultra dünn *z*	*b*
0,025	1,38	528										
0,05	1,903	530	1,30	214								
0,075	2,66	531								(20)	1,04	16
0,10	3,59	509	1,66	209	1,25	(91)	1,09	(35)	1,05	23	1,08	16
0,2	10,5	396	2,7	202	1,60	97	1,16	30	1,12	21	1,13	16
0,3	26,6	303	4,3	190	1,99	95	1,25	30	1 17	23	1,18	17
0,4	59,0	240	6,8	175	2,59	94	1,34	30	1,25	22		
0,5	122,0	196	10,3	158	3,00	89	1,44	30	1,31	22	1,28	17
0,6			15,4	142	4,06	92	1,54	30	1,38	23	1,33	17
0,7			22,6	128	4,88	87	1,65	29	1,47	23	1,39	17
0,8			31,8	116	6,04	84	1,76	29	1,57	22	15,0	17
1,0			64,8	96	8,35	75	2,02	29	1,72	22		17
b_0		530		214		96		30		4,69		4,12
$\sqrt{b_0}$		23		14,6		9,8		5,47		0,204		0,179
Relatives Molekulargewicht		1		0,634		0,426		0,238				

Es verbleibt noch die Aufgabe, die Höhe der Solvatation für die einzelnen Nitrocellulosen in absoluten Maßen auszudrücken.

Die *b*-Werte bedeuten das Volum, ausgedrückt in Kubikzentimetern, welches 1 g Kolloid in verdünnter Lösung einschließlich des an seiner freien Beweglichkeit behinderten Lösungsmittels einnimmt. Dieses Volum erreicht bei einer Kollodiumwolle mittlerer Viscosität den Betrag von annähernd 100 cm^3, bei der niedrigst viscosen Kollodiumwolle des Handels immer noch 17 cm^3 (siehe Tabelle). Wie oben festgestellt wurde, ist die Solvatation bei konstanter Temperatur in polymerhomologen Reihen, als welche die Nitrocellulosen bei annähernd gleichem Stickstoffgehalt anzusprechen sind, abhängig von der Länge der Hauptvalenzketten und der spezifischen Affinität des Lösungsmittels.

Es würde zu weit führen, unsere Anschauung von der Größe der Hauptvalenzketten, wie sie aus Viscositätsmessungen abgeleitet werden kann, eingehend zu begründen. Vergleiche mit Substanzen bekannter Molekülgröße machen es wahrscheinlich, daß die niedrigst viscosen Kollodiumwollen des Handels ein Molekulargewicht von 3000—4000 besitzen entsprechend etwa 16 Glykoseresten. Das Molekulargewicht der höchstviscosen Kollodiumwollen schätzen Fikentscher und Mark auf 18000—25000 = 65—90 Glykoseresten, und es ist bemerkenswert, daß K. H. Meyer auf ganz anderem Wege zu ähnlichen Ergebnissen gelangt.

Die Länge einer Hauptvalenzkette von niedrigstviscoser Wolle beträgt somit etwa 2,4 $\mu\mu$, die einer höchst viscosen etwa 46 $\mu\mu$.

Die nachstehende Tabelle zeigt den Einfluß der spezifischen Affinität der Lösungsmittel auf die Solvatation.

Viscosität in verschiedenen Lösungsmitteln.

Konz. Gramm in 100 cm^3	Kolloid	Butylacetat *z*	Butylacetat *b*	Lösungsmittel Glykomonoäthyläther *z*	Lösungsmittel Glykomonoäthyläther *b*	Aceton *z*	Aceton *b*
0,05	Nitrocellulose dick	1,30	214	1,27	195	1,205	151
0,10		1,66	209	1,565	185	1,47	158
0,15		2,12	206	1,92	179	1,77	157
0,20		2,70	202	2,30	171	2,10	153
0,1	Nitrocellulose mittel	1,27	97,5	1,19	71	1,173	65
0,2		1,60	97	1,43	73	1,393	68
0,3		1,99	95	1,695	73	1,66	69
0,4		2,51	94	1,96	69	1,95	69
0,5		3,14	92	2,34	70	2,29	68
0,4	Nitrocellulose dünn II	1,43	36,6	1,336	29,7	1,27	24,4
0,5		1,55	36,1	1,44	29,9	1,37	25,8
0,6		1,67	35,3	1,53	29,0	1,456	25,7
0,7		1,835	35,8	1,65	29,5	1,55	25,8
0,8		2,00	35,7	1,77	29,5	1,68	26,6
0,9		2,18	35,6	1,89	29,2	1,80	(27,0)
1,0		2,41	36,0	2,03	29,2	1,97	(28,0)

Lösungsmittel	Nitrocellulose dick	mittel	dünn II
Butylacetat b_0	214	96	36
$\sqrt{b_0}$	14,6	9,8	6
r. M.	0,634	0,426	0,261
Glykolmonoäthyläther b_0	190	72	29,5
$\sqrt{b_0}$	13,8	8,49	5,44
r. M.	0,634	(0,390)	0,25
Aceton b_0	157	68	26
$\sqrt{b_0}$	12,52	8,25	5,1
r. M.	0,634	0,416	0,258

Es zeigt sich, daß die Viscositäten und damit die b-Werte je nach Lösungsmittel und Kettenlänge verschieden sind, daß sie aber in allen drei Fällen in Aceton kleiner sind als in Glykoläther und die in Glykoläther kleiner als in Butylacetat; die Verhältniszahlen sind innerhalb der Meßfehler dieselben.

Es ist den Zahlen ferner zu entnehmen, daß die Änderung des Lösungsmittels die Viscosität weniger beeinflußt als die Kettenlänge. Im Sinne unserer Vorstellung von der ellipsoidischen Gestalt eines solvatisierten Teilchens bedeutet dies, daß eine Änderung an l die Größe der Solvathülle stärker beeinflußt als eine Änderung des Verhältnisses $\frac{m}{l}$.

Da $\frac{m}{l}$ für polymerhomologe Reihen in einem Lösungsmittel konstant ist, ist es ohne Schwierigkeiten möglich, wenigstens größenordnungsmäßig durch Berechnung von $\frac{m}{l}$ auch die spezifische Affinität des Lösungsmittels zahlenmäßig auszudrücken.

D. Die fraktionierte Fällung der Celluloseester und die Verwertung solcher Messungen für ihre lacktechnische Beurteilung.

Wir haben oben die Ansicht von Kurt Hess vertreten, daß eine noch so sorgfältig gereinigte Baumwollcellulose nicht Cellulose in Reinsubstanz darstellt, sondern gereinigte Baumwollfasern Hierin ist letzten Endes der Grund für die mangelnde physikalische Einheitlichkeit der technischen Celluloseester zu erblicken.

Zieht man beispielsweise aus einer 10000-kg-Charge bester gebleichter Baumwollelinters zahlreiche kleine Proben, so findet man meist wesentliche Unterschiede in der Viscosität dieser Proben in Kupferoxydammoniak. Durch gründliches Mischen der Charge wird diese Inhomogenität nur scheinbar beseitigt; sie ist ja bereits biologisch bedingt.

Es unterliegt keinem Zweifel, daß diese auf der Verschiedenheit der Teilchengröße beruhende Inhomogenität auch nach der Veresterung noch vorhanden ist. Ja, daß bei nicht völliger Beherrschung des Veresterungsvorganges und der anschließenden Prozesse die Inhomogenität noch wesentlich verstärkt werden kann. Es ist daher der Ansicht, daß strenggenommen den Viscositätsmessungen an Celluloseestern nur statistische Bedeutung zukomme, eine gewisse Berechtigung nicht abzusprechen.

Der Veresterungsvorgang bewirkt nun je nach seiner Ausführung in höherem oder geringerem Grade eine weitergehende Entfernung vom Zustand der Einheitlichkeit in einer anderen Beziehung, weil infolge der Eigenart dieses Vorganges die Konzentration des Veresterungsgemisches nicht an allen Stellen der Charge die gleiche bleibt und weil ferner die Reaktion permutoid fortschreitet.

Die hierdurch bedingte Inhomogenität äußert sich beispielsweise bei den Kollodiumwollen in Schwankungen des Stickstoffgehaltes der einzelnen Teilchen um einen Mittelwert, die sich allerdings bei hochwertigen Erzeugnissen in engen Grenzen halten. Auch dem auf die übliche Weise ermittelten Stickstoffgehalt kann man deshalb bei Anlegung strengster Maßstäbe nur statistische Bedeutung zusprechen.

Die Aussichten für eine Fraktionierung der technischen Celluloseester in einheitliche Substanzen mit Hilfe von Lösungs- und Fällungsreaktionen sind also recht ungünstig; die Wirkung der Lösungs- und bis zu einem gewissen Grade auch der Verdünnungsmittel bzw. Fällungsmittel ist sowohl vom Veresterungsgrade wie von der Teilchengröße der Celluloseester abhängig, und die beiden Faktoren stehen in keinem kausalen Zusammenhange.

Vor einigen Jahren hat Kumichel in einer vielbeachteten Arbeit über die Fraktionierung von Kollodiumwollen berichtet[1]. Seine Arbeitsweise ähnelt der bei Bestimmung der Verschnittfähigkeit üblichen. Lösungen von verschiedenen Kollodiumwollen in Aceton werden in einem Gefäß mit Rührer unter kräftiger Bewegung mit einem Gemisch von Wasser und Aceton 1:1 tropfenweise versetzt. Der Zusatz wird solange fortgesetzt, bis die Lösung eine dauernde Trübung zeigt. Die in diesem Stadium in der Lösung vorhandene Wassermenge ausgedrückt in Prozent der Gesamtlösung ergibt einen Schwellenwert, der für jede NC charakteristisch sein soll.

Das Versuchsmaterial von sechs beliebigen Wollen verschiedenen Stickstoffgehaltes und verschiedener Viscosität ist zur Erlangung solcher Aussagen durchaus unzureichend. Es läßt sich nämlich zeigen, daß eine Wolle von hohem Stickstoffgehalt und niedriger Viscosität denselben

[1] Kumichel: Die fraktionierte Fällung und Ultrafiltration der Nitrocellulosen. Kolloidchem. Beih. **26**, 1—5.

„Schwellenwert" haben kann wie eine Wolle von niedrigem Stickstoffgehalt und hoher Viscosität.

Wenn wir uns der Mühe unterziehen, diese Verhältnisse auf breiter experimenteller Basis nachzuprüfen, so gelangen wir zu folgender mit der Langmuir-Hildebrandschen Theorie und der Highfieldschen Hypothese im Einklang stehenden Feststellung:

1. Nitrocellulosen von annähernd gleicher Viscosität aber wechselndem Stickstoffgehalt (13,3; 12,8; 12,40; 12,1; 11,8; 11,5; 11,2; 10,9; 10,6) zeigen mit abnehmendem Stickstoffgehalt eine regelmäßig zunehmende Verträglichkeit gegen wäßrigen Alkohol, der „Schwellenwert" steigt also mit sinkendem Stickstoffgehalt, und zwar sehr stark.

2. Bei Nitrocellulosen von gleichem Stickstoffgehalt aber wechselnder Viscosität (6 Typen von der höchstviscosen bis zur niedrigviscosen) steigt der „Schwellenwert" mit abnehmender Viscosität der Wollen, und zwar weniger schnell als mit sinkendem Stickstoffgehalt.

So kommt es, daß eine sehr niedrigviscose Schießwolle mit 13,1% Stickstoffgehalt und ohne filmbildende Eigenschaften eine geringere Verträglichkeit gegen wäßrigen Alkohol zeigt als eine qualitativ hervorragende Lackwolle mit niedrigem Stickstoffgehalt. Es wäre somit völlig abwegig, den „Schwellenwert" als Qualitätsmerkmal für Lackwollen anzusehen.

Bei der oben geschilderten Arbeitsweise nach Kumichel bilden sich — eventl. nach Zusatz einer geringen weiteren Menge des Fällungsmittels — zwei Phasen, von denen die untere reicher ist an Nitrocellulose als die obere.

Für den Eintritt dieser Fällung sind dieselben Faktoren maßgebend wie für das Eintreten der Trübung, nämlich Stickstoffgehalt und Teilchengröße.

Fraktion *A* nennt Kumichel den gefällten Teil, Fraktion *B* den in Lösung gebliebenen Teil. *A* wird als sehr reine NC, *B* als ein Gemisch von Abbauprodukten bezeichnet.

Es ist nun sehr merkwürdig, daß die Fraktion *A* in der Regel unstabil ist und *B* in der Regel stabil und daß *A* sich weiter fraktionieren läßt und dabei immer unstabiler wird. Hier liegen also sehr unübersichtliche Verhältnisse vor, und es scheint die Nitrocellulose bei diesen Fällungsvorgängen selbst nicht intakt zu bleiben.

Will man diese Reaktionen zur Charakterisierung von Lackwollen verwenden, so muß man Stickstoffgehalt und Viscosität berücksichtigen; will man auf diese Weise ein Werturteil über verschiedene Wollen gleichen Typs gewinnen, so muß man sich wohl oder übel auf solche Wollen beschränken, die in der Viscosität und im Stickstoffgehalt innerhalb der Fehlergrenzen übereinstimmen. Die hierdurch bedingte enge Begrenzung der Anwendung läßt die Methode für praktische Zwecke ungeeignet erscheinen.

Über die fraktionierte Fällung von acetonlöslicher Acetylcellulose berichtet H. J. Rocha[1].

Aus Acetonlösungen von Cellit, die weniger als 5% Trockensubstanz enthalten, können durch vorsichtigen Zusatz von Wasser drei Fraktionen gefällt werden, von denen die zuerst ausfallende Fraktion *A* die Aschebestandteile und andere Fremdsubstanzen mit sich reißt, während die mittlere Fraktion *M* aus „reiner" Acetylcellulose und die letzte Fraktion *B* die niedermicellaren Anteile und die Abbauprodukte angereichert enthält.

Die *A*-Fraktion ist hochviscos, die *B*-Fraktion ist niedrigviscos und die *M*-Fraktion konnte krystallinisch abgeschieden werden. Das Filmbildungsvermögen ist bei allen Fraktionen gut. Sehr merkwürdig ist die Feststellung, daß die Zerreißfestigkeit von Filmen einer hochviscosen Acetylcellulose durch Zusatz geringer Mengen einer niedrigviscosen bis zu einem Optimum gesteigert werden kann. Auch diese Beobachtung zeigt, daß eine Fraktionierung zwar wissenschaftlich interessante und für die Kontrolle des Herstellungsprozesses möglicherweise wertvolle Hinweise geben kann, daß sie aber keine Methode zur Beurteilung lacktechnischer Eigenschaften darstellt.

IX. Die lacktechnische Aufgabe der Weichmachungsmittel und Harze.

Mit der Behandlung der Weichmachungsmittel kommen wir in ein Gebiet, das eine Periode lebhafter Entwicklung hinter sich hat und zahlreiche Erfinder beschäftigte.

Von der ungeheuren Zahl der als Weichmachungsmittel vorgeschlagenen Substanzen haben jedoch nur wenige sich durchsetzen können.

Wir haben diese im einzelnen im Abschnitt V behandelt. Noch viel weniger abgeschlossen ist das Gebiet der Kunstharze, und deshalb ist es schwierig, eine einigermaßen systematische Darstellung zu geben, zumal da erst Ansätze zu einer Theorie vorhanden sind.

Sehen wir bei unserer Betrachtung zunächst von den weichen und halbweichen Harzen und natürlichen Balsamen ab (Elemi, manche Glyptale, Rezylharze usw.), welche in ihrer Wirkung auf den Lack zwischen Weichmachungsmittel und Harz stehen, so können wir die Wirkungsweise der beiden Gruppen von Lackrohstoffen wie folgt kennzeichnen:

[1] Rocha: Kolloidchem. Beih. **30**, 203 (1930).

Gemeinsam ist Harzen und Weichmachern die Erhöhung des „Körpers" und der Haftfestigkeit auf der Unterlage[1].

Ohne Harzzusatz ist es kaum möglich, einem Celluloseesterlack genügende Haftung beispielsweise auf Eisen zu geben. Die Erhöhung des Körpers beruht auf der niedrigen Viscosität der für Celluloseesterlacke in Betracht kommenden Harze, die man aus diesem Grunde in 50%iger, ja in 80%iger Lösung verarbeiten kann, während niedrigviscose Celluloseester, soweit sie noch filmbildende Eigenschaften haben, bereits in Lösungen mit 30% Trockengehalt Syrupkonsistenz aufweisen.

Auf die Beschaffenheit der fertigen Lackschicht üben sie gewissermaßen eine gegensätzliche Wirkung aus: Harzzusatz erhöht in gewissen Grenzen Härte und Glanz, verschlechtert aber stets die mechanischen Eigenschaften: Reißfestigkeit, Reißdehnung und Knitterzahl werden herabgesetzt. Die Licht- und Wärmebeständigkeit der Celluloseesterlackschichten wird von den Naturharzen und vom Esterharz wohl in allen Fällen ungünstig beeinflußt, doch verfärben sich die Harze meist nicht selbst, sondern wirken auf den Celluloseester zersetzend. Einige Kunstharze sind dagegen auch in Kombination mit NC völlig lichtbeständig; wenigstens vergilben sie nicht stärker als reine NC-Filme.

Die Weichmachungsmittel begünstigen die Zügigkeit und den Verlauf des Lackes sowie eine Erhöhung der Füllkraft. Die Mitverwendung pflanzlicher Öle, insbesondere des Ricinusöles und seiner Veredlungsprodukte (Casterol Blumer) wirkt zudem günstig auf den Preis (Ricinusöl: 85—95 Rpf. pro kg).

Innerhalb gewisser Grenzen des Zusatzes zeigen die nicht gelatinierenden und die gelatinierenden Weichmachungsmittel keine prinzipiell verschiedene Wirkung auf die Lackhaut. Unterhalb 20% berechnet auf den Celluloseester ist der Einfluß auf die mechanischen Eigenschaften nur bei sehr exakt gegossenen Filmen und sorgfältiger Messung zu konstatieren. Zwischen 20 und 50%, dem für Lackzwecke üblichen Bereich, zeigt sich folgende Wirkung: Abnahme der Reißfestigkeit, Zunahme der Reißdehnung, Zunahme der Knitterzahl (Schoppersche Apparate).

Bei Zusätzen über 100%, berechnet auf den trocknen Celluloseester, nähern sich die Eigenschaften der Filme denen des Gummis, doch ist ihre Dehnung überwiegend unelastisch, d. h. die stark gedehnten Filme gehen nicht wieder in ihre ursprüngliche Lage zurück. Mit 150% Weichmachungsmittel gelangt man in den Bereich der Auftragmassen für Kunstleder.

Prüfungsergebnisse, die man in einem Bereich unter 100% Weichmacherzusatz erhalten hat, lassen keinen Schluß auf das Verhalten der

[1] Voraussetzung für die Erhöhung der Haftfestigkeit durch Weichmachungsmittel ist die Wahl richtiger Mengenverhältnisse und Anpassung an die Beschaffenheit des zu lackierenden Gegenstandes.

Weichmacher bei Zusätzen von über 100% zu, worauf schon Wolff und Toeldte in ihren vergleichenden Untersuchungen über Öl- und Nitrocelluloselacke hingewiesen haben[1].

Wir hatten oben die Gelatinierungsmittel als eine Sonderklasse aus den Weichmachungsmitteln herausgehoben, weil sie Lösevermögen für Cellulosederivate besitzen. Alle Gelatinierungsmittel für Lack, welche heute technische Bedeutung haben, sind Ester organischer und anorganischer Säuren. Da die flüchtigen Ester als Lösungsmittel eine hervorragende Rolle spielen, kann es nicht wundernehmen, daß die hochsiedenden Ester, als welche die meisten und wichtigsten Gelatinierungsmittel anzusprechen sind, Lösevermögen besitzen.

Wir definieren die Gelatinierungsmittel als hochsiedende Lösungsmittel für Celluloseester und Äther, deren Verdunstungsgeschwindigkeit so gering ist, daß sie im Lackfilm bei normaler Temperatur jahrelang in wesentlicher Menge zurückgehalten werden.

Worin zeigt sich nun der Unterschied zwischen gelatinierenden und nicht gelatinierenden Weichmachungsmitteln in ihrer Wirkung auf Lack und Lackfilm, und worauf beruht die Eignung der einzelnen Produkte für bestimmte Cellulosederivate.

Es ist nach dem, was im vorigen Kapitel über die spezifische Affinität der Lösungsmittel zum Celluloseester ausgeführt worden ist, verständlich, daß auch die Gelatinierungsmittel sich nicht nur zu den verschiedenen Cellulosederivaten spezifisch verhalten, sondern im Sinne der Highfieldschen Theorie kann auch erwartet werden, daß den verschiedenen Veresterungsstufen eines Celluloseesters gegenüber verschiedene Produkte ein optimales Verhalten zeigen. Diese Forderung der Theorie wird durch die Erfahrung bestätigt.

Es ist freilich so, daß einzelne Gelatinierungsmittel für ein größeres, andere für ein kleineres Gebiet von Veresterungsstufen geeignet sind. Universalgelatinierungsmittel, die nicht nur alle Veresterungsstufen eines Celluloseesters, sondern auch verschieden zusammengesetzte Cellulosederivate gleich gut zu gelatinieren vermögen, gibt es nicht.

Es werden weiter unten einige Methoden besprochen, nach denen die Eignung der Gelatinierungsmittel für bestimmte Zwecke beurteilt werden kann.

Die nicht gelatinierenden Weichmachungsmittel, deren wichtigstes das Ricinusöl und seine Veredlungsprodukte (Casterol Blumer, Imperial castor oil) ist, sind mit den Verdünnungsmitteln zu vergleichen. Sie können den Lösungen der Celluloseester nur bis zu bestimmten Beträgen zugesetzt werden, ohne daß Flockung eintritt. Auch hier zeigt sich ein spezifisches Verhalten sowohl gegenüber den verschiedenen Ver-

[1] Fachausschuß für Anstrichtechnik beim VDI. H. 3.

esterungsstufen der Nitrocellulose (Ricinusöl und Casterol können nur für NC und einige Celluloseätherlacke verwendet werden), wie auch gegenüber bestimmten Lösungsmitteln und Lösungsmittelgemischen. Dies soll an einigen Beispielen erläutert werden. Setzt man einer Lösung, welche 100 Teile einer Kollodiumwolle mittlerer Viscosität, 100 Teile Sprit und 300 Teile Äther enthält, 150 Teile Ricinusöl zu und mischt gründlich, so bilden sich zwei ziemlich scharf getrennte Phasen: die untere enthält die ganze Wolle, den größten Teil des Öles und einen Teil des Lösungsmittels, die obere Phase besteht aus Lösungsmittel und einem Teil des Öles.

Setzt man die Lösung wie folgt an: z. B. 150 Teile Essigester, 150 Teile Alkohol, 100 Teile Wolle oder 100 Teile Essigester, 100 Teile Sprit, 100 Teile Benzol und 100 Teile Wolle, oder 100 Teile Aceton, 100 Teile Sprit, 100 Teile Benzol und 100 Teile Wolle, so kann man noch wesentlich mehr als 150 Teile Ricinusöl zusetzen, ohne daß die Lösung inhomogen wird.

In der Wirkung auf die mechanischen Eigenschaften des Lackfilms zeigen sich bei kurzer Beobachtungsdauer keine prinzipiellen Unterschiede zwischen gelatinierenden und nichtgelatinierenden Weichmachungsmitteln.

Die Unterschiede werden aber deutlich bei längerer Warmlagerung. Zeigt beispielsweise ein trockner Film aus hochviscoser Lackwolle ohne Pigment und Weichmachungsmittel (z. B. ein Streifen von 0,10 mm Dicke und 15 mm Breite) eine Zugfestigkeit von 16 kg bei einer Reißdehnung von 20%, so zeigt ein gleichdimensionierter Film, welcher auf 100 Teile hochviscose Lackwolle 50 Teile Ricinusöl enthält, eine Zugfestigkeit von 8,5 kg und eine Reißdehnung von 24%. Zusatz von 100% Ricinusöl ergibt einen Film von etwa 4 kg Zugfestigkeit und 40% Dehnung, beide Filme 3 Tage bei 50° getrocknet.

Nach dreißigtägiger Trocknung hat der Film mit 50% Ricinusöl noch dieselbe Zugfestigkeit von 8,5 kg, die Reißdehnung ist auf etwa 5% zurückgegangen.

Der Film mit 100% Ricinusöl zeigt nach 30tägiger Warmlagerung ebenfalls die unveränderte Zugfestigkeit von etwa 4 kg, die Dehnung ist von 40% auf 12% zurückgegangen.

Die Resultate schwanken naturgemäß mit dem Stickstoffgehalt und der Viscosität der Wolle; die Zahlen können aber doch für typisch gelten. Sie zeigen, daß nichtgelatinierende Weichmacher für sich allein zweckmäßig nicht angewendet werden, weil sie die mechanischen Eigenschaften auf die Dauer durchweg ungünstig beeinflussen.

Das Ricinusöl und andere nicht gelatinierende Weichmachungsmittel bedürfen zur Entfaltung ihrer günstigen Eigenschaften eines Lösungsvermittlers; solche Lösungsvermittler liegen in den Gelatinierungsmitteln vor.

In der nachfolgenden Tabelle sind einige Messungen an Filmen aus der gleichen Lackwolle mit Gelatinierungsmitteln und mit Gemischen von Gelatinierungsmitteln und Ricinusöl wiedergegeben.

	Zugfestigkeit nach 3tägiger Trocknung bei 50°	Dehnung	Zugfestigkeit nach 30tägiger Trocknung bei 50°	Dehnung
	kg	%	kg	%
100 NC + 50 Dibutylphthalat	7,4	32	5,2	22
100 NC + 100 Dibutylphthalat	5,8	46	4,2	33
100 NC + 30 Dibutylphthalat + 70 Ricinus	5,4	65	3,6	42
100 NC + 30 Tricresylphosphat + 70 Ricinus	3,9	52	3,2	39

Die Reproduzierbarkeit solcher Messungen läßt zu wünschen übrig. Zur ersten Orientierung über das System NC-Weichmachungsmittel sind sie aber nicht zu umgehen.

Trogus, Heß und Katz haben gelegentlich ihrer röntgenographischen Untersuchungen an Cellulosederivaten[1] über Gitteränderungen berichtet, die bei der Einwirkung von Gelatinierungsmitteln auf NC auftreten. Auf Grund ihrer Beobachtungen gelangen sie zu dem Schluß, daß solche Einwirkungsprodukte den Charakter von Koordinationsverbindungen haben.

Nach dieser allgemeinen Darstellung über den Zweck und die Wirkungen des Zusatzes von Weichmachungsmitteln und Harzen zu Celluloseesterlösungen sollen an Hand der Literatur die vorgeschlagenen Prüfungsmethoden und die wichtigsten mit diesen Methoden erzielten Ergebnisse besprochen werden.

Es wurden folgende Veröffentlichungen benutzt:

Herzog, Hildesheimer u. Medicus: Z. angew. Chem. **1921**, 57.
Trimmer, M. B.: Paint, oil and chem. Rev. **82**, Nr 3.
Brandenburger u. Mark: Kolloid-Z. **34**, 12 (1924).
Heymann u. Calingaert: Zbl. Bakter. II **1924**, 2621.
v. Mühlendahl u. Schulz: Z. angew. Chem. **1927**, 1185.
Schrauth, W.: Farbenztg **1929**, 2018.
Wolff, H., u. Rosen: Farbenztg **1929**, 2564.
Gardner, H. A. u. van Heuckorth: Farbe u. Lack **1929**, 199.
Kraus, A.: Farbe u. Lack **1930**, 206 u. 221.
Wolff, H., u. Zeidler: Farbenztg **1930**, 750.
Wolff, H., u. Toeldte: Fachausschuß für Anstrichtechnik H. 3.

1. Die Beeinflussung der Viscosität und Verschnittfähigkeit durch Weichmachungsmittel.

Wolff und Rosen l. c. haben eine vergleichende Untersuchung der folgenden vier Weichmachungsmittel vorgenommen: Tricresylphosphat, Dibutylphthalat, Sipalin MOM, Sipalin AOM. 100 Teile Nitrocellulose

[1] Z. physik. Chem. B **7**, 17ff. (1930).

(Wasag 8) wurden mit 25, 50 und 100 Teilen Weichmachungsmittel in Butylacetat gelöst. Die Lösung wurde allmählich mit Toluol versetzt, bis sie gelatinierte. Waren die Lösungen in bezug auf Nitrocellulose 10%ig, so trat in Abwesenheit von Gelatinierungsmitteln bei einem Verhältnis von Toluol zu Butylacetat wie 2:1 Gelatinierung ein. Die Verfasser bezeichnen hiernach die Verschneidbarkeit mit 2.

25% Weichmachungsmittel änderten die Verschneidbarkeit nicht. Bei einem Gehalt von 50% Weichmachungsmittel steigerte sich die Verschneidbarkeit auf 2,6, wenn Dibutylphthalat oder Tricresylphosphat verwendet wurden. Mit Sipalin MOM wurde die gleiche Verschneidbarkeit erst bei Zusatz von 100% erreicht, während Sipalin AOM auch bei 100% Zusatz diese Verschneidbarkeit nicht erreichte. Das letztere verhielt sich also in dieser Hinsicht von den vier untersuchten Weichmachungsmitteln am ungünstigsten.

Die Viscosität der gerade noch nicht gelatinierenden Lösungen war sehr hoch, so daß sie mit Ausnahme der Dibutylphthalat und Tricresylphosphat enthaltenden als praktisch nicht verwendbar angesprochen wurden.

Der Einfluß der Weichmachungsmittel auf die Viscosität wurde wie folgt festgestellt: das Verhältnis von Toluol zu Butylacetat wurde auf 2:1 eingestellt. Die Viscosität der reinen Nitrocelluloselösung wurde gleich 1000 gesetzt.

Das nebenstehende Schaubild 10 zeigt, daß bei 25% Weichmacher schon ein starkes Absinken der Viscosität eintritt, und zwar wirkt Sipalin AOM am stärksten, MOM am geringsten. Bei 50% Weichmachungsmittelzusatz sinkt die Viscosität weiter ab, und zwar auf etwa 7% der ursprünglichen bei Tricresylphosphat und AOM.

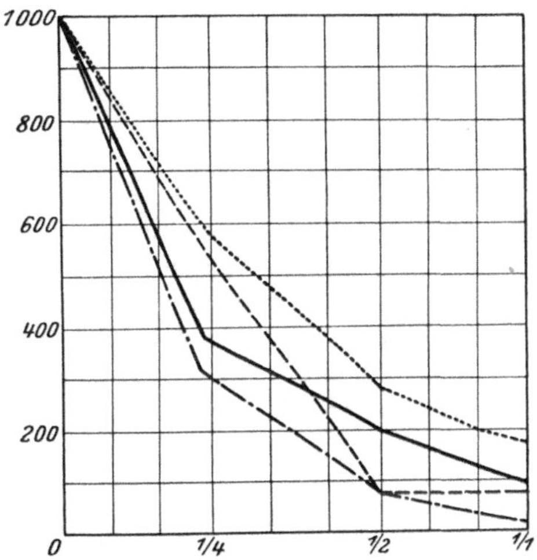

Abb. 10. Beeinflussung der Viscosität durch Weichmachungsmittel.

——————— Dibutylphthalat
— — — — — Tricresylphosphat
—·—·— Sipalin AOM
- - - - - - - Sipalin MOM

Beachtenswert erscheint, daß die Weichmachungsmittel, soweit sie Lösevermögen für den angewandten Celluloseester haben, die Verschneidbarkeit wenig, die Viscosität stark beeinflussen.

Die Verschnittfähigkeit gegen Benzin ist leichter exakt festzustellen, weil nicht Gelatinierung wie bei Toluol eintritt, sondern Fällung. Die Endkonzentration der untersuchten Lösungen betrug 6%.

Bei einer Lösung ohne Weichmachungsmittel trat Fällung bei einem Verhältnis von Butylacetat : Benzin 1 : 1,4 ein. Die Zusätze von Weichmachungsmitteln bewirken auch hier nur geringe Änderungen der Verschnittfähigkeit, wie die Abb. 11 zeigt.

Merkwürdig ist, daß Dibutylphthalat ebenso wie Sipalin AOM bei kleinem Zusatz die Verschneidbarkeit zunächst um einen geringen Betrag erniedrigen, bei größeren Zusätzen aber erhöhen. Dibutylphthalat zeigt die größte Verschneidbarkeit gegen Benzin. Praktisch wirken sich diese Unterschiede wie folgt aus: Bei einem Weichmachungsmittelgehalt von 100% der NC beträgt der Butylacetatgehalt vor Eintritt der Fällung im günstigsten Falle 27%, im ungünstigsten 30%. Bei richtiger Wahl des Weichmachungsmittels kann also 10% des Butylacetates gespart werden.

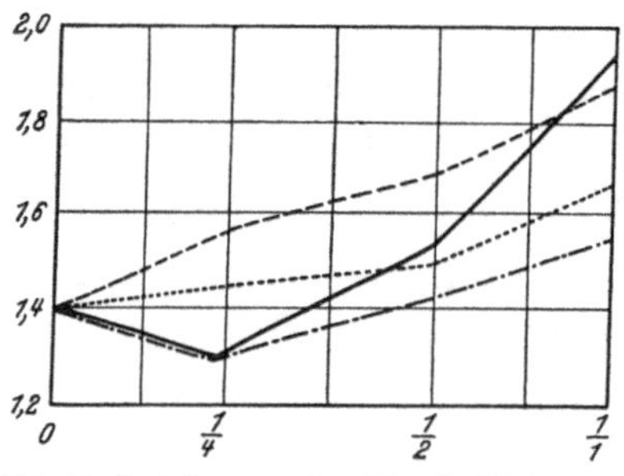

Abb. 11. Beeinflussung der Verschnittfähigkeit durch Weichmachungsmittel.
——— Dibutylphthalat
— — — Tricresylphosphat
—·—·— Sipalin AOM
- - - - - Sipalin MOM

Die bis dicht an die Grenze der Entmischung verdünnten Lösungen sind lacktechnisch nicht brauchbar, weil sie beim Auftrocknen den sogenannten Apfelsinenschaleneffekt oder trübe Schichten ergeben. Erst durch Bestimmung der Mischungsverhältnisse, die noch ein klares und glattes Auftrocknen unter gegebenen atmosphärischen Bedingungen gewährleisten, erhält man die „wahre Verschnittfähigkeit".

Weichmachungsmittel	verbrauchtes Benzol cm^3	Zustand der Lösung
Campher	88	Gelatinierung
Dibutylphthalat	44	Ausflockung
Diamylphthalat	41	„
Triphenylphosphat	38	Gelatinierung
Tricresylphosphat	35	„
Ricinusöl	0	die Kollodiumwolle ist nur teilweise gelöst

Zur ersten Orientierung über die Lösefähigkeit für Kollodiumwollen empfehlen v. Mühlendahl und Schulz a. a. O. folgende Arbeitsweise:

4 g NC werden in 8 g Alkohol und 8 g des zu prüfenden Weich-

machungsmittels gelöst. Zu dieser Lösung läßt man Benzol unter Rühren solange zufließen, bis eine Gelatinierung oder Ausflockung der Lösung eintritt. Die Menge des bis zu diesem Punkte zugegebenen Benzols soll als Maß für die Lösefähigkeit des Weichmachungsmittels gelten.

Man ist natürlich bei der Ausführung solcher Prüfungen weder an Alkohol als Lösevermittler noch an Benzol als Verdünner gebunden, sondern kann beide nach Bedarf ersetzen. Anpassung an den verwendeten Celluloseester ist erforderlich.

2. Der Einfluß der Weichmachungsmittel und Harze auf die Lichtbeständigkeit der Lackschichten.

Die Wirkung des Lichtes auf reine Nitrocellulosefilme zeigt sich 1. in einer Vergilbung der Schicht, 2. in der Verschlechterung der mechanischen Eigenschaften.

In gleicher Weise werden Filme verändert, die Weichmachungsmittel und Harze enthalten.

Die exakte Verfolgung dieser Vorgänge setzt die Überführung der Celluloseester in völlig gleichmäßige und blasenfreie Filme von gleicher Stärke voraus. Es sei auf die entsprechende Methode in Kapitel II, Teil 1 verwiesen. Zur Messung der Vergilbung bedient man sich zweckmäßig des ebenfalls schon erwähnten Ostwaldschen Halbschattenmessers der Firma Janke & Kunkel, Köln, zur Bestimmung der mechanischen Eigenschaften der bekannten Schopperschen Apparate.

Die Erfassung des Einflusses der Weichmachungsmittel und Harze macht es erforderlich, die Weichmacher und Harz enthaltenden Filme gleichzeitig mit reinen Celluloseesterfilmen zu belichten.

Auch ohne apparative Prüfung der mechanischen Eigenschaften, die bei fortlaufender Kontrolle größere Filmmengen erfordert und daher ohne maschinellen Guß wohl kaum auszuführen ist, erhält man brauchbare Ergebnisse, wenn man alle Proben unter gleichen Umständen solange der Lichtwirkung aussetzt, bis die Proben bei der Biegung zersplittern.

Die außerordentlichen Unterschiede, welche sich in der Lichtwirkung auf die einzelnen Kombinationen zeigen (soweit sich die Zusätze an Weichmachungsmittel und Harz in den lacktechnisch üblichen Grenzen halten), werden in erster Linie durch die Qualität des Celluloseesters bedingt.

In roher Annäherung gilt für Nitrocellulose, daß bei der Belichtung solche Wollen, deren reine Filme am schnellsten den Nullpunkt der mechanischen Eigenschaften erreichen, auch in Kombination mit Weichmachungsmitteln und Harzen am frühesten unbrauchbar werden.

In ähnlicher Weise äußern sich auch Wolff und Toeldte in der Zusammenfassung ihrer interessanten Untersuchungen über Öl und Nitrocelluloselacke[1]. „Die Art der Nitrocellulose ist von höchster Bedeutung für die Eigenschaften der Lacke, und zwar bei den verschiedensten Beanspruchungen. Eine höher viscose Wolle ist bei den meisten Beanspruchungen den niedriger viscosen Wollen überlegen."

Wie oben gezeigt wurde, werden durch Zusatz von Weichmachungsmitteln und Harzen bestimmte lacktechnische Effekte erzielt. Die Lichtbeständigkeit wird jedoch, soweit die Vergilbung als Maßstab dient, durch solche Zusätze wohl in keinem Falle verbessert. Als besonders günstig sind solche Weichmachungsmittel und Harze zu betrachten, welche die Lichtbeständigkeit der Celluloseester nicht verschlechtern.

Auf welche Vorgänge ist nun die Vergilbung der Lackschichten zurückzuführen?

Die Nitrocellulose wird durch fortgesetzte Bestrahlung (Sonnenlicht oder künstliche Lichtquellen) unstabil und spaltet spurenweise Stickoxyde ab, die Weichmachungsmittel für sich belichtet zeigen ausnahmslos eine Farbvertiefung wie von A. Kraus l. c. nachgewiesen worden ist. Kraus bestrahlte die in nachfolgender Tabelle aufgeführten Weichmachungsmittel 15 Stunden lang mit der Quarzlampe in flachen Schalen aus 20 cm Entfernung.

Das Ergebnis zeigt folgende Zusammenstellung:

Weichmacher	Vor der Bestrahlung	Nach der Bestrahlung
Tricresylphosphat (Hiag)	violette Fluorescenz farblos	keine Fluorescenz, stark gelblich
Diamylphthalat (Hiag)	typischer Geruch, fast farblos	fast geruchlos, schwach gelblich
Dibutylphthalat (Hiag)	typischer Geruch, fast farblos	fast geruchlos, schwach gelblich
Ricinusöl, med. (Merck)	stark gelblich	stark orangegelb
Sipalin MOM	blaß gelblich	stark orangegelb

Bei Lackfilmen, welche Nitrocellulose und Weichmachungsmittel enthalten, muß bei der Bestrahlung außer mit der Vertiefung der Eigenfarbe der Komponenten mit einer Einwirkung von etwa entstehenden Zersetzungsprodukten der Weichmachungsmittel auf die Nitrocellulose gerechnet werden. Dies schein in besonders starkem Maße bei den Phosphaten des Phenols und Kresols der Fall zu sein. In der folgenden Tabelle von Kraus sind Beobachtungen an Filmen zusammengestellt, welche auf 100 Teile NC 50 Teile Weichmachungsmittel enthalten.

[1] Fachausschuß für Anstrichtechnik, H. 3.

Bei länger fortgesetzter Bestrahlung und vor allem auch mit der Wahl der Lichtquelle ändern sich die Verhältnisse nicht unwesentlich. Sonnenbestrahlung wirkt anders als Quecksilberlicht. Nach einer viermonatigen Bestrahlung zeigen die Phosphate zwar immer noch die stärkste Vergilbung, die übrigen Weichmachungsmittel weisen aber kaum noch bemerkbare Unterschiede auf. Das bei kurzer Bestrahlung am besten abschneidende synthetische Weichmachungsmittel Sipalin MOM zeigt ferner bei längerer Bestrahlung eine ebenso ungünstige Beeinflussung der mechanischen Eigenschaften wie Tricresylphosphat.

Weichmachungsmittel:	Belichtungsstunden		
	3	5	10
Trikresylphosphat (Hiag)	sp	sch	st
Triphenylphosphat (Hiag)	sp	sch	st
Diamylphthalat (Hiag)	o	sp	sch
Dibutylphthalat (Hiag)	o	sp	sch
Palatinol C (I. G.)	o	o	sch
Elaol (I. G.)	o	o	sch
Ricinusöl, med. (Merck)	o	o	o
Kasterol (Blumer)	o	o	sp
Sipalin MOM	o	o	o
Äthylabietinat (Lab. Präp.)	sp	sch	st
Kollodiumlösung ohne Weich	o	o	o

Die Zeichen bedeuten:

o = nicht verändert,
sp = spurenweise vergilbt,
sch = schwach vergilbt,
m = mittelstark vergilbt,
st = stark vergilbt,
sst = sehr stark vergilbt.

H. Wolff und Rosen[1] kommen bezüglich des Einflusses der Weichmachungsmittel auf die Vergilbung zu ähnlichen Ergebnissen wie A. Kraus. Bei ihren Versuchen verwendeten sie mit den betreffenden Lacken überzogene Glasplatten, die 6 Stunden mit der Analysenquarzlampe aus 30 cm Entfernung bestrahlt wurden. Die untersuchten Schichten enthielten 25, 50 und 100% Weichmachungsmittel.

Sie fanden ferner, daß bei 100% Weichmachungsmittelgehalt die Lichtbeständigkeit am geringsten ist, und zwar trat bei Sipalin MOM schon kurz nach Beginn der Bestrahlung Rißbildung ein, welche sich bei den übrigen Weichmachungsmitteln erst nach einigen Tagen zeigte. Filme mit 25—50% Weichmachungsmittel zeigten bei dieser Art von Beanspruchung ein günstigeres Verhalten als NC-Filme ohne Weich-

[1] Farbenztg **1929**, 2565.

machungsmittel. Innerhalb bestimmter Grenzen verzögern also die gebräuchlichsten Weichmachungsmittel das Auftreten von Rissen in der Lackschicht.

3. Das System Nitrocellulose — Weichmachungsmittel — Harz.

Vergleicht man die Farbvertiefung, welche die Komponenten bei der Belichtung erfahren mit der Vergilbung der NC, Weichmacher und Harz enthaltenden Lackschicht, so ergibt sich, daß der Effekt nicht additiv ist.

In der Regel vergilbt die Kombination viel stärker als die Einzelbestandteile, ein Hinweis darauf, daß diese sich gegenseitig beeinflussen.

Die Beeinflussung der Harze durch Licht kann am besten dadurch bestimmt werden, daß man 50%ige Lösungen auf Glas aufstreicht und nach dem Trocknen bestrahlt. A. Kraus l. c. stellte bei 10 Harzen, die für Celluloseesterlacke empfohlen werden, nach diesem Verfahren folgende Farbvertiefungen fest:

	Belichtung in Stunden		
	2	3	10
Elemi	o	o	sp
Sandarak	o	o	sp
Zellodammar Blumer	o	o	sp
Kaurikopal	sch	sch	sch
Kolophonium französ.	o	o	sch
Albertol 82 G	sch	sch	m
Harzester 120 U von Albert	o	sp	m
Kumaronharz, springhart	sst	sst	sst
Glyptal (Lab. Präparat)	o	o	sp
Vinnapas (Polyvinylacetat von Dr. Alex. Wacker)	o	o	sp

Sehr lichtbeständig sind also Elemi, Sandarak, Zellodammar, Glyptal und Vinnapas (ein dem Vinnapas ähnliches Produkt ist der Movilith der I. G.).

Am schlechtesten verhält sich Kumaronharz.

Ein wesentlich anderes Bild erhält man, wenn man Lackschichten herstellt, die aus Nitrocellulose und Harz im Verhältnis 3:2 bestehen.

Die Lacklösung war wie folgt zusammengesetzt:

Wolle Wasag 6	15%	Toluol	32%
Butylacetat	25%	Ricinusöl	3%
Essigester	15%	Harz	10%

Es sei bemerkt, daß reine NC-Schichten unter den unten angegebenen Bedingungen nur äußerst schwach vergilben und daß ein Zusatz von Ricinusöl in dem Betrag von 20% auf die Wolle keine Verschlechterung

[1] Farbenztg **1930**, 750ff. Vergl. hierzu: Kraus, A.: Die Verwendung von Albertol-Kopalen in Nitrocelluloselacken. Farbe u. Lack **1930**, 575.

der Lichtbeständigkeit verursacht. Die Kombinationslacke ergaben nun folgendes Resultat:

	Belichtung in Stunden		
	2	3	10
Elemi	o	sp	st
Sandarak	sch	m	st
Zellodammar	o	sp	m
Kaurikopal	m	m	st
Kolophonium	sch	m	st
Albertol 82 G	sch	sch	st
Harzester 120 U	sch	sch	st[1]
Kumaronharz	st	st	sst
Glyptal	o	o	m
Vinnapas	o	sp	sp
Nitrolack ohne Weichmacher	o	o	o

Am günstigsten verhält sich Vinnapas, es folgen Glyptal und Zellodammar, während sich die übrigen Harze recht ungünstig verhalten. Es liegt nahe, das ungünstige Verhalten auf die relativ hohen Säurezahlen dieser Harze zurückzuführen (Einwirkung auf die Nitrocellulose).

Weitere Untersuchungen über die Lichtwirkung auf Lacke, welche Harz und Weichmacher enthalten, sind von Wolff und Zeidler veröffentlicht worden[2].

Diese Autoren kombinieren Nitrocellulose mit den 4 Weichmachungsmitteln Tricresylphosphat, Dibutylphthalat, Sipalin MOM, Sipalin AOM und verschiedenen Schellackmarken.

Die Lacke werden auf Weißblechtafeln aufgetragen und folgenden Beanspruchungen ausgesetzt:

1. Bestrahlung 4 Stunden mit Quecksilberlicht.
2. Kühlung auf —30°.
3. Erwärmen 20 Stunden auf 80°.

Die so behandelten Proben wurden geprüft

a) durch Feststellung der Biegefähigkeit,
b) durch die Besandungsprobe,
c) durch Bestimmung des Rostschutzes bei Bewitterung.

Es ist nicht möglich, auf diese Untersuchungen, die eine Fortsetzung der vom Fachausschuß für Anstrichtechnik herausgegebenen vergleichenden Untersuchungen über Öl und Nitrocelluloselacke darstellen, näher einzugehen.

[1] Es existieren auch Harzester mit sehr niedriger Säurezahl, welche unter diesen Bedingungen nur eine schwache Vergilbung geben.

[2] Farbenztg **1930,** 750ff.

Von den Ergebnissen sei nur mitgeteilt, daß eine Bewertung von Weichmachungsmitteln nicht absolut möglich ist, da die Eigenschaften der Lackschicht, wie schon hervorgehoben, von den Mengenverhältnissen und der sonstigen Zusammensetzung des Lackes abhängen. „Die Abhängigkeit von diesen Faktoren ist so groß, daß sich die Anordnung nach der Güte umkehren kann."

Bemerkenswert ist die Feststellung, daß gebleichter Schellack eine auffallende Rostschutzwirkung in den verschiedensten Kombinationen ausübte.

Am Schluß sei noch folgendes über Lichtwirkung und Lichtquellen bemerkt.

Die für Prüfungszwecke in Frage kommenden Lichtquellen senden bekanntlich nicht nur Licht-, sondern auch Wärmestrahlen aus. Lackierte Metalltafeln erhitzen sich z. B. im Licht der Julisonne bis auf 80° C. Die Wirkung der Lichtquellen ist also nicht eindeutig.

Da ferner die verschiedenen Lichtquellen einen ganz verschiedenen Wellenbereich umfassen, ist es nicht möglich, die etwa mit der an ultravioletten Strahlen reichen Analysenquarzlampe erhaltenen Ergebnisse auf Sonnenbestrahlung zu übertragen.

Nach Gardner stimmt das Spektrum der Kohlenbogenlampe am besten mit dem Sonnenspektrum überein. Da der Wirkungsgrad einer Kohlenbogenlampe aber ziemlich gering und die Betriebskosten sehr hoch sind, dürfte die Bogenlampe für praktische Prüfungszwecke ausscheiden.

Über die neueren Starklichtlampen (Punktlicht usw.) liegen Erfahrungen noch nicht in ausreichendem Maße vor.

Über Bewitterungsversuche an Nitrocelluloselacken, welche Harze und Weichmachungsmittel enthalten, berichten Gardner und van Heuckenroth[1].

Zusammenfassend sei festgestellt, welche Gesichtspunkte für die Beurteilung von Weichmachungsmitteln maßgebend sind:

1. Geruch und physiologische Wirkung.
2. Säuregehalt und Abspaltbarkeit von Säure.
3. Farbe und Farbvertiefung bei Einwirkung von Licht und Wärme.
4. Löslichkeit in den für Celluloseester geeigneten Lösungsmittelgemischen.
5. Lösevermögen für die filmbildende Substanz und für Harze.
6. Beeinflussung der Verschnittfähigkeit der Lacke.
7. Verhalten gegen Pigmente.
8. Einfluß auf die Eigenschaften der Lackhaut, und zwar bezüglich

a) der mechanischen Eigenschaften (Härte, Abreibbarkeit, Biegefestigkeit, Zugfestigkeit und Dehnung),

[1] Referat in Farbe u. Lack 1929, 199.

b) der Haftfestigkeit auf der Unterlage,
c) der Licht- und Wärmebeständigkeit,
d) der Kältebeständigkeit.

Punkt 2, 3, 4, 7 und 8 gilt auch für die Bewertung der Harze.

Im Rahmen der vorliegenden Darstellung konnte nur auf die wichtigsten Methoden eingegangen werden[1].

X. Eigenschaften der Körperfarben und ihre Aufgaben im Lack.

Die Körperfarben oder Pigmente sind pulverförmige Stoffe, welche in den Celluloseesterlösungen unlöslich sind bzw. sein sollen und mit diesen in geeigneter Weise vermischt deckende Aufstriche ergeben, also solche, die bereits in dünnen Schichten den Untergrund verdecken und ihm eine bestimmte Färbung geben.

Die Körperfarben haben im Lack zwei Aufgaben zu erfüllen, eine ästhetische und eine technische. Im folgenden soll gezeigt werden, von welchen Eigenschaften die Erfüllung dieser Aufgaben abhängig ist.

Die pulverförmigen Pigmente sind Systeme zweier optischer Medien von verschiedener Lichtbrechung und Lichtabsorption: Farbkorn — Luft.

Die Eigenfarbe der Pigmente beruht auf der diffusen oder unregelmäßigen Reflexion und auf der selektiven Absorption des Lichtes (auswählenden Schluckung bestimmter Spektralbereiche).

Tritt an Stelle der Luft ein Bindemittel, z. B. ein gelatinierter Celluloseester, so wird die diffuse Reflexion in höherem oder geringerem Maße aufgehoben, und das Licht dringt tiefer in die Fläche ein.

Besitzt das Pigment ein relativ geringes Lichtbrechungsvermögen und hat der gelatinierte Celluloseester annähernd den gleichen Brechungsindex, so wirkt die Schicht durchscheinend; das betreffende Pigment ist lasierend.

Sind die Indices von Pigment und Bindemittel sehr verschieden, so hat man starke Deckwirkung.

Die Deckfähigkeit eines Aufstrichs[2] ist also abhängig 1. von der Reflexion, 2. von der Absorption.

---

[1] Zur näheren Orientierung sei das Werk Henry A. Gardners, Untersuchungsmethoden der Lack- und Farbenindustrie, übersetzt und ergänzt von B. Scheifele, Berlin 1929, empfohlen. — Eine kurze Darstellung der wichtigsten Prüfungsmethoden ist auch in dem sehr inhaltreichen Taschenbuch für die Lack- und Farbenindustrie, herausgegeben von Wolff, Schlick und Wagner, enthalten.

[2] Die schwierige Frage des Zusammenhangs zwischen Deckfähigkeit und Färbevermögen ist vielfach, u. a. von H. Wagner, l. c. S. 43, erörtert worden. Ferner auch in sehr instruktiver Weise von Munk, Aussig: Z. angew. Chem. **42**, 737 (1929). (Über das Färbevermögen von Weißpigmenten und seine Beziehung zur Deckkraft.)

Es ist bei weißen Deckfarben das Färbevermögen proportional der Reflexion und damit der Deckfähigkeit, bei bunten Deckfarben (Mennige, Zinnober) ist das Färbevermögen etwa umgekehrt proportional der Reflexion und damit der Deckfähigkeit, und bei schwarzen und bunten Nichtreflexionsfarben (Ruß, Miloriblau) ist das Färbevermögen etwa proportional dem Absorptionsgrad und damit der Deckfähigkeit durch Absorption.

Die Deckfähigkeit ist außerdem von der Korngröße abhängig.

1. Ausgiebigkeit und Deckfähigkeit.

Die Lacktechnik verlangt von einem Pigment Ausgiebigkeit und Deckfähigkeit.

Es wird gefordert, mit einer möglichst geringen Menge Pigment eine möglichst große Fläche so zu bedecken, daß deren Eigenfarbe verschwindet.

Die Forderung nach einer möglichst geringen zur Deckung ausreichenden Menge hat für die Celluloseesterlacke insofern besondere Bedeutung, als die mechanischen Eigenschaften der Lackhaut mit zunehmendem Pigmentgehalt in gesetzmäßiger Weise verschlechtert werden. Abgesehen von der auf den Celluloseester bezogenen prozentualen Menge eines Pigmentes ist diese Beeinflussung der mechanischen Eigenschaften in erster Linie durch dessen Korngröße bedingt.

Nun ist der Zerkleinerung der Pigmentteilchen, welche der mechanischen Eigenschaften wegen erstrebenswert ist, dadurch eine Grenze gesetzt, daß von einem bestimmten Dispersitätsgrade ab die Deckfähigkeit abnimmt. Ostwald hat die Ansicht ausgesprochen[1], daß die Erhöhung der Deckfähigkeit bei zunehmender Dispergierung dann ihr Ende findet, wenn der Teilchendurchmesser die Länge einer Lichtwelle erreicht hat[2]. Schon vorher scheint aber die Brillanz eines Aufstriches ihr Optimum zu überschreiten.

Es ist sehr wahrscheinlich, daß man alle Pigmente so weit dispergieren kann, daß sie lasierend wirken. Die mechanischen Eigenschaften der Lackhaut verlangen also möglichst weitgehende Dispergierung des Pigmentes, die Deckfähigkeit setzt ihr eine bestimmte Grenze.

Die Lichtbeständigkeit der Celluloseesterlackschichten wird dagegen mit zunehmendem Pigmentgehalt innerhalb weiter Grenzen erhöht, und zwar beruht diese Erhöhung darauf, daß die für die Zerstörung maßgebenden Lichtstrahlen durch Pigmente mehr oder weniger gehindert

[1] Ostwald: Kolloid-Z. 14, 1 (1915).
[2] Die kleinste Lichtwellenlänge sichtbaren Lichtes ist etwa 0,4 μ.

werden, in die Lackschicht einzudringen. Hieraus ist ohne weiteres zu schließen, daß solche Pigmente, welche einen hohen Prozentsatz des einfallenden Lichtes reflektieren, eine bessere Schutzwirkung ausüben, als solche, welche ein großes Absorptionsvermögen haben.

Die technische Deckfähigkeitsbestimmung.

Die einfachste Methode zur Bestimmung der Deckfähigkeit besteht darin, daß man eine bestimmte Menge Pigment mit einer bestimmten Menge eines streich- oder spritzfähigen Lackes verreibt und den erhaltenen Lack auf eine Fläche aufträgt, welche zur Hälfte schwarz, zur anderen weiß gefärbt ist (z. B. eine schwarz beschriftete emaillierte Eisentafel). Vollständige Deckung ist dann erreicht, wenn die behandelte Fläche die Helligkeitsunterschiede der Unterlage nicht mehr erkennen läßt. Hiernach sind naturgemäß nur sehr angenäherte Resultate zu erhalten.

Diejenige Methode, welcher von maßgebender Seite die Prognose gestellt wird, daß sie sich zu einer Standardmethode entwickeln werde, ist die von Paul Wolski angegebene. Sie bedient sich des Ostwaldschen Halbschattenmessers und soll hier kurz dargestellt werden.

Da der Punkt, an dem völlige Deckung erreicht ist, nur schwer und ungenau zu bestimmen ist, wählt Wolski den Punkt als Maß der Deckfähigkeit, bei dem die Helligkeit über Schwarz 50% der Helligkeit über Weiß beträgt.

Zur Messung nach dieser Methode werden 2 Cuvetten mit mattschwarzen Wänden gebraucht, von denen die eine einen weißen, die andere einen schwarzen Boden hat. Der Photometerkopf bleibt in der senkrechten Stellung stehen, dagegen ist darauf zu achten, daß der ebene Boden des Apparates genau waagerecht einnivelliert wird. Da es sich in den hier in Betracht kommenden Fällen um die Deckfähigkeit in ölhaltigen Celluloseesterlacken handelt, wird in folgendem nur hierauf Bezug genommen. Der gewogene trockne Farbstoff bzw. die angeriebene Anstrichfarbe, wird mit soviel gewogenem klarem Ricinusöl verrieben, daß eine Suspension von solchem Gehalt an Farbstoff entsteht, daß bei der endgültigen Messung die Suspension in der Cuvette 2—10 mm hoch steht. In der Regel werden $^1/_2$ oder 1%ige Suspensionen, auf trocknen Farbstoff gerechnet, das richtige sein. Ricinusöl empfiehlt sich deshalb als Verdünnungsmittel, weil es in einer klaren, fast völlig weißen Qualität im Handel erhältlich ist, sich leicht mit Farbstoffen anreibt und wegen seiner Zähigkeit das Absitzen der Suspension während der Messung verhindert.

Die beiden Küvetten werden je auf eine Waagschale einer guten Waage gelegt und gegeneinander austariert. Man gibt in beide Küvetten eine kleine ungefähr gleiche Menge Farbstoffsuspension hinein und verteilt diese durch Neigen der Cuvette so, daß diese den Boden gleichmäßig bedeckt. Die „schwarze“ Cuvette kommt rechts, die weiße links in den Apparat, man stellt ungefähr auf Gleichheit ein, wobei sich zunächst eine sehr kleine Zahl ergibt. Man gibt solange weitere ungefähr gleiche Mengen Farbstoffsuspension in beide Cuvetten, bis man sich bei erneuter Einstellung auf Gleichheit dem Punkt 50 nähert, macht dann den Inhalt beider Cuvetten auf der Waage genau gleich, stellt genau auf Gleichheit ein (Mittelwert aus mindestens 6 Ablesungen) und liest am Spaltkopf die Zahl ab, die etwas unter 50 liegen soll. Dann gibt man noch etwas gleiche Mengen Farbtsoffsuspension in beide Cuvetten, stellt wieder genau ein und liest die Zahl ab, die jetzt etwas über 50 betragen soll. Durch geradliniges Interpolieren zwischen den beiden Werten ermittelt man die Menge Farbstoffsuspension in Gramm, die gerade 50 ergeben hätte. Als Korrektur ist von diesem Gewicht die Menge k abzuziehen, die sich durch capillares Hochziehen an den Wänden der Cuvette über die glatte Oberfläche erhebt. Sie beträgt aus der Oberflächenspannung des Ricinusöls berechnet $0{,}0371 \times$ Umfang der Cuvette. Bei einer Cuvette von 4×6 cm Bodenfläche wäre der Umfang 20 und $k = 0{,}74$ g. Aus dieser Zahl und dem bekannten Gehalt der Suspension an Farbstoff, berechnet sich leicht die Menge Farbstoff in Gramm, die sich in der Cuvette befindet, woraus sich durch Division mit der Grundfläche der Cuvette die Menge Farbstoff in Gramm ergibt, die über 1 cm^2 Bodenfläche liegt. Der reziproke Wert hiervon in $\frac{qcm}{gr}$ bildet als Maß der halben Deckung zugleich ein absolutes Maß für die Deckfähigkeit.

Bei nur vergleichenden relativen Messungen kann man einfacher in beiden Cuvetten eine bestimmte gleiche Menge Farbstoffsuspension einfüllen und die hierbei abgelesene Zahl am Spaltkopf direkt als relatives Maß für die Deckfähigkeit nehmen.

Bei weißen Farbstoffen genügt es in diesem Falle, nur die Cuvette mit schwarzem Boden zu benutzen und mit dem Normalweiß zu vergleichen.

Bei tiefschwarzen Farbstoffen ist der Punkt der halben Deckung, wegen der außerordentlich geringen Helligkeit, nicht zu bestimmen und praktisch auch bedeutungslos. Bei solchen Farbstoffen, deren Eigenhelligkeit in Öl unter 2 liegt, empfiehlt es sich daher, nur die weiße Cuvette zu benutzen und die Menge Farbstoff auszuprobieren, die hierin beim Vergleich mit Normalweiß am Photometerkopf die Zahl 4, oder bei Dazwischenschalten des Graufilters $\frac{1}{10}$ links die Zahl 40 ergibt.

Beispiel. Zur Herstellung einer 1%igen Suspension verreibt man im Mörser 1 g trocknen Farbstoff leicht mit weißem klaren Ricinusöl und gießt die Suspension in eine gewogene weithalsige Flasche (Pulverflasche), der im Mörser zurückgebliebene Rest wird noch einige Male mit weiteren Mengen Ricinusöl verrieben und in die Flasche gegeben, bis sich der ganze Farbstoff in der Flasche befindet. Dann füllt man die Flasche weiter in so viel Öl, bis das Gewicht aus Farbstoff und Öl 100 g beträgt.

Man benutzt 2 Cuvetten 4×6 cm² Bodenfläche und verfährt wie S. 212 angegeben. Die erste genaue Ablesung betrage 43,8 bei 10,12 g Füllung, die zweite 52,9 bei 14,45 g Füllung. Durch geradliniges Interpolieren berechnet sich für die Zahl 50 der Wert

$$\frac{10{,}12 \cdot (52{,}9 \sim 50) + 14{,}45\,(50 \sim 43{,}8)}{52{,}9 \sim 43{,}8} = \frac{10{,}12 - 2{,}9 + 14{,}45 - 6{,}2}{9{,}1} = 13{,}07 \text{ gr.}$$

Hiervon wird die Korrektur k abgezogen, $13{,}07 \sim 0{,}74 - 12{,}33$ g Farbstoffsuspension, entsprechend 0,1233 g Farbstoff über $4 \times 6 = 24$ cm² Bodenfläche oder $\frac{0{,}1233}{24}$ g über 1 cm². Die Deckfähigkeit wäre hiernach $\frac{24}{0{,}1233} = 195$.

Ein anderes Maß für die Deckfähigkeit besonders bei Weißpigmenten ist die Anzahl m², die mit 1 kg Pigment und Firnis als Bindemittel auf mattschwarzem Grunde vollständig decken. Die Quadratmeterzahl wird häufig als „Deckzahl“ des Pigmentes bezeichnet.

Die Ausgiebigkeit eines Pigmentes ist durch dessen Färbevermögen bestimmt. Man bezeichnet dieses meistens als Mischfähigkeit.

Die Mischfähigkeit ist die Eigenschaft eines Farbstoffes, in Mischung mit anderen die Eigenfarbe hindurchtreten zu lassen.

2. Mischfähigkeit.

Zur Bestimmung dieser Eigenschaft nach Wolski mischt man weiße und helle Farbstoffe am zweckmäßigsten mit schwarzen, schwarze und dunkle mit weißen und bunte oder graue einmal mit weißen, dann mit schwarzen Farbstoffen. Die Farbstoffgemische werden mit Leinöl angerieben und so dick auf kleine Glasplättchen, etwa Objektträger, aufgetragen, daß der Aufstrich undurchsichtig ist. Unbunte Mischungen kann man direkt im Hasch ausmessen, bunte gegebenenfalls unter Dazwischenschalten eines Paß- und Sperrfilters. Die Glasplättchen legt man am besten mit der Glasfläche nach oben, indem man auf der Unterseite an beiden Enden zwei kleine Glasstückchen aufkittet. An der oberen Glasfläche geht durch Spiegelung 5,3% des auffallenden Lichtes verloren, was man eventuell berücksichtigen kann. Man nimmt am zweckmäßigsten Mischungen, deren Farbe etwa in der Mitte zwischen denen der beiden Bestandteile liegt und probiert entweder eine solche Mischung aus, die eine bestimmte Zahl bei der Messung am Spaltkopf ergibt, etwa 50, nimmt dann als Maß für die Mischfähigkeit den Gehalt an zu untersuchendem Farbstoff in der Mischung, oder man geht von einem festen Mischungsverhältnis aus und nimmt dann als Maß für die Mischfähigkeit die am Spaltkopf abgelesene Zahl; bei Mischung eines bunten Farbstoffes mit weiß bzw. schwarz erhält man zwei solche Zahlen. Die Mischfähigkeit wird somit relativ zu den Standardfarbstoffen gemessen. Von diesen hält man sich einige stets vorrätig und benutzt für Schwarz einen bestimmten Ruß, für Weiß etwa Lithopon oder Zinkweiß.

F. Schmid[1] ermittelt die Helligkeit von Leinölsuspensionen, die konstant 2% Weißpigment und wechselnde Mengen eines Beinschwarz enthalten. Die mit dem Halbschattenmesser für die wichtigsten Weißpigmente gefundenen Werte für die Helligkeit in Abhängigkeit von der Schwarzkonzentration sind nachfolgend graphisch dargestellt.

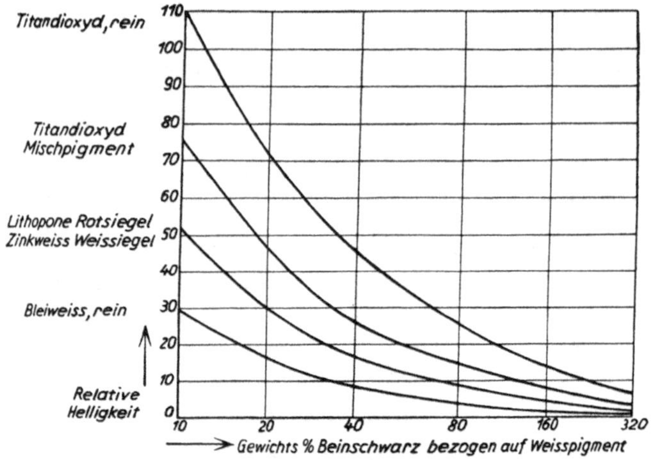

Abb. 12. Helligkeit von Mischungen schwarzer und weißer Pigmente.

Nach diesen Kurven kann der Bedarf an Schwarz (oder Bunt) bei einem zu begutachtenden Pigment gegenüber einem Testpräparat aus einer einzigen Bestimmung (z. B. bei einem Verhältnis Weiß zu Schwarz wie 10:1) abgeleitet werden und damit die Mischfähigkeit in einer sehr exakten Weise.

Es ist lediglich der Quotient aus dem Schwarzgehalt gleich heller Suspensionen des zu prüfenden und des Testpigmentes zu bilden. Ist der Faktor kleiner als 1, so färbt das Testmuster besser als das Gegenmuster, hat das Gegenmuster größeres Färbevermögen, so ist der Faktor größer als 1.

Im letzteren Falle ist zu der Testpigmentkurve eine gleichsinnige zu zeichnen (was sehr einfach ist, da nur auf gleichen horizontalen Abstand zu achten ist) und der Schwarzgehalt aus dem Diagramm aufzusuchen, der zu dem Helligkeitswert der Testprobe mit 10% Schwarz gehört.

Die relativen Beinschwarzmengen, die mit konstanten Weißpigmentmengen gleiche Helligkeit beim Anreiben in Öl ergeben, sind in der nachfolgenden Tabelle zusammengestellt.

---

[1] Z. angew. Chem. **42**, 1101 (1929).

Verhältniszahlen für die Beinschwarzmengen, die mit konstanter Weißpigmentmenge gleiche Helligkeit ergeben (Ölanreibung).

Pigment	Verhältniszahlen
Titandioxyd, rein	673
Titandioxyd Mischpigment	348
Lithopone Rotsiegel, Zinkweiß	200
Bleiweiß rein	100

Der für diese Messungen verwendete Apparat ist nachstehend abgebildet.

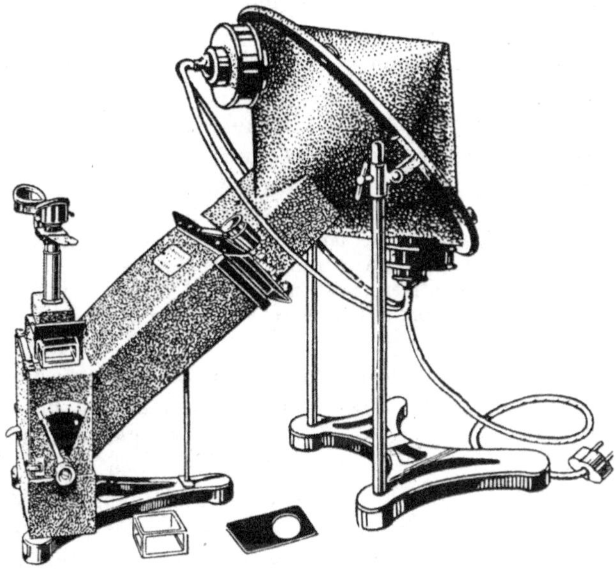

Abb. 13. Universalphotometer nach Ostwald.

3. Der Farbton.

In der Anwendung der Körperfarben spielt der Farbton die erste Rolle.

Bis zu den grundlegenden Arbeiten von Ostwald lag die chromatische Beurteilung der farbigen Erscheinungen in drei Elementen:

1. dem Farbton, ausgedrückt durch die Wellenlänge der vom Farbstoff reflektierten Summe einfarbiger Strahlengattungen;

2. der Sättigung, d. h. dem Verhältnis der den Hauptfarbton bestimmenden reflektierten einfachen Strahlen zu den den Nebenton bestimmenden. Man bezeichnete solche Farberscheinungen als gesättigte

(primäre oder Grundfarben), die durch Strahlen einer Wellenlänge hervorgerufen werden;

3. der Intensität (Brillanz), welche man abhängig glaubte von der Amplitude der reflektierten Lichtwellen.

Zur Beurteilung der Körperfarben reicht diese Betrachtungsweise nicht aus. Stoffliche Farben besitzen andere Farbtonelemente wie die homogen-strahligen Lichter.

Der Fortschritt der Ostwaldschen Farbenlehre besteht in der exakten Meßbarkeit der Farbtonwerte der Körperfarben, und zwar mit Hilfe eines Systems von gemessenen Aufstrichen (Farbenatlas). Wir können hier nur die allgemeinsten Grundlagen dieses Systems behandeln. Zu näheren Informationen sei die knappe Darstellung von Eibner in Lunge-Berls Chemisch-technischen Untersuchungsmethoden empfohlen, ferner die allgemeinverständliche Darstellung von Ostwald: Farbkunde, in der Sammlung Chemie und Technik der Gegenwart, Hirzel, Leipzig.

Um die Bedeutung des Systems zu kennzeichnen, sei das gewichtige Urteil Eibners hierüber wiedergegeben:

„...ist das Ostwaldsche Farbtonmeßverfahren die derzeit einzige, praktischen Ansprüchen genügende Ergänzung der bisher fast nur chemischen und allgemein physikalischen und daher farbentechnisch unvollständigen Beurteilungsart stofflicher Farben zu einer nach deren Hauptbeurteilungsart, dem Farbton zulänglichen, weil quantitativen optischen Analyse."

In ähnlicher Weise äußert sich auch H. Wagner in seinem schon mehrfach zitierten Werke.

Ohne auf die historischen Grundlagen dieser Meßart einzugehen, geben wir hier einige für das Verfahren wesentliche Punkte wieder:

Abb. 14. Farbtonkreis nach Wilh. Ostwald.

Jede bunte Körperfarbe enthält außer dem Vollton noch einen bestimmten Schwarz- oder Weißgehalt. Zur Messung der drei Farbelemente bedient sich Ostwald eines 24teiligen Farbtonkreises und einer Grauleiter.

Die 24 Vollfarben sind: Gelb, Kreß, Rot, Veil (Violett), U-blau (Ultramarin), Eisblau, Seegrün und Laubgrün in je drei Tonstufen, z. B. erstes, zweites, drittes Gelb. Die Bezifferung erfolgt durch die Zahlen 00 = erstes Gelb, 04 = zweites Gelb, 0,8 = drittes Gelb, 13 = erstes Kreß, 17 = zweites Kreß usw. gemäß nachstehender Tabelle.

Die Anordnung dieser Farbtöne im Farbkreis zeigt, daß die auf einer Diagonalen liegenden Farbtöne komplementär oder Gegenfarben sind.

Nach dem Fechnerschen Gesetz sind die unbunten Farben Weiß

und Schwarz in eine 8stufige Reihe gebracht. Die einzelnen Stufen werden mit den Buchstaben a, c, e, g, i, l, n, p bezeichnet. Es ist das

	erstes	zweites	drittes		erstes	zweites	drittes
Gelb	00	04	08	U-blau	50	54	58
Kreß.	13	17	21	Eisblau. . . .	63	67	71
Rot	25	29	33	Seegrün . . .	75	79	83
Veil	38	42	46	Laubgrün. . .	88	92	96

Alphabet bis p unter Überspringung des zweiten Buchstabens.

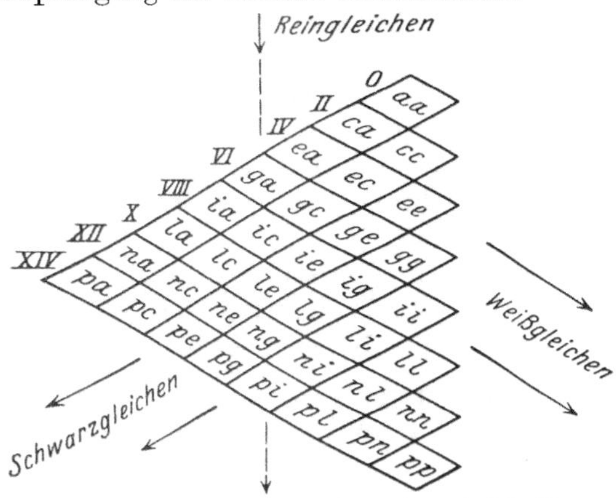

Abb. 15. Farbtongleiches Dreieck nach Ostwald.

a bezeichnet reines Weiß, p und die weiteren Buchstaben r t v usw. starke Graustufen, also Abmischungen mit viel Schwarzgehalt. Jeder bei Pigmenten vorkommende Farbton ist nunmehr durch zwei Zahlen und zwei Buchstaben eindeutig zu bestimmen[1].

In der nachstehenden Tabelle sind die Kennzahlen und das Farbzeichen einiger für Celluloseesterlacke wichtiger Körperfarben verzeichnet[2].

	Farbton	Weißgehalt	Schwarzgehalt	Farbzeichen
Cadmiumgelb 1	03	08	10	03 la
Chromgelb citron . . .	05	96	15	05 na
Goldocker dunkel . . .	12	12	37	12 kc
Siena natürlich	13	04	66	13 pc
Ultramarinblau Nr. 5 .	48	02	60	48 sa
Umbra dunkel	11	03	92	11 qn

4. Echtheit.

Der Begriff der Echtheit bezieht sich auf verschiedene Eigenschaften der Pigmente.

1. Im chemischen Sinne echt ist ein Pigment, wenn es seiner Zusammensetzung nach rein ist. Chromgelb ist rein, wenn es ausschließlich aus Blei, Chrom und Sauerstoff besteht. Mit diesem chemischen Echt-

[1] Bezüglich der Theorie und der Lehre vom Farbenhalb sei verwiesen auf Physik. Z. **17**, 318 (1916); ferner über das Meßverfahren: Ostwald: Phys. Farbenlehre, S. 162 und die Veröffentlichungen des Unesma-Verlages.

[2] Nach Krais, P.: Werkstoffe Bd I.

heitsbegriff ist in der Lacktechnik nicht viel anzufangen, weil einmal bei gleicher chemischer Zusammensetzung ganz verschiedene lacktechnische Eigenschaften vorliegen können, dann aber auch, weil die Zusammensetzung der Pigmente, namentlich der natürlichen, erheblichen Schwankungen unterworfen ist.

Trotzdem ist die chemische Analyse unentbehrlich, und zwar zur Feststellung von Fremdstoffen, die im Celluloseesterlacke außerordentlich störend wirken können.

Es sind dies saure Bestandteile, alkalische Bestandteile und Neutralsalze in größeren Mengen (z. B. Glaubersalz). Zu deren Bestimmung schüttelt man das zu untersuchende Pigment mit der 10 bis 50fachen Menge Wasser, filtriert und bestimmt zunächst die Reaktion des Filtrates mit Lackmus. Neutralsalze bestimmt man durch wiederholtes Behandeln mit Wasser am besten in der Wärme, Vereinigung der Filtrate und Bestimmung des Rückstandes durch Abdampfen in einer tarierten Schale.

Pigmente mit saurer oder alkalischer Reaktion sind zu verwerfen. Genauere Bestimmung durch Titration. Ein Neutralsalzgehalt von über 1% ist ebenfalls bedenklich für Celluloseesterlacke.

2. Lichtechtheit. Die Änderungen, welche die farbigen Pigmente im Sonnenlicht erfahren können, sind von verschiedener Art.

Ändern sie ihr optisches Verhalten derart, daß die Reflexion zunimmt, die Absorption abnimmt, so bleichen sie aus, nimmt die Absorption zu und die Reflexion ab, so dunkeln sie nach, ändern sie ihren Farbton, so geben sie während der Belichtung andere Lichtwellengebiete zurück als vor der Belichtung.

Die Vorgänge, welche zu diesen Änderungen führen, sind nicht einheitlich zu deuten, vielmehr müssen sie auf verschiedene chemische und physikalische Reaktionen zurückgeführt werden, die in hohem Maße von den sonst anwesenden Stoffen abhängig sind; also von anderen Pigmenten, vom Bindemittel, vom Harz usw.

Es können nur stichwortweise die wichtigsten der maßgebenden Faktoren angegeben werden. Das Licht begünstigt Oxydations-, Reduktions- und hydrolytische Vorgänge, Änderungen der Krystallform, Polymerisation und Depolymerisation.

Von großer praktischer Bedeutung ist die Feststellung, auf welchem dieser Vorgänge die Änderung einer bestimmten Körperfarbe im Lichte beruht, durch welche Lackbestandteile Beschleunigung des Vorganges und durch welche Verzögerung eintritt.

Besonders eingehend ist über die Beeinflussung der Lichtechtheit von farbigen Pigmenten durch weiße Pigmente gearbeitet worden; diese Frage ist wegen der häufig vorgenommenen Abmischung sehr wichtig.

Literatur hierzu: Eibner in Lunge-Berl: Untersuchungsmethoden IV, 7. Aufl., S. 697 u. 766; ferner van Hoek, C. P.: Die Weißpigmente und ihr Verhalten gegenüber ultravioletten Strahlen. Farbenztg 34, 1006 (1929).

Wagner, H.: Titanweißkatalyse. Farbenztg 34, 1243 (1929).

Eibner, A.: Zur Beeinflussung der Lichtechtheit von Buntfarben durch Titanweiß. Farbenztg 34, 1490 (1929).

Keidel, E.: Die Beeinflussung der Lichtechtheit von Teerfarbenlacken durch Titanweiß. Farbenztg 34, 1242 (1929).

Wir entnehmen diesen Arbeiten die uns besonders wichtig erscheinenden Ergebnisse.

Zinkweiß und Titanweiß befördern die Lichtunechtheit organischer und auch anorganischer Buntpigmente. Wenn auch diese Beeinflussung in besonders starkem Maße bei Anwesenheit von wasserlöslichen Bindemitteln eintritt — über Beobachtungen von Farbmischungen mit Celluloseestern als Bindemittel ist überhaupt noch nichts bekannt geworden —, so rechtfertigen doch Beobachtungen an Ölfarben ein näheres Eingehen hierauf.

Die Wirkung des Titanweiß ist so stark, daß sogar das äußerst lichtechte Cadmiumrot ausgebleicht wird (Eibner).

Keidel stellte Aufstriche her, welche aus Permanentrot R extra und den verschiedenen Weißpigmenten so zusammengesetzt waren, daß gleicher Farbton erzielt wurde.

Es kamen auf

10 Lithopone Bronzesiegel, lichtecht	0,5	Rot
10 Zinkweiß Gr s	0,38	„
10 Titanweiß Standard X	0,5	„
10 Blanc fixe	0,16	„
10 Kremserweiß	0,16	„
10 Leucin	0,10	„

Nach einmonatiger Belichtung unter Glas waren die Titanweißmischungen fast ganz ausgebleicht, kaum verändert waren die Aufstriche mit Zinkweiß und Lithopone.

Gleichartig verhielten sich Hansagelb G, Helioechtrot RL, Krapplack usw.

H. Wagner untersuchte Mischungen verschiedener Weißpigmente mit Miloriblau sowie mit Helioechtrot. Er machte die wichtige Beobachtung, daß man die Wirkung des TiO_2 durch Zinkweißzusatz in hohem Maße reduzieren kann. Im übrigen kommt er zu denselben Resultaten: Zinkweiß und Titanweiß jedes für sich angewendet begünstigen den Bleichvorgang, Miloriblau nimmt außerdem einen grünen Ton an.

Viele spritlösliche Farbstoffe, z. B. Methylenblau, Krystallviolett, Viktoriablau, zeigen im Nitrocellulosefilm eine ganz wesentlich geringere Lichtbeständigkeit als beispielsweise in einem Celluloseätherfilm oder in einer Gelatinefolie. Es liegt nahe, anzunehmen, daß die Zerstörung des

Farbstoffes durch im Licht spurenweise abgespaltene Stickoxyde hervorgerufen wird, wenn auch Beweise für diese Auffassung nicht vorliegen.

Für die messende Verfolgung aller dieser Vorgänge bieten die Ostwaldschen Methoden die geeignetste Handhabe.

Für die Anordnung der Belichtungsversuche ergeben sich folgende Regeln (nach Eibner):

1. Jeder Farbstoff muß sowohl im Vollton (dickem Auftrage) als in womöglich gemessenen mittleren und starken Abschwächungen (dünnen Aufträgen) geprüft werden.

2. Es sind Ausmischungen der zu untersuchenden Farbstoffe mit den in den verschiedenen Techniken zumeist verwendeten weißen Verdünnungsmittel, Bleiweiß, Zinkweiß, Titanweiß, Lithopon, Kreide, Spat, von bestimmten Farbstoffgehalten gleichzeitig zu belichten.

3. Alle Belichtungsversuche neuer Farbstoffe sind nach Typ vorzunehmen, d. h. bei gleichzeitiger und gleichartiger Belichtung eines oder mehrerer Farbstoffe ähnlichen Tones und bekannter Eigenschaften.

4. Es ist auf die Unterschiede im Färbevermögen der einzelnen Farbstoffe Rücksicht zu nehmen, da nur Aufstriche bzw. Ausmischungen mit Weiß von gleicher Tonstärke direkt auf Lichtechtheit verglichen werden können. Bei Farbstoffen mit gleichem Färbevermögen sind die Ausmischungen von gleichem Prozentgehalt an Farbstoff gleich stark im Ton. Bei solchen mit verschiedenem Färbevermögen ist die Gleichheit der Tonstärke durch Variationen der Mengenverhältnisse von buntem Farbstoff und Weiß zu erreichen.

5. Da, wie erwähnt, eine Anzahl von Farbstoffen in den verschiedenen Bindemitteln sehr verschiedene Lichtechtheiten aufweisen, so sind sie zu belichten.

a) in einem reinen NC-Lack ohne Weichmacher und Harz,
b) in einem NC-Lack mit üblichem Weichmachungsmittelgehalt,
c) in einem NC-Lack mit Öl und Harz.

5. Die Einwirkung der im Celluloseester vorkommenden Lackbestandteile auf Pigmente ohne Berücksichtigung der Lichtwirkung.

Die wichtigsten Wirkungen dieser Art beruhen auf der sauren oder basischen Natur der Bestandteile bzw. auf der gleichzeitigen Anwesenheit saurer und basischer Produkte im Celluloseesterlack.

Ein typischer Fall, der wohl in zahllosen Fällen Reklamationen und Verluste verursacht hat, ist die Eindickung von Lacken durch die Reaktion zwischen sauren Harzen und basischen Pigmenten, also z. B. bei Lacken, die Zinkweiß und Kolophonium oder Kopale enthalten. Solche eingedickten Lacke werden auch durch Verdünnung nicht wieder brauchbar.

Ähnliche Erscheinungen treten bei Lacken auf, welche neben Zinkweiß säurehaltige oder Säure abspaltende Lösungsmittel enthalten; naturgemäß in erster Linie bei solchen Säuren, deren Zink- usw. Salze unlöslich sind. Aber auch lösliche Zinkverbindungen können zu einer irreversiblen Gelbildung in Nitrocelluloselacken führen. In früheren Jahren haben besonders Ester der Milchsäure, die sich im übrigen durch hervorragende Eigenschaften auszeichnen — insbesondere durch schwachen Geruch und geringe physiologische Wirkung — Anlaß zu solchen Störungen gegeben.

Hier konnte sogar die Verzinkung der Transportgefäße zu Klumpungserscheinungen führen. Neuerdings scheint das Verhalten der technischen Lactate wesentlich gebessert zu sein.

Ein anderer Typus von Reaktionen zwischen den Einzelbestandteilen der Lacke gibt sich durch „Bluten" oder „Durchschlagen" zu erkennen.

Diese Erscheinungen beruhen auf einer beschränkten Löslichkeit der Pigmente in den Lacklösungsmitteln. Während die anorganischen Pigmente praktisch echt in diesem Sinne sind, zeigen einige Vertreter der organischen Pigmente diesen Fehler in höherem oder geringerem Grade, und zwar je nach Art der vorhandenen Lösungsmittel. Die in den üblichen Lösungsmitteln unlöslichen werden als zaponecht bezeichnet.

Die Prüfung erfolgt 1. durch die Auslaufprobe, 2. durch die Überstrichprobe.

Die Auslaufprobe wird so ausgeführt, daß man einen spritzfähigen Nitrolack in geeigneter Weise mit dem zu untersuchenden Pigment gründlich vermischt und dann auf Filtrierpapier aufgießt. Das Bluten ist an den Rändern des Lackfleckes zu erkennen.

Bei der Überstrichprobe wird auf einen einfarbigen Grund ein andersfarbiger Streifen aufgetragen. Das Pigment hat die Probe bestanden, wenn die Konturen scharf bleiben und die Farben nicht ausbluten.

Die Frage der Zaponechtheit hat besondere Bedeutung bei der mehrfarbigen Lackierung von Karosserien.

Nach H. Wagner[1] zeigen einige wichtige Pigmente folgende Löslichkeitseigenschaften (auszugsweise wiedergegeben):

Azofarbstoffe.

Hansagelb: ziemlich leicht löslich in den meisten Lösungsmitteln.

Litholechtorange: fast unslöslich in Alkohol, etwas löslich in Benzol.

Helioechtrot: wenig löslich in Alkohol, gut in Benzol und Palatinol.

Litholechtscharlach und Litholechtgelb: lösen sich in den meisten Lösungsmitteln etwas.

Anthrachinonfarbstoffe.

Helioechtrosa und Indanthren GGSL: kaum löslich in Alkoholen, dagegen in Benzol, praktisch zaponecht.

Saure Farbstoffe und deren Lacke.

Echtlichtgelb 3 G	zaponecht
Heliorange CAG	nicht spritecht
Heliorot RMT extra	zaponecht
Pigmentlackrot LC	zaponecht
Litholrot GG Barytlack	zaponecht
Litholrubin BK	zaponecht
Hansagrün G	zaponecht.

[1] Farbenztg. **1927**, Dezember. Vgl. auch: A. W. C. Harrison, Ausbluten und Schwimmen der Pigmente. British Ind. Finishing **1**, Nr 5, S. 123 (1930). Referat Farbenztg. **36**, 410 (1930).

Es sind ferner einige Fälle bekannt, in denen die verschiedenen Farben eines Lackes aufeinander wirken.

Ganz eindeutig ist die Reaktion zwischen Cadmiumgelb und kupferhaltigen Farben. Solche Mischungen färben sich auch ohne Lichtwirkung schwarz infolge der Bildung von Schwefelkupfer. Da aber die in Frage kommenden Kombinationen für Celluloseesterlacke nicht angewendet werden, ist auf diese Verhältnisse nicht näher einzugehen.

Eine andersartige Form der Unverträglichkeit ist durch Renkwitz[1] bekannt geworden, der berichtet, daß Chromoxydgrün beim Verkollern mit organischen Substanzen gelegentlich zu Entzündungen führt.

Ein eigentümlicher Fall gegenseitiger Einwirkung von Lackbestandteilen liegt bei den Bronzelacken vor.

Ein normaler NC-Spritzlack, beispielsweise die 10%ige Lösung einer dünnen Wolle in einem Gemisch von Essigäther, Butylacetat, Alkohol, Butanol und Toluol gibt mit einem Bronzepulver angerieben innerhalb kurzer Zeit ein Gel, das sich nicht verarbeiten läßt.

Die Gelbildung erfolgt zuweilen in wenigen Stunden, zuweilen nach einigen Tagen.

Einige Firmen, welche Kollodiumwollen herstellen, haben Spezialwollen geschaffen, welche diese noch nicht restlos geklärte Erscheinung nicht zeigen.

Wenn auch die Wahl der Lösungsmittel Einfluß auf den Vorgang der Gelbildung hat (Abspaltung von Säure aus Estern), so kann doch als erwiesen gelten, daß es sich in erster Linie um eine Reaktion zwischen NC und den Metallen der Bronze handelt, welche durch geeignete, später zu behandelnde Maßnahmen verhindert werden kann.

XI. Der Aufbau der Celluloseesterlacke.

In den Kapiteln II bis VII wurden alle die Stoffe behandelt, welche zur Herstellung der Celluloseesterlacke Verwendung finden. Es sind solche Stoffe, die sich bei der praktischen Verarbeitung der Lacke, also bei der Lackierung, verflüchtigen und solche, die dem Aufbau der Lackschicht dienen.

Die Wahl der flüchtigen Lackbestandteile — der Lösungs- und Verdünnungsmittel — richtet sich, wie in Abschnitt IX ausführlich gezeigt worden ist, zunächst nach ihrem Lösevermögen für bestimmte Cellulosederivate, ihrer Verschnittfähigkeit usw.

Die engere Wahl unter den in dieser Hinsicht vielfach annähernd gleichwertigen Produkten wird nach anderen Gesichtspunkten getroffen:

Als besonders wichtig zu nennen sind: die jeweiligen Preisverhältnisse und der Verdunstungsverlauf.

---

[2] Farbenztg. **28**, 1066 (1923).

1. Der Verdunstungsverlauf von Lösungsmittel-Verdünnungsmittelgemischen wird eingestellt nach der Art der angewandten Lackiertechnik.

Man kann fünf im Prinzip verschiedene Lackiertechniken unterscheiden, die eine verschiedenartige Komposition der flüchtigen Anteile des Lackes verlangen: Spritzen, Tauchen, Streichen, Passieren und Verarbeitung auf der Lackiermaschine. Am einfachsten liegen die Verhältnisse beim Passierverfahren, das zum Lackieren von Bleistiften angewandt wird.

Wie bei der Herstellung von Nitrocellulosefilmen für photographische Zwecke[1] läßt sich hierbei die Apparatur so einrichten, daß der ungünstige Einfluß der Verdunstungskälte und der wechselnden Luftfeuchtigkeit ausgeschaltet wird. Hier genügen im allgemeinen leichtflüchtige und unter 100° siedende Lösungsmittel.

Bei den Tauchlacken genügt meistens ein Gemisch von einem niedrig siedenden und einem hochsiedenden Lösungsmittel, z. B. 90 Teile E 13 und 10 Teile Solaktol.

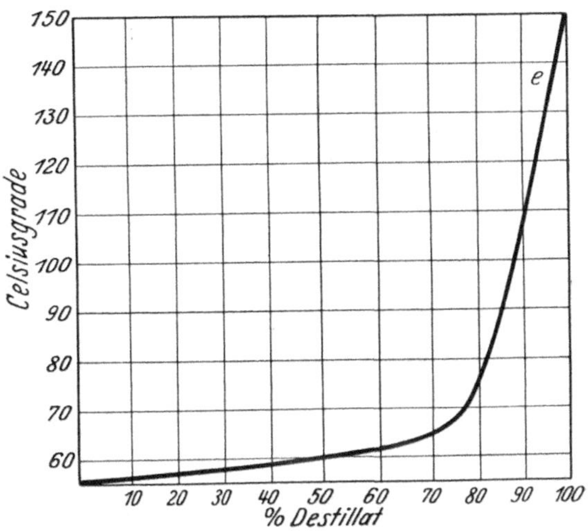

Abb. 16. Siedekurve eines Gemisches von E 13 und Solaktol.

Destilliert man ein solches Gemisch und bestimmt die Volumprozente der von 5 zu 5 Grad übergegangenen Anteile, so erhält man beim Auftragen der Prozente auf der Abszisse, der Celsiusgrade auf der Ordinate den auf obenstehender Abbildung erkennbaren Kurvenverlauf.

Spritz- und Streichtechnik verlangen ein Gemisch von niedrig- und mittelsiedenden und gegebenenfalls hochsiedenden Lösungs- und Verdünnungsmitteln, wobei als Regel gelten kann, daß die höchstsiedenden Anteile Lösevermögen für den betreffenden Celluloseester haben sollen.

Typische Gemische für NC-Spritzlacke sind die folgenden:

16 Teile	Butylacetat 85%ig	30 Teile	Xylol, rein
20 „	Essigester	4 „	Äthylglykol
30 „	Alkohol 95%ig		

[1] Vgl. Ullmann: Enzyklopädie d. techn. Chem. V, 2. Aufl.

ferner: 35 Teile	Äthylglykol	10 Teile	Gasolin
10 „	Benzol	10 „	Butanol
15 „	Toluol	10 „	Sprit
10 „	Xylol		

(Das letztere nach dem amerikanischen Patent 1533616 vom 14. April 1925.)

Die Siedekurven dieser Gemische sind in den nachfolgenden Abbildungen mit *b* und *d* bezeichnet.

Ähnlich, wenn auch meist noch mehr einer Geraden angenähert, verlaufen die Siedekurven von Gemischen für Streichlacke. Das der Kurve *a* entsprechende Gemisch ist wie folgt zusammengesetzt:

30 Teile	Essigäther	15 Teile	Sprit
20 „	Amylacetat	20 „	Xylol, rein
5 „	Solaktol	10 „	Butanol

Das der Kurve *c* entsprechende:

10 Teile	Äthylglykol	10 Teile	Xylol
5 „	Amylacetat	10 „	Gasolin
10 „	Butylacetat	5 „	Amylalkohol
15 „	Äthylacetat	5 „	Butanol
15 „	Benzol	10 „	Sprit
10 „	Toluol		

(ebenfalls nach A. P. 1533 616).

Die in den Abb. 16, 17a und 17b dargestellten Siedekurven entsprechen solchen Gemischen, die auf rein empirischen Wege zusammengesetzt worden sind.

Zu charakteristischeren Kurvenbildern gelangt man bei der Untersuchung solcher Gemische, die ihre Zusammensetzung einem systematischen lacktechnischen und physikalischen Studium verdanken; dies gilt besonders für die Kurven 3, 4 und 5.

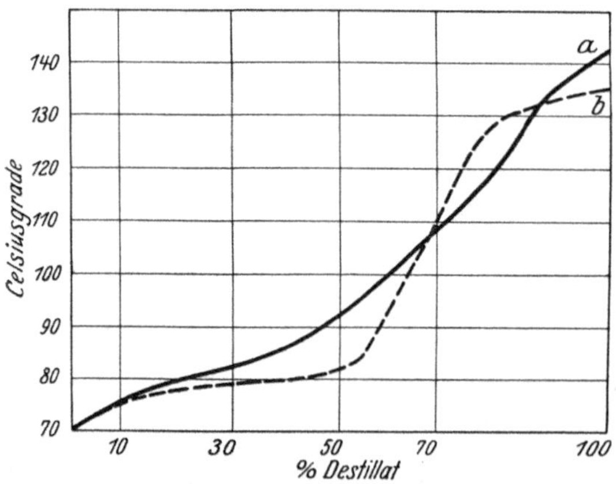

Abb. 17a.
Siedekurven von Lösungsmitteln für Spritz- und Streichlacke.

In Abbildung 18 zeigt Kurve 1 den Siedeverlauf eines Lösungsmittels für das Passierverfahren; charakteristisch ist der geringe Anstieg der Kurve.

Kurve 2: Lösungsmittel für Tauchverfahren; das scharfe Ansteigen der letzten 20% bedingt guten Verlauf und Nichtanlaufen der Schicht.

Kurve 3: Lösungsmittel für Spritzverfahren; bis zu 60% rasche

Verdunstung, dann schroffes Ansteigen — also schnelles Anziehen des Lackes —, die letzten 20% liegen hoch — also guter Verlauf und Glanz.

Kurve 4: Lösungsmittel für Streichverfahren; Verdampfung erst bei 80° C einsetzend und in den ersten 25% rasch ansteigend, dann gleichmäßig konkaver Verlauf.

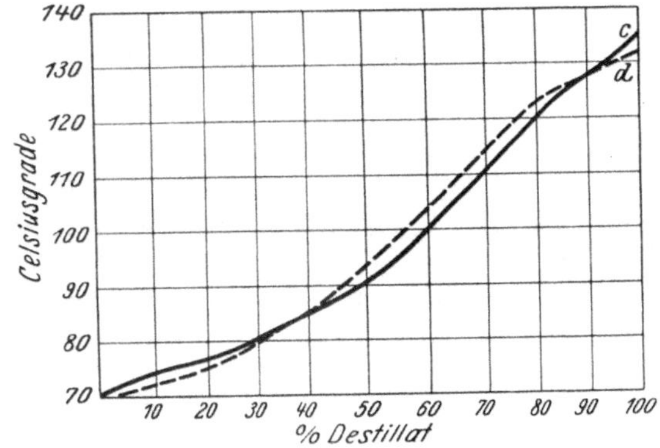

Abb. 17b. Siedekurven von Lösungsmitteln für Spritz- und Streichlacke.

Kurve 5: Lösungsmittel für Lackiermaschinenverfahren; gleichmäßig konkaver Verlauf, flacher als 4, da die Lackiermaschine besseren Verlauf gewährleistet als der Pinsel.

Wie der Siedeverlauf, so kann auch der Verdunstungsverlauf eines Lösungsmittelgemisches mit Hilfe eines rechtwinkligen Koordinatensystems anschaulich dargestellt werden. Man bringt gewogene Mengen Lösungsmittel in tarierte Glasschalen von gleicher Größe und bestimmt den Gewichtsverlust von Stunde zu Stunde, den die Schale bei konstanter Temperatur erfährt.

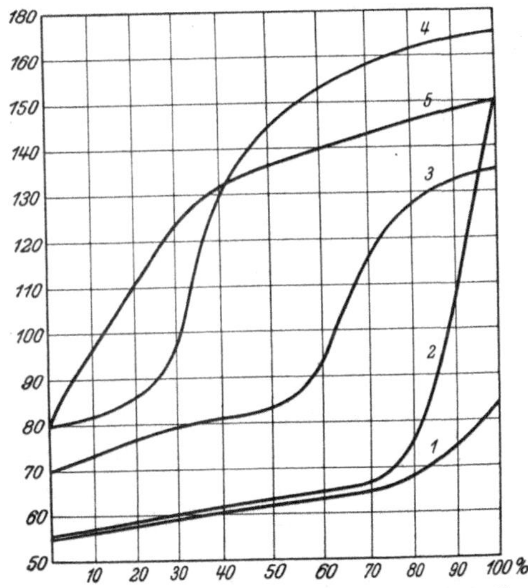

Abb. 18. Typische Siedekurven von Lösungsmitteln für alle Lackiertechniken.

Auf die Ordinate trägt man die verdunstenden Mengen in Prozenten, auf der Abszisse die Stunden ein. Solche Untersuchungen zeigen, daß hochsiedende Lösungsmittel — besonders solche mit einem Siedepunkt über 140° mit Vorsicht anzuwenden sind. Sie täuschen zunächst eine höhere Elastizität bzw. Dehnbarkeit des Lackfilms vor, sie fungieren als Weichmachungsmittel. Der weichmachende Effekt hält aber nicht lange vor, und der Film erreicht nur langsam seinen Endzustand. Die im nächsten

Kapitel gegebenen Beispiele zeigen, bis zu welchem Betrage hochsiedende Lösungsmittel zugesetzt werden können.

2. Die nichtflüchtigen bzw. schwerflüchtigen Anteile des Lackes: Celluloseester, Harze, Weichmachungsmittel und Pigmente.

Während die Wahl der Lösungs- und Verdünnungsmittel von der Art der Lackiertechnik bestimmt wird, ist man in der Wahl der nichtflüchtigen Bestandteile und dem Mengenverhältnis dieser Bestandteile zueinander von der Lackiertechnik in hohem Maße unabhängig.

Man kann also dieselben nichtflüchtigen Bestandteile in gleichen Mengenverhältnissen nach dem Passier-, Tauch-, Spritz- oder Streichverfahren verarbeiten, sofern man für jedes dieser Verfahren die geeignete Kombination und Menge der nichtflüchtigen Anteile auswählt.

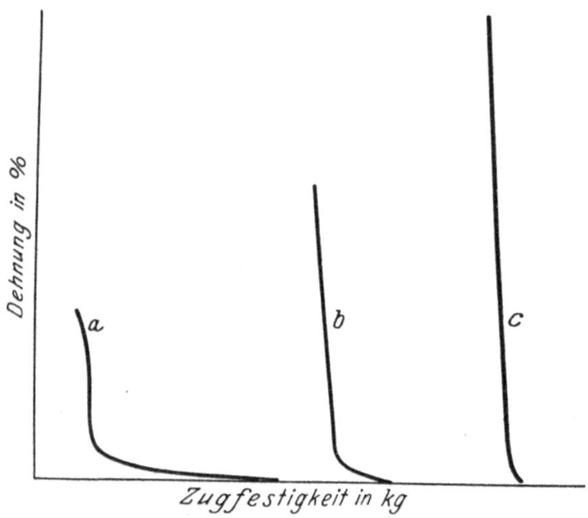

Abb. 19. Zugdehnungskurven von Films aus Kollodiumwolle mit wechselnden Mengen Weichmachungsmittel.

Maßgebend für die Art und das Mengenverhältnis der nichtflüchtigen Bestandteile ist dagegen in erster Linie der beabsichtigte lacktechnische Effekt, also die Eigenschaften der fertigen Lackhaut, als deren wichtigste wir nennen: Glanz, Härte und Abreibbarkeit, Elastizität und Biegefestigkeit, Haftfestigkeit auf der Unterlage, Licht und Wetterbeständigkeit.

Der Einfluß der einzelnen Komponenten auf die Eigenschaften der Lackhaut ist in den Kapiteln IX und X behandelt worden.

Hier soll gezeigt werden, wie diese Eigenschaften sich graphisch darstellen lassen.

Ein instruktives Bild von den mechanischen Eigenschaften geben beispielsweise die Zugdehnungskurven, welche vom Schopperschen Zerreißapparat automatisch gezeichnet werden.

In Abb. 19 ist *a* die Zugdehnungskurve eines Films von 0,10 mm Dicke aus Kollodiumwolle mittlerer Viscosität ohne weiteren Zusatz. *a* zeigt eine Reißdehnung von 20% und eine Zugfestigkeit von 16 kg.

b Zugdehnungskurve eines Films von 0,10 mm Stärke, bestehend aus 100 Teilen NC und 50 Teilen Dibutylphthalat, Zugfestigkeit 7 kg, Dehnung 35%.

c Zugdehnungskurve eines Films aus 100 Teilen NC und 100 Teilen Dibutylphthalat, Zugfestigkeit 3 kg, Dehnung 55%.

Der Knickpunkt der Kurven zeigt die Höhe des elastischen Zuges und der elastischen Dehnung an.

Zu überraschenden, meist unerfreulichen Ergebnissen gelangt man, wenn man solche Filme warm lagert, z. B. 30 Tage bei 50°, und dann die Zugdehnungskurve bestimmt. Man erhält auf diese Weise wichtige Anhaltspunkte für den Aufbau der Lackschicht.

Solche Kurven sind charakteristisch für jedes Cellulosederivat, wie das nachfolgende Kurvenblatt zeigt. *a* ist wieder eine Kollodiumwolle mittlerer Viscosität, *d* ist eine Acetylcellulose und *e* eine Äthylcellulose, alle von annähernd gleicher Viscosität, die Filme ohne Zusatz gegossen.

Zugfestigkeit kg	Reißdehnung %
a NC 16	30
d Acetylcellulose 11	15
e Äthylcellulose 10	20

Die Kurven zeigen, daß Äthylcellulose zur Erzielung einer bestimmten Dehnbarkeit[1] nur etwa zwei Drittel der Menge Weichmachungsmittel bedarf als Nitrocellulose gleicher Viscosität. Diese Voraussage wird durch den Versuch bestätigt. Wertvolle Dienste leistet diese Methode auch zum Studium des Einflusses der Pigmente auf die mechanischen Eigenschaften. Man findet so z. B. daß ein Lack, welcher 30 Teile Gasruß auf 100 Teile NC enthalten soll, einen Zusatz von etwa 70 Teilen Weichmachungsmittel erhalten muß, um der trocknen Lackschicht die Dehnbarkeit eines reinen NC-Films zu geben.

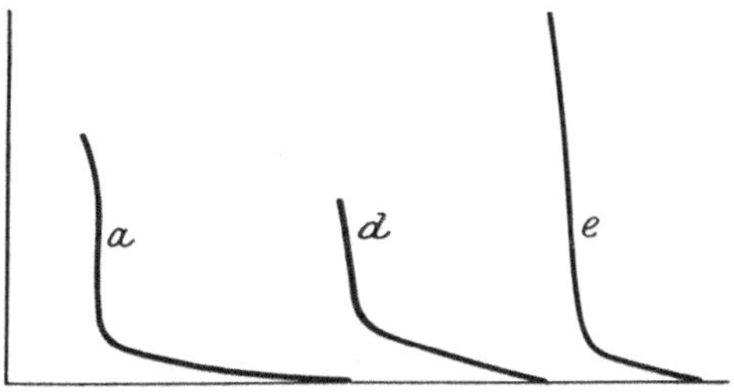

Abb. 20. Zugdehnungskurven verschiedener Zellulosederivate.

H. E. Hofmann und E. W. Reid[2] haben das Dreieckskoordinatensystem zum Studium des Aufbaues der Lacke benutzt, und zwar um das Verhalten eines Systems mit drei Variablen darzustellen.

Es sei z. B. die Aufgabe gestellt, einen Lack herzustellen, dessen

[1] Der Begriff der Elastizität wird häufig in der Lacktechnik gebraucht, obgleich er keineswegs fest umrissen ist. Der strenge physikalische Elastizitätsbegriff ist auf lacktechnische Fragen kaum anwendbar; meistens wird in der fraglichen Literatur Elastizität etwa in dem Sinne von Dehnbarkeit gebraucht.

[2] Ind. Chem. **20**, 431 (1928).

nichtflüchtige Anteile aus gleichen Teilen niedrigviscoser Kollodiumwolle (R S $\frac{1}{2}$, E 510 oder Wasag 6) und wachsfreien, gebleichten Schellack bestehen. Das Lösungsmittel soll aus Butylacetat, Butanol und Benzin bestehen, und es soll festgestellt werden, in welchem Verhältnis diese drei Lösungsmittel gemischt werden müssen, um einwandfreie Lackschichten zu ergeben.

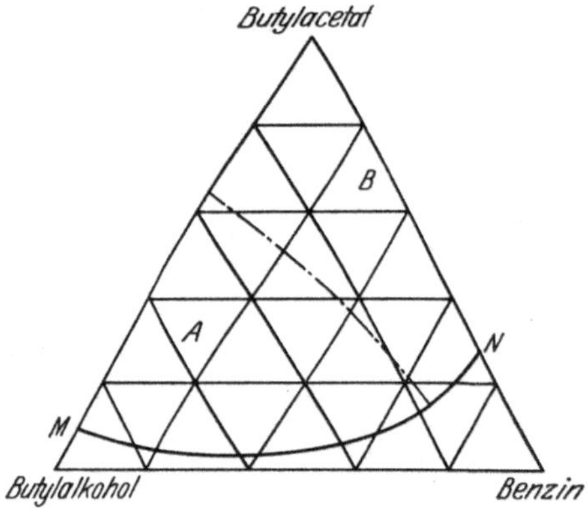

Abb. 21. Dreieckskoordinaten zur Darstellung des optimalen Lösebereichs für gegebene Filmbildner.

Die graphische Darstellung läßt dann drei Zonen erkennen: Die durch Punkte unter der Linie M N dargestellten Kombinationen scheiden aus, da sie kein Lösungsvermögen für NC haben. Die Lösungsmittelkombinationen der Zone B scheiden deshalb aus, weil die Lackbestandteile sich beim Eintrocknen entmischen.

Nur die Kombinationen der Zone A geben brauchbare Lackfilme. Jede Kombination dieser Zone kann benutzt werden, und die zweckmäßigste Zusammensetzung richtet sich nach den Preisverhältnissen usw.

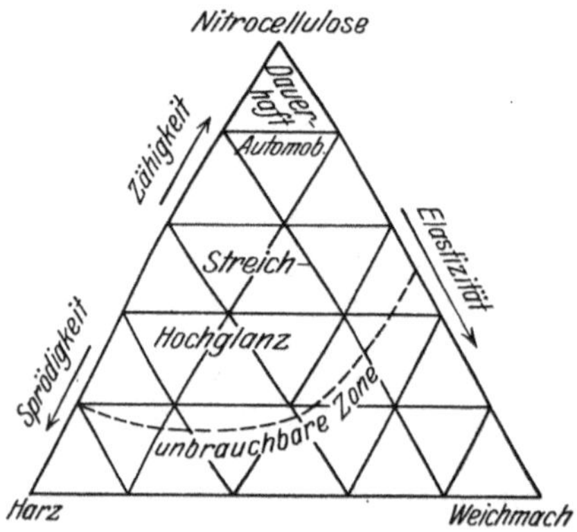

Abb. 22. Dreieckskoordinaten zur Darstellung der Eigenschaften der trockenen Lackschicht.

Dreieckskoordinaten werden von denselben Autoren benutzt, um die Eigenschaften der trocknen Lackschicht, wie Adhäsion, Glanz, Sprödigkeit und Elastizität, zu veranschaulichen. Die nachfolgende Darstellung enthält als Variable Kollodiumwolle, Weichmachungsmittel und Harz. Es sind einige Eigenschaften von Lacken verschiedener Zusammensetzung eingetragen. Die Hauptzonen von Mischungen, die sich für Automobillacke, Möbellacke usw. eignen, sind angedeutet. Das Verfahren hat natürlich nur qualitative Bedeutung.

Auch die Biegsamkeit wird durch eine Kurve dargestellt; auf die eine Seite der Kurve fallen die Lacke mit ausreichender Biegsamkeit, auf die andere Seite die mit ungenügender Biegsamkeit. Es wird angenommen, daß die Lacke genügend biegsam sind, die auf ein Blech von bestimmter Dicke gespritzt einen Film ergeben, der bei raschem Umbiegen um einen Eisendorn von 0,5 cm Durchmesser nicht reißt.

Zu einer wesentlich exakteren Darstellung der optimalen Mengenverhältnisse der nichtflüchtigen Bestandteile gelangt S. de Lange[1] durch Eintragung seiner Meßergebnisse in ein dreiseitiges Prisma. Lange verwendet zur genaueren Bestimmung der Biegsamkeit Eisendorne von verschiedenem Durchmesser und stellt die Dorne fest, zwischen denen die Lackschichten gerade noch nicht reißen. Er erhält so Biegsamkeitszahlen, auf denen die graphische Darstellung aufgebaut wird.

Als Grundfläche seines Prismas dient das gleichseitige Dreieck von Hofmann und Reid. Senkrecht zu dieser Fläche erhält er als vierte Koordinate die Biegsamkeit.

In der Abb. 23 stellt *a* die Biegsamkeit des reinen NC-Films dar, *b* die des reinen Harzfilms (sehr klein) und *c* die der Weichmachungsmittel (unendlich) dar.

Zwischen den Punkten *A B* und *C* (letztere in unendlichem Abstand) liegt dann eine gekrümmte Fläche, die ,,Biegsamkeitsfläche''

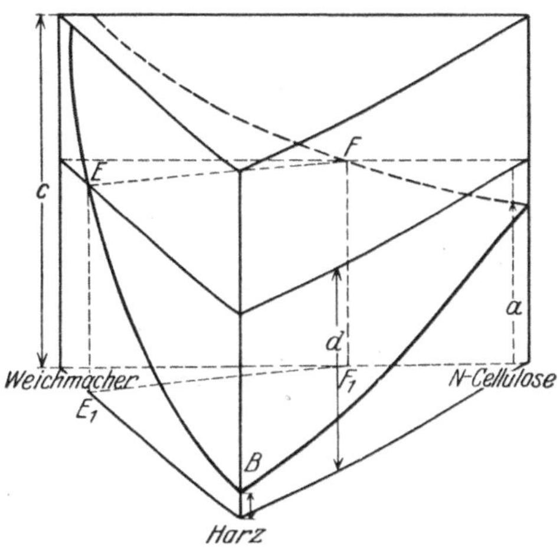

Abb. 23. Die Biegsamkeitsfläche.

Alle Punkte dieser Fläche stimmen überein mit innerhalb des Dreiecks gelegenen Punkten, und zwar in horizontaler Projektion hiervon. Andererseits ist für jeden Punkt im Dreieck, also für jedes Mischungsverhältnis der drei Komponenten ein Biegsamkeitspunkt zu finden.

Sollen nun die Punkte der Mischungen bestimmt werden, die einer bestimmten Biegsamkeit *d* entsprechen, so wird eine Fläche auf der Höhe *d* durch das Prisma gelegt, und zwar parallel zur Grundfläche.

Die Fläche schneidet die ,,Biegsamkeitsfläche'' in einer Kurve *EF*. Die Projektion dieser Kurve auf der Grundfläche *E' F'* bezeichnet alle die Punkte, die einer bestimmten Biegsamkeitsforderung gerade genügen. Auch für die übrigen Eigenschaften des Lackfilms lassen sich solche Flächen konstruieren.

---

[1] Farbenztg **34**, 1245 (1929).

Es soll noch an einigen Beispielen gezeigt werden, in welcher Weise durch geeignete Wahl der Lösungsmittel die Gestehungspreise für Celluloseesterlacke beeinflußt werden können. Beispielsweise enthalten die Zapone durchschnittlich 5% Wolle und 95% Lösungsmittel; von anderen Zusätzen wollen wir zunächst absehen. 1 kg Zaponlack enthält somit etwa 50 g Kollodiumwolle im Werte von etwa 0,18 RM. und 950 g Lösungsmittelgemisch von einem durchschnittlichen Werte von etwa 1,20 RM.

Der Wert der Lösungsmittel in einem Zaponlack ist also rund 6- bis 7 mal höher als der Wert der Kollodiumwolle.

Es fragt sich nun, wieweit man die Gestehungskosten für einen Zaponlack (sofern sie durch die Rohmaterialpreise bedingt sind) senken kann ohne die Qualität des Lackes zu verschlechtern. Es werden fünf typische Zaponlacklösungsmittel-Gemische angegeben. Da die Marktpreise sich verschieben, kommt den Preisangaben natürlich nur orientierende Bedeutung zu; die Aufstellung soll nur als Beispiel dienen.

1. Billigstes Gemisch, 1 kg etwa 0,85 RM.

(Spritzlack)	18%	Amylacetat
	22%	Essigester
	30%	Alkohol
	30%	Benzin

2.

	20%	Amylacetat	oder	20%	Butylacetat
(Spritzlack)	20%	Essigester		30%	E 13
	20%	Alkohol		25%	Benzin
	20%	Benzin		25%	Xylol
	20%	Xylol			(entsprechender Lack ohne Erzeugnisse der Gärungsindustrie)

1 kg etwa 0,93 RM.

3.	25%	Amylacetat	1 kg etwa 1,07 RM.
(Spritzlack)	40%	E 13	geeignet zum Überziehen von kleineren
	35%	Benzin	Gegenständen mit dem Pinsel.
4.	5%	Hexalinacetat	1 kg etwa 1,18 RM.
(Spritzlack)	25%	Butylacetat	geeignet für Holzpolitur u. dgl.
	30%	E 13	
	40%	Xylol	
5.	5%	Amylalkohol	1 kg etwa 1,29 RM.
(Spritzlack)	25%	Butylacetat	gibt besonders hochglänzende und
	70%	Essigester	harte Schichten.

Die Preise für 1 kg Lösungsmittelgemisch schwanken also erheblich, und es ist für eine wirtschaftliche Fertigung von großer Bedeutung, bei der Auswahl der Lösungsmittel den zu erzielenden lacktechnischen Effekt ebenso zu berücksichtigen wie die jeweiligen Marktpreise. Die teuersten Lösungsmittel geben nicht immer den besten Effekt.

3. Einige Bemerkungen über die Entwicklung der Nitrolacke in den letzten zehn Jahren.

In Deutschland hat sich die Entwicklung der Nitrolacke auf der Basis von Lacken der oben angegebenen Art entwickelt. Auch diese Lacke verwendete man, wenn auch in bescheidenem Umfange, schon zum Überziehen von Holzgegenständen; Ricinusöl und Tricresylphosphat waren die gebräuchlichsten Weichmachungsmittel. Den polurfarbigen Ton des Schellackes erzielte man durch Zusatz von Akaroid gelb, mit Akaroid rot erzielte man sogenannte Satintöne, und für nußbaum- und mahagonifarbige Lackierungen wurden Anilinfarben zugesetzt, vielfach wurde das Holz vor der Lackierung gebeizt. Auch deckende Lacke wurden unter Verwendung von Pigmenten schon früh hergestellt; es seien besonders die Knopf-, Schuhösen- und Absatzlacke genannt. Diese Lacke enthielten vielfach Esterharz und Albertole.

Seit etwa 1925 kamen niedrigviscose Wolletypen in größerem Umfange auf den Markt, und es war nunmehr möglich, Lacke von größerem Trockengehalt und damit größerer Füllkraft herzustellen. Transparente und transparentbunte Lacke mit größerem Körper fanden in der Holzindustrie Eingang. Der größere Gehalt an filmbildender Substanz ermöglichte auch eine wesentliche Erhöhung des Pigmentgehaltes von Decklacken, und diese Lacke führten sich rasch in der Automobillackierung ein. Hier waren allerdings verschiedene Kinderkrankheiten zu überwinden, und mancher Fabrikant hat schwere Enttäuschungen erlebt. Besondere Schwierigkeiten machte das Grundieren und Spachteln der Karosserien.

Ein weiterer Entwicklungsimpuls ist von der Schaffung hochalkohollöslicher Wollen ausgegangen, welche die Zusammenstellung von geruchsschwachen Streichlacken ermöglichen.

Während die S. 230 erwähnten Zapone nur etwa 5% einer hochviscosen Wolle enthielten, konnten mit Hilfe der dünnen Lackwollen ohne wesentliche Änderung der dort angegebenen Lösungsmittelkombinationen spritzfähige Lacke mit einem Wollegehalt bis zu 15% hergestellt werden. Bei den Streichlacken kam man sogar zu Wollekonzentrationen von über 20%. Bei entsprechenden Zusätzen von Harzen und Weichmachungsmitteln gelangt man zu streichfähigen Lacken bis zu 50% Trockengehalt.

Die Erhöhung des „Körpers“ steht heute im Vordergrund des Interesses. Es werden jetzt Lacke hergestellt, die wesentlich mehr Öle und Harze enthalten als Nitrocellulose und in denen die Nitrocellulose nur das Gerüst des Lackfilms darstellt.

XII. Zusammensetzung der nichtpigmentierten Lacke für die verschiedenen Verwendungszwecke.

Nachdem die Rohstoffe der Celluloseesterlacke, die Beziehungen dieser Stoffe zueinander und die allgemeinen Richtlinien zum Aufbau der Lacke behandelt worden sind, sollen die einzelnen Lacktypen besprochen werden.

Es ist nicht beabsichtigt, eine umfangreiche Rezeptur zu geben; der Kenntnis von Rezepten kommt nur eine sehr fragwürdige Bedeutung zu. Ungleich wichtiger ist die Beherrschung der Aufbauprinzipien und die gründliche Kenntnis der Rohstoffe, da hiernach jederzeit die Herstellung von Lacken für alle Zwecke erfolgen kann. Die Erfahrung hat gezeigt, daß eine bis ins kleinste ausgearbeitete praktisch bewährte Rezeptur nach schon zwei Jahren größtenteils überholt war, weil durch veränderte Anforderungen der Kundschaft, Änderungen im Preisverhältnis der Rohstoffe, Auftauchen neuer Lösungsmittel, Weichmachungsmittel und Harze alle Rezepte von Grund neu aufgebaut werden mußten.

Es sollen deshalb die in den einzelnen Verwendungsgebieten gestellten Anforderungen in den Vordergrund gestellt werden, Rezepte jedoch nur soweit mitgeteilt werden, sofern sie als typisch angesehen werden können. Bezüglich der Bezeichnung der Kollodiumwollesorten verweisen wir auf die Tabelle am Schlusse des Kapitels II, Abschnitt E, aus der zu entnehmen ist, welche Fabrikate der einzelnen Hersteller sich annähernd entsprechen. Auf dem deutschen Markt befinden sich die Kollodiumwollen der Westfälisch-Anhaltischen Sprengstoff AG. (Wasag), der Deutschen Celluloid-Fabrik Eilenburg, der Wolff & Co., Walsrode[1], und der Hercules Powder Co. Mit einigen Wolletypen ist auch die Schweizer „Worbla“ vertreten.

1. Die Zapone.

Zapone oder Metallacke stellen die älteste lacktechnische Anwendung der Kollodiumwollen dar.

Sie werden in sehr dünner Schicht auf polierte Metallteile — besonders Silber, Tombak, Bronze und Messing — aufgetragen, um sie vor dem Anlaufen zu schützen, das bekanntlich ohne einen solchen Überzug sehr rasch erfolgt. Beim Silber sind es vor allem Spuren von Schwefelwasserstoff, die eine Schwärzung hervorrufen, bei Messing erfolgt das Blindwerden in erster Linie durch die Bildung einer Oxydschicht infolge der Einwirkung des Luftsauerstoffs.

[1] Die Fabrikate der Deutschen Celluloid-Fabrik und der Wolff & Co. werden durch die I. G. Farbenindustrie, Verkaufsabteilung L, vertrieben.

Voraussetzung für die Erzielung des beabsichtigten Effektes ist, daß der Lack selbst keine Bestandteile enthält, welche das Metall angreifen.

Die Lösungsmittel müssen also völlig säurefrei sein, und die verwendeten Verdünner dürfen keine Schwefelverbindungen enthalten. Die Gefahr der Säureabspaltung besteht vor allem bei Methylacetat und den Markenlösungsmitteln, welche Methylacetat sowie gewisse Lactate enthalten. Schwefelverbindungen enthalten häufig die Kohlenwasserstoffe, wie technisches Benzol und manche Benzine, während Reintoluol und Reinxylol schwefelfrei sind. Lacke, welche Rohbenzol enthalten, bewirken innerhalb weniger Stunden eine Verfärbung blanker Silbergegenstände, zuweilen sogar Schwärzung.

Während die alten Metallzapone in der Regel nur Sprit und Amylacetat als Lösungsmittel enthielten, verwendet man heute Lösungsmittelgemische, die der Lackiertechnik angepaßt sind.

Nach wie vor kommen zur Herstellung der Zapone die hochviscosen Wolletypen in Betracht, also E 1160, E 950, E 840; Wasag 12 und 14a, 8a dick; Hercules 125,30 und 15 Sek., und zwar in einer Konzentration von 3—5%. Bei zu starker Verdünnung besteht die Gefahr eines irisierenden Effektes, nämlich dann, wenn die Dicke der Lackschicht der durchschnittlichen Wellenlänge sichtbaren Lichtes entspricht.

Zaponlack für Silber erfordert besonders hellfarbige und klarlösliche Kollodiumwollen.

Die Zusammensetzung einiger solcher Lacke ist aus nachfolgenden Rezepten zu entnehmen.

Streichlack: 1.	5 Teile		E 950 gebleicht oder Hercules 30 Sek.
	55	,,	Amylacetat
	40	,,	95%iger Sprit
	100 Teile		
2.	5 Teile		derselben Wolle
	40	,,	Butylacetat
	10	,,	Butanol
	10	,,	Äthylglykol
	35	,,	Reintoluol
	100 Teile		

Zur Schreibweise der Rezepte sei bemerkt, daß wir die Kollodiumwolle stets 100%ig, also trocken einsetzen. Da die Wolle niemals trocken zur Auflösung gelangt, sondern mit wenigstens 35% Anfeuchtung, ist das Anfeuchtungsmittel im Rezept zu berücksichtigen. Das erste Rezept würde bei Verwendung einer Wolle mit vorgeschriebener 35%iger Anfeuchtung demnach lauten:

7,5 Teile		spritfeuchte E 950
55,0	,,	Amylacetat
37,5	,,	95%iger Sprit
100 Teile		

Die Haftfestigkeit solcher Lacke auf starren, nach der Lackierung nicht mehr zu bearbeitenden Metallteilen ist ausgezeichnet. Ein Zusatz von Harzen und Weichmachungsmitteln ist überflüssig. Voraussetzung für das Gelingen der Lackierung ist, daß die Metallflächen vollständig trocken, oxyd- und ölfrei sind. Der häufig geäußerten Ansicht, daß reine Nitrocelluloselacke keinen Hochglanz geben, kann nicht beigepflichtet werden. Metallspiegel, z. B. die Spiegel der Scheinwerfer von Kraftwagen, werden meistens mit reinen NC-Lacken überzogen. Für solche Zwecke müssen allerdings besonders hohe Anforderungen an die Lichtbeständigkeit der Wolle und an die Klarheit der Lacke gestellt werden.

Besondere Anforderungen an die Haftfestigkeit werden bei solchen Zaponen gestellt, welche zur Lackierung von noch weiter zu verarbeitenden Metallteilen Verwendung finden. Die stärkste Beanspruchung stellt das Stanzen dar. Die Ablösung der Lackschicht beim Stanzen kann nur durch erhebliche Zusätze an Harzen und Weichmachungsmitteln verhindert werden. Eine wesentlich geringere Beanspruchung ist das Anbringen von Bohrungen und Gewinden. Bei Lacken für solche Metallteile genügen schon mäßige Zusätze von Weichmachungsmitteln, z. B. für Silber ein Lack folgender Zusammensetzung:

5	Teile,	E 950 gebleicht oder entsprechende Wollen
3	,,	Sipalin MOM oder Palatinol C
38	,,	Butylacetat
14	,,	Butanol
40	,,	Toluol

Der Lack kann mit einem weichen Pinsel verstrichen werden.

Höheren Ansprüchen auf Haftfestigkeit entspricht der folgende Spritzlack:

4	Teile	E 950 gebleicht oder entsprechende Wollen
2	,,	Zellodammar
3	,,	Sipalin MOM oder Palatinol C
11	,,	Butylacetat
20	,,	Essigäther
10	,,	Äthylglykol
10	,,	Butanol
25	,,	Benzol, rein
15	,,	Toluol

für Silber, Messing, Bronze usw.

Ein solcher Lack eignet sich beispielsweise zum Lackieren von Uhrgehäusen. Beim Einsetzen der Werke und Anziehen der Befestigungsschrauben springt die Schicht nicht ab.

Nitrolacke für zu stanzende Metallteile enthalten noch größere Zusätze an Weichmachungsmitteln und Harzen. Der für solche Lacke gelegentlich verwendete Schellack wird zweckmäßig wachsfrei und gebleicht bezogen; er darf erst nach völliger Entfernung des Wassers zur Auflösung gelangen, da er sonst zu Trübungen Veranlassung gibt.

Die Löslichkeitseigenschaften des Schellacks erfordern besondere Sorgfalt bei der Zusammensetzung der Lösungsmittel, da er sich zwar in Alkohol glatt löst, aber bei Zusatz größerer Kohlenwasserstoff- oder Estermengen wieder ausfällt. Er wird daher zweckmäßig nur mit hochalkohollöslichen Wollen verarbeitet; beispielsweise mit einer Lösung folgender Zusammensetzung:

10	Teile	A 620 (oder Wasag A III oder Herkules AS $^1/_2$)
30	„	Sprit
20	„	Butanol
15	„	Methylglykol
20	„	Äthylglykol
5	„	Isopropylglykol

Ein Grundierlack für Aluminium, Weißmetall und Zink wird von Wilson wie folgt angegeben:

3,5	Teile	NC 30 Sek. (oder E 950 bzw. 8a dick)
3,5	„	NC $^1/_2$ Sek. (oder E 510 bzw. Wasag 6)
5,2	„	Schellacklösung, bestehend aus gleichen Teilen gebleichtem Schellack und Sprit
10,4	„	Essigäther
10,0	„	Butylacetat
4,7	„	Butanol
4,7	„	Sprit
26,0	„	Toluol
20,5	„	Benzol
11,5	„	Tricresylphosphat

Ein elastischer Messinglack:

5,0	Teile	NC 30 Sek.
11,3	„	Essigäther
3,0	„	gebleichter Schellack in Butanol
16,5	„	Butylacetat
7,2	„	Butanol
3,0	„	Elemilösung[1]
26,3	„	Toluol
22,0	„	Benzol
5,7	„	Dibutylphthalat (Palatinol C)

Elemi und Schellack haben den Vorzug großer Lichtbeständigkeit; in Fällen, wo hierauf weniger Wert gelegt wird, genügt das billige Esterharz[2], bei dessen Verarbeitung die verwendeten Lösungsmittel

---

[1] Die Elemilösung kann nach Wilson hergestellt werden durch Lösen von 46 Teilen Elemi in 29,5 Benzol, 14,5 Essigäther und 10,5 Sprit; nach 24 Stunden wird die klare Lösung vom Bodensatz abgezogen. Vgl. auch die Vorschrift in Kapitel VI.

[2] Esterharze werden von verschiedenen Firmen in verschiedener Qualität und unter verschiedenen Bezeichnungen auf den Markt gebracht. Harzester der Firma Albert haben die Bezeichnungen 92 R, 120 U, 121 V, 122 W. Zwei hochwertige Esterharze der I. G. Farbenindustrie tragen die Bezeichnung E_1 und E_2.

möglichst wenig Alkohol enthalten sollen, da Alkohol kein Lösungsmittel für Esterharz ist.

Transparentbunte Zapone bieten hinsichtlich ihres Aufbaues nichts Neues. Geeignete lösliche Farbstoffe sind in Kapitel VII angegeben. Man setzt den Farbstoff nicht in fester Form dem Lack zu, sondern löst ihn vorher in einem geeigneten Lösungsmittel und filtriert die Lösung. Über die Löslichkeit und Lichtechtheit der Farbstoffe ist ebenfalls in Kapitel VII das Notwendigste mitgeteilt.

Einige Anwendungsgebiete transparentbunter Lacke: Lackieren von Zigarettenetuis aus Weißmetall, Manschettenknöpfen, Metallschildern, Glühlampen.

Mit Sudan angefärbter Lack wird vielfach zum Überziehen von Messingwaren benutzt, um diesen einen feurigen Ton zu verleihen. In diese Gruppe gehören auch die Flaschenkapsellacke.

Literatur.

Über Glühlampenlacke. Farbe u. Lack **1925**, Nr 48.
Frömming: Transparentbunte Zaponlacke. Farbe u. Lack **1928**, Nr 3, 27.
Lenz: Über Erfahrungen mit Nitrocellulosemetallacken. Farbe u. Lack **1929**, 17.

2. Acetylcelluloselacke.

Die Lacke auf Basis Acetylcellulose ähneln hinsichtlich ihres Aufbaues und ihrer Verwendungsgebiete weitgehend den Metallzaponen. Selten verwendet man Lacke mit Harzzusatz, pigmentierte Lacke haben bisher nur im Flugzeugbau technische Bedeutung erlangt.

Zunächst sei festgestellt, daß die heute im Handel befindlichen Acetylcellulosen im Acetylgehalt und damit in den Löslichkeitsverhältnissen weitgehend übereinstimmen. Den Anforderungen der Lacktechnik entsprechend werden jedoch Produkte verschiedener Viscosität hergestellt. Hierüber ist in Kapitel II, Abschnitt F einiges mitgeteilt worden.

Die Lösefähigkeit der einzelnen Lösungsmittel für Nitrocellulose haben wir durch Bestimmung der absoluten Viscosität gleich konzentrierter Lösungen in verschiedenen Lösungsmitteln darzustellen versucht. Hofmann und Reid[1] schlagen für Acetylcellulose denselben Weg ein. Sie finden die Viscosität 10%iger Lösungen eines Celluloseacetats mittlerer Viscosität gemäß Aufstellung auf S. 237.

Wie bei Nitrocellulose, so ist auch bei Acetylcelluloselösungen die Viscosität in hohem Maße von der Art des Verdünners bzw. der Verdünnermischung abhängig. Eine 10%ige Lösung der gleichen Wolle, gelöst in einem Gemisch von 60 Teilen Dioxan, 20 Teilen Toluol und 20 Teilen Sprit zeigt z. B. 8 Poisen, während die reine Dioxanlösung fast 13 Poisen zeigt.

[1] Ind. Chem. **21**, 955.

Wie bei den Nitrocelluloselacken müssen die höchstsiedenden Anteile des Lackes Lösevermögen haben, da die Lackschichten sonst anlaufen und gelegentlich auch weiß werden. Für den Verdunstungsverlauf der Verdünner gibt der Siedepunkt der Einzelbestandteile nur einen Anhalt. Vielfach bilden sich konstant siedende Gemische, die rascher verdunsten als die Einzelbestandteile.

Lösungsmittel	Viscosität bei 25° C in absoluten Einheiten Poisen
Aceton	2,70
Methyläthylketon	5,03
Methylacetat	5,40
70 Äthylendichlorid + 30 Sprit	8,93
Dioxan	12,95
Methylglykol	19,60
Methylglykolacetat	23,10
Äthyllactat (Solaktol)	27,30
Diacetonalkohol (Pyranton)	40,95

Die in den letzten Jahren technisch zugänglich gewordenen hochsiedenden Lösungsmittel für Acetylcellulose ermöglichen die Zusammenstellung von Lacken, welche auch bei hoher Luftfeuchtigkeit klar auftrocknen. Solche Lösungsmittel sind Diacetonalkohol, Methylglykolacetat und Carbitolacetat (Äthyläther des Diäthylenglykolacetats) und andere.

Die Methodik zur Bestimmung des Anlaufens von Lackschichten in Abhängigkeit vom Lösungsmittel und von der Luftfeuchtigkeit ist bei den Untersuchungsmethoden für Lösungsmittel geschildert worden. Den höchsten Widerstand gegen Anlaufen geben Zusätze von Diacetonalkohol und Carbitolacetat. Auch Glykoldiacetat zeigt hervorragende Eigenschaften, doch neigt es zur Abspaltung von Essigsäure. Gechlorte Kohlenwasserstoffe sollten trotz ihres teilweise ausgezeichneten Lösevermögens nur mit Vorsicht verwendet werden, weil sie meistens starke physiologische Wirkungen entfalten. Dem Zusatz der genannten hochsiedenden Produkte ist dadurch eine Grenze gesetzt, daß Lacke schon mit einem Gehalt von 25% sehr langsam trocknen.

Die schon erwähnten konstant siedenden Gemische von Verdünnungsmitteln eignen sich sehr gut zur Regulierung der Verdunstungsgeschwindigkeit. Es sei das Gemisch von 68 Teilen Xylol und 32 Teilen Butanol genannt.

Triphenylphosphat, das älteste Weichmachungsmittel für Acetylcellulose, besitzt kein eigentliches Lösevermögen und sollte zusammen mit gelatinierenden Weichmachern verarbeitet werden wie Triacetin, Phthalsäuredimethylester (Palatinol M der I. G.) Phthalsäureester des Methylglykols (Palatinol O).

Hofmann und Reid empfehlen folgendes Gemisch von Weichmachungsmitteln: 50 Teile Triacetin, 25 Teile Diäthylphthalat, 25 Teile Dibutyltartrat.

Als ein Nachteil der Acetylcellulose gegenüber der Nitrocellulose kann ihre Unverträglichkeit mit pflanzlichen Ölen angesehen werden. Ricinusöl scheidet sich selbst bei geringen Zusätzen während der Filmbildung wieder aus, Leinöl kann bis zu einigen Prozenten zugesetzt werden, doch sind solche Kombinationen ohne praktische Bedeutung.

Das britische Patent 127615 verwendet Lanolin als Zusatz zu Acetylcelluloselacken:

„Zusammensetzungen oder Zubereitungen, welche Lösungen oder Massen aus Celluloseacetat umfassen oder hieraus bestehen, die mit Lanolin mit oder ohne Zusatz von Triacetin, Acetanilid, Benzylalkohol, Terpineol oder anderen Substanzen gemischt werden zur Herstellung von Anstrichen und Lacken usw."

Wie bei den Nitrolacken, so richtet sich auch hier die Zusammensetzung der flüchtigen Anteile des Lackes nach der anzuwendenden Lackiertechnik.

Für das in der Herstellung isolierter Kupferdrähte vielfach angewandte Passierverfahren verwendet man ein aus etwa 90 Teilen bestehendes Gemisch von niedrigsiedenden Anteilen, z. B. Aceton + Methylacetat mit einem Zusatz von etwa 10 Teilen eines hochsiedenden Lösers.

Ein typischer Spritzlack enthält folgende Lösungsmittel:

40 Teile	Methylacetat	10 Teile	Xylol
12 „	Sprit	4 „	Butanol
10 „	Benzol	16 „	Diacetonalkohol
8 „	Aceton		

Hofmann und Reid geben folgende Lösungsmittelgemische für Acetatlacke an:

Lack	1	2	3	4	5	6	7	8	9	10	11
Toluol	30									30	
Äthylendichlorid		60	60	70	70	60	60	60	60		50
Sprit	20	20	20	20	20	10	20	20	15	20	10
Methylglykol	30	10				10			15		30
Methylglykolacetat	20	10		10							10
Äthylglyklacetat						5		5			
Äthylglykol			5								
Äthylacetat						15					
Carbitol							5				
Dichloräthyläther			15	10			15	15	10		
Diacetonalkohol											
1,4-Dioxan										50	

Bezüglich der Verwendung von Harzen sei auf die Arbeit von Hofmann und Reid verwiesen.

a) Die wichtigsten Verwendungsgebiete der Acetylcelluloselacke.

Die Acetylcellulose hat bei der jetzigen Preislage als Lackrohstoff nur dann Bedeutung, wenn es erforderlich ist, daß die Lackschichten schwer verbrennlich sind. Für die Elektrotechnik hat auch das hervorragende Isolationsvermögen Interesse. Hartcellon der Rheinisch-Westfälischen Sprengstoff-AG. zeigte folgende Durchschlagsfestigkeit:

bei einer Plattenstärke	von	0,20 mm	13200 Volt
	„	0,25 „	15800 „
	„	0,35 „	22000 „
	„	0,45 „	25000 „

Lackschichten aus Acetylcellulose geben bei Abwesenheit von Weichmachungsmitteln naturgemäß die gleiche Durchschlagsfestigkeit.

Die ersten brauchbaren Isolationslacke auf Acetylcellulosebasis sind von Arthur Eichengrün (Cellonwerke Charlottenburg) geschaffen worden. Diese Cellonlacke werden in drei Weichheitsgraden hergestellt:

1. Weiche Cellonlacke, welche beim Verdunsten der Lösungsmittel biegsame und dehnbare Schichten bilden. Verwendungsgebiete: Imprägnierung von Papier, Geweben, Umspinnungen, Wicklungen usw.

2. Normale Cellonlacke geben nach Verdunstung der Lösungsmittel Schichten von der Härte des Celluloids. Die Lacke können auf beliebige Konsistenz eingestellt werden und sind bei geeigneter Wahl der Lösungsmittel in jeder beliebigen Lackiertechnik zu verarbeiten.

Die Lacke höherer Konsistenz sind gedacht als Ersatz von Umspinnungen, Wicklungen oder Einlagen von Isolierseide, Asbest usw. Die dünnflüssigeren Lacke dienen zum Anstreichen solcher Maschinenteile, welche durch Öl angegriffen werden, wie die Wicklungen in den Öltransformatoren, Schaltbrettern, Metalleitungen usw.

3. Harte Cellonlacke geben Schichten von hohem Isolationswert. Die Imprägnierung von umsponnenen Drähten und die Herstellung von Isolierschichten für hohe Spannungen kann mit diesen Lacken vorgenommen werden. In geeigneter Konsistenz dienen sie als Tauchlack für Holz- und Metallgriffe. Die Schichten sind nach dem Durchtrocknen sehr hart und schwer verletzlich. Viel gebraucht wird ein solcher Tauchlack zum luftdichten Überziehen von Ankerköpfen.

Die Schwerverbrennlichkeit der Acetylcellulose hat ihr auf dem Gebiete der Flugzeuglacke unter allen Cellulosederivaten eine dominierende Stellung gegeben, obgleich ihre Wasserfestigkeit den höchsten Ansprüchen nicht zu genügen vermag. Es ist bekannt, daß die Celluloseacetatindustrie Englands und Frankreichs ihre Existenz, oder zum mindesten den entscheidenden Anstoß zur Großfabrikation, den Bedürfnissen des Flugzeugbaues während des Krieges verdankt.

Außer der Herabsetzung der Entzündlichkeit der Tragflächenbespannung haben die Lacke folgende Aufgaben zu erfüllen:

1. Schutz des Gewebes vor dem zerstörenden Einfluß des Lichtes und der Atmosphäre,
2. Aufrechterhaltung der Spannung des Gewebes über der Tragflächenkonstruktion,
3. Erzielung von Undurchlässigkeit gegen Luft und Wasser,
4. Verhinderung des Eindringens von Benzin, Benzol oder Öl in die Bespannung.

Die British Engineering Standards Association hat eine Reihe von Spezifikationen herausgegeben, welche sehr ausführliche Angaben über Untersuchungsmethoden und Rezepte enthalten[1]. Solche Rezepte sind wiederholt auch in der deutschen Zeitschriftenliteratur veröffentlicht worden, so vor kurzem von A. Kraus[2].

Hier sollen nur einige Rezepte wiedergegeben werden:

	Lack 1	Lack 2	Lack 2	Verdünnungsmittel
Celluloseacetat . . .	8,1	7,7	7,3	—
Aceton	53,3	49,4	44,3	48,3
Methyläthylketon .	8,9	8,3	—	—
Alkohol	12,4	11,6	21,6	23,6
Benzol	13,4	12,3	23,4	26,6
Benzylalkohol . . .	2,3	3,2	2,3	2,5
Triphenylphosphat .	1,6	2,8	1,1	—
Pigment	—	4,7	—	—

Für das Ansetzen der Lacke werden folgende Vorschriften gegeben: Benzol und Alkohol werden in ein Rührwerk gebracht, und der Rührer in Bewegung gesetzt, dann füllt man das Celluloseacetat mit dem Weichmachungsmittel nach. Nach halbstündigem Rühren werden die übrigen Bestandteile unter ständigem Rühren zugesetzt und bis zur völligen Lösung weiter gerührt. Bei farbigen Lacken wird das Pigment entweder vorher mit Benzylalkohol angerieben und die Pigmentpaste gleichzeitig mit dem Celluloseacetat in das Rührwerk gebracht, oder das Pigment wird mit einem Teil des fertigen Klarlackes angerieben.

Die angegebenen Rezepte geben naturgemäß nur dann die Sicherheit einer gleichbleibenden Qualität, wenn die Viscosität der Acetylcellulose stets die gleiche bleibt. In den Spezifikationen wird als Vergleichslösung eine wässerige Lösung angegeben, welche in 100 cm³ bei 15° C 81 g Rohrzucker enthält und deren Viscosität bei 15° = 100 gesetzt wird (gemessen im Ostwaldschen Viscosimeter).

Eine Lösung der zu prüfenden Acetylcellulose mit 6,6% Trockengehalt in Aceton soll dann eine Viscosität von 85—95 haben oder in dem angegebenen Verdünner eine Viscosität von 105—115.

[1] Nr 83; 2 D 101; 2 D 103; 4 D 100; D 105; 3 D 1.

[2] Farbe und Lack **1930**, 159.

Das Auftragen dieser Lacke soll mit einem flachen Borstenpinsel erfolgen.

Prüfungen seitens des englischen Luftfahrtamtes haben gezeigt, daß durch die Sonnenbelichtung in den Tropen die Gewebe selbst unter einer Acetatschicht stark angegriffen werden und bis zu 40% ihrer Festigkeit verlieren. Deshalb ist gewöhnlich eine der aufzubringenden Lackschichten pigmenthaltig. Vielfach wird zur Abhaltung der chemisch wirksamen Strahlen ein roter Aufstrich verwendet, dessen Farbe durch einen ocker- oder bronzehaltigen Lack verdeckt wird.

b) Die wichtigsten Patente über Acetylcelluloselacke.

Eichengrün DRP. 254784 und 295764. Betrifft die vor allem für Flugzeugspannlacke wichtigen Gemische von zwei Nichtlösern (z. B. Alkohol und Benzol) mit einem Löser (z. B. Aceton).

Ähnliche Verfahren: Reeser F. P. 411126, Dreyfuss F. Zusatzpat. 15719, Lindsay A. P. 1027616 und 1041112 verwendet Gemische von Äthylenchlorid und Pentachloräthan mit Alkoholen.

Gleiche Verfahren: Eastmann-Kodak F. P. 408396, Bayer und Co. F. P. 417250; Mork A. P. 1030782 verwendet Gemische von Methylchloracetat mit Alkoholen. Eichengrün E. P. 243031 verwendet Gemische von Methylenchlorid mit wenig Methanol oder anderen Alkoholen. Solche Gemische lösen auch manche Triacetate. Methylenchlorid ist vollständig unbrennbar, seine physiologische Wirkung ist schwach narkotisch.

Eine neuere Patentanmeldung, W 70262 IV/22 h von der Wacker G. m. b. H. hat die Herstellung klar auftrocknender Lacke aus Acetylcellulose zum Gegenstand. Die Erfindung ist dadurch gekennzeichnet, daß Gemische von einem oder mehreren gechlorten Kohlenwasserstoffen mit zwei oder mehr Alkoholen als Lösungsmittel verwendet werden, denen gegebenenfalls Kohlenwasserstoffe oder auch Lösungsmittel für Acetylcellulose zugesetzt werden können.

In dieser Anmeldung sind folgende Rezepte angegeben:

1. 10 kg Acetylcellulose
   50 „ Dichloräthylen
   5 „ Methanol
   5 „ Sprit
   40 „ Methylacetat
2. 10 „ Acetylcellulose
   88 „ Dichloräthylen
   5 „ Sprit
   1 „ Methanol
   5 „ Butanol
   3 „ Milchsäureäthylester
3. 10 „ Acetylcellulose
   80 „ Dichloräthylen
   7 „ Sprit
   3 kg Butanol
   10 „ Butylacetat
4. 10 „ Acetylcellulose
   30 „ Dichloräthylen
   20 „ Tetrachlorätan
   5 „ Methanol
   5 „ Butanol
   5 „ Benzol
5. 10 „ Acetylcellulose
   50 „ Dichloräthylen
   5 „ Sprit
   5 „ Butanol
   5 „ Benzol
   10 „ Aceton

Mit der Verwendung der Chlorhydrine, insbesondere des Äthylenchlorhydrins in Kombination mit anderen Lösungsmitteln oder mit Wasser beschäftigen sich die DRP. 383 699, 406 426, 439 009, sowie die Patentanmeldung F. 57 443 IV/22 h (Erfinder: Rosenthal). Die letztgenannte Anmeldung bezieht sich auf die Stabilisierung solcher Lösungen mit Hilfe von cyclischen Basen.

Beispiel für einen haltbaren Lack:

10 Teile	Acetylcellulose		5 Teile	Monochlorhydrin	
65 „	Aceton		0,5 „	Chinolin	
20 „	Äthylenchlorhydrin				

Die Anmeldung Z. 17 286 IV a 22 h von Albert Zetter, Hamburg (ausgel. 12. Juni 1930), hat die Herstellung eines Tauchlackes aus Acetylcellulose zum Gegenstand. Es sollen schrumpfkapselähnliche Überzüge erzielt werden. Das Verfahren ist dadurch gekennzeichnet, daß eine dickflüssige Acetylcelluloselösung mit einer so großen Menge eines fetten Öles versetzt wird, bis eine Koagulierung eintritt, worauf man mit einem Lösungsmittel so weit verdünnt, bis die Koagulation wieder aufgehoben wird.

Weißer Tauchlack: 180 g Acetylcellulose in 820 g Aceton gelöst, versetzt mit 65 g Ricinusöl und einer Anreibung von 100 g Lithopone in 250 g Aceton.

Blauer Tauchlack: 180 g Acetylcellulose gelöst in 820 g Aceton, versetzt mit 65 g Ricinusöl, dann Zusatz von 140 g Ultramarin angerieben mit 250 g Aceton.

Goldfarbig: Entsprechend den vorigen, jedoch mit 150 g Kupferbronze.

3. Mattlacke.

Die Mode hat in den letzten Jahren gelegentlich Matteffekte und Seidenglanz verlangt. In der Regel werden solche Effekte dadurch erzielt, daß man eine an sich glänzende Lackschicht mit dem dünnen Überzug eines Mattlackes überzieht. Auch glänzende Celluloidgegenstände, wie Celluloidpuppen, werden häufig mit Mattlacken überzogen, um ihnen den speckigen Glanz zu nehmen und einen natürlichen Fleischton wenigstens annähernd zu erzielen.

Einen Mattierungseffekt erzielt man auf verschiedene Weise.

Einige Verfahren beruhen auf dem Zusatz von organischen Produkten, die zwar dem Lack zugesetzt werden können, ohne Fällungen hervorzurufen, bei Eintrocknen der Lackschicht aber als Nichtlöser Trübungen hervorrufen. Hierzu gehören Terpentinöl, Olivenöl, Carnaubawachs, Aluminiumstearat und Verwandte (das letztere insbesondere für Öllacke).

Andere Mattlacke enthalten geringe Mengen Wasser oder solche Lösungsmittel, welche infolge ihrer starken Verdunstungskälte ein schwaches Anlaufen verursachen. Der Effekt ist bei so hergestellten Lacken nicht immer mit Sicherheit zu reproduzieren. Bei sehr trockner Luft in warmen Räumen erhält man auf diese Weise gelegentlich auch blanke Schichten. Die dritte Möglichkeit besteht in dem Zusatz von trübenden Stoffen, z. B. geringen Mengen Zinkweiß, Tonerde u. dgl.

Beispiel für einen Lack der erstgenannten Art: 100 Teile E 940 entsprechend 150 Teilen spritfeucht (oder gleichartige Wollen) werden mit 40 Teilen Wasser angefeuchtet. Diese angefeuchtete Wolle löst man in einem Gemisch von 200 Teilen Methanol, 100 Teilen Butanol, 100 Teilen Essigester. Nach völliger Durchlösung mischt man mit 500 Teilen eines Gemisches aus gleichen Teilen Benzol, Toluol, Xylol, das man mit 60 Teilen Olivenöl gemischt hat.

Dieser Lack ist zum Streichen geeignet, zum Spritzen muß er noch weiter verdünnt werden.

Seeligmann und Zieke empfehlen folgende Zusammensetzung, die sich allerdings auf größere Flächen wohl kaum gleichmäßig auftragen läßt: 3 Teile Celluloid, 41 Teile Äther, 41 Teile Spiritus, 96% ig, 15 Teile Terpentinöl. Durch Variation des Terpentinölgehaltes kann man verschieden starke Trübungen erzielen.

Nach Farbe u. Lack[1] soll durch Zusatz von Kaurikopal in Solaktol oder Schellacklösungen zu Zaponlacken ein Matteffekt erzielt werden.

Für diesen Zweck dürfte nur der wachshaltige Schellack in Frage kommen, anderfalls müßte durch die Wahl der Lösungsmittel die Abscheidung des Schellacks beim Eintrocknen der Schicht bewirkt werden (Xylol).

Ausführliche Mitteilungen über fettsaure Tonerden, wie sie zur Erzielung von Mattierungseffekten Verwendung finden, sind von E. Markowicz der Firma Wilhelmi AG. veröffentlicht worden[2].

Nach einem Patent der I. G. Farbenindustrie, 479083, Erfinder L. Lock und E. Hubert, gelangt man zu wertvollen Mattlacken, wenn man Celluloseäther zusammen mit plastifizierenden Mitteln vom Charakter hochsiedender Kohlenwasserstoffe, Fette oder Öle in einem Gemisch von Lösungsmitteln löst, von denen das eine ein Lösungsmittel sowohl für den Celluloseäther als auch für das plastifizierende Mittel ist, während das andere nur den Celluloseäther, dagegen das Plastifizierungsmittel nicht oder nur wenig löst.

Nach dem Beispiel werden 14 Teile Celluloseäthyläther mit 6 Gewichtsteilen des im Patent 336476 beschriebenen Kondensationsproduktes aus Xylylchlorid und Naphthalin in 20 Teilen Benzol und 60 Teilen Alkohol gelöst.

---

[1] Farbe u. Lack **1929**, 89.

[2] Farbenztg **1928**, 326 u. 414.

4. Reiß- und Krystallacke.

Auf einem harten Grundlack wird ein rasch trocknender Decklack aufgetragen, der beim Trocknen infolge auftretender Spannungen reißt. Als Grundlack dient eine beliebige Nitrolackemaille, wie sie zur Automobillackierung Verwendung findet, dem Decklack wird beispielsweise Aluminiumstearat beigefügt, welches die Entstehung zahlreicher unregelmäßiger Risse verursacht. I. E. Schmoegner[1] gibt für einen Reißlack folgende Zusammensetzung an: 9 kg Chromgrün und 18,1 kg Titanweiß, 6,8 Kg Dammar wachsfrei, 4,5 kg Lindol, 18 kg Toluol werdenangerieben. 20 kg 1/2 Sekundenwolle werden in einem geeigneten Lösungsmittelgemisch gelöst, und diese Lösung mit der Farbpaste gemischt. Dem Lack werden 136 l Aluminiumstearatpaste zugesetzt, welche durch Anreiben von 70 kg Aluminiumstearat mit 275 l Toluol erhalten wird.

Nach Angaben von Kolke[2] tritt eine intensivere Rißbildung ein, wenn der Reißlack auf den noch nicht völlig trocknen Grundlack aufgetragen wird. Der wenig Körper enthaltende weichmachungsmittelfreie Reißlack trocknet rascher als der fettere Grundlack. Als Lösungsmittel für den Reißlack werden Gemische von viel niedrigsiedenden und wenig hochsiedenden Lösungsmitteln empfohlen.

Das Spritzen der Lacke erfordert aber auch Zusatz von mittelsiedenden Lösungsmitteln, z. B. Butylacetat.

Die mechanische Festigkeit solcher Reißlacke läßt infolge des Gehaltes an Stearaten zu wünschen übrig. Es empfiehlt sich daher, mit einem harten Zaponlack abzudecken[3].

Die Zusammensetzung eines Eisblumenlackes wird von K. B. Thews[4] wie folgt angegeben:

1/2 Sekundenwolle	10 lbs
25 Sekundenwolle	12 lbs
Harnstoff	3,5 Unzen
Essigester	5,25 Gallonen
Butylacetat	2,75 „
Amylacetat	1,0 „
Toluol	9,5 „
dazu	4,5 „ einer Lösung von

Harzester in einem Gemisch von 80 Teilen Toluol und 20 Teilen Butylacetat. Zur Verdünnung wird ein Gemisch von Butylacetat + Essigester angegeben.

Die eigentlichen Krystallacke enthalten einen leicht krystallisierenden organischen Körper, welcher in der Lösungsmittelkombination des

[1] Ref. Farbe u. Lack **1929**, Nr 46; Industrial Finishing, Indianopolis **5**, Nr 7 (1929).

[2] Farbenztg **1928**, 1282.

[3] Weitere Rezepte in Farbe u. Lack **1928**, 99 u. 337.

[4] Paint and Wallpaper **2**, 161 (1928).

Lackes löslich ist, bei fortschreitender Verdunstung während der Filmbildung aber auskrystallisiert.

Acetanilid ist zur Erzeugung solcher Effekte vorgeschlagen worden, eignet sich jedoch wegen der Verletzlichkeit der sehr schönen Krystallbildung nur für solche Zwecke, welche eine mechanische Beanspruchung des lackierten Gegenstandes ausschließen.

Gardner verwendet zur Herstellung von Krystallacken neuartige Kondensationsprodukte von Formaldehyd mit Toluolderivation von harzartigem Charakter. Die mit diesen Produkten erzeugten Lackierungen sollen beständiger sein.

5. Transparente Holzlacke und Polituren.

Die Verwendungsart der Celluloseesterlacke in der Holzindustrie ist außerordentlich mannigfaltig. Von den einfachen Zaponen bis zu den stark deckenden Lacken von der Art der Lackemaillen für Karosserielackierung werden fast alle Lacktypen gebraucht.

Zapone oder kollodiumartige Lösungen verwendet man in Amerika seit längerer Zeit zum Überziehen der Innenflächen von Möbelstücken und Musikinstrumenten. Man benutzt hierbei die große Wasserbeständigkeit der Nitrocelluloseschichten und kann durch solche Behandlung, vorausgesetzt, daß man von trocknen Hölzern ausgeht, das „Arbeiten" des Holzes weitgehend verhindern.

Nach The Oil and Colour Trades Journal[1] vom 4. April 1930 sind solche Lösungen wie folgt zusammengesetzt:

113,6 l	90%iger Benzol	oder	4,54 kg	niedrigviscose Wolle
113,6 l	denaturierter Sprit		8,39 „	Butylacetat
113,6 l	Aceton		10,02 „	Essigäther
3,785 l	Campherspiritus		32,79 „	Toluol
13,61 kg	Celluloidabfälle		21,59 „	Alkohol

Der letzte Lack ist ein typischer Zapon geringer Viscosität. Spritzt man einen solchen Zaponlack ohne weitere Vorbereitungen auf ein abgeschliffenes Möbelstück, so erhält man einen Matteffekt, der durch nachträgliches Polieren mit Verdünner noch verbessert werden kann.

Möbellacke als Ersatz für Schellackpolitur.

Die Herstellung größerer polierter Flächen in der Möbel- und Pianoforteindustrie nach dem Schellackverfahren ist eine schwierige Arbeit, die nur besonders geübten Arbeitskräften anvertraut werden kann. Vom Beginn der Polierarbeit bis zur Fertigstellung vergehen mehrere Wochen. Es ist bekannt, daß der Schellack, gelöst in hochprozentigem Sprit, harte und verhältnismäßig elastische Schichten gibt, welche in hohem Grade politurfähig sind. Auf diesen guten Eigenschaften beruht seit

[1] The Oil and Colour Trades J. (Lond.) **77**, Nr 1642.

vielen Jahrzehnten seine fast ausnahmslose Verwendung in der Holzbearbeitungs- und insbesondere der Pianoforteindustrie, welche ganz besonders hohe poliertechnische Anforderungen stellt.

Durch Einführung der Holzlacke aus Nitrocellulose wurde nicht nur die Bearbeitungszeit auf wenige Tage gekürzt, die Polituren erwiesen sich auch als erheblich beständiger gegen Einwirkungen aller Art. Die Flächen sind beständig gegen Wasser, sie können nur schwer verkratzt werden und zeigen eine beträchtliche Widerstandsfähigkeit gegen Bestoßen.

Es ist ein völlig unbegründetes Vorurteil, daß die alten Schellackpolituren feuriger seien als die mit Politurlacken auf NC-Basis erzeugten. Man muß vielmehr feststellen, daß die natürliche Maserung des Holzes bei dem neuen Verfahren viel wirkungsvoller in Erscheinung tritt.

Nicht unwichtig erscheint es ferner, daß man mit den neuen Politurlacken die billigen einheimischen Hölzer so weit veredeln kann, daß die aus ihnen hergestellten Gegenstände auch gesteigerten ästhetischen Anforderungen genügen. Es gelingt z. B., dem Erlenholz ohne Verdeckung der natürlichen Maserung ein schönes mahagoniartiges Aussehen zu geben. Man kann hier nicht von einer Imitation sprechen; es handelt sich um eine wirkliche Veredelung.

Die hervorragenden Qualitäten einer mit Nitrocelluloseholzpolitur behandelten Fläche gestatten auch nicht, von einem Ersatz für Schellackpolitur zu sprechen. Das neue Verfahren stellt eben auch qualitativ eine Höherentwicklung dar.

Die Möbelindustrie stellt an einen erstklassigen transparenten Holzlack folgende Anforderungen:

1. Guten Körper, also einen möglichst hohen Prozentsatz an nichtflüchtigen Bestandteilen, um mit wenigen Überzügen eine genügende „Fläche" zu schaffen.
2. Guten Verlauf, Vermeidung von Strukturen auf der gespritzten oder gestrichenen Fläche.
3. Rasche Durchtrocknung.
4. Gute Schleif- und Polierfähigkeit.
5. Härte der Lackschicht bei guter Elastizität.
6. Hoher Glanz und Lichtechtheit der Politur.

Über das günstigste Verhältnis der nichtflüchtigen Bestandteile — NC, Weichmachungsmittel, Harz — zueinander gehen die Ansichten der Fabrikanten auseinander.

Nach amerikanischen Angaben können diese Lacke von allen NC-Lacken den höchsten Prozentsatz an Harz enthalten, und zwar bis zum doppelten Betrag der vorhandenen NC.

Die gangbarsten deutschen Erzeugnisse enthalten nicht mehr als 60% Harz bezogen auf 100 NC.

Die Wahl der nichtflüchtigen Bestandteile richtet sich vor allem nach dem Preise, den der Lack haben darf. Von einer konzentrierten Esterharzlösung, die mit einem geringen Zusatz einer Lösung von Filmabfällen versetzt wird, kann man nicht erwarten, daß sie auch nur bescheidenen lacktechnischen Ansprüchen genügt.

Solche Produkte sind tatsächlich als Möbellack im Handel gewesen und haben unverdientermaßen die Nitrolacke in Mißkredit gebracht.

Als Harz sollte für hochwertige Fabrikate nur gereinigter Dammar verwendet werden, und zwar für helle Hölzer nur die hellsten Qualitäten.

Erprobt ist ferner der Albertolkopal 82 G, welcher in drei Helligkeitsgraden geliefert wird: extrahell, normalhell, dunkel. 82 G ist löslich in Benzin, Benzol und dessen Homologen, sowie in allen Acetaten. Hochsiedende Alkohole können nicht mit 82 G zusammen verarbeitet werden, da sie als Nichtlöser das Harz während des Filmbildungsvorganges zur Ausscheidung bringen und dadurch Trübungen hervorrufen.

Die Firma Dr. Kurt Albert gibt folgende Gemische von Lösungsmitteln an, welche sich mit Albertol 82 G verarbeiten lassen[1].

1.	50,0%	Butylacetat, zum Teil ersetzbar durch andere Acetate
	15,0%	Butanol
	30,0%	Benzol
	5,0%	möglichst hochprozentigen Sprit
2.	37,5%	Butylacetat oder andere Acetate
	37,5%	Benzol
	25,0%	Butanol
3.	37,5%	Äthylglykol
	37,5%	Benzol
	25,0%	Butanol

Da die Säurezahl dieses Harzes zwischen 5 und 10 liegt, ist im allgemeinen eine Einwirkung auf Pigmente (Verdickungen) nicht zu befürchten. Über die Lichtbeständigkeit von NC-Albertolkombinationen sind die Ansichten geteilt. Mit gereinigtem Dammar oder gar Schellack kann das Harz nicht konkurrieren, dafür ist es ganz wesentlich billiger. Dammar kann für billigere Lacke auch mit einem Esterharz von geringer Säurezahl verschnitten werden; endlich kann Esterharz für sich allein zur Kombination mit Nitrocelluloselösungen Verwendung finden.

Es ist nicht möglich, an dieser Stelle die Verwendung der zahlreichen neueren Kunstharze zu behandeln. Es empfiehlt sich jedoch, an Hand der in Kapitel VI gemachten Angaben über die Löslichkeitseigenschaften bei Anstellung von Versuchen diese Harze einzubeziehen, besonders die praktisch vollkommen lichtbeständigen Harze AH, AW_1, AW_2.

Die Verwendung von Schellack in Kombination mit NC wird neuerdings von amerikanischer Seite propagiert.

---

[1] Vergleiche die interessante Albertschrift 15, 4. Aufl., S. 41.

Über Erfahrungen mit solchen Kombinationen liegt ausreichendes Material noch nicht vor.

Es liegt nahe, die bekannten Schellackersatzprodukte, wie Wackerschellack und Albertolschellack, für den vorliegenden Zweck zu untersuchen.

Für die Zusammensetzung eines Möbellackes ergibt sich folgendes Schema[1]:

Nichtflüchtiger Anteil: 20—30% NC, dünnviscos, 40—60% Harz, 10—15% Weichmacher.

Bzw. 55% NC dünnviscos
20% Harz
25% Weichmachungsmittel.

Die Zusammensetzung der flüchtigen Anteile richtet sich nach der Lackiertechnik.

Zur Kennzeichnung der für die Ausführung von Holzpoliturarbeiten erforderlichen Produkte sei kurz auf die Arbeitsweise eingegangen. Eine ausführliche Darstellung fällt aus dem Rahmen dieses Buches heraus[2].

Es sind drei Arbeitsgänge zu unterscheiden:

1. Vorbehandlung des Holzes, Beizen und Porenfüllen.
2. Lackierung mit einem Spritzlack.
3. Schleifen und Polieren.

Zu 1. Um das Nachsinken der Politur bei porenreichen Hölzern zu verhindern, reibt man die gut gereinigte Fläche mit einem Porenfüller ein, der aus Bimsteinmehl und einer dem Farbton des Holzes entsprechenden Erdfarbe besteht und der mit einem geeigneten dünnen NC-Lack angerieben wird. Lösliche und lichtunechte Farben sind zu vermeiden. Nach einigen Stunden wird mit Sandpapier 000 abgeschliffen.

Zu 2. Nach völliger Trocknung wird in einem Zwischenraum von 2—3 Stunden 2—3 mal transparenter Lack aufgetragen.

Zu 3. Nach ausreichender Trocknung, zweckmäßig am nächsten Tage, wird die lackierte Fläche mit Benzin oder Schleiföl und Ölpapier unter Zugabe von etwas Bimsteinmehl glatt geschliffen.

Nach abermaliger Trocknung wird die geschliffene Fläche mit einer schwachlösenden Polierflüssigkeit — in der Regel Alkohol mit etwas Essigester oder dgl. — „verteilt" und anpoliert.

Den eigentlichen Hochglanz ergibt die Fertigpolitur, der man einige Tropfen Polieröl zusetzt.

Das Abpolieren erfolgt in üblicher Weise mit einem benzolfeuchten Ballen und dann mit Polierwasser.

---

[1] Vergl. Farbe u. Lack **1929**, 165.

[2] Vergleiche: Zimmer, F. Lackier- und Dekoriertechnik, Berlin 1930.

Ein guter Möbellack hat nach der S. 245 angegebenen englischen Quelle folgende Zusammensetzung:

100	Teile	1/2 Sekundenwolle	200	Teile	Butylacetat
20	„	Dibutylphthalat	150	„	Butanol
50	„	Sprit (aus der Wolle)	250	„	Toluol

Dazu eine Lösung von 140 Teilen gereinigten Dammars in 170 Teilen eines geeigneten Lösungsmittels, z. B. 110 Teilen Alkohol und 60 Teilen 90%iger Benzol.

Das Schleifen und Polieren wird durch die Gegenwart von harten Harzen in der Schicht begünstigt, Weichmachungsmittel sollen diesen Lacken nur in geringen Beträgen zugesetzt werden. Hohe Elastizität wird nicht verlangt, da die Schichten auf Biegefestigkeit nicht beansprucht werden.

Besondere Ansprüche werden an die Beschaffenheit der Lackschichten gestellt, wenn maschinenmäßig geschwabbelt wird (Bürstenstiele u. dgl.). Spröde Lacke reißen bei dieser Behandlung, weiche Lacke schmieren.

Ein brauchbarer Lack, der sich besonders für Holzbürsten bewährt hat, ist wie folgt zusammengesetzt:

100	Teile	dünne Lackwolle	60	Teile	Amylacetat
40	„	gereinigter Dammar	20	„	Solaktol
15	„	Ricinusöl	60	„	Alkohol (aus der Wolle)
160	„	Essigester	80	„	Xylol

Dieser Lack eignet sich zum Streichen mit dem Pinsel und nach entsprechender Verdünnung auch zum Spritzen.

Für einen matten Überzugslack wird folgende Zusammensetzung empfohlen:

100	Teile	1/2 Sekundenwolle	350	Teile	Essigester
15	„	Dibutylphthalat	50	„	Sprit (aus der Wolle)
10	„	Zinkpalmitat	97	„	Butanol
90	„	Esterharz	500	„	Toluol

Für den Ansatz geht man in der Weise vor, daß man zunächst die spritfeuchte Wolle in einem Gemisch von Essigester, Toluol und Butanol löst unter Zugabe des Weichmachers. Das Esterharz löst man in Essigester, das Zinkpalmitat in Toluol. Nach vollständiger Durchlösung mischt man die Wollelösung mit der Esterharzlösung und gibt zuletzt die Zinkpalmitatlösung zu.

Übersicht über die Patentliteratur.

Die Patentschriften, welche sich auf die Herstellung und Zusammenstellung von Celluloseester- und Ätherlösungen für Lackzwecke beziehen, sind in der Klasse 22 h Gruppe 4 zusammengefaßt.

Soweit sie nicht bereits im Text besprochen wurden, sollen die wichtigsten Patente und Anmeldungen dieser Gruppe hier kurz behandelt werden.

Nr. 304224 Fritz Redlich, patentiert ab 14. Febuar 1917. Weichhaltung von Celluloseestern durch Einverleibung von neutralen Estern zwei oder mehrbasischer organischer Säuren der aliphatischen und aromatischen Reihe.

Nr. 307075 Franz Stimmig, patentiert ab 3. Juni 1917. Furfurol als Lösungsmittel für Acetylcellulose. Furfurol kann gemischt werden mit Alkohol, Essigester, Methanol, Chloräthyl, Benzol usw.

Nr. 324786 von Heyden AG., patentiert ab 29. August 1927. Aus der Patentschrift 278487 ist es bekannt, Celluloseester mittels der Ester der Glykolsäure und Milchsäure aufzulösen. Nach der Patentschrift eignen sich als hochsiedende Lösungsmittel bzw. Gelatinierungsmittel die Acyloxyfettsäureester für Acetyl und Nitrocellulose, z. B. Acetyloxyessigsäureäthylester oder Acetylglykolsäureamylester.

Nr. 334871 BASF., patentiert ab 10. Februar 1914. Nach Patent 284672 ist die Herstellung von Acetylcelluloselösungen mit Hilfe von Cyclohexanon bekannt. Die Patentschrift schützt die Verwendung von Methylcyclohexanon und von aus Kresolgemischen erhältliche Ketongemische.

Nr. 350973 Arnold Hildesheimer, patentiert ab 17. Januar 1919. Herstellung geschmeidiger Lacke, welche an Stelle von Ricinusöl solche synthetischen Öle enthalten, die wie das Ricinusöl freie Hydroxylgruppen enthalten. Herstellung durch Veresterung von einbasischen Fettsäuren mit Glycerin, z. B. Rübölfettsäure-Monoglycerinester, Tranfettsäurediglycerinester.

Nr. 351228 Friedrich Medicus, patentiert ab 14. Dezember 1917. Zimtsäureester als hervorragendes Gelatinierungsmittel für Nitrocellulose. Filme zeigen auch nach monatelanger Warmlagerung höhere Geschmeidigkeit als mit anderen Gelatinierungsmitteln. Bemerkenswert soll die Kältebeständigkeit sein. Zimtsäureester des Amylalkohols, Glykols und Benzylalkohols.

Nr. 367294 Weiler ter Meer, patentiert ab 14. April 1921. Lösungsmittel für Celluloseester, Harze und Lacke, bestehend aus Alkylestern ungesättigter aliphatischer Carbonsäuren, namentlich der Acrylsäure und Crotonsäure.

Nr. 368476 Rhenania und B. C. Stuer, patentiert ab 7. Juli 1918. Lösungen von Celluloseestern, Celluloid, Lacken, Harzen usw. unter Verwendung von Acetonitril, wird durch katalytische Vereinigung von Acetylen und Ammoniak erhalten.

Nr. 391667 Kalk G. m. b. H. und Hermann Oehme, patentiert ab 18. September 1918. β-Chloräthylessigester als Lösungsmittel für Lacke, welche Celluloseester, Harze und Öle enthalten.

Nr. 405025 Schwalbach AG., patentiert ab 24. Juni 1923. Vermeidung des Gelatinierens von Bronzelacken durch Zusatz von Glimmerpulver, besonders für Flaschenkapsellacke geeignet.

Anmeldung B 111410 IV a/22 h 4 I. G. Farbenindustrie, Hochschwender und Schunk, ausgelegt 28. Mai 1930. Lösungsmittel für Celluloseesterlacke, die durch katalytische Hydrogenisation der Oxyde des Kohlenstoffs bei höherer Temperatur entstehen. (Gemäß Anmeldung B 109722 IV/12o.)

Die britische Patentschrift 294158 der I. G. Farbenindustrie, welche als Lösungsmittel für ein Walzprodukt aus 50 Teilen niedrigsiedender Wolle, 15 Teilen Tricresylphosphat, 5 Teilen Harz und 6,5 Teilen Litholechtscharlach Gemische von Glykolmonoalkyläthern oder deren Estern mit Alkoholen verwendet und auf diese Weise schwachriechende Streichlacke erzielt.

Anmeldung W 72807 IV a/22 h (4) H. Wolff und Zellner, angelegt 20. März 1930. Herstellung widerstandsfähiger Lacke aus Celluloseestern und Harzestern, gekennzeichnet durch die Verwendung solcher Harzester, die mindestens noch eine freie Hydroxylgruppe enthalten. Bei der Veresterung der Harzsäure mit Glycerin, Glykol usw. wird ein Überschuß des Alkohols verwendet. Solche, noch freie alkoholische Hydroxylgruppen enthaltenden Harzester erteilen nach der Anmeldung den NC-Lacken eine große Härte und Zähigkeit und setzen die Elastizität nicht so stark herab wie die bisher verwendeten Harze; es kann daher auch die Menge des Weichmachungsmittels reduziert werden.

Als besonderer Vorteil wird die Löslichkeit solcher Harzester in den verschiedensten Lösungsmitteln angesehen. Das dem Triglycerid der Abientinsäure entsprechende normale Esterharz ist bekanntlich in Alkoholen nicht löslich.

Beispiel: 10 NC
5 Glycerinmonoabietinat
35 Butylacetat
35 Toluol.

Die Anmeldung K 112693 IV a/22 h (4) W. Knörrich, ausgelegt 28. Mai 1930, bezieht sich auf die Verwendung von Kautschukharzen als Zusatz von Nitrolacken.

Es wird ausgeführt, daß selbst bei Anwendung des Dammars eine ausreichende Haltbarkeit von Außenanstrichen nur durch hohe Zusätze von trocknenden Ölen zu erreichen ist, wobei die Menge des trocknenden Öles den Gehalt an Nitrocellulose weit übersteigt.

Es wird festgestellt, daß Nitrolacke der üblichen Zusammensetzung eine wesentlich höhere Witterungsbeständigkeit erhalten, wenn man ihnen anstatt der bisher üblichen Harze die sogenannten Kautschukharze zusetzt.

Die Harze werden durch Extraktion aus Guttapercha, Balata usw. gewonnen und stellen praktisch neutrale Produkte dar. Diese Harze lösen sich u. a. in Tricresylphosphat, fetten Ölen und Kohlenwasserstoffen.

4 Beispiele.

	A %	B %	C %	D %
Wolle	8	8	10	10
Butylacetat	32	32	32	32
Butanol	10	10	10	10
Sprit	10	10	8	8
Essigester	10	10	8	7
Xylol	24	21	18	20
Kautschukharz	6	6	6	8
Tricresylphosphat oder geblasenes Ricinus	—	3	3	—
Dammar	—	—	5	—
Leinöl	—	—	—	5

Anmeldung I. 31255 I. G., ausgelegt 25. Juli 1930. Erfinder W. Pungs und K. Eisenmann. Hochglänzende Harz-NC-Lacke, die gegen Benzol und Benzin beständig sind, daher besonders geeignet für Autolacke.

75 Teile einer 35% igen isobutylalkoholischen Lösung eines durch Kondensation von Dimethylharnstoff mit Formaldehyd in Gegenwart von Isobutylalkohol hergestellten Kondensationsproduktes werden mit einer Lösung von 25 Teilen NC und 20 Teilen geblasenen Riciniusöl in 125 Teilen Isobutylacetat und 125 Teilen n-Butanol gelöst.

Zum Spritzen kann dieser Lack z. B. mit einem Gemisch von 75 Teilen Sprit, 100 Teilen Äthylacetat, 100 Teilen Isobutylacetat, 125 Teilen Isobutanol und 100 Teilen Benzol verdünnt werden.

Zum Schluß sei ein durch DRP. 495040 der I. G. Farbenindustrie (Erfinder E. Glietenberg) geschütztes Verfahren erwähnt, über dessen lacktechnische Bedeutung man im Zweifel sein kann, das aber interessante Ausblicke in ein von verschiedenen Seiten bearbeitetes Gebiet gewährt: Ersatz der organischen Lösungsmittel durch Wasser.

Die Lösefähigkeit von Chlorhydrin-Wassergemischen für Acetylcellulose ist schon erwähnt worden. Die vorliegende Patentschrift enthält die Feststellung, daß sich Celluloseester leicht in wasserhaltigem Glycid[1] lösen, und daß sich solche Lösungen als Lacke usw. verarbeiten lassen.

Der Vorteil solcher Lösungen liegt in der völligen Geruchlosigkeit und in der Ungefährlichkeit bei der Handhabung.

Nach den Beispielen werden 10 Teile Acetylcellulose mit einem Gehalt von 22,5 Teilen Wasser und 67,5 Teilen Glycid gelöst.

Nitrocellulose löst sich in dem gleichen Gemisch.

XIII. Pigmentierte Lacke und Spachtel.

1. Grundierungen und Spachtel für Holz und Metall.

Deckende Lackierungen erfordern in allen Fällen, wo es sich nicht um völlig glatte und porenfreie Gegenstände handelt, eine Grundierung oder Spachtelung, welche die Unebenheiten verdeckt.

Bei Hölzern mit stark hervortretender Maserung wäre es im hohen Grade unwirtschaftlich, die ganze Lackierung mit dem hochwertigen Decklack vorzunehmen.

Dasselbe gilt auch für Autokarosserien, deren Fläche bekanntlich selten frei von Beulen, Hammerkerben und Schrammen ist, wenn auch die schwierig zu verarbeitenden Schweißnähte bei den neuen aus einem Stück gepreßten Karosserien größtenteils in Wegfall gekommen sind. Zum Ausgleichen dieser Unebenheiten verwendet man allgemein ein stark gefülltes und daher verhältnismäßig billiges Produkt.

Die Schwierigkeit bei den mechanisch stark beanspruchten Autokarosserien besteht in einer einwandfreien Verankerung der Schichten auf dem Metall, während bei der Holzlackierung geringere Schwierigkeiten vorliegen. Hier hat man allerdings mit dem „Arbeiten" des Holzes infolge klimatischer Einflüsse zu rechnen.

Die angewandten Verfahren sind außerordentlich mannigfaltig und in ihren Einzelheiten vielfach Geheimnis der verarbeitenden Firmen.

Es würde den Rahmen dieses Buches überschreiten, näher auf die Lackierverfahren einzugehen, als dies zur Charakterisierung der Anforderungen nötig ist, welche an Grundierung und Spachtel gestellt werden.

Man kann im wesentlichen drei Arbeitsweisen unterscheiden: das reine Öllackverfahren, das kombinierte Verfahren und das reine Nitrolackverfahren.

Das reine Öllackverfahren scheidet für die Betrachtung in diesem Buche aus.

Das kombinierte Verfahren ist dadurch gekennzeichnet, daß eine ofen-

[1] Vergl. Beilstein 1, S. 313.

trocknende Ölfarbe bei einer 100° übersteigenden Temperatur auf die Blechteile „eingebrannt“ wird.

Diese Ölfarbe besteht gewöhnlich aus einer Lösung von abgeschmolzenem Kopal in Leinöl. Vielfach enthalten diese Grundierlacke auch Bleiweiß, welches die Haftung erfahrungsgemäß erhöht. (Diese alte Erfahrung ist durch neuere Untersuchungen bestätigt worden.) Voraussetzung für eine einwandfreie Haftung dieser Grundschicht ist die richtige Vorbereitung der Eisenfläche.

Nach einem Vortrag Bertram Campbells im Londoner Polytechnischen Institut soll Behandlung mit dem Sandstrahlgebläse die besten Resultate ergeben.

Andere Vorschläge beziehen sich auf die Anätzung mit alkoholischer Phosphorsäure oder mit einer alkoholischen Lösung von Formaldehyd und Salzsäure.

Vielfach begnügt man sich auch mit einer einfacheren, wenn auch zeitraubenderen Behandlung, nämlich abwaschen mit Petroleum, reiben mit Bimssteinpulver und nachträglich mit Sandpapier.

Auf die im Ofen getrocknete Grundschicht wird ein Öl- oder Lackspachtel aufgetragen. Diese Spachtel bestehen aus einem Gemisch von dickem Öl-Harzlack mit einer Paste aus Leinölfirnis und Füllstoffen (Schiefermehl, Lithopone u. dgl.). Der Spachtel wird gezogen oder bei guter Fläche auch mit dem Pinsel gestrichen. Außer den im Ofen zu trocknenden Spachteln gibt es auch lufttrocknende.

Die trockene Spachtelfläche wird mit Bimsstein und Wasser geschliffen.

Bei hohen Anforderungen wird die Fläche mit einem leicht zu entfernenden schwarzen Anstrich versehen und „tuschiert“.

Nitrocelluloselacke haften nicht ohne weiteres auf diesen Ölspachteln. Es ist erforderlich, eine Zwischenschicht aufzubringen, welche die Verbindung herstellt. Es sei hier der Jägersche Kronengrund — ein dünnflüssiges Nitrocellulose-Ölpräparat — genannt.

Nun ist das Werkstück fertig zum Lackieren mit NC-Lacken.

Den Übergang zur reinen Nitrocellulosespachtelung bildet ein Verfahren, bei dem die entsprechend gereinigte Karosserie, wie oben angegeben, mit einer Ölfarbe überzogen wird, welche eingebrannt wird.

Auf diese Schicht wird NC-Spritzspachtel aufgetragen, Unebenheiten werden mit NC-Ziehspachtel ausgefleckt, die Spritzspachtelung wird wiederholt, bis die Fläche genügend gleichmäßig erscheint. Dann wird geschliffen.

Die Lackierung erfolgt ohne Aufbringung einer Zwischenschicht.

Das reine NC-Verfahren, welche auch auf die Verwendung eines Ölgrundes verzichtet, setzt besonders sorgfältige Arbeit und vor allem größte Sauberkeit voraus, liefert dann aber Spachtelungen, die den höchsten Anforderungen genügen. Die kostspielige Ofentrocknung fällt ganz fort, und der Arbeitsgang wird außerordentlich abgekürzt, da zwischen zwei Spritzspachtelaufträgen nur eine Pause von etwa 45 Minuten einzuschalten ist. Nach 1—2 Stunden sind solche Aufträge schleifbar. Bei Ziehspachtelaufträgen muß naturgemäß mit einer längeren Trockendauer entsprechend den dickeren Schichten gerechnet werden. Richtig zusammengesetzte Ziehspachtel sollen in Abständen von 40 bis 60 Minuten aufzubringen sein. Gute Nitrocellulosespachtel geben nach dem Schleifen Flächen von außerordentlich glatter Struktur, während die Ölspachtel zumeist poröse Flächen ergeben und infolgedessen, wie Bertram Campbell betont, wesentlich mehr Emailleüberzüge verlangen. Tatsächlich genügen bei Nitrocellulosespachtelung 2—3 Emailleüberzüge, um spiegelnde Flächen von höchstem Glanz zu erzeugen.

Zusammensetzung der Spachtel[1].

Während sich die Menge und Zusammensetzung der erforderlichen Lösungsmittel wieder nach der Verarbeitungstechnik richtet — man unterscheidet Messerspachtel oder Spachtelkitt, Ziehspachtel, Streichspachtel und Spritzspachtel — kann die Zusammensetzung der nichtflüchtigen Bestandteile für alle Spachtelarten die gleiche bleiben.

Gebräuchlich sind graue und weiße Tönungen, aber auch rote und schwarze sind in Anwendung. Die Füllstoffe, welche ein vielfaches der Bindemittel ausmachen, bestehen aus Schiefermehl, Kreide, Schwerspat, Leichtspat, Talkum, Kieselsäure, Lithopone, Zinkoxyd, Ocker, Eisenoxyd, Umbra, Beinschwarz bzw. aus Gemischen dieser Stoffe[2]. Zuviel Talkum gibt dem Spachtel eine zu glatte, talgige Beschaffenheit, Kieselsäure ist schwer schleifbar. Schwer schleifbar sind auch zu nitrocellulosereiche Spachtel, pigmentüberladene Spachtel neigen zu Rißbildung.

Dem Anreiben der Füllstoffe ist besondere Aufmerksamkeit zu schenken; die hierfür geeigneten Walzenstühle usw. sind im nächsten Kapitel behandelt.

Als Anreibeflüssigkeit werden Öle und Gemische von Ölen mit Weichmachungsmitteln empfohlen, denen gegebenenfalls billige Lösungsmittel zugesetzt werden müssen.

Außer Füllstoffen und Lösungsmitteln enthalten die Spachtel niedrigviscose Wolle und Harze. Geeignete Harze sind die dunklen Qualitäten von Dammar, sowie Esterharze und andere Kunstharze. Lenz empfiehlt ein Gemisch von Dammar und Esterharz[2].

---

[1] Scheiber: Lacke und ihre Rohstoffe. Leipzig 1926. — Wilson-Meier: Pyroxylin Em. Berlin 1927. — Oil Colour Trad. J. **72**, 808, 1047 (1927). — Ind. Chem. **1927**, September. — Farbe u. Lack **1927**, 78, 403; **1928**, 389; **1929**, 374.

[2] Vgl. Lenz: Farbe u. Lack **1929**, 374.

Die verschiedenen Füllstoffe und Pigmente erfordern zur Herstellung einer steifen Paste verschiedene Mengen Öl. Nach Eriksen haben die wichtigsten Füllstoffe folgenden Ölbedarf.

100 g Pigment	Verbrauch an Ricinusöl g
Schiefermehl	33,8
Titanox (25% TiO_2 und 75% $BaSO_4$)	21,2
Schlämmkreide	24,0
Asbestine	35,5
Lithopone	26,9
Zinkoxyd	25,5
Gebrannte Umbra	57,6
Beinschwarz	50—60

Je nach der angewandten Dispergiertechnik erhöht sich der Öl- bzw. Verdünnerbedarf. Der Dreiwalzenstuhl kommt annähernd mit den angegebenen Ölmengen aus. Es werden auch kräftig wirkende Knetmaschinen empfohlen. Die Homogenisierung von Spritz- und Streichspachtel kann natürlich auch in Kugelmühlen usw. erfolgen.

Wilson empfiehlt folgende Zusammensetzungen, bei denen wir allerdings das Harz vermissen:

	Weiß	Grau	Schwarz
Lithopone	22	—	—
Schlämmkreide	17	—	20
Kieselsäure	4	—	10
Schiefermehl	—	43	—
Beinschwarz	—	—	10
Ricinusöl	6	6	7
Solventnaphtha	6	6	7
NC dünnviscos	9	9	10
Aceton	3,5	3,5	3
Butylpropionat	9	9	9
Butanol	3,5	3,5	3
Xylol	20	20	21
	100	100	100

Es sollen noch einige neuere Vorschläge kurz behandelt werden, welche durch Patentanmeldungen bekannt geworden sind.

Die Anmeldung M 93300 IV 22h (4) von Egon Meier, ausgelegt am 13. Dezember 1928, hat die Herstellung eines Schleifspachtels für Nitrocelluloselackierungen zum Gegenstand.

Das Verfahren ist dadurch gekennzeichnet, daß man die üblichen Füllstoffe mit einer Mischung (möglichst unter Verwendung eines Zweitypenlösungsmittels) anreibt, die aus einem Nitrolack und einem Öllack besteht. Die Kombination der beiden Lacke erfolgt in der Absicht, den Körper zu erhöhen, andererseits aber die direkte Haftung der aufzutragenden Decklacke auf der Spachtelschicht zu bewirken.

Nach dem Beispiel werden

1. 8 kg niedrigvisclose Wolle in 5 kg Milchsäureäthylester, 5 kg Äther, 45 kg Sprit und 2 kg Acetonersatz gelöst.

2. 88 kg Phenol-Formaldehyd-Kolophonium-Harz, 15 kg Leinöl-Holzöl-Dicköl 1/1, 5 kg Leinöl-Standöl, 70 kg Holzöl-Dicköl, 180 kg Schwerbenzin, 2 kg Kobaltsikkativ und 5 kg Bleimangansikkativ bilden den Öllack.

Gleiche Teile 1 und 2 werden unter Zugabe von Butylacetat gemischt, nachdem die Füllstoffe mit dem Nitrolack angerieben worden sind.

Carl Speidel beansprucht in der Anmeldung S. 73799 IV a 22 h (4) ausgelegt am 13. Februar 1930 den Schutz eines ölfreien Grundiermittels aus Nitrocellulose, welches Trockenstoffe enthält.

Die nitrocellulosehaltige Grundierschicht soll mit Öllacken überstrichen werden, die infolge der Anwesenheit von Trockenstoffen in der Grundschicht rascher erhärten als bei ölfreier Grundierung ohne Trockenstoffgehalt. Demnach findet bei diesem Verfahren ein Diffundieren der Trockenstoffe in die Öllackschicht statt. Auf 5 Teile NC werden z. B. $1^1/_2$ Teile leinölsaures Kobalt verwendet.

Anscheinend handelt es sich hier um Grundierungen nach Art des Jägerschen Kronengrundes.

Die Anmeldung A 45 411 IV a/22 h (4) der I. G. Farbenindustrie, Erfinder Erich Richter, hat die Herstellung cellulosederivathaltiger Spachtelmassen zum Gegenstand, welche so viel Lösungsmittel enthalten, als zur völligen Lösung gerade ausreicht und soviel eines niedrigsiedenden Nichtlösers, daß die Mischung der Flüssigkeiten keine ausreichende Lösefähigkeit mehr besitzt.

Diese Massen haben den Vorzug, daß sie beim Spachteln leicht abreißen und die vollkommene Ausfüllung von Unebenheiten und Poren ohne Lufteinschluß ermöglichen. Trotzdem sind sie nach dem Trocknen hart und schleiffähig, weil nach dem Verdunsten des Nichtlösers das höher siedende Lösungsmittel eine Gelatinierung der Masse bewirkt. Es werden folgende Beispiele angegeben:

Beispiel 1: 6 Teile Nitrocellulose werden mit 2 Teilen Phthalsäuredimethylester in 4 Teilen Butylacetat und 7 Teilen eines bei 60—80° siedenden Lösungsmittelgemisches aus Aceton, Methylacetat und Methylalkohol, welches bei 20° das Volumgewicht 0,85 besitzt, gelöst. Dazu gibt man 4 Teile Kopal, gelöst in 16 Teilen Alkohol, und rührt 60 Teile Schiefermehl ein. Um den richtigen Verteilungszustand der Nitrocellulose zu erhalten, gibt man unter gleichzeitigem tüchtigen Durcharbeiten der Masse im Knetwerk nach und nach 12 Teile unter 80° siedendes Benzin hinein.

Beispiel 2: 12 Teile Nitrocellulose werden mit 2 Teilen Phosphorsäuretricresylester in einem aus 13 Teilen Butylacetat, 6 Teilen Äthylacetat, 14 Teilen Toluol und 24 Teilen Benzin bestehenden Gemisch im Knetwerk zum Gelatinieren gebracht. In diese Masse werden 14 Teile Esterharz, gelöst in 7 Teilen Butylacetat und 7 Teilen Alkohol, 7 Teile Leinölfirnis und 120 Teile Schiefermehl unter dauerndem Durchkneten der Masse eingetragen.

Beispiel 3: 35 Teile Acetylcellulose und 14 Teile Elemiharz werden mit 10 Teilen Phosphorsäuretrikresylester und 10 Teilen Phosphorsäuretriphenylester in 35 Teilen 1-Methoxy-2-acetyloxyäthan und 7 Teilen eines bei 60—80° siedenden, aus Aceton, Methylacetat und Methylalkohol bestehenden Gemisches, welches bei 20° das Volumgewicht 0,85 besitzt, gelöst. Im Knetwerk werden der Masse 210 Teile Schiefermehl und darauf 5 Teile Leichtbenzin (Siedepunkt unterhalb 80°) zugemischt.

Beispiel 4: 4 Teile Cellulosetrilaurat werden in 2 Teilen Leichtbenzin (Siedepunkt unterhalb 80°) und 2 Teilen Chlorbenzol gelöst. Dazu gibt man eine Lösung von 2 Teilen Dammarharz in 3 Teilen Chlorbenzol. Im Knetwerk mischt man dieser Masse 24 Teile Schiefermehl unter allmählicher Zugabe von 2 Teilen Äthanol zu.

Beispiel 5: 6 Teile Äthylcellulose werden mit 2 Teilen Phosphorsäuretrikresylester in einem Gemisch von 6 Teilen Butylacetat und 6 Teilen Äthanol gelöst. Hierzu gibt man eine Lösung von 4 Teilen Maniapkopal in 16 Teilen Äthanol. Diese Masse verarbeitet man im Knetwerk mit 44 Teilen Schiefermehl und setzt allmählich unter energischem Durchkneten 7 Teile Leichtbenzin (Siedepunkt unterhalb 80°) zu.

2. Die Schleiflacke.

Moderne Kleinmöbel, kunstgewerbliche Gegenstände, aber auch Schlafzimmer und Küchen werden seit einigen Jahren mit sogenanntem Schleiflack hergestellt, wobei man solche Farben bevorzugt, welche bei naturfarbigen, gebeizten und polierten Hölzern nicht vorkommen, also Scharlach, Seegrün, Silbergrau, Hellblau, Rosa, Elfenbein.

Das Schleiflackverfahren mit Nitrocelluloselacken lehnt sich an das altbekannte Öllackverfahren an.

Bezüglich der Vorbehandlung und Auswahl des Holzes sind die gleichen Gesichtspunkte maßgebend.

Es gibt nun reine Nitrocelluloseverfahren und kombinierte Verfahren. Bei dem kombinierten Verfahren wird das Auskitten von Löchern und Rissen, das Isolieren von Ästen und harzhaltigen Stellen mit einem Leinölkitt oder mit Schellack vorgenommen.

Es folgt wie bei der Öllackierung Grundieren mit Leinölfirnis und als dritter Arbeitsgang die Spachtelung. Eckhuf[1] hebt die Vorzüge eines Leimspachtels hervor. Die Leimspachtelschicht wird trocken geschliffen, Ölspachtel in bekannter Weise unter Verwendung von Schleiföl oder Wasser.

Die Haftung der zum Schluß aufgetragenen Nitrocelluloselackschicht auf dem Spachtel bewirkt man bei Leimspachtel durch Einreiben mit Kronengrund, bei Verwendung von Ölspachtel wird eine meist zaponlackartige Sperrschicht aufgespritzt, deren Lösungsmittel so gewählt

[1] Eckhuf: Farbe u. Lack **1930**, 7.

sind, daß sie den Ölspachtel nur wenig anquellen. Nach gründlicher Trocknung wird zwei- bis dreimal die Emaille, also der pigmenthaltige Nitrolack aufgespritzt.

Über die zweckmäßigste Art der Grundierung von Holz gehen die Ansichten weit auseinander. Es unterliegt keinem Zweifel, daß man mit einem reinen Nitrospachtel geeigneter Zusammensetzung auf Holz wie auf Metall gute Resultate erzielen kann.

Bei Verwendung von Nitrospachtel kann die Zwischen- oder Sperrschicht wegfallen, und es besteht keine Gefahr, daß die Lackschicht sich von der Spachtelschicht ablöst.

In The Oil and Colour Trades Journal vom 4. April 1930[1]) wird folgende angeblich praktisch bewährte Zusammensetzung für eine schleifbare Grundierung empfohlen. (Die komplizierten Zahlenangaben des Originals sind hier auf einfache Zahlenverhältnisse reduziert.) Eine Nitrocellulosepaste aus

45 kg	$^1/_2$ Sekundenwolle
45 ,,	Butylacetat
10 ,,	Butanol
100 kg	

wird gemischt mit

25 kg	gereinigtem Dammar, gelöst in
30 ,,	Alkohol-Benzol
6 ,,	gebleichtem Schellack, gelöst in
11 ,,	Butylacetat
28 ,,	Benzin
100 kg	

Diese 200 kg werden gemischt mit einer Anreibung von

50 kg	spanischem Eisenoxydrot
8 ,,	geblasenem Ricinusöl
6 ,,	Dibutylphthalat

Nach englischen Angaben soll man durch Zusatz von Zinkstearat in einem Betrage von 25% der Nitrocellulose eine wesentliche Verbesserung der Schleifbarkeit erzielen. An Stelle des Leinölkittes zum Ausfüllen von Rissen usw. im Holz wird bei reiner Nitrocellulosespachtelung ein Kitt folgender Zusammensetzung empfohlen:

1,0 kg Kolophonium werden in
0,5 ,, E 13 gelöst.
1,5 ,, Talkum getrocknet werden mit
4,5 ,, feinem Holzmehl gemischt und mit einem Gemisch von Glycerin und Butanol angerieben, so daß eine dicke spachtelartige Masse entsteht. Diese wird mit einer Lösung von
1,5 ,, Filmabfällen in
6,0 ,, E 13 oder einem ähnlichen leichtflüssigen Lösungsmittel gemischt und zuletzt die Kolophoniumlösung eingeknetet. Die Verarbeitung erfolgt am besten in einer Knetmaschine.

[1] The Oil and Colour Trades J. **77**, Nr 1642.

Farbmischungen für Schleiflacke.

Die löslichen Farbstoffe sind in starker Verdünnung selbst bei sonst ausgezeichneter Lichtechtheit dem raschen Ausbleichen unterworfen. Es geht daher nicht an, zarte Farben etwa dadurch zu erzeugen, daß man weiße Pigmente mit einer Lösung spritlöslicher Farbstoffe anreibt. Der färbende Bestandteil muß vielmehr den allerhöchsten Echtheitsansprüchen genügen und nur unlösliche anorganische und organische Pigmente kommen in Frage.

Für schwefelgelbe und orange Töne sind die Cadmiumgelb- und Cadmiumorange-Marken der I. G. Farbenindustrie zu empfehlen. Sie genügen den höchsten Ansprüchen an Lichtechtheit und lassen sich mit Lithopone, Zinkweiß und Titanweiß verschneiden. Auch die in Kapitel VII genannten Litholechtgelbs können empfohlen werden.

Litholechtorange und Litholechtscharlach geben sehr dekorative Töne für Kleinmöbel. Der verhältnismäßig hohe Preis dieser Farbstoffe wird durch ihre außerordentliche Ausgiebigkeit überkompensiert.

Die Ausgiebigkeit beispielsweise des Heliomarins ergibt sich daraus, daß man aus 10 Teilen Titanweiß Extra X und 1 Teil Heliomarin ein schönes Marineblau erhält.

Stahlblau wird zweckmäßig aus Titanweiß mit Miloriblau gemischt, eventuell unter Zusatz von Gasruß.

Ein zartes Blaugrün erhält man aus 1 Teil Heliomarin, 1 Teil Pigmentgrün und 50 Teilen Titanweiß.

Ein zartes Laubgrün z. B. aus 1 Teil Pigmentgrün und 32 Teilen Litholgelb RN.

Rosa z. B. aus 100 Teilen Titanweiß, 10 Teilen Kastanienbraun, 1 Teil Heliorot RMT (lichtere Töne aus Titanweiß und Helioechtrosa).

Dunkles Perlgrau aus 100 Teilen Titanweiß und 1 Teil Gasruß.

Helles Perlgrau aus 100 Teilen Titanweiß und 0,3 Teilen Gasruß.

Beige aus 10 Teilen Titanweiß und 1 Teil Kastanienbraun.

Außerordentlich lichtechte Grüns erhält man auch durch Mischen von Cadmiumgelb mit Miloriblau.

Diese Angaben über Farbmischungen sollen nur als Anhalt dienen.

Die Zusammensetzung des nichtpigmentierten Lackanteiles bietet gegenüber den klaren Holzlacken nichts Besonderes.

Mit zunehmendem Pigmentgehalt muß auch der Gehalt an Öl oder Weichmachungsmittel erhöht werden.

3. Holzabsatzlacke.

Die Absatzlacke gehören zu den Holzlacken. Sie dienen dazu, die Holzabsätze der Damenschuhe mit der Farbe des Oberleders zu versehen. Der Absatzlack gehört zu den wenigen Nitrolackerzeugnissen, die auch in Kleinpackungen gehandelt werden. A. Kraus[1] schätzt den deutschen Jahresverbrauch auf 30000 kg.

Es ist selbstverständlich, daß dieser vielfach von Ungeübten verarbeitete Lack sich besonders leicht verarbeiten lassen muß. Gute Streich- und Spritzbarkeit, einwandfreier Verlauf, gute mechanische Eigenschaften der Lackschicht, Füllkraft und Glanz sind die Hauptforderungen, welche an einen Absatzlack gestellt werden. Milder Geruch der Lösungsmittel ist erwünscht.

Da die Holzabsätze aus hartem, wenig porösem Holz bestehen und glatt geschliffen zur Lackierung gelangen, kann von einer besonderen Grundierung abgesehen werden. Die Absätze werden meist nur mit einem Lack behandelt. Dreimalige Lackierung muß zur Erzielung einer glatten Fläche genügen.

Bezüglich der Zusammensetzung gelten die für Holzlacke gegebenen Richtlinien.

Schwarze Absatzlacke werden vielfach ohne Pigmente mit spritlöslichem Zaponschwarz hergestellt. Die Zusammensetzung eines solchen Lackes zum Streichen kann etwa wie folgt vorgenommen werden:

100 Teile	niedrig viscose Wolle	20 Teile	Solaktol oder Äthylglykol
10 „	Ricinusöl oder Casterol	20 „	Butanol
20 „	Harz (z. B. Albertol 82 G, El, E 2)	60 „	Xylol
		50 „	Sprit
120 „	Essigester oder E 13	5 „	Zaponschwarz
40 „	Butylacetat		

Für farbige Lacke ist die Pigmentierung nicht zu umgehen. Man verwendet hochwertige anorganische Farben oder die in Kapitel VII angeführten lichtechten organischen Pigmente, diese meist in Abmischung mit Lithopone oder Titanweiß. Die Pigmente sind mit Ricinusöl oder Lösungsmittel, bei Verwendung von Kugelmühlen mit einem Teil des Klarlackes, sorgfältig zu dispergieren. Über die Dispergiertechnik vergleiche Kapitel XVI. Pigmenthaltige Lacke erfordern größeren Öl- bzw. Weichmachungsmittelzusatz als in dem S. 260 mitgeteilten Rezept angegeben. Für helle Farben müssen helle und lichtbeständige Harze ausgewählt werden[2].

4. Automobildecklacke.

Über die Zusammensetzung des flüchtigen Anteils der Automobillacke ist nichts mehr zu sagen, nachdem S. 223ff die verschiedensten Zusammensetzungen geeigneter Lösungsmittelgemische angegeben worden sind. Die Automobillacke werden stets gespritzt und sollen so zusammen-

---

[1] Kraus, A.: Farbe u. Lack **1929**, 7.

[2] Über die Lackiertechnik vgl. den erwähnten Aufsatz von A. Kraus in Farbe u. Lack.

gesetzt sein, daß ein 2—3 maliger Überzug auch ohne Schleifen eine Fläche von gutem Glanz gibt. Bei höheren Anforderungen wird jedoch geschliffen und nachträglich übernebelt. Voraussetzung für das Gelingen der Lackierung ist die einwandfreie Beschaffenheit der gespachtelten Fläche.

Von den S. 257 geschilderten Holzlacken unterscheiden sich die Automobillacke nicht durch den Prozentsatz des nichtflüchtigen Anteils, wohl aber durch das Mengenverhältnis der Einzelbestandteile. Der Harzanteil muß wesentlich vermindert, der Weichmachungsmittelgehalt muß erhöht werden.

Nach Keyes bestehen die festen Bestandteile eines Automobillackes zweckmäßig zu 40—60% aus niedrigviscoser Wolle, zu 20—30% aus Harz, zu 5—25% aus Pigment. Auf 100 Teile Wolle sind 50—60 Teile Weichmachungsmittel anzuwenden.

Der Angabe 5—25% Pigment kann nicht zugestimmt werden, da die Deckfähigkeit der gebräuchlichen Pigmente einem viel größerem Spielraum entspricht.

Die Ansichten über die zweckmäßigste Zusammensetzung namentlich der nichtflüchtigen Anteile gehen auseinander. Dies zeigt sich, wenn man die Lacke führender Firmen untersucht.

Während von mancher Seite die niedrigst viscosen Wolletypen bevorzugt werden, deren filmbildende Eigenschaften gerade noch ausreichen, um den hohen Anforderungen des Automobilbaues zu entsprechen, wählen andere Fabrikanten einen etwas höher viscosen Wolletyp. Andere wieder bevorzugen — anscheinend nach amerikanischem Vorbild — Gemische von niedrig- und hochviscosen Wollen. Die Einbuße an Körper bei Verwendung von höher viscosen Wollen wird vielfach durch etwas erhöhten Harzzusatz ausgeglichen.

Von der Wahl des geeigneten Harzes ist die Qualität des Lackes in hohem Maße abhängig. Über die Eignung der verschiedenen Harze ist S. 206 ausführlich gesprochen worden. Am häufigsten werden gereinigter Dammar und gewisse säurefreie und lichtbeständige Kunstharze verwendet.

Die Menge des Pigmentes ist am höchsten bei der ersten Lackschicht, die unmittelbar auf den Spachtel aufgespritzt wird. Der nächste Auftrag wird meist mit einem Lack vorgenommen, der mit einem gleichartig zusammengesetzten Klarlack vermischt wird, und bei der letzten Lackschicht verwendet man meist den Klarlack mit einem geringen Prozentsatz des Decklackes. Dieser Zusatz von zunehmenden Mengen Klarlack ist erforderlich, um genügenden Glanz zu erzielen; die stark pigmentierten Lacke geben mehr oder weniger stumpfe Flächen.

Die lacktechnischen Eigenschaften der Pigmente sind in Kapitel X behandelt worden. Hier soll für einige Pigmente noch angegeben werden, welche Mengen bezogen auf 100 Teile Nitrocellulose zur Erzielung annähernd gleicher Deckwirkung erforderlich sind:

hochwertiger Gas- oder Lampenruß	10%
organische Pigmente ohne Substrat	20—25%
Miloriblau und stark färbende anorganische Pigmente	40—50%
Titanweiß	90%

Es sollen nachfolgend einige Rezepte wiedergegeben werden, welche sich in der Literatur vorfinden, gleichgültig, ob sie in jeder Beziehung den aufgestellten Richtlinien entsprechen. Rezepte ohne Literaturangabe entstammen dem italienischen Original.

Weiße Lacke.

1.

Kollodiumwolle, hochvisc.	250 g	Butanol	1100 cm³
Kollodiumwolle, 1/2 Sek.	1000 g	Toluol	3300 cm³
Trikresylphosphat	450 g	Zinkweiß	1100 g
Dammarlösung[1]	2200 cm³	Titanweiß	675 g
Butylacetat	2200 cm³		

2.

Kollodiumwolle hoher Viscosität	450 g	Methylaceton	1100 cm³
Kollodiumwolle, 1/2 Sek.	225 g	Essigester	550 cm³
Ricinusöl	350 g	Sprit	1100 cm³
Dammarlösung	550 cm³	Benzol	3300 cm³
Esterharzlösung	550 cm³	Kieselsäure	225 g
Leichtes Acetonöl	550 cm³	Zinkweiß	450 g
		Lithopone	1250 g

3. Spritzlack.

Kollodiumwolle hoher Viscosität	225 g	Butylacetat	1100 cm³
Kollodiumwolle, 1/2 Sek.	1100 g	Butanol	550 cm³
Dibutylphthalat	450 g	Toluol	2750 cm³
Dammarlösung	550 cm³	Benzol	1100 cm³
Schellacklösung	550 cm³	Kieselsäure	140 g
Äthylacetat	1100 cm³	Zinkoxyd	675 g
		Titanweiß	450 g

4. Ein billiger Spritzlack.

Filmabfälle	600 g	Sprit	1100 cm³
Ricinusöl	300 g	Benzol	2200 cm³
Dammarlösung	2200 cm³	Solventnaphtha	550 cm³
Harzesterlösung	1100 cm³	Titanweiß Standard	450 g
Essigester	1100 cm³	Lithopone	900 g
Leichtes Acetonöl	550 cm³		

5. Ein anderer Spritzlack höherer Qualität.

Kollodiumwolle hoher Viscosität	225 g	Butylacetat	1100 cm³
Kollodiumwolle, 1/2 Sek.	450 g	Butanol	1100 cm³
Dibutylphthalat	350 g	Toluol	3300 cm³
Dammarlösung	3300 cm³	Titanweiß	900 g
		Zinkweiß	225 g

---

[1] Dammar wird in Toluol gelöst und die Lösung mit 20—30% Äthylglykol versetzt. Nach dem Absetzen wird vom Bodensatz abgegossen.

6. Wilson gibt für einen Tauchlack folgende Zusammensetzung an.

Hochviscose Wolle . . .	160 g	Butanol	750 cm³
1/2 Sekundenwolle	220 g	Toluol	1000 cm³
Phthalsäureester	160 g	Dammarlösung	1500 cm³
Essigester	250 cm³	Lithopone	110 g
Butylacetat	250 cm³	Titanweiß	340 g
Butylpropionat	250 cm³	Zinkweiß	225 g

Schwarze Decklacke.

1. Kollodiumwolle mittl. Viscosität	450 g	Sprit	550 g
Essigester	1650 g	Benzol	2200 g
Butylacetat	1650 g	Toluol	2200 g
Butanol	550 g	Gasruß	450 g
		Lampenruß	125 g

2. Wilson empfiehlt für einen Emaillelack schwarz, halbmatt, folgende Zusammensetzung.

Eine Grundfarbe wird bereitet aus

220 g Kollodiumwolle, mittelviscos, gelöst in 4500 cm³ einer Mischung von

3 Teilen Essigester
3 „ Butylacetat
1 Teil Butanol
1 „ Sprit
4 Teilen Benzol
4 „ Toluol

Mit dieser Lösung werden 220 g Gasruß und 60 g Lampenruß angeteigt und 36 Stunden in der Kugelmühle vermahlen.

1 l dieser Grundfarbe wird mit
1/4 l Harzesterlösung,
2 l Wollelösung (440 g Wolle in 4500 cm³ Lösungsmittelgemisch wie oben)
1/4 l Butylacetat,
1/4 l Aceton,
425 cm³ Trikresylphosphat vermischt.

Für glänzende schwarze Emaillen wird Verminderung des Rußgehaltes und Zusatz von spritlöslichen Farbstoffen empfohlen (vgl. Kapitel VII).

Blaue Lacke.

1. Kollodiumwolle hoher Viscosität	350 g	Butylacetat	1100 cm³
Kollodiumwolle, 1/2 Sek. .	550 g	Butanol	1100 cm³
Trikresylphosphat . . .	450 g	Benzol	1000 cm³
Esterharzlösung	1650 cm³	Toluol	2700 cm³
Essigester	1100 cm³	Ultramarin	450 g
		Lithopone	450 g
2. Ein Autolack.			
Kollodiumwolle von hoher Viscosität	225 g	Butylacetat	1100 cm³
Kollodiumwolle, 1/2 Sek. .	1350 g	Butanol	1650 cm³
Dibutylphthalat	700 g	Toluol	2200 cm³
Dammarlösung	1650 cm³	Miloriblau	1250 g
Amylacetat	1100 cm³	Chromgrün	550 g
		Zinkoxyd	225 g

Der kritische Leser wird die Ansicht des Bearbeiters teilen, daß es zwecklos ist, diese Sammlung von Rezepten fortzusetzen.

Anhang.

Über einige neuere Verfahren zur Herstellung von Celluloseesterdecklacken.

Es besteht nicht die Absicht, eine erschöpfende und alle bekanntgewordenen Verfahren berücksichtigende Darstellung des Gebietes zu geben, vielmehr sollen die Richtungen aufgezeigt werden, in denen die neueren Vorschläge sich bewegen.

1. Eine Gruppe von Verfahren beruht auf Erfahrungen der Celluloidfabrikation. Bei der Herstellung von undurchsichtigem Celluloid — z. W. Weiß für Kämme — wird die alkoholfeuchte Nitrocellulose mit Campher und Zinkweiß in kräftigen Knetmaschinen zu einer zähen, kaum noch fließenden Paste verarbeitet, die auf gekühlten Walzen einige Stunden behandelt wird.

Die weitere Verarbeitung der gewaltzen Schwarten interessiert hier nicht. Löst man nun ein solches Material oder auch fertiges Celluloid in einem geeigneten Lösungsmittelgemisch auf, so beobachtet man eine sehr feine Verteilung des Pigments. Auf diesem Erfahrungskomplex beruht eine Patentanmeldung der I. G. Farbenindustrie vom Jahre 1924 (Erfinder Kesseler, Steinemeyer und Döring), betreffend die Herstellung von Deckfarben für Leder und andere Materialien. Beispielsweise werden

150	Teile	Kollodiumwolle
60	,,	Mannol (ein Weichmachungsmittel)
200	,,	Eisenoxydrot

in üblicher Weise in der Knetmaschine gemischt und auf erwärmten Walzen bis zu vollständig gleichmäßiger Verteilung verarbeitet. Die celluloidartige Masse wird in geeignetem Lösungsmittel zu einem hervorragend deckenden Lack gelöst.

Eine Weiterentwicklung dieses Verfahrens ist in einer Zusatzanmeldung dargestellt. Nach dieser kann wasserfeuchte Nitrocellulose angewendet werden. Das Wasser wird im Laufe des Herstellungsganges aus der Masse entfernt.

In dem britischen Patent 247288 der I. G. Farbenindustrie (Erfinder Immerheiser, Neubauer und Scharf) liegt eine Erweiterung dieses Verfahrens vor, insofern, als die außerordentlich wirksame Dispergierung erkannt wurde, welche bei fortgesetzter Bearbeitung von pigmenthaltigen Nitrocellulosepasten in enggestellten Friktionswalzen erzielt werden kann.

Das Kennzeichen der Erfindung ist gemäß Anspruch 1 darin zu erblicken, daß eine so behandelte plastische Masse bei der Auflösung zu

Lacken von spritzfähiger Konsistenz auch bei längerem Stehen kein Pigment absetzt. Aus diesem Verhalten des Pigments wird der Schluß gezogen, daß die angewandte Arbeitsweise zu einer kolloidalen Verteilung führt.

Es sei das Beispiel aus der zu demselben Erfahrungskomplex gehörenden britischen Patentschrift 294158 wiedergegeben:

50 Teile von Nitrocellulose, welche Lösungen von niedriger Viscosität ergibt, werden 10—20mal durch ein Paar dicht aneinandergesetzte Walzen hindurchgeschickt, und zwar in Verbindung mit 15 Teilen Trikresylphosphat und 6,5 Teilen Litholechtscharlach RN. Die entstehende Zusammensetzung wird mit 5 Teilen eines geeigneten Harzes in einem Gemisch von 25 Teilen Glykolmonoäthyläther und 100 Teilen absolutem Alkohol aufgelöst. Es resultiert ein Streichlack von schwachem Geruch, welcher harte und glänzende Überzüge liefert.

2. Die Dispergierung der Pigmente erfordert nach allen geschilderten Verfahren einen beträchtlichen Kraftaufwand und — wenn hohe Anforderungen an den Verteilungsgrad und an die Leistung gestellt werden — teure Maschinen. Der Anreiz zur Auffindung eines Verfahrens, welches mit geringem Kraftaufwand hochdisperse Produkte liefert, ist also gegeben.

Seit einigen Jahren sind nun verschiedene Vorschläge aus Patentanmeldungen bekannt geworden, welche zwei Richtungen erkennen lassen, in denen sich diese Bemühungen bewegen.

Die eine dieser Richtungen geht von der Beobachtung aus, daß die meisten anorganischen und organischen Pigmente, soweit sie durch Reaktionen in wässeriger Lösung gebildet werden, hochdispers anfallen und in der beispielsweise bei Küpenfarbstoffen handelsüblichen Form als „Teig“ noch eine sehr feine Verteilung aufweisen. Erst bei den Reinigungs- und Trocknungsvorgängen findet eine Zusammenballung der Pigmentteilchen statt. Einige Erfinder glauben, den Wassergehalt des Farbteiges vernachlässigen zu können und vermischen die wässerige Pigmentpaste unmittelbar mit Celluloseesterlacken; es scheint jedoch diese Arbeitsweise nicht in jeder Hinsicht zu befriedigen.

Der Versuch lehrt, daß man in der Wahl der Lösungsmittel sehr beschränkt ist. Die Anwendung von Kohlenwasserstoffen als Verdünner scheidet z. B. aus, weil solche Lacke infolge des Wassergehaltes der Paste trübe auftrocknen. In bestimmten Fällen wird man aber zweifellos zu brauchbaren Ergebnissen gelangen[1].

In der schon von J. Scheiber, Lacke und ihre Rohstoffe, S. 318, zitierten Patentanmeldung 33570 22 h IV der I. G. (Erfinder F. Merkel) werden Farbteige mit organischen Lösungsmitteln zur Verdrängung des Wassers behandelt. Beispielsweise werden 20 Teile Sitaraechtrot RL i. T. mit 80 Teilen Alkohol verrührt. Es wird abgesaugt und die Behandlung

[1] Vgl. Huth, F., u. C. R. Halle: Farbe u. Lack **1925**. 397ff.

wiederholt, bis das Wasser vollständig verdrängt ist. Die alkoholische Pigmentpaste wird mit Celluloseesterlösungen gemischt.

In etwas anderer Weise versucht Erich Richter die Dispergierung mit dem Bindemittel zu umgehen (Anmeldung J 27330 IV a 22 h der I. G., ausgelegt 28. Mai 1930). Wasserfeuchte Nitrocellulose wird unter Zusatz von Wasser mit unlöslichen Pigmenten solange vermischt oder vermahlen, bis ein homogener Brei entsteht, welcher in geeigneter Weise entwässert wird. Beispielsweise werden 450 Teile wasserfeuchte NC mit 35 Teilen Chromgelb in 2000 Teilen Wasser solange im Zerfaserer zerrieben, bis eine Probe nach dem Trocknen und Auflösen in Aceton zeigt, daß das Pigment kolloidal in Lösung gegangen ist.

Einen Schritt weiter geht die Robinson, Butler & Hemingway in Bound Brook. Nach einem Bericht in Chemical and Metalurgical Engineering vom Februar 1930 nimmt diese Firma die Fällung der Pigmente auf der Nitrocellulosefaser vor.

Wasserfeuchte Nitrocellulose wird mit einer größeren Wassermenge angerührt. In getrennten Gefäßen werden wässerige Lösungen von Natriumferrocyanid und Eisensulfat zubereitet. Die von jeder Salzlösung notwendigen Mengen fließen in den Ausflockungstank und das entstehende Preußischblau wird auf den Nitrocellulosefasern in sehr fein verteiltem Zustande niedergeschlagen. Die blaugefärbte Nitrocellulose wird mit Alkohol entwässert und kann danach unmittelbar zur Herstellung eines blauen Decklackes aufgelöst werden.

3. In prinzipiell anderer Weise versuchen einige annähernd gleichzeitig bekanntgewordene Verfahren die mechanische Dispergierung der Pigmente im Bindemittel zu umgehen, indem sie den zur Pigmentbildung führenden Vorgang in ein kolloides Medium verlegen, das filmbildende Eigenschaften besitzt und daher am Aufbau der Lackschicht beteiligt werden kann. In der französischen Patentschrift 619 764 werden beispielsweise die wässerigen Lösungen von Reagenzien, welche beim Zusammengeben einen unlöslichen Farbstoff bilden, getrennt mit acetonischen Lösungen von Acetylcellulose gemischt und nach dieser Vermischung mit dem Schutzkolloid zusammengerührt. Infolge der Zähigkeit des Reaktionsmediums erfolgt die Bildung der Pigmente in hochdisperser Form. Die farbige Acetylcelluloselösung wird mit Wasser gefällt und die Fällung ausgewaschen. Nach dem Trocknen können die erhaltenen Flocken zu farbigen Lacken gelöst werden.

Nach dem französischen Patent 689462 (Erfinder A. Weihe) wird ebenfalls die zur Pigmentbildung führende Reaktion in Gegenwart eines Kolloids vorgenommen, das nicht entfernt wird, sondern als integrierender Bestandteil in den Lack übergeht; die Verwendung organischer Lösungsmittel und die zu Lösungsmittelverlusten führende Fällung, wie sie das französische Patent 614764 vorsieht, wird jedoch dadurch vermieden, daß als Schutzkolloide solche Cellulosederivate Verwendung finden, deren wässerige Lösungen beim Erhitzen koagulieren. Es kommen u. a. Äthylcellulose mit etwa 24% Äthoxylgehalt und Dimethylcellulose in Betracht. Man läßt beispielsweise die Bildung von Cadmiumgelb oder Berlinerblau in einer zähflüssigen wässerigen Methylcelluloselösung vor sich gehen, erwärmt die Lösung auf 80°, bis ein steifes Gel gebildet ist und zerkleinert dieses. Mit kochendem Wasser kann das Gel vollständig von den Nebenprodukten der Farbstoffbildung befreit werden. In der Kälte verflüssigen sich solche Gele und können entweder (eventuell nach Zusatz von Weichmachungsmitteln) direkt als feurige und gut deckende Anstrichstoffe, Mal- und Druckfarben verwendet werden. Sie können aber auch in mannigfacher Weise mit nichtwässerigen Lösungen anderer Cellulosederivate kombiniert und in bekannter Weise verarbeitet werden.

XIV. Verschiedene andere Anwendungsgebiete von Celluloseesterlösungen.

1. Bronzierlacke.

Die Bronzierlacke sind Zapone mit Zusatz von Metallpulvern (vgl. Kapitel VII).

Häufig enthalten diese Lacke Ricinusöl oder andere Weichmachungsmittel. Naturharze scheiden wegen ihres sauren Charakters aus. Es ist eine seit langer Zeit bekannte Erscheinung, daß Zapone nach dem Anrühren mit Bronzepulver (selten mit Aluminiumpulver) mehr oder weniger rasch, oft schon nach zwei Stunden zu einem Gel erstarren, das sich in keiner Weise wieder in einen brauchbaren Lack verwandeln läßt. Es ist nach Untersuchungen französischer Forscher bekannt, daß manche Oxyde von Schwermetallen mit Nitrocellulose in Gegenwart von Lösungsmitteln unter Bildung von eigenartigen Additionsverbindungen reagieren. Die Bildung solcher Verbindungen ist anscheinend für diese Gelbildung verantwortlich zu machen.

Es ist ferner bekannt, daß die Erscheinung durch Vorhandensein von Säuren, z. B. Essigsäure oder Milchsäure aus den Lösungsmitteln begünstigt wird.

Aber auch bei völlig säurefreien Lösungen tritt die Gelbildung ein und als wirksames Agens muß also die Nitrocellulose selbst angesehen werden.

Bezüglich der Nitrocellulose war festgestellt worden, daß mit abnehmender Viscosität die Gefahr der Gelbildung erhöht wird, ebenso durch Erhöhung der Konzentration der Lösung.

Die führenden Nitrocellulosefabriken empfahlen daher zur Herstellung von Bronzierlacken die höchst viscosen Wolletypen, so die Hercules Powder eine 40—70″-Wolle, die nach Angabe der Herstellerin besonders behandelt war und die Haltbarkeit eines Bronzierlackes während 15 Stunden gewährleistete. Heute bringen verschiedene deutsche Firmen Spezialwollen auf den Markt (z. B. die I. G. Farbenindustrie) die wochenlang haltbare Bronzierlacke ergeben.

Ein Stabilisierungsmittel, das auch bei Anwendung nicht besonders behandelter Wollen eine wesentlich erhöhte Beständigkeit der Lacke gewährleistet, ist das Stabilisal; seine Zusammensetzung ist unbekannt. Es sei bemerkt, daß auch die verschiedenen Bronzen die Beständigkeit des Lackes in ganz verschiedener Weise beeinflussen. Auf die Wiedergabe von Rezepten kann verzichtet werden, da sie nichts Neues bieten. Da, wie erwähnt, der häufig vorkommende Säuregehalt der Lösungsmittel die Gelbildung begünstigt, sind sie auf Säurefreiheit zu prüfen. Auszuschließen sind zweckmäßig Milchsäureester und Methylacetat sowie die Methylacetat enthaltenden Markenlösungsmittel. An Stelle der Ester sind vorteilhaft die Glykolmonoalkyläther in Gemisch mit Alkoholen zu verwenden, weil bei diesen Lösungsmitteln die Möglichkeit einer Säureabspaltung nicht besteht. Als hochsiedendes Lösungsmittel kommt vor allem Butylglykol und Diacetonalkohol bzw. Pyranton A in Frage.

2. Klebstoffe.

Die große Klebefähigkeit der Kollodiumwollelösungen wird seit vielen Jahren namentlich in der Leder verarbeitenden Industrie praktisch verwertet.

Außer den hochviscosen Kollodiumwollen verschiedenen Stickstoffgehaltes finden Celluloid- und Filmabfälle Verwendung, die letzteren besonders, seitdem die Preise für derartige Produkte außerordentlich gedrückt sind. Als Lösungsmittel finden überwiegend leichtflüchtige Produkte, wie E 13, E 14, Methylaceton, Verwendung. Aceton ist zu teuer, während Essigester, besonders da er das Anlaufen bei nicht zu feuchter Luft verhindert, gern mit verwendet wird. Art und Menge der Weichmaschungmittel richten sich nach dem Verwendungszweck.

Die Palatinole, Trikresylphosphat, Mannol, die Sipaline und schließlich auch Ricinusöl sind verwendbar. Verdünner werden im allgemeinen nicht verwendet, da dies die Verarbeitung erschwert, ebenso kommen Harze als Zusatz kaum in Betracht.

Eine ausgedehnte Verwendung haben solche Kitte in der Schuhfabrikation gefunden. Nach Stadlinger[1] wurden bereits im Jahre 1925 45 Millionen Paar Schuhe nach dem Klebeverfahren hergestellt. Ein bekanntes Produkt dieser Art ist der Atlas-Ago-Kitt.

Die zu verbindenden Lederteile werden aufgerauht, um die Freilegung der Lederfasern und damit eine gute Verankerung zu gewährleisten.

---

[1] Farbe u. Lack **1929**, 231.

Da Fette die Haftung beeinträchtigen, werden die betreffenden Stellen mit Lösungsmitteln gereinigt.

Ähnlich ist die Verwendung solcher Produkte als Treibriemenkitt. Bei sachgemäßer Verarbeitung ist die Verbindung der Treibriemenenden so stark, daß ein Zerreißen selten an der geklebten Stelle erfolgt.

Beispiel für einen Lederkitt.

20 Teile	Filmabfall	oder	20 Teile	Celluloidabfall, transparent
15 „	Mannol		30 „	Benzol
50 „	E 13		25 „	Alkohol
10 Teile	Essigäther		20 Teile	Aceton, technisch
5 „	Butylacetat 85% ig		5 „	Mannol

3. Kappenstreifen.

Die Schuhindustrie verwendet zum Versteifen der Spitze und Hacke von Schuhen die sogenannten Steifkappen.

Die Steifkappen werden gewöhnlich durch Bestreichen oder Tränken von groben Geweben, auch Papiergarngeweben, mit nitrocellulosehaltigen Lösungen hergestellt. Durch die Verwendung der Nitrocelluloseimprägnierung wurde erreicht, daß die Kappen beim Zwicken ihre Form behalten und die Vereinigung von Oberleder und Futter sowie die nachträgliche Bearbeitung ohne Verschieben der einzelnen Schichten erfolgt. Maßgebende Patente sind die DRP. 216802, Kl. 71a (31) im Besitze der Atlas-Ago, ausgegeben am 2. Juni 1908, 178438 von Kurt Schilling vom 25. Juli 1905, 291434 von G. L. Preble vom 28. März 1914, 374471 von D. B. Macdonald vom 11. April 1920. Die Steifkappen kommen in harten, meist ziemlich spröden Tafeln oder Rollen in den Handel, die vor der Verarbeitung erweicht werden müssen. Bei dünnen Kappenstoffen geschieht dies durch Eintauchen in leichtflüssige Lösungsmittel, wie E 13, E 14, Dissolvan, Methylaceton, stärkere Kappen werden durch Lösungsmitteldämpfe in Dunstkästen erweicht.

Auch hierzu eignen sich wegen ihres geringen Dampfdruckes die genannten Lösungsmittel.

Der niedrige Preis der Kappensteife erfordert die Wahl billigster Rohstoffe für die aufzustreichende Lösung. Kollodiumwollen kommen höchstens in Form sogenannter Abfallwollen und Fangstoffe in Frage.

Gern werden auch farbige Celluloidabfälle, besonders weiße und schwarze verarbeitet.

Ein billiges Produkt ist nach folgendem Rezept herzustellen:

35 Teile	Alkohol	30 Teile	transparente oder
40 „	Benzol	35 „	schwarze oder
25 „	E 13	35 „	weiße Celluloidabfälle

Durch Zusatz von Kolophonium und Füllstoffen wie gemahlener Schwerspat, Kreide, Lithopone kann die Masse noch weiter verbilligt werden, ohne daß hierdurch natürlich die Qualität verbessert wird.

4. Lederfarben und Lederlacke.

Man kann drei Verwendungsgebiete unterscheiden: Die Egalisierung von anilingefärbten Narbenleder, die Spaltlederzurichtung und die Herstellung von Lackleder. Während bei den erstgenannten Arbeiten ausschließlich hochviscose Wollen verschiedenen Stickstoffgehaltes Verwendung finden, da es sich nur darum handelt, ein Bindemittel für die Pigmente zu haben, das den höchsten mechanischen Anforderungen genügt und die Schichten möglichst dünn sein sollen, damit die Lederstruktur nicht verdeckt wird, finden bei der eigentlichen Lacklederherstellung auch dünnviscose Wollen Verwendung. Für die Spaltlederzurichtung ist es erforderlich Lösungen herzustellen, die einen möglichst hohen Gehalt an Pigmenten aufweisen. Die Pigmente sollen mit Rücksicht auf die Deckkraft und die Festigkeit der Schicht sehr fein verteilt sein.

Die bereits erwähnte Patentanmeldung C 35472 IV 22g (5) hat hier durch Anwendung eines besonderen Walzverfahrens neue Wege gewiesen. Es sei auch auf das DRP. 382505 hingewiesen.

Eine Lederdeckfarbe wird z. B. erhalten durch Auflösung von zehn Teilen eines homogenen Produktes bestehend aus

15 Teilen	Kollodiumwolle, hochviscos	in	20 Teilen	Butylacetat
6 „	Mannol		20 „	Aceton
20 „	Eisenoxydrot		60 „	Alkohol

Der Lösung werden 2—10 Teile Weichhaltungsmittel zugesetzt. Vielfach werden auch Äther-Alkohol-Lösungen von Kollodiumwolle, die mit einer Ricinusöl enthaltenden Farbpaste gemischt sind, zum Anfärben von Leder verwendet.

Der weitaus größte Teil des farbigen Leders für Schuhe, für Klubsessel und Autopolsterungen wird heute mit solchen NC-haltigen Farben behandelt.

Lederlacke.

Es ist nicht festzustellen, wieweit auf dem Gebiet der Lacklederherstellung das altbewährte, überwiegend mit trocknenden Ölen arbeitende Verfahren durch neuere mit Celluloseestern arbeitende Verfahren verdrängt worden ist. Auch bei dem alten Verfahren wurden bereits Nitrocelluloselösungen verwendet, jedoch nur zum Aufbringen einer ersten Schicht unmittelbar auf das Leder, während die folgenden Schichten frei von Nitrocellulose waren. Es besteht jedoch Anlaß zu der Annahme, daß dieses alte Verfahren auch heute noch für erstklassige Fabrikate überwiegend angewandt wird.

Die Anforderungen, welche an die Dehnbarkeit des Leders während der Verarbeitung zu Schuhen gestellt werden, sind sehr hoch und mit Öllacken leichter zu erfüllen als mit Nitrolacken. Andererseits kann es keinem Zweifel unterliegen, daß auch mit Nitrolacken hochglänzende und dehnbare Lackschichten herstellbar sind.

Ausgedehnte Verwendung haben Nitrolacke bei der Herstellung solcher Schuhe gefunden, bei denen nur einzelne Teile aus Lackleder bestehen.

Man geht so vor, daß die bis auf die Hauptsohle fertig gezwickten Schuhe an den zu lackierenden Teilen wiederholt mit leichtflüchtigen Lösungsmitteln behandelt werden.

Hierdurch soll Fett und Feuchtigkeit aus dem Leder entfernt werden. Nach völligem Trocknen streicht man den Lack mit einem Haarpinsel auf, wobei die Entstehung von Luftblasen und das Hängenbleiben von Haaren zu vermeiden ist. Die Arbeit soll in einem staubfreien gut durchwärmtem Raum ausgeführt werden. Das Aufstreichen des Lackes wird nach jedesmaliger Trocknung 5—6 mal wiederholt. Sind die lackierten Teile völlig trocken und die Schichten hart, so wird geschliffen bzw. poliert.

Gewöhnlich verwendet man Schwabbelscheiben aus Nesseltuch, die vor dem Gebrauch mit Polierstein gut eingefettet werden. Die eigentliche Polierscheibe besteht zweckmäßig aus weichem, vollkommen trocknem Flanell. Die Umdrehungszahl der Scheiben beträgt etwa 1000 pro Minute. Zum Glattschleifen einer Kappe benötigt man eine Minute.

Zunächst verliert das Leder infolge des Fettgehaltes der Polierscheibe seinen Glanz. Beim Trockenschwabbeln mit der Flanellscheibe kommt ein schöner Hochglanz heraus.

Nitrolacke für diesen Zweck enthalten meist Wollen mittlerer Viscosität. Das folgende Rezept gibt gute Resulsate.

100 Teile	E 620 oder entsprechende Wollen	15 Teile	Hexalinacetat
50 ,,	Sprit (aus der Wolle)	20 ,,	Solaktol
20 ,,	Castoröl	160 ,,	Butylacetat
40 ,,	Palatinol	100 ,,	Butanol
30 ,,	Cellodammar	100 ,,	Äthylglykol
5 ,,	Lampenruß	100 ,,	Xylol
3 ,,	Zaponechtschwarz		

Diesem Gemisch können nach Bedarf noch leichter flüchtige Verdünner zugesetzt werden.

A. Kraus[1] empfiehlt ein Gemisch von gleichen Teilen Elaol (Palatinol C), geblasenem Ricinusöl und Trikresylphosphat.

Neuerdings finden in der Lederlackierung auch Kombinationslacke Verwendung. Die französische Patentschrift 579553 beschreibt die Herstellung eines Lederlackes aus Kopal, Standöl und Nitrocellulose.

---

[1] Lederlacke und Lederdeckfarben. Farbe u. Lack **1929**, 453.

Auf ein Teil angefeuchtete Nitrocellulose kommen 1,7 Teile Kopal und 23 Teile Öl. Die Trockenzeit dieses Lackes wird auf 24 Stunden bei Zimmertemperatur und auf 4—6 Stunden bei Ofentrocknung angegeben.

Kombinationslacke.

Einen Einblick in das Wesen der modernen Kombinationslacke gewährt die Anmeldung D 52415 IVa/22h (4) der Degronit-Werke, ausgelegt am 3. April 1930. Herstellung eines streichfähigen hochglänzenden Celluloselackes aus NC, trocknenden Ölen und Phenolformaldehyd-Kondensationsprodukten im Verhältnis 1 Teil NC, 2—4 Teile Harz und 5—10 Teile trocknendes Öl.

Als Harz soll ein Produkt Verwendung finden, welches entsprechend den DRP. 440003, 474787, 480488 und 492592 aus rezenten Naturharzen durch Kombination mit Phenolaldehydharzen erhalten wird.

15 Teile dieses Harzes werden mit 25 Teilen Holzöl bei 200° verschmolzen und mit 10 Teilen Lackbenzin verdünnt. Andererseits werden 5 Teile 50%ige NC in 25 Teilen Amylacetat oder Butylacetat oder einem Gemisch dieser Lösungsmittel mit Essigester gelöst und beide Lösungen bei 30—40° zusammengegeben.

Der so erhaltene Lack ist bequem streichbar und trocknet in zwei Stunden hart und hochglänzend auf.

Lacke dieser Art scheinen schon jetzt eine erhebliche praktische Bedeutung erlangt zu haben.

Da die Nitrocellulose nur einen geringen Prozentsatz der filmbildenden Bestandteile ausmacht, ist hier nicht der Ort, auf diese Lacke näher einzugehen.

Literatur.

Scheiber, J.: Über Nitro- und Kombinationslacke. Farbe u. Lack **1928**, 17ff.
Luschin, M.: Kombinationslacke. Farbe u. Lack **1929**, 27. Kunststoffe **20**. Nr 10, S. 226 (1930).

Zu den Kombinationslacken können auch die auf S. 142ff. behandelten Mischungen von NC mit Rezylen gerechnet werden.

Dritter Teil.

Die technischen Hilfsmittel für die Herstellung der Celluloseesterlacke.

XV. Lacke ohne Pigmente.

1. Herstellung der Celluloseesterlösungen.

Dünnflüssige Lösungen.

Die Art der Apparatur zur Herstellung von Celluloseesterlösungen richtet sich in erster Linie nach der Zähigkeit der fertigen Lösung. Rührvorrichtung und Rührgeschwindigkeit müssen der Viscosität der Lösung angepaßt sein. Bei Materialien mit einer Viscosität unter 150 Centipoisen können schnellaufende Propellerrührer, der Lenartmischer und ähnliche Konstruktionen, für solche mit einer Viscosität zwischen 150 und 1000 Centipoisen (etwa die Viscosität des Ricinusöles bei 0°) langsam rotierende Planetenrührer und für hochviscose Lösungen und Pasten Teigknetmaschinen verwendet werden.

Abb. 24. Rollfässer als Lösevorrichtung.

Für dünne und mittelviscose Lösungen kann man sich auch einfacherer Vorrichtungen bedienen. Die einfachste und billigste Vorrichtung zur Herstellung dünner Lösungen, wie sie beispielsweise in den altbekannten Metallzaponen vorliegen, besteht in einem rotierenden Faß. Die drehende Bewegung kann dadurch erzielt werden, daß man ein Holzfaß oder ein innen verzinntes Eisenfaß auf einem Rollenlager laufen läßt, wie die Abb. 24 zeigt. Jede der beiden Achsen trägt zwei Rollen mit einer Nut. In die Nut passen die Rolleisten des Fasses.

Rotierende Fässer mit einer am Faß befestigten Achse werden bis zu mehreren Kubikmeter Inhalt und druckfest hergestellt. Nach erfolgter Durchlösung wird der Inhalt solcher Fässer meist mit Druckluft besser mit Schutzgas, Kohlensäure oder Stickstoff entleert (vgl. Abb. 26). Man verbindet die Entleerung vielfach mit einer Filtration, indem man in die Leitung, welche der Lack passiert, ein mit Metalldrahtgewebe ausgestattetes konisches Filter einschaltet.

Abb. 25. Eisernes Rollfaß.

Rasches Arbeiten und somit größere Leistung ermöglichen Rührwerke, also feststehende Gefäße, welche mit einem Rührer ausgestattet sind.

Die Herstellung der Celluloseesterlösungen in Rührwerken hat ferner den Vorteil, daß man den Lösevorgang besser verfolgen und nach erfolgter Durchlösung rascher etwa erforderliche Korrekturen der

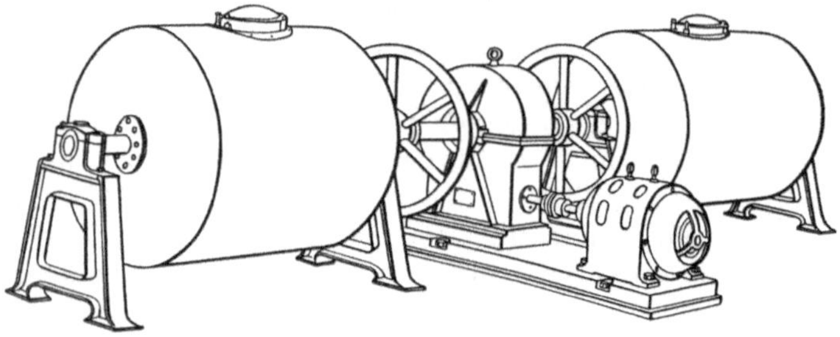

Abb. 26. Rotierende Fässer für Druckentleerung.

Viscosität vornehmen kann (Zusatz von Celluloseester oder Lösungsmittel). Ein für solche Zwecke verwendetes Rührwerk zeigt Abb. 27. Diese Konstruktion hat allerdings den Nachteil, daß die Rührwerkachse auf dem Boden des Gefäßes ein Gegenlager hat, welches zu Verschmutzungen führen kann. Zweckmäßiger ist es, die Achse so im Deckel des Rührwerkes zu lagern, daß der Rührer frei in der Charge hängt.

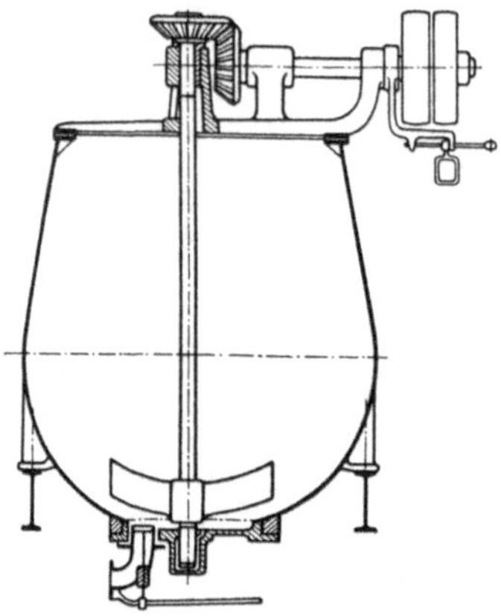

Abb. 27. Rührwerk für Zelluloseesterlösungen.

Diese Aufgabe ist selbst bei Gefäßen von 4 m^3 Inhalt ohne Schwierigkeit zu lösen.

Als Konstruktionsmaterial kommt feuerverzinntes Eisen in erster Linie in Frage, doch werden vielfach auch hölzerne Lösegefäße mit Holzrührern verwendet.

Handelt es sich um die Aufgabe, eine Reihe kleinerer verschiedenfarbiger Ansätze hintereinander herzustellen, so entsteht das Bedürfnis nach einem auswechselbaren Mischgefäß. Dieses Problem ist durch einen kürzlich auf dem Markt erschienenen auswechselbaren Rührer mit direktem elektrischen Antrieb in hervorragender Weise lösbar. Der Apparat wird von der Firma Klamberg und von der Ziehl-Abegg- Elektrizitätsgesellschaft hergestellt. Der Motor kann fest angebracht sein, so daß der Mischkübel beim Ausfahren nach unten gesenkt werden muß, oder man wechselt den Motor mit gekuppeltem Rührer aus. Die Bauart Ziehl-Abegg ist mit einer Klemmvorrichtung ausgestattet, die es ermöglicht, das Gerät an jedem Faß oder Bottich zu befestigen, vgl. Abb. 28.

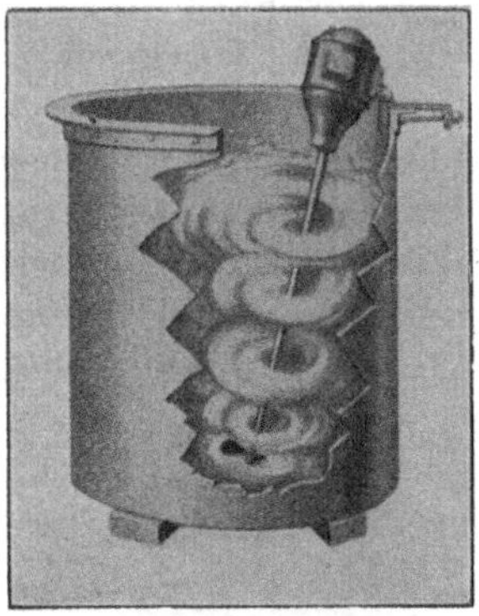

Abb. 28. Auswechselbarer Propellerrührer.

Gewöhnlich werden diese Rührer mit einer Tourenzahl von 900—1000 geliefert. Die Mischpropeller, deren Schäfte leicht auswechselbar sind, werden je nach der Konsistenz größer oder kleiner gewählt.

Für große Chargen werden die stationären Rührwerke vorzuziehen sein, insbesondere auch für solche Arbeitsgänge, bei denen fortlaufend gleichartige Chargen zur Verarbeitung gelangen. Ein stationäres Gerät von außerordentlich hohem Wirkungsgrad ist der Lenart-Mischer, der nach ähnlichem Prinzip arbeitende Hildebrandt-Mischer und der Petzholdt-Kreisel-Mischer.

Der Lenart-Mischer[1] besteht aus einem zylindrischen feststehenden Ge-

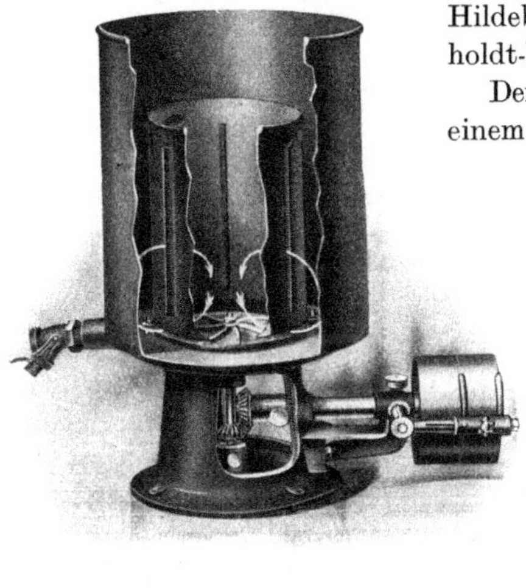

Abb. 29. Lenart-Mischer.

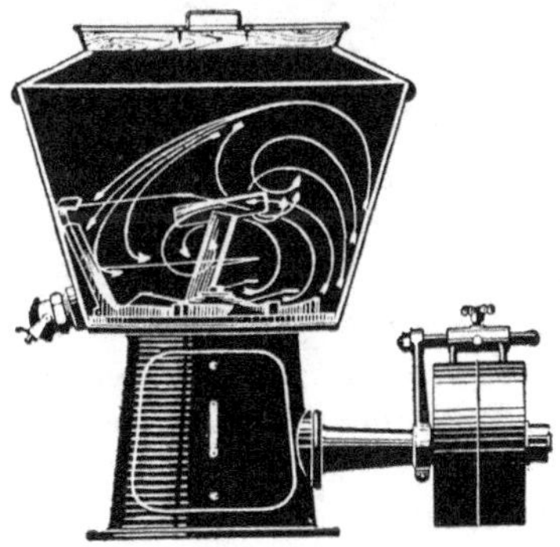

Abb. 29a. Lenart-Dickenmischer.

fäß und einer am Boden dieser Zylinders rotierenden Mischscheibe, die mit einem kleineren Zylinder fest verbunden ist. Unter der Wirkung der Zentrifugalkraft wird das Mischgut aus dem inneren Zylinder an

[1] Neuerdings wird von Lenart eine Spezialform für dicke Lösungen angeboten, vgl. Abb. 29a.

die Wand des äußeren Zylinders geschleudert, strömt von hier nach dem inneren Zylinder zurück und beschreibt fortgesetzt diesen Weg, wodurch eine rasche Homogenisierung erreicht wird. Das Prinzip des Petzholdt-Kreisel-Mischers besteht darin, daß die zu bearbeitende Masse in fortgesetzt rechtwinklig sich kreuzenden Strömungen mit großer Geschwindigkeit gegeneinander geführt wird. (Siehe Abb. 30a.) Die Masse wird zuerst in horizontaler Ebene rund um einen sogenannten Kreisel herumgeführt, trifft dann senkrecht auf die Außenabstreicher des Kreisels, wird von letzteren senkrecht nach unten geführt, am Boden wieder horizontal im Kreise herumgerissen, schlägt im Innern des Kreisels erneut senkrecht gegen die Innenabstreicher, wird von diesen

Abb. 30. Petzholdt-Kreiselmischer.

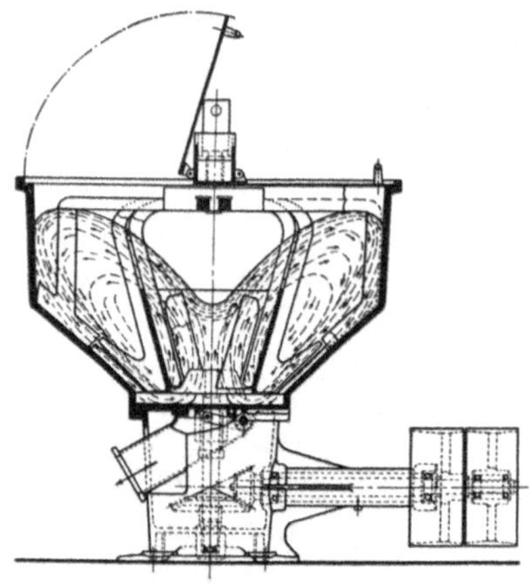

Abb. 30a. Wirkungsweise des Petzholdt-Kreiselmischers.

senkrecht nach oben geführt, an die Decke des Apparates geschleudert und fällt von da wieder auf die horizontal um den Kreisel rotierende Masse. Bei diesen Vorgängen werden die Teilchen der Masse dauernd gegeneinander geschleudert, in den engen Spalten zwischen Abstreichern und gerauhten Kreiselwandungen sowie zwischen den Einzugsschaufeln und dem gerauhten Schüsselboden gegeneinander getrieben. Die Innenteile der Maschine sind so gestaltet, daß sich Teile der Masse nirgends festsetzen können und so der Durcharbeitung entgehen. Das Gerät ist in der Großindustrie bereits gut eingeführt.

Es eignet sich besonders auch zum Einmischen von trockenen oder angeteigten Pigmenten in Klarlacke. Es ist mit diesen Mischern möglich, gewisse feinkörnige Pigmente ohne Mahlvorgang zu einwandfreien Lackemaillen zu verarbeiten.

Für die intensive Bearbeitung von Lösungen mittlerer Zähigkeit werden vielfach Planetenmischer mit ausfahrbaren Mischgefäßen gebaut. In der Regel sind die Achsen der Rührflügel vertikal angeordnet. Durch eine entsprechende Zahnradübertragung machen die beiden Flügelträger eine gegensinnige Drehbewegung.

Mit Rücksicht auf die überwiegende Verwendung dieser Maschinen bei der Herstellung farbiger Lacke werden sie ebenso wie die Kneter mit rotierendem Trog im nächsten Kapitel behandelt. Für die Herstellung zäher, farbloser Pasten aus Nitrocellulose, einer neuzeitlichen Lieferform der Kollodiumwolle, werden zweckmäßig Knetmaschinen verwendet. Die Konsistenz der Masse bestimmt die Form der Knetflügel. Aus Abb. 31 sind vier Knetflügelkonstruktionen der Firma Peter

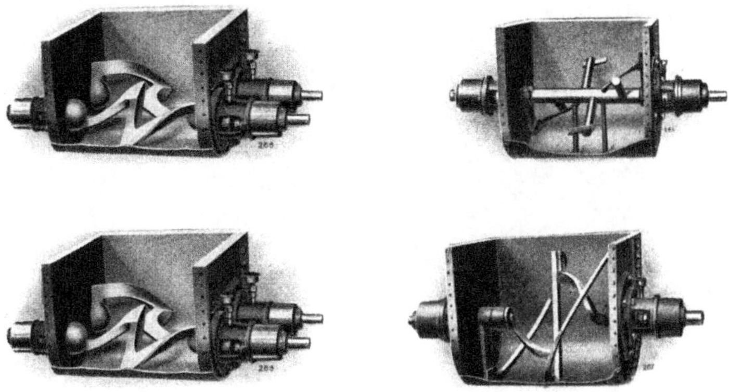

Abb. 31. 4 Knetflügelkonstruktionen von Peter Küpper, Aachen.

Küpper, Aachen, zu ersehen, die den verschiedensten Anforderungen Rechnung tragen.

Eine für den vorliegenden Zweck häufig angewandte Form besteht aus einem in zwei Halbzylinder auslaufenden Trog, in dem sich die Knetflügel verschieden rasch gegeneinander bewegen. Eine solche Maschine von der Firma Werner und Pfleiderer ist in Abb. 32 dargestellt.

In der Regel erfolgt die Entleerung des Knetgutes durch Kippen des Troges. Die Maschinen werden mit luftdicht schließendem Deckel geliefert, so daß Verluste an Lösungsmitteln während der Knetarbeit nicht eintreten können. Entsprechend den gewerbepolizeilichen Vorschriften sind solche Maschinen außerdem mit einem Schutzdeckel versehen, welcher nur bei stehender Maschine geöffnet werden kann, während andererseits die Maschine bei geöffnetem Deckel nicht in Gang zu setzen ist. Diese Bedingungen sind bei der Konstruktion von W. und P. in einwandfreier Weise erfüllt.

Abb. 32. Knetmaschine von Werner & Pfleiderer.

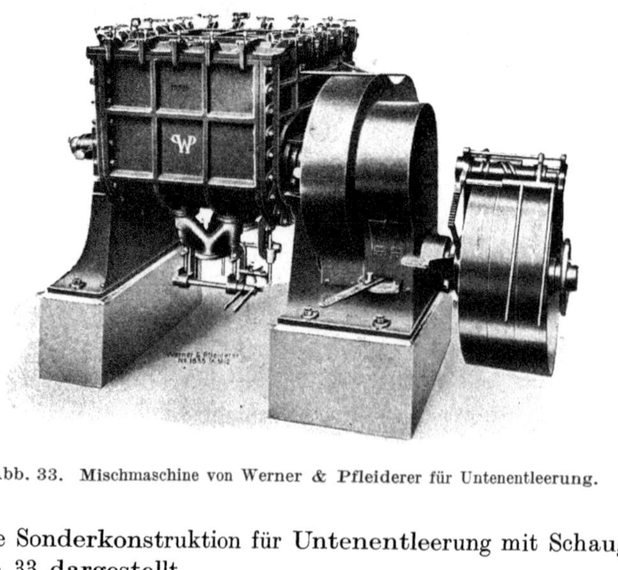

Abb. 33. Mischmaschine von Werner & Pfleiderer für Untenentleerung.

Eine Sonderkonstruktion für Untenentleerung mit Schaugläsern ist in Abb. 33 dargestellt.

2. Die Verarbeitung der Harze.

Die Herstellung von Harzlösungen, wie sie den Celluloseesterlacken zugesetzt werden, erfordert drei Arbeitsgänge:

1. Zerkleinerung des Harzes auf eine erfahrungsmäßig als vorteilhaft erkannte Korngröße.

2. Auflösung.

3. Filtration.

1. Die gebräuchlichsten Harzmühlen bestehen aus einem Vorbrecher und einem Kegelwerk. Abb. 34 zeigt eine solche Vorrichtung für kleinere Leistungen. Durch Einstellung des Mahlkegels reguliert man die Korngröße des Mahlgutes. Feuchte Harze, wie Schellack, müssen vor dem Vermahlen getrocknet werden. Bei weichen Harzen treten gelegentlich Schwierigkeiten auf, wenn die Harzkörner sich infolge der Reibung im Mahlwerk erwärmen und zusammenbacken.

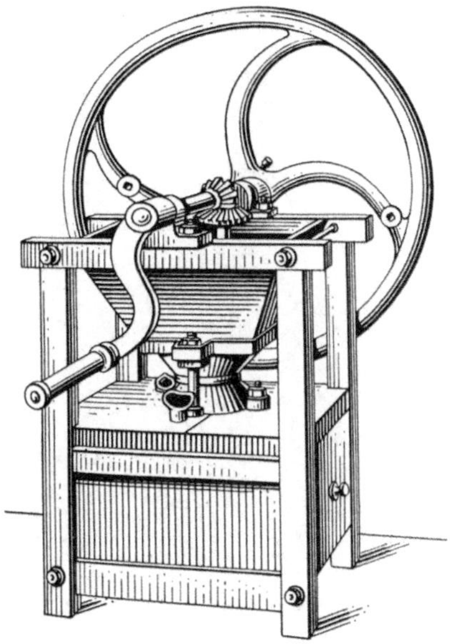

Abb. 34. Harzmühle der Firma Zemsch.

2. Die Auflösung mit Hand ist so vorzunehmen, daß das Harz keine Gelegenheit hat, sich am Boden des Lösegefäßes zusammenzubacken. Das Lösegefäß wird mit dem Lösungsmittel gefüllt und das Harz unter dauerndem Umrühren zugegeben. Das Rühren wird erst unterbrochen, wenn alles in Lösung gegangen ist.

Die Auflösung wird meistens in Roll- oder Schüttelfässern vorgenommen (Lieferant H. F. Stollberg, Offenbach). Zur Füllung und Entleerung dient das Spundloch. Die Fässer sind zweckmäßig so hoch gelagert, daß ein niedriger Wagen mit Behälter daruntergeschoben werden kann. Schütze[1] empfiehlt diesen Behälter mit einem Sieb zu versehen, das die gröbsten Verunreinigungen zurückhält. Am Boden des Behälters befindet sich ein Ablaufstutzen mit Hahn, durch den die Lösung nach dem beispielsweise im unteren Stockwerk befindlichen Filter abläuft. Mit 6 Rollfässern je 200 Liter der in Abb. 24 wiedergegebenen Art lassen sich in 8 Stunden 1800 kg einer 50%igen Harzlösung zubereiten. Die Fässer dürfen nur zu $^3/_4$ gefüllt werden. Für größere Leistungen kommen

[1] Farbenztg **1910**, 609.

Rührwerke in Frage, die innen emailliert oder verzinnt sind[1]. Über die Verwendung von doppelwandigen Eisenblasen und ihren Nebeneinrichtungen in der Spiritus- und Zaponlackfabrikation ist in der Fachliteratur wiederholt berichtet worden[2].

3. Zum Klären von Harzlösungen verwendet man einfache Sack- oder Schlauchfilter, ferner auch Faßfilter. Faßfilter bestehen aus zwei Fässern, von denen das eine die zu reinigende Harzlösung enthält und durch einen Schlauch mit einem anderen tiefer stehenden Faß verbunden ist, welches mit einem Filterrahmen ausgestattet ist. Am Boden des tieferstehenden Fasses befindet sich ein Hahn zum Ablassen der geklärten Lösung.

Abb. 35.
Löse- und Mischapparat von H. C. Sommer, Düsseldorf.

Da die Naturharze und die meisten Esterharze sauren Charakter haben, ist die Verwendung unedler Metalle für diese Vorrichtungen unzweckmäßig. Am gebräuchlichsten sind Vorrichtungen aus Holz.

Weitere Angaben über Apparate zum Klären von Harzlösungen bei E. Stock[3].

3. Die Mischung der Lösungen.

Bei der Fabrikation der Celluloseesterlacke geht man häufig so vor, daß man eine für viele Lacke geeignete dickflüssige Grundlösung herstellt und lagert. Diese Lösung verwendet man als Ausgangsmaterial für die Erledigung eingehender Aufträge, indem man sie mit den erforderlichen Beträgen an Verdünnungsmitteln, Ölen oder Harzlösungen versetzt. Öle dürfen der Grundlösung nicht in reiner Form zugesetzt werden, sondern werden zweckmäßig vorher in den Verdünnern gelöst.

[1] Vgl. hierzu Wagner, H.: Farbenztg **1925**, 785; ferner: Über maschinelles Lösen von Harzen in Spiritus usw. Farbenztg **1911**, 827, 884 u. 987.

[2] Farbenztg **1922**, 3195.

[3] Kunststoffe **1926**, 243.

Die Vermischung der Nitrocelluloselösungen mit Harzlösungen bereitet keine Schwierigkeiten, sofern die Mengenverhältnisse und die Verträglichkeit durch entsprechende Vorversuche festgelegt sind.

Als Apparatur zur Herstellung von Mischungen ist der Lenart-Mischer und die verwandten Konstruktionen zu empfehlen. Spezialgeräte sind in den Abb. 36 und 37 wiedergegeben.

Abb. 36. Mischvorrichtung für kleinere Mengen.

Abb. 37. Mischvorrichtungen für größere Mengen.

4. Klärung der Lacke.

Gröbere Verunreinigungen, wie Sandkörner und Holzsplitter, werden meistens, wie bereits S. 274 erwähnt, unmittelbar nach erfolgter Durchlösung der Charge beim Entleeren des Lösegefäßes durch Vorrichtungen entfernt, welche man in die Abflußleitung einschaltet. Solche Vorrichtungen haben häufig die Gestalt eines Doppelkegels und sind mit einem Metalldrahtgewebe ausgerüstet.

In Abb. 38 ist ein solches Filter schematisch dargestellt. Zur Bewältigung größerer Lackmengen eignen sich Drucktöpfe, in welchen sich ein mit Metalldrahtgewebe ausgekleideter Korb befindet.

Die Herstellung der Celluloseester hat in den letzten Jahren außerordentliche Fortschritte gemacht, und es sind heute Produkte im Handel, deren Lösungen nach Entfernung gröberer Verunreinigungen in der angegebenen Weise bereits hohen Ansprüchen genügen.

Trübungen, Wollefasern und gequollene Teilchen sollten sich in erstklassigen Kollodiumwollen nur in äußerst geringer Menge vorfinden, und ihre Lösungen sollten auch ohne weitere Klärung hochglänzende Überzüge geben. Daß nicht alle Kollodiumwollen so hochwertig sind, ergibt sich aus der Tatsache, daß die Lackindustrie kostspielige Filteranlagen betreibt.

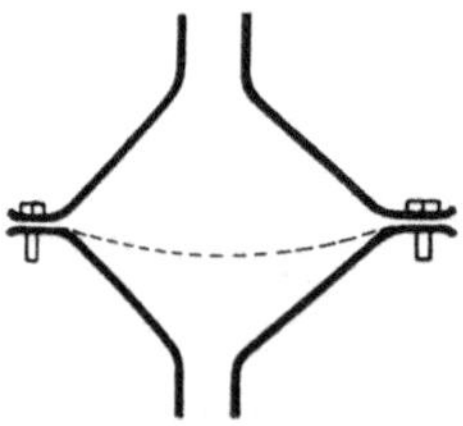

Abb. 38. Einfaches Lackfilter.

Während man bis zum Kriege die Klärung der Lacke überwiegend durch Absetzenlassen bewirkte, also das größere spezifische Gewicht der Verunreinigungen ausnutzte, wendet man heute fast ausschließlich mechanische Mittel an, die im Prinzip entweder auf der Filtration durch feinporige Materialien oder auf der Wirkung der Zentrifugalkraft beruhen.

a) Die Klärung durch Filtration.

Die wirtschaftliche Reinigung hochviscoser Lösungen (etwa 200 bis 600 Poisen) erfolgt im Großbetrieb mit Hilfe von Einzellenhochdruckfiltern. Diese Art der Reinigung, welche in der Lackindustrie anscheinend bisher keine Beachtung gefunden hat, besitzt für Produkte von Sirupkonsistenz außerordentliche Vorzüge und wird in der Kunstseiden- und Filmindustrie im größten Maßstabe angewandt. Sie käme vor allem für konzentrierte transparente Vorratslösungen in Frage. Die gußeisernen verzinnten Filter haben meistens einen Durchmesser von 50 cm. Als Filtermaterial dient Watte zwischen Nesseltüchern. Zur Filtration von 100000 kg einer 20—25%igen Kollodiumwollelösung benötigt man etwa 300—500 kg Watte. Daß diese Art von Filtration den höchsten lacktechnischen Anforderungen genügen dürfte, ergibt sich daraus, daß der photographische Film aus einer so filtrierten Lösung gegossen wird[1].

Zur Filtration von Lösungen mittlerer und niedrigerer Viscosität, wie sie die gebrauchsfertigen Lacke darstellen (etwa $^1/_2$—10 Poisen) hat man vielfach — besonders in der Öllackindustrie — Filterpressen verwendet. Die Filterpressen haben infolge ihrer ausgedehnten wirksamen Filterfläche einen großen Wirkungsgrad, erfordern aber sorgfältige Bedienung. Sie haben den Nachteil, daß beim Reinigen größere Verluste entstehen. Bei unsachgemäßer Einlage oder beim Reißen eines einzelnen Tuches ist der Effekt der Filtration für die ganze Charge in

[1] Über die Konstruktion solcher Filter und die zur Erzeugung des Druckes erforderliche Apparatur vgl. Ullmann 2. Aufl. Bd 5, S. 347 u. 348.

Frage gestellt. Nachteilig wird ferner die erhebliche Raumbeanspruchung empfunden.

Einen außerordentlichen Fortschritt in der Filtrationstechnik stellt das Seitzsche Anschwemmfilter dar. Es ist in der Einfachheit der Handhabung sowie in der qualitativen und quantitativen Leistung den Filterpressen weit überlegen. An Stelle der Filtertücher wird ein den verschiedenen Verwendungszwecken angepaßtes flockiges Material geliefert, das in einen Teil des Lackes hineingerührt wird. Dieses Material schwemmt sich an die Siebkammern an und bildet eine Filterschicht von hoher Wirksamkeit. H. Kölln[1] gibt an, daß das Filter große Lackmengen ohne Anwendung von Überdruck bei nur ganz langsamem Leistungsabfall fördert. Der Lack fließt aus einem einige Meter über dem Filter stehenden Tank dem Filter zu. Es ist möglich, Chargen von mehreren 1000 kg ohne Beaufsichtigung das Filter passieren zu lassen

Abb. 39. Seitzfilter.

Die Konstruktion kann deshalb als besonders gelungen gelten, weil freiliegende Dichtungen, die zu Verdunstungsverlusten führen können, nur an einer Stelle vorhanden sind. Die Filterelemente sind ganz von der Flüssigkeit umgeben, der Lack läßt sich bis auf einen geringen Rest durchfiltrieren.

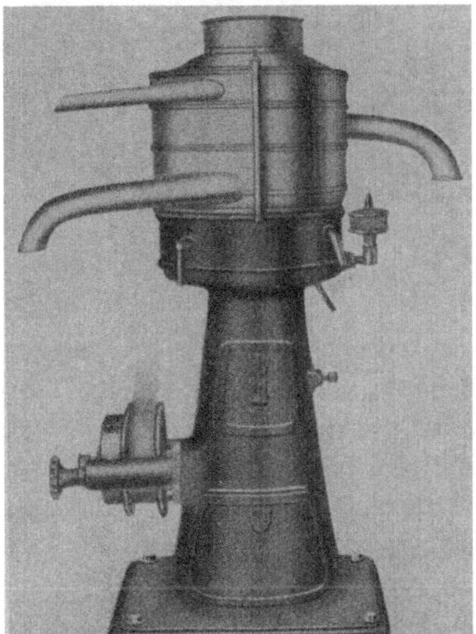

Abb. 40. De Laval-Zentrifuge.

In scharfem Wettbewerb zu dem Seitzfilter stehen die schon länger in der Lacktechnik eingeführten Klarlackzentrifugen.

Die Entfernung von Verunreinigungen durch die Wirkung der Zentri-

[1] Farbenztg **1929**, 2512.

fugalkraft setzt voraus, daß die Verunreinigungen ein höheres spezifisches Gewicht haben als die Lösung, in der sie enthalten sind. Eine ausreichende Geschwindigkeit und geeignete Führung der Flüssigkeit bewirkt die Entfernung der gröberen Verunreinigungen; zur Entfernung des feinen Schleiers sind jedoch besondere Maßnahmen erforderlich.

Die Entwicklung der Klarlackzentrifugen ist kürzlich von H. Kölln (l. c.) dargestellt worden. Nach Kölln ist die de Laval-Zentrifuge die erste technisch angewandte Lackzentrifuge gewesen.

Abb. 41. Sharples Zentrifuge.

Die erste deutsche Klarlackzentrifuge wurde von R. Vogel, Chemnitz, auf den Markt gebracht. Die Westfalia-Zentrifuge soll seit einigen Jahren in zahlreichen Exemplaren laufen und vor allem für farbige Lacke und solche geeignet sein, bei denen es nicht auf völlige Schleierfreiheit ankommt.

Für höhere Ansprüche wurden bald hochtourige Maschinen konstruiert, und zwar stammt das erste brauchbare Modell von Sharples, dessen Superzentrifuge in der Minute 18000—40000 Umdrehungen macht und eine außerordentlich hohe Leistung aufweist.

Die Trommel ist an einer biegsamen Welle befestigt, wodurch die Beanspruchung der Lager beschränkt wird. Schon einige Formen der de Laval-Zentrifuge, die in Deutschland vom Bergedorfer Eisenwerk gebaut wurde, kombinierten die Zentrifugalseparation mit einem Filtersystem. Eine Weiterentwicklung stellt die von Krupp zum Patent angemeldete Feinklärzentrifuge dar[1].

Die Union, AG. f. Metallindustrie, Hannover, brachte die „Trium-

[1] Beschreibung in „Die chem. Fabrik **1929**, Nr 24.

phator"-Zentrifuge heraus, die sich besonders durch automatische Reinigung während des Betriebes auszeichnet.

Auch die Westfalia-Maschine ist in einer neuen wesentlich verbesserten Form erschienen, bei der allerdings eine selbsttätige Reinigung der Filterflächen nicht stattfindet. Bei dieser Konstruktion ist besonders Wert auf die Ausbildung großer Filterflächen gelegt worden, die den ganzen Trommelmantel umgeben und von der Flut bestrichen werden, nachdem die Vorreinigung durch Zentrifugalkraft erfolgt ist.

Um die Wirkungsweise der Filterzentrifugen zu erläutern, sei an Hand eines Schnittes der Union-Filtrierzentrifuge eine Beschreibung gegeben, welche Adolf Heck[1] veröffentlicht hat:

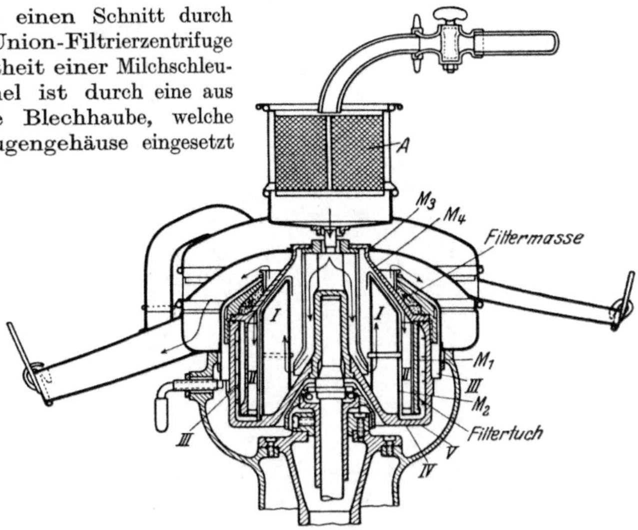

Abb. 42. Schnitt durch den Oberteil einer Union-Filterzentrifuge.

Die Abbildung stellt einen Schnitt durch den oberen Teil der Union-Filtrierzentrifuge dar, die in ihrer Gesamtheit einer Milchschleuder ähnelt. Die Trommel ist durch eine aus zwei Teilen bestehende Blechhaube, welche luftdicht in das Zentrifugengehäuse eingesetzt ist, eingehüllt, damit keine oder nur minimale Lösungsmittelverluste durch Verdunstung eintreten können. Die Zentrifugentrommel sitzt auf einer vertikalen Welle, durch welche sie angetrieben wird. Die Trommel ist folgendermaßen konstruiert: Nach außen ist sie durch ein starkwandiges Gehäuse begrenzt, welches aus zwei mit Linksgewinde aufeinander aufschraubbaren Teilen besteht. In ihrem Innern enthält die Trommel drei Einsätze, durch welche sie in drei Kammern zerlegt wird. Einsatz M_3 dient zur Führung des Lacks nach Kammer *I*, welche durch die Einsätze M_3 und M_2 gebildet wird. Einsatz M_2 und M_1 bilden Kammer *II*, während Kammer *III* durch Einsatz M_1 und die Trommelwandung begrenzt wird. Auf dem oberen Rand des ringförmigen Einsatzes M_1 ist eine am Rande gelochte, kegelstumpfförmige Haube M_4 aufgesetzt, welche die inneren Teile der Trommel nach oben abschließt.

Der zu klärende Lack wird nun durch einen Seihtrichter *A* in die Mitte der Trommel geleitet, strömt durch den röhrenförmigen Einsatz M_3 nach unten und tritt in die Kammer *I* ein. In Kammer *I* steigt der Lack hoch und lagert hier infolge der Wirkung der Zentrifugalkraft die schwersten Verunreinigungen ab. In der aus der Abbildung ersichtlichen Weise fließt der Lack in Kammer *II*, in welcher er von oben nach unten strömt. Da der Durchmesser dieser Kammer größer als derjenige der Kammer *I* ist, ist die Lackschicht, welche die Kammer durchfließt, dünner, wodurch auch den kleineren Teilchen,

[1] Farbe u. Lack **1927**, 151.

welche spezifisch schwerer als der Lack sind, die Möglichkeit zur Abscheidung gegeben wird. Aus dieser Kammer tritt der Lack durch die Schlitze *IV* und die Kanäle *V* in die Kammer *III*, in welcher die feinsten spezifisch schweren Verunreinigungen aus der Flüssigkeit herausgeschleudert werden. Bis zu diesem Punkte entspricht die Wirkung der Zentrifuge derjenigen einer Schleuder. Wie wir uns erinnern, ist es aber mit Hilfe der Zentrifugalkraft allein nicht möglich, eine Flüssigkeit zu klären, sofern sie nicht nur spezifisch schwere, sondern auch spezifisch gleich schwere (und spezifisch leichtere) Verunreinigungen enthält. Um auch diese Verunreinigungen zu fassen, muß die Flüssigkeit filtriert werden. Zu diesem Zwecke trägt Einsatz M_1 auf seiner Außenseite ein dichtes Baumwollgewebe. Dieses Gewebe ist mehrfach fest um den Einsatz herumgewickelt und wird mittels eines durchlochten Blechbandes festgehalten. Auf seiner äußeren Wandung ist der ringförmige Einsatz M_1 mit spiralförmig genuteten Kanälen versehen, die den Lack, welcher das Filter passiert hat, noch aufwärts führen und durch den gelochten Rand der Haube M_4 in die Kammer *IV* leiten. Diese eigenartige Führung des Lackes — entgegen der Zentrifugalkraft — durch das Stoffilter hindurch, ist das Hauptmerkmal, durch das sich die Union-Zentrifuge von anderen Filterzentrifugen unterscheidet. Sie hat diesen gegenüber den großen Vorteil, daß das Filter nur äußerst schwer verstopft wird.

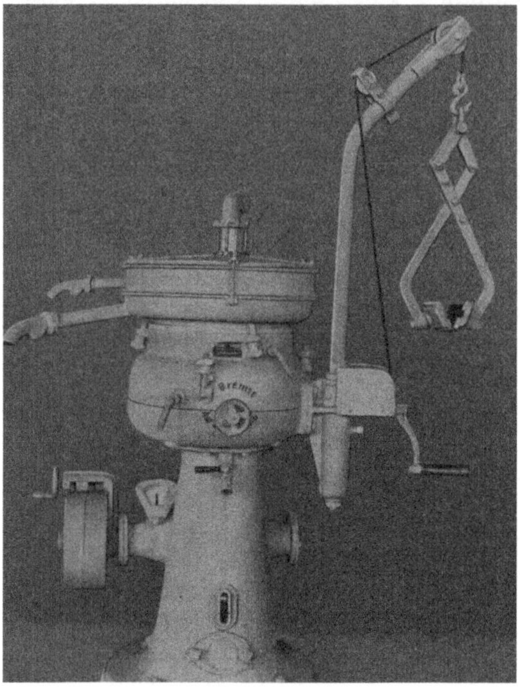

Abb. 43. Filacköl-Supra. Ansicht.

Bei Versuchen mit der Union-Zentrifuge, welche sich auf die Dauer von mehreren Monaten erstreckten, war die Zentrifuge fast täglich in Betrieb; hierbei brauchte das Filtertuch nur einmal erneuert zu werden.

Eine Verstopfung des Filters ist durch diese äußerst sinnreiche Konstruktion deshalb fast unmöglich gemacht, weil die Verunreinigungen der Flüssigkeit, welche sich auf dem Filter ablagern, durch die Zentrifugalkraft immer wieder abgeschleudert werden. Immerhin besteht trotz des dichten Filters noch die Möglichkeit, daß ganz feine Verunreinigungen mit hindurchgehen. Deshalb hat man in Kammer IV nochmals ein Filter eingebracht, welches aus Zellstoffwatte oder Asbest besteht. Diese Filtermasse wird in die Kammer fest eingestampft, wobei es sich als zweckmäßig erwiesen hat, die Filtermasse mit Lösungs- oder Verdünnungsmittel anzufeuchten, um möglichst viel Filtermasse einbringen zu können.

Je sorgfältiger und fester dieses Filter bereitet ist, desto besser wird die Qualität des Lackes in bezug auf dessen Schleierfreiheit sein.

Das Filter wird durch einen gelochten, mit Bajonettverschluß versehenen Ring in seiner Lage festgehalten. Nachdem der Lack dieses Filter durchdrungen hat, wird er aus der Trommel herausgeschleudert, spritzt gegen einen mit Wasser kühlbaren Blechmantel, sammelt sich und fließt durch den Ablaufstutzen in den vorgelegten Behälter.

Die Zentrifuge besitzt zwei Abläufe, von denen der obere in Funktion tritt, sobald die Trommel vollständig verschlammt ist und keinerlei Flüssigkeit mehr aufnehmen kann. Ein Vermischen von ungeklärtem mit geklärtem Lack ist dadurch unmöglich gemacht.

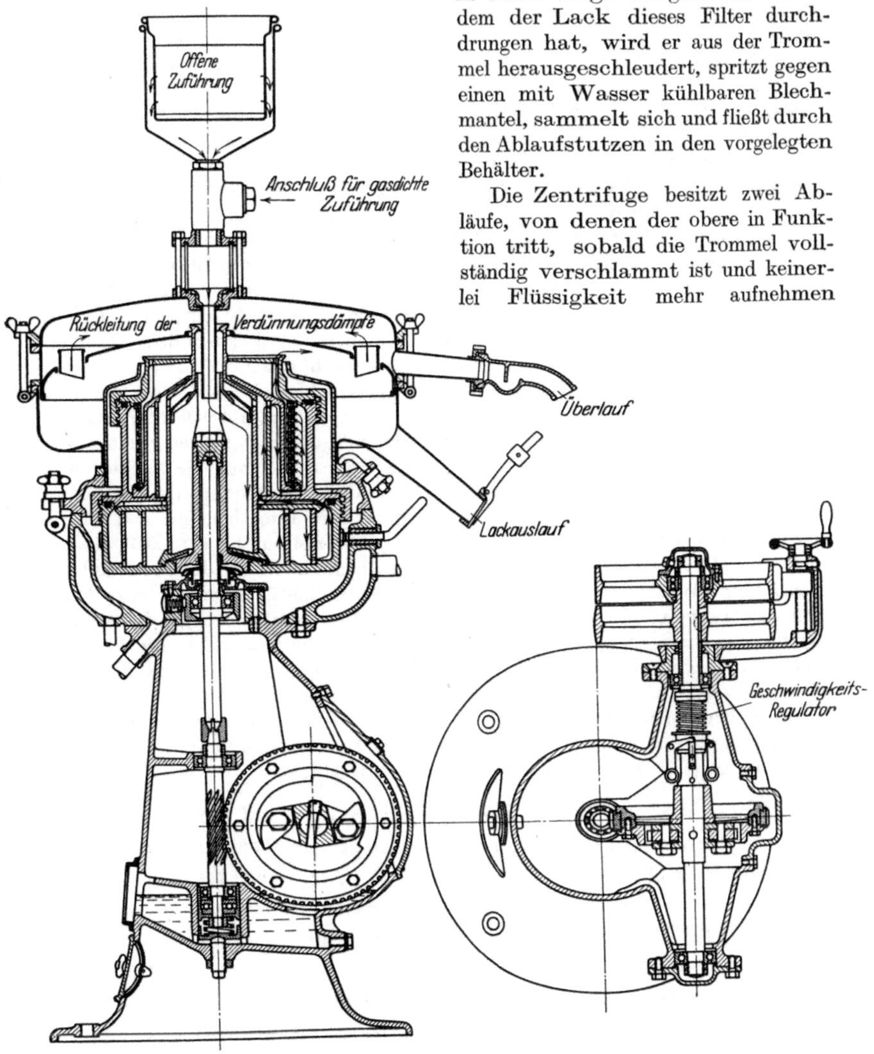

Abb. 44. Schnitte durch Filacköl-Supra.

Da der Lack bei dem Herausgeschleudertwerden aus der Zentrifugentrommel äußerst fein verteilt wird, ist die Verdunstungsmöglichkeit an sich eine optimale. Auch hier zeigt die Zentrifuge indes wieder eine sinnreiche Konstruktion, um

Lösungsmittelverluste möglichst zu vermeiden. Es wird nämlich die Saugwirkung der rotierenden Zentrifugentrommel ausgenutzt, welche die an den Enden der Ablaufstutzen sich befindenden Klappen schließt. Die geklärte Flüssigkeit muß infolgedessen durch ihre eigene Schwere diese Kraft überwinden und die Klappe selbst öffnen, um abfließen zu können. Das Ende des Ablaufstutzens ist daher stets mit Lack gefüllt, wodurch ein Flüssigkeitsvorschuß geschaffen ist, welcher den Lösungsmitteldämpfen den Austritt aus der Zentrifuge versperrt.

Für den Fabrikanten und den Betriebsleiter ist nun die Hauptfrage: Was leistet die Zentrifuge, welche Lackmenge kann man in der Stunde klären, und welche Verluste an Lack und Lösungsmitteln treten dabei auf? Zur Beantwortung dieser Fragen mögen die folgenden Ausführungen dienen, die auf eigenen Erfahrungen beruhen. Niedrigviscose Kollodiumwollelösungen mit einem Wollegehalt von 12—15% konnten in einer Menge von 200—250 kg pro Stunde durch die Maschine durchgesetzt werden, während bei Verwendung von Celluloidlösungen mit etwa 10% Celluloidgehalt etwa 150—180 kg geklärt werden konnten. Beim Ansteigen des Celluloidgehaltes auf etwa 12% ging die Leistung der Maschine auf etwa 100 kg zurück; 20%ige Lösungen konnten nicht mehr mit Erfolg mit der Maschine verarbeitet werden. Diese Leistungen sind mit dem Modell F 12 erzielt, während F 16 die doppelte Leistung verbürgt.

Sämtliche geklärten Lacke waren hell und schleierfrei und standen in dieser Beziehung Lacken, welche monatelang gelagert hatten, absolut nicht nach.

Die Verluste an Lack und Lösungsmittel sind gering, abgesehen von denjenigen, welche beim Anlassen und Außerbetriebsetzen der Zentrifuge entstehen. Die Zentrifuge darf niemals mit leerer Trommel anlaufen, sondern wird vorher zweckmäßig mit Lösungsmittel gefüllt, von dem einige Liter benötigt werden. Erst, wenn die Tourenzahl auf den Normalwert (6000/Minute) steht, läßt man Lack einfließen. Der Lack drängt langsam das Lösungsmittel aus der Trommel heraus, wobei man einen großen Teil des Lösungsmittels zurückgewinnt. Ein Teil wird sich aber stets mit Lack vermischen und eine Lösung von geringer Konzentration ergeben, die man gesondert auffangen und verwerten muß, sofern die Lackmenge, welche durch die Zentrifuge durchgesetzt wird, nicht so groß ist, daß die Menge des anfallenden Lackes geringerer Konzentration die Qualität der Gesamtmenge nicht zu beeinträchtigen vermag. Bei dem Außerbetriebsetzen der Zentrifuge wird umgekehrt der Lack durch Zugabe von Lösungsmitteln verdrängt, wodurch wiederum eine Portion verdünnten Lackes anfällt.

Die neueste und alle bisherige Erfahrungen auf diesem Gebiet auswertende Schöpfung stellt die Filackölsupra des bekannten Zentrifugenkonstrukteurs Rudolf Vogel, Chemnitz, dar. Bemerkenswert an diesem Gerät ist der hohe Schmutzfassungsraum der Trommel von etwa 10 Liter. Die Trommel ist stufenartig abgesetzt und hat im unteren Teil einen größeren Durchmesser als im oberen. Der Lack passiert zentripetal einen gerauhten Abdeckring, welcher leichtere Verunreinigungen zurückhält, dann wird er durch eine entsprechend angeordnete Hinderniswand gezwungen, ein Stoffilter zentripetal zu passieren; ein Verstopfen des Stoffilters kann nicht eintreten, weil die Verunreinigungen immer wieder abgeschleudert werden.

Wenn die Trommel gereinigt werden muß, wird sie durch einen an der Maschine angebrachten kleinen Hebekran hochgewunden und gekippt. Die Entleerung ist vollkommen möglich.

Die Trommel dreht sich während des Arbeitsganges nach links, daher konnten die Ringverschraubungen mit Rechtsgewinde ausgestattet werden, ein besonderer Vorzug bei der Bedienung durch ungeübte Arbeitskräfte.

Bemerkenswert ist der hohe Lagerhals der Trommel, welcher die Schwankungen reduziert und dadurch die Kugellager schont. Das Gehäuse sowohl als auch der Lackfänger sind untereinander mit verstell-

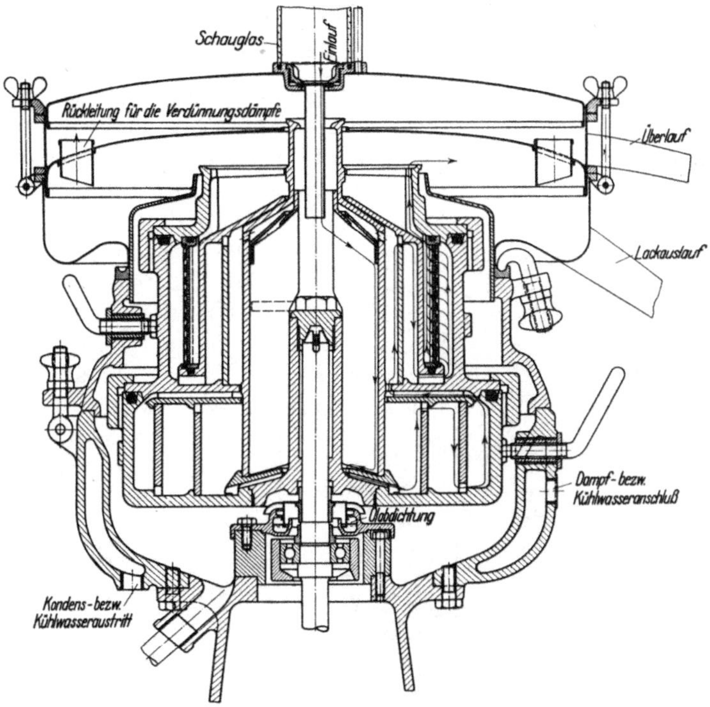

Abb. 45. Schnitte durch Filacköl-Supra.

baren, von Hand zu betätigenden Schrauben verbunden, so daß ein Entweichen der Lösungsmittel nicht eintreten kann. Die Trommelspindel ist dreimal in Kugellagern gelagert. Das Fußlager ruht auf einer starken Feder, wodurch ein äußerst ruhiger, elastischer Gang erreicht wird. Alle drei Lager sind durch ein gemeinsames auf der Antriebswelle sitzendes Schöpfrad geschmiert, so daß eine Wartung der Lager nicht nötig ist. Ebenso werden auch die beiden Kugellager auf der Vorgelegewelle von der Ölkammer aus mit Öl versehen.

Die Maschine besitzt einen Geschwindigkeitsregulator.

Literatur.

Seeligmann u. Zieke: Handbuch der Lack- und Firnisindustrie. 4. Aufl. S. 326—350. 1930.

Kolke, F.: Farbenztg **1929**, 2405.

Kölln, H.: Farbenztg **1929**, 2511.

Heck, A.: Farbe u. Lack **1927**, 151.

Würth: Farbe u. Lack **1924**, Nr 47.

Würth: Farbenztg **1926**, Nr 37.

XVI. Die technischen Vorrichtungen zur Herstellung von Decklacken.

Ebenso wie die Fabrikation der farblosen Celluloseesterlacke sich im wesentlichen derselben maschinellen Hilfsmittel bedient wie die älteren Zweige der Lackindustrie (insbesondere der Harzlacke), so werden auch zur Fabrikation der Decklacke überwiegend die gleichen technischen Vorrichtungen angewandt wie bei der Fabrikation der Öl- und Lackfarben. Spezielle Verfahren, die neuerdings bekannt geworden, beruhen auf der Eigenschaft der Celluloseester, mit wenig Lösungsmittel Pasten von außerordentlicher Zähigkeit zu geben, deren Behandlung auf Friktionswalzen zu einer weitgehenden Dispergierung der darin enthaltenen Pigmente führt. Sehen wir von diesem, der I. G. Farbenindustrie geschützten Verfahren ab, so können wir feststellen, daß bei der Herstellung von Decklacken allgemein so vorgegangen wird, daß die abgewogenen Körperfarben mit einem Teil des Bindemittels angeteigt und auf Trichtermühlen, Walzenstühlen oder Trommelmühlen dispergiert werden. Von den Mühlen gelangt die angeriebene Farbe in besondere Rührwerksbehälter, in denen sie mit dem farblosen Lack oder mit Verdünnern innig gemischt wird.

Abb. 46. Viennara-Knet- u. Mischmaschine Werner u. Pfleiderer.

Wir haben also drei Arbeitsvorgänge:

1. das Mischen oder Anteigen zur Paste,
2. das Dispergieren der Paste in Mühlen,
3. die Vermischung der gemahlenen Paste mit farblosem Lack oder Verdünnern und die Filtration.

In neueren Mühlenkonstruktionen insbesondere der Planeten-Bandwalzen-Mühle der Macaogesellschaft ist es gelungen, das Mischen und Dispergieren zu einem Arbeitsgang zu verbinden.

Eine Besonderheit der Celluloseesterlacke ist es nun, daß das Anteigen nur in seltenen Fällen mit dem Bindemittel, also einer celluloseesterhaltigen Lösung vorgenommen wird. Vielmehr verwendet man zweckmäßig Alkohole, gegebenenfalls unter Zusatz von Ricinusöl, und läßt diese Bestandteile bei Ansatz des später zuzusetzenden Klarlackes fort.

In Anbetracht der Flüchtigkeit der Lösungsmittel sind die genannten drei Arbeitsgänge in möglichst luftdicht schließenden Vorrichtungen auszuführen. Bis auf das Dispergieren mit Hilfe von Walzenstühlen ist diese Forderung leicht zu erfüllen, und die deutsche Maschinenindustrie hat ihr durch Spezialkonstruktionen Rechnung getragen.

1. Die maschinellen Hilfsmittel zum Mischen und Anteigen der Farbpaste.

Das Anteigen von Ansätzen bis zu 50 kg wird zweckmäßig mit Hand vorgenommen. Es genügen Blecheimer oder Wannen als Mischgefäße und ein Holzspatel zum Mischen. Für größere Ansätze stehen Spezialmaschinen zur Verfügung, z. B. die aus der Backwarenindustrie stammende, in Abb. 46 wiedergegebene Viennara von Werner und Pfleiderer, sowie ähnliche Konstruktionen von Roland (Marx, Halle), Lehmann, Dresden, Draiswerke Mannheim-Waldhof und vielen anderen Maschinenfabriken. Sehr geeignet ist auch ein hängender Typ von Peter Küppers, Aachen, der in Abb. 47 wiedergegeben ist.

Abb. 47. Mischmaschine hängend von Peter Küpper.

Solche Maschinen werden zweckmäßig über den Walzwerken usw. montiert, so daß man die angeteigte Paste ohne Kraftaufwand den Walzen zufließen lassen kann.

2. Maschinen zum Dispergieren von Pigmenten. Trichtermühlen, Walzenmühlen und Kugelmühlen.

Die Ansichten über die zweckmäßigste Art der Dispergierung sind heute noch sehr geteilt.

a) Trichtermühlen.

Diese haben den Vorteil, daß man Pasten verschiedener Konsistenz verarbeiten kann, daß die Mühle leicht kühlbar und verschließbar ist, und daß man auch kleine Ansätze verarbeiten kann. Die Anschaffungskosten sind gering, die Unterhaltungs- und Bedienungskosten sind höher als bei anderen Mühltypen.

Der Mahleffekt kommt dadurch zustande, daß eine flache zylindrische Scheibe in einem entsprechenden Gehäuse horizontal rotiert. Die Mahlung erfolgt zwischen der Gehäusewandung und dem zylindrischen Rande der Mahlscheibe. Bei anderen Mühlen sind die Mahlscheiben unten konisch ausgebildet.

Abb. 48. Große Trichtermühle mit Porphyrmahlscheiben.

Trichtermühlen werden in verschiedenen Größen und entsprechend dem Verwendungszweck aus verschiedenen Materialien gebaut. Die Durchmesser der Mahlscheiben liegen zwischen 10 und 80 cm. Die Leistung steigt meistens rascher als der Umfang der Mahlscheiben. Das Anreiben der Pigmente für Celluloseesterlacke erfordert wegen der Flüchtigkeit der Lösungsmittel einen geschlossenen Bau.

Eine große Maschine mit Porphyrmahlscheiben der Firma Lehmann, Dresden, ist in Abb. 48 dargestellt.

Für weiße und hellfarbige Lacke werden Mühlen bevorzugt, deren beanspruchte Teile aus Hartporzellan bestehen. Hersteller sind u. a. die Draiswerke in Mannheim-Waldhof.

Es genügt im allgemeinen nicht, die pigmenthaltige Paste einmal durch die Mühle zu nehmen. Die Zahl der Passagen ist in hohem Maße von der Beschaffenheit der Pigmente abhängig. Es sind deshalb Kombinationen von mehreren Mühlen geschaffen worden, bei denen die Paste aus der ersten Mühle von selbst der zweiten zuläuft.

Bei den meisten Pigmenten für Celluloseesterdecklacke dürfte ein mindestens zweimaliges Passieren erforderlich sein, und es ist verständlich, daß sich die Paste durch die fortgesetzte Reibung stark erwärmt. Dieser aus verschiedenen Gründen unerwünschten Erwärmung wirkt man durch Kühlung der Mahlgehäuse entgegen.

In wesentlich eleganterer Weise gelingt eine Vermahlung zur höchsten Feinheit in einem Arbeitsgange mit der Macao-Planetenscheibenmühle. Wie die bisher besprochenen Mühlentypen ist sie eine Durchgangsmühle, die auch hinsichtlich des Mahlvorganges in dieselbe Gruppe gehört. Bemerkenswert ist der Antrieb der beweglichen Porzellanscheiben durch Zahnradplanetarien (vgl. Abb. 61).

Abb. 49. Trichtermühle mit Porzellanmahlscheiben.

Die mittleren Zahnräder sind mit der Hauptantriebswelle verbunden. Um jedes dieser mittleren Zahnräder sind fünf Zahnräder angeordnet, die nach außen hin durch einen Zahnkranz eingeschlossen sind. Die fünf Zahnräder und damit die mit ihnen verbundenen Planetenscheiben drehen sich nun nicht nur um ihre eigene Achse, sondern umkreisen auch das mittlere Zahnrad. Diese planetarisch kreisenden Scheiben wirken auf der einen Seite gegen eine darüberliegende, auf der anderen Seite gegen eine darunterliegende „Hauptmahlscheibe“.

Der Arbeitsgang ist kurz folgender: Die angeteigte Paste wird in den Trichter 1 gegeben, sie wird von dem Rührwerk 2 in Bewegung gehalten, um das Absetzen schwerer Bestandteile zu verhindern, dann wird sie von der Schnecke 3 erfaßt und dem ersten Scheibenplanetarium 5 zugeführt, welches die Paste gegen die oberste Hauptmahlscheibe 4 drückt. Das Mahlgut gelangt durch das oberste Planetenzahngetriebe zu dem nächsten Scheibenplanetarium, wo es zunächst der seitlichen Walzwirkung der Scheiben unterworfen wird, ehe es von diesen nach unten reibenden Mahlscheiben gegen die Hauptmahlscheibe 6 verrieben wird. Das Mahlgut kann nur durch Bohrungen dieser Hauptmahlscheibe, die innerhalb der Mahlfläche angeordnet sind, weiter gelangen. Dieser Vorgang wiederholt sich. Das Mahlgut ist der Wirkung von 4 Planetarien mit zusammen 20 Scheiben ausgesetzt.

Die Einstellung und Nachstellung des Werkes erfolgt mit Hilfe der Metallfassungsscheibe 11.

Besonders wertvoll erscheint an dieser Maschine die geringe Abhängigkeit des Mahleffektes von der

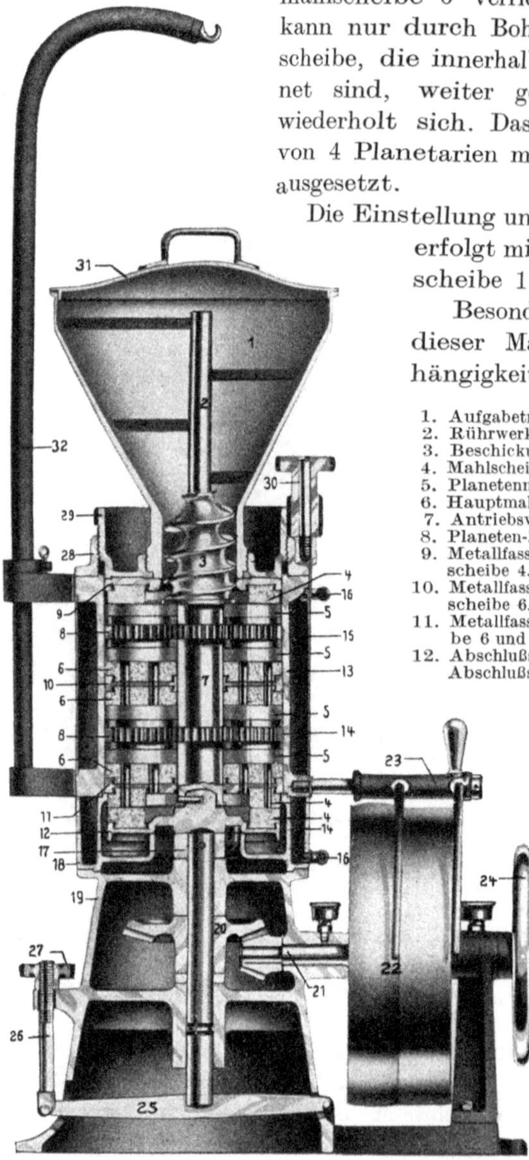

Abb. 50. Planetenscheibenmühle der Macao, Hamburg.

1. Aufgabetrichter (innen Emaille).
2. Rührwerk.
3. Beschickungsschnecke (emailliert).
4. Mahlscheiben.
5. Planetenmahlscheiben.
6. Hauptmahlscheiben.
7. Antriebswelle zum Planetengetriebe.
8. Planeten-Zahnradgetriebe.
9. Metallfassungsscheibe zur oberen Mahlscheibe 4.
10. Metallfassungsscheibe zur mittleren Mahlscheibe 6.
11. Metallfassungsscheibe zur unteren Mahlscheibe 6 und 4.
12. Abschlußstück mit Metallfassung z. unt. Abschlußscheibe 4.
13. Metall-Zylindermantel.
14. Kühlwasserraum.
15. Äußerer Kühlmantelabschluß (starkes Hochglanzblech).
16. Ansatzstutzen für Kühlwasserzu- und -ablauf.
17. Antriebsklaue.
18. Unteres Zylindergehäuse mit emailliert. Auslaufgehäuse.
19. Unteres Maschinengehäuse.
20. Kegelradantrieb.
21. Antriebswelle mit Kegelritzel.
22. Riemenscheiben (Fest- und Losscheibe).
23. Riemenausrücker.
24. Handrad z. Einstellkontrolle.
25. }
26. } Einstellvorrichtung mit Handrad zum unteren Abschlußmahlgang.
27. }
28. Führungsring für obere Einstellvorrichtung.
29. Einschraubdeckel mit Zahnkranz.
30. Zahnritzel mit Handrad zur Einstellvorrichtung.
31. Trichterdeckel.
32. Ausschwenkbarer Galgen für Ein- und Ausbau des Mahlwerks.

Konsistenz der Farbpaste. Es können dünne und steife Pasten verarbeitet werden. Der Kraftbedarf wird zu 1—2 PS angegeben, ist also sehr gering. Nach Angabe der Herstellerin leistet die Maschine bei schwierigstem Material und feinster Einstellung 20 kg in der Stunde. Bei leicht dispergierbaren Pigmenten und geringerer Konsistenz der Paste ist die Leistung wesentlich höher. Die Maschine wird in erster Linie bei der fortlaufenden Fertigung gleichfarbiger oder nuanceähnlicher Lacke vorteilhafte Anwendung finden.

Abb. 51. Dreiwalzenstuhl.

b) Walzenmühlen.

Die Wirkung der Walzenmühlen beruht auf der Quetschwirkung enggestellter Walzenpaare. Die Walzen sind stets horizontal gelagert, ihre Anordnung zueinander ist verschieden, sie laufen mit verschiedener Geschwindigkeit, die schneller laufende nimmt die Paste von der langsamer laufenden ab. Die gebräuchlichste Form eines Dreiwalzenstuhles ist in Abb. 51 wiedergegeben.

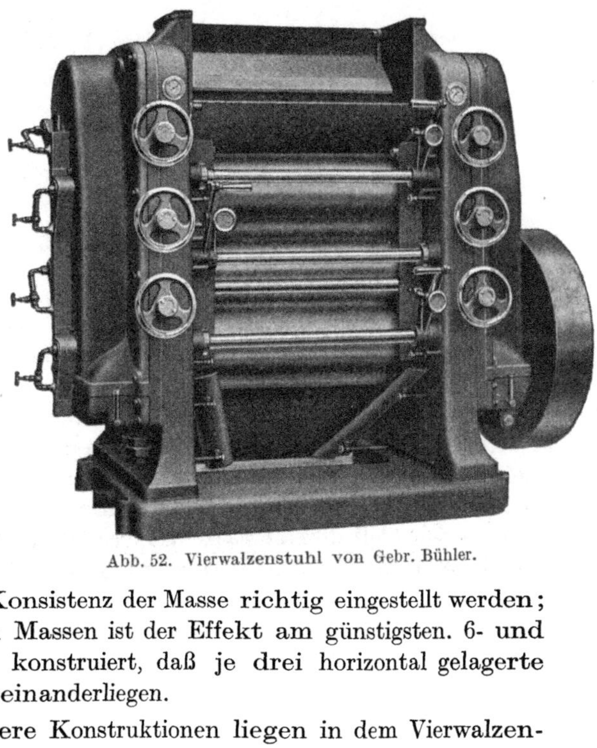

Abb. 52. Vierwalzenstuhl von Gebr. Bühler.

Über der ersten Walze befindet sich der Trog zur Aufnahme des angeteigten Pigmentes. Die Leistung solcher Walzenstühle ist bei Berücksichtigung der aufgewandten Energie ziemlich gering, da nur eine schmale Zone zwischen je zwei Walzen an der Dispergierung beteiligt ist. Für eine optimale Mahlwirkung muß die Konsistenz der Masse richtig eingestellt werden; bei dickflüssigen, zähen Massen ist der Effekt am günstigsten. 6- und 9-Walzenstühle sind so konstruiert, daß je drei horizontal gelagerte Walzen in Etagen übereinanderliegen.

Neuere und wirksamere Konstruktionen liegen in dem Vierwalzenstuhl der Firma Gebrüder Bühler und in dem Reformvierwalzenstuhl von Lehmann, Dresden, vor.

Bei diesen Vierwalzenstühlen sind die Walzen senkrecht übereinander gelagert und laufen mit größerer Geschwindigkeit als bei den Typen älterer Bauart. Bemerkenswert ist die zwangsläufige Parallelstellung der Walzen.

Eine wertvolle Neuheit ist die Einwalzen-Farbenreibmaschine, die sich allerdings nur zum Verarbeiten von Pasten geringerer Zähigkeit eignet.

Abb. 53. Reformvierwalzenstuhl von Lehmann, Dresden.

In der Arbeitsweise weicht sie von den Mehrwalzenstühlen grundsätzlich ab, da ein Reibbarren, welcher in Gestalt eines Hohlzylinders einen Teil der Walze umschließt, die Auflagefläche für das Farbgut bildet.

Die Maschine kommt besonders für die Verarbeitung solcher Pigmente in Betracht, die an sich schon hochdispers sind, bei denen es also auf eine Dispergierung im Bindemittel und nicht auf eine mechanische Zertrümmerung gröberer Einzelteilchen ankommt, und hierzu gehören alle praktisch für Celluloseesterlacke verwendeten Körperfarben.

Die Konstruktion von Lehmann, Dresden, ist in Abb. 54 wiedergegeben.

Die mit Kühleinrichtung versehene Hartgußwalze läuft in Doppelrollenlagern, einer Neuerung, die geringen Kraftverbrauch verbürgt.

Auf dem Scheitel der Walze liegt mit seiner Reibfläche der hin- und herbewegte, fein verstellbare Reibbarren auf, der zusammen mit der in schneller Drehung befindlichen Walze die Reibstelle bildet. Seitlich der Walze ist in bequemer Bedienungshöhe, mittels Feinverstellung angedichtet, der Einschüttkasten angebracht, in dem das Reibgut durch die drehende Walze sich in ständiger Wallung befindet und infolgedessen bis zum letzten Rest gut und gleichmäßig durchgemischt bleibt. In einstellbarer Menge wird der Kasteninhalt zur Reibstelle mitgenommen und nach dem Durchgang sofort abgestrichen und aufgefangen. Einschüttkasten, Reibbarren und Ablaufschlotte mit Abstreichklinge sind

Abb. 54. Einwalzen-Farbenreibmaschine von I. M. Lehmann, Dresden.

abschwenkbar, so daß mit wenigen Handgriffen und in kürzester Zeit alle Teile einschließlich der Walze zur Reinigung vollkommen freiliegen. Besondere Würdigung verdient dabei die für den Einschüttkasten geschaffene praktische Anordnung. Er senkt sich beim Abschwenken nach unten und kann nach Bedarf in ein Gefäß mit Waschflüssigkeit eintauchen, wodurch einfache und zuverlässige Reinigung gewährleistet wird. Auch der Reibbarren kann, falls erforderlich, zwecks Reinigung von seinem Träger rasch gelöst werden.

Ein großer Vorteil ist ferner die leichte Zugänglichkeit und Reinigungsmöglichkeit der Arbeitsstelle der Maschine. Die von dem Reibbarren zurückgehaltenen und sich vor ihm ansammelnden Fremdkörper usw., die die Reibstelle nicht durchlaufen können, werden sichtbar und können während des Betriebes oder während einer nur wenige Sekunden dauernden Stillegung der Maschine beseitigt werden, ohne daß der Einschüttkasten leer zu sein oder abgeschwenkt zu werden braucht.

Verstopfen der Reibstelle und Nachlassen der Leistung ist durch diese Maßnahme in einfachster Weise vermieden. Die Maschine nimmt wenig Platz ein. Der Kraftverbrauch wird mit 3—4 PS angegeben.

c) Geschlossene Mühlenformen.

Die bisher besprochenen Mühlen sind Durchgangsmühlen, die nunmehr zu besprechenden geschlossenen Formen sind so eingerichtet, daß die Charge in einem geschlossenen System solange der Wirkung der Mahlorgane ausgesetzt wird, bis eine Probe genügende Dispergierung anzeigt. Ein Vorzug des geschlossenen Systems ist die völlige Homogenität der ganzen Charge.

Abb. 55. Kleine Porzellankugelmühle.

Die älteste und für Celluloseesterdecklacke besonders in Amerika bevorzugte Mühlenform ist die Kugelmühle. Die Vorzüge dieser Mühle bestehen darin, daß nur bei Inbetriebnahme und bei der Entleerung Aufsicht erforderlich ist, daß keine Feuersgefahr besteht, auch wenn gebrauchsfertige Nitrolacke zur Verarbeitung gelangen, und daß praktisch keine Materialverluste entstehen. Nach einem Bericht von Th. R. Collins auf dem Farben- und Lackkonvent 1928 in Detroit eignen sie sich vor allem für die laufende Herstellung von großen Ansätzen, welche den gleichen oder einen nur wenig verschiedenen Farbton aufweisen. Bevorzugte Größen sind 75 × 90 cm, 150 × 120 cm und 150 × 210 cm.

Abb. 56. Kleine Porzellankugelmühle.

Aus Sicherheitsgründen und zur Vermeidung einer Verunreinigung des Lackes mit Eisen verwendet man für Celluloseesterlacke meist Trommelmühlen, die mit Hartporzellan ausgekleidet sind. Als Mahlkörper finden Flintsteine oder Porzellankugeln Verwendung.

In den Abb. 55, 56 und 57 sind verschiedene Ausführungsformen der Porzellankugelmühlen wiedergegeben.

Kugel- oder Trommelmühlen verdienen dann den Vorzug vor anderen

Mühlentypen, wenn es weniger auf die Mahldauer als auf möglichste Feinheit des Kornes ankommt. Man rechnet mit einer Mahldauer von 24—48 Stunden. Hierbei erwärmt sich die Charge auf etwa 50°, und es werden daher die größeren Mühlen vielfach mit einem Kühlmantel versehen. Abb. 58 zeigt eine solche Konstruktion.

Abb. 57. Größeres Porzellanmodell.

Ein Nachteil dieses Mühlentypes liegt in der Umständlichkeit einer Kontrolle des Mahlvorganges. Doch verliert dieses Argument bei der fortlaufenden Fertigung gleichartiger Chargen an Bedeutung.

Für Mühlen größten Ausmaßes können Porzellanmäntel aus einem Stück nicht mehr hergestellt werden. Man kleidet dann die Eisentrommel mit Porzellanziegeln aus, welche mit einem gegen die Lösungsmittel indifferenten Zement verbunden sind.

Die Leistung der Trommelmühlen ist in hohem Maße von der richtigen Beschickung und der Tourenzahl abhängig. Da die Mahlung hauptsächlich zwischen den Kugeln stattfindet, soll die Füllung nur bis zur Höhe der Kugeln vorgenommen werden. Die Mahlwirkung wird erhöht, wenn Kugeln von verschiedener Größe verwendet werden. Die vorteilhafteste Tourenzahl wird gewöhnlich vom Erbauer der Mühle angegeben.

Abb. 58. Trommelmühle mit Wasserkühlung.

Nach amerikanischen Autoren gilt als optimale Umdrehungszahl pro Minute eine Zahl, die sich aus folgendem Quotienten errechnen läßt:

$$\frac{200}{\sqrt{d}},$$

wobei $d =$ der innere Durchmesser der Mühle in Zoll ist.

Bei der Crammtrommelmühle werden an Stelle der Kugeln Walzen oder Stäbe verwendet, welche fast die Länge der Trommel haben.

Die neueste Schöpfung auf diesem Gebiet ist die Bandwalzenmühle der Macao-Walzenmühlengesellschaft in Hamburg, deren Gesamtansicht und Einzelwalzen in Abb. 60a, b, c dargestellt sind.

Abb. 59. Cramm-Trommelmühle (Stabmühle) der Cramm-Mühlenges., Berlin-Neukölln.

In der Mitte eines zylindrischen Gehäuses rotiert eine spiralig durchbrochene „Bandwalze", die von sechs gleichartig geformten Walzen umgeben ist und diese mit Hilfe der an beiden Enden angebrachten Zahnkränze antreibt. Die Zahnkränze der sechs umlaufenden Walzen

Abb. 60a. Bandwalzenmühle der Macao, Hamburg.

greifen ferner in zwei Zahnkränze ein, welche sich an den beiden Rändern des das Walzensystem umgebenden inneren Zylindermantels befinden. Hierdurch wird bewirkt, daß die in entgegengesetzter Richtung zur Mittelwalze sich bewegenden Bandwalzen an der innern Zylinderwandung entlangrollen und an dieser Stelle eine kräftige Mahlwirkung ausüben.

Die spiraligen Ausschnitte der Walzen üben eine Schleuderwirkung auf die Charge aus, die naturgemäß bei der Mittelwalze entgegengesetzt zu der Schleuderwirkung der sechs umgebenden Walzen erfolgt.

Zur Beschickung der Maschine läßt man zunächst klaren Lack oder Verdünner zufließen, setzt das Aufgaberührwerk im Beschickungstrichter in Tätigkeit und gibt dann die trockne Farbe zu. Nach einer Angabe von Seeligmann und Zieke werden in 3 Stunden 900 bis 1200 kg Lack hefriedigend vermahlen und abfüllfertig gemischt. Nach Angabe der herstellenden Firma arbeitet die Maschine vollkommen automatisch ohne jeden Materialverlust durch Abfall oder Verdunstung und ermöglicht große Ersparnisse aus Kraftbetriebs- und Arbeitsstunden.

Abb. 61 zeigt schematisch die sieben Walzen mit dem Zahnkranz des inneren Zylinders.

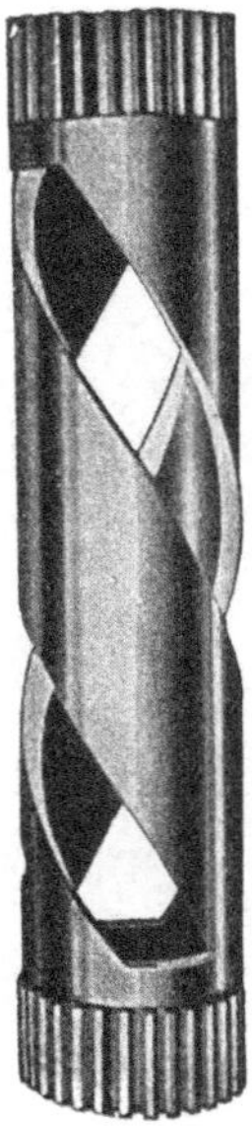

Abb. 60c.

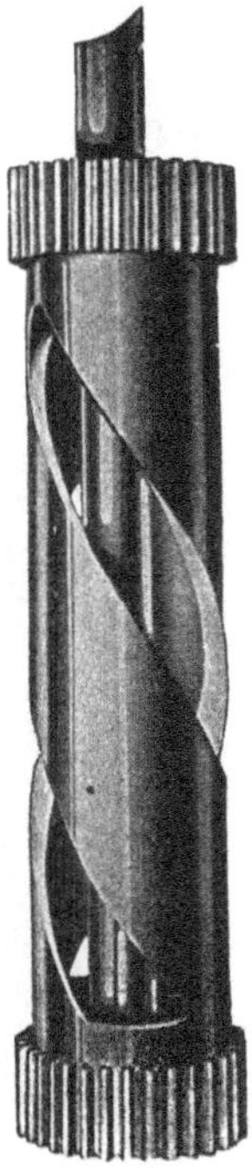

Abb. 60b.

3. Fertigmachen der Lacke zum Versand.

Die Pigmentanreibungen haben je nach der Arbeitsweise (Abhängigkeit vom Mühlentyp) verschiedene Konsistenz.

Zur Einstellung gebrauchsfertiger Lacke ist in der Regel Verdünnung und Filtration erforderlich.

Zum Verdünnen großer Ansätze bedient man sich vorteilhaft der Planetenrührwerke.

Ein Planetensäulenmischer kräftiger Bauart, der auch zum Anteigen verwendet werden kann, ist nachstehend abgebildet.

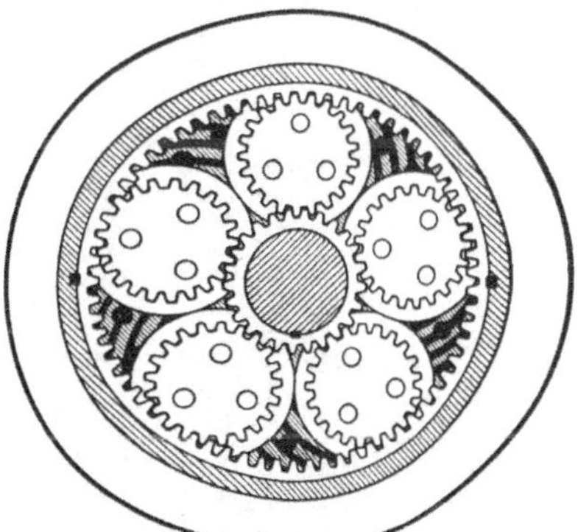

Abb. 61. Schnitt durch das Mahlwerk einer Bandwalzenmühle.

Für kleinere Ansätze sind die S. 275 erwähnten Elektrorührer mit direkt gekuppeltem Motor von Klamberg und von der Ziehl-Abegg-Elektrizitätsgesellschaft empfehlenswert.

Für die Filtration der Celluloseesterdecklacke verwendet man dieselben konischen Filter mit Drahtgewebeeinlage und Filtertöpfe mit Siebkorb, wie sie bei der Filtration von Klarlacken Verwendung finden.

Abb. 62. Planetensäulenmischer.

Abb. 63. Farblackzentrifuge.

Neuerdings werden zur Filtration auch Spezialzentrifugen mit variabler Tourenzahl empfohlen. Die Heinesche Farblackzentrifuge hat einen Spielraum von 1700 bis 2200 Touren, während die Konstruktion Vogels fünf Stufen von 700—1900 Touren vorsieht. Die Einstellung der Tourenzahl richtet sich nach dem spezifischen Gewicht der Pigmente und ist notwendig, wenn man das Ausschleudern des Pigmentes vermeiden will. H. Kölln gibt an, daß beispielsweise ein Lithoponeweißlack eine geringere Tourenzahl verlangt als ein Zinkweißlack.

Abb. 64a. Farbsiebapparat Solcolor.

Eine Farblackzentrifuge ist in Abb. 63 wiedergegeben.

Eine interessante Neuerung auf dem Gebiet der Farblackfiltration ist der Seitzsche Farbsiebapparat „Solcolor“ (siehe Abb. 64a). Sein besonderer Vorzug ist die geringe Größe und Handlichkeit, die große Leistung ohne Anwendung von mechanischer Energie (Höhendruck von 2—3 m) kontinuierlicher Betrieb ohne Aufsicht und die sichere Vermeidung von Verdunstungsverlusten.

Der Apparat ist nach dem Prinzip des Seitzschen Anschwemmfilters konstruiert, unterscheidet sich von diesem aber durch den Fortfall des Filtermaterials. Es gelangen doppelseitig bespannte Siebelemente verschiedener Feinheit zur Anwendung. Die Siebung erfolgt in mehreren Stufen. Der Lack tritt von beiden Seiten in das Innere der Siebelemente und verläßt das Filter durch eine Sammelachse. Der Apparat ist luftdicht verschließbar und wird während der Füllung durch einen im Deckel angebrachten Hahn entlüftet.

Die Einzelteile sind aus der Abb. 64b zu ersehen.

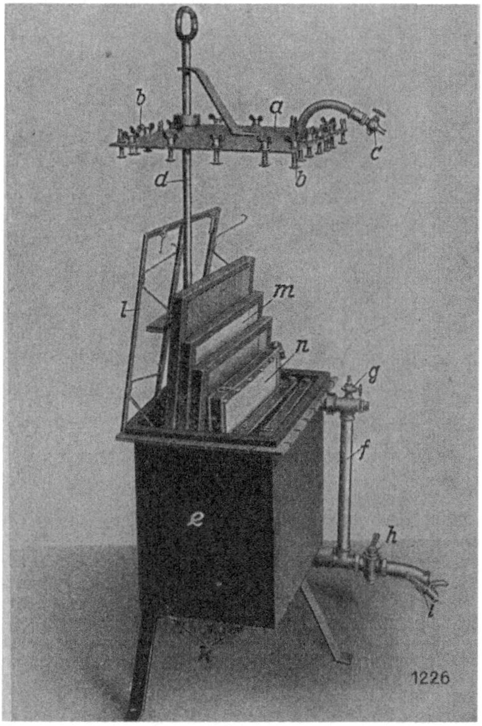

Abb. 64b. Farbsiebapparat Solcolor.
a Verschlußdeckel, *b* Verschlußschrauben, *c* Lufthahn, *d* Lackschaber, *e* Farbsiebkasten, *f* Sammelrohr, *g* Lufthahn, *h* Abschlußhahn, *i* Perfektionshahn, *k* vorderer und hinterer verschließbarer Ablaufstutzen (nicht sichtbar), *l* Andrückrahmen (Andrückfeder), *m* drei Vorsiebrahmen, *n* drei Feinsiebrahmen (mit Ablaufstutzen).

Bei der Lagerung von Decklacken ist zu berücksichtigen, daß auch die feinstangeriebenen Pigmente, namentlich die anorganischen, mit der Zeit absetzen. Besonders bei dünnflüssigen Lacken, die zum Spritzen Verwendung finden sollen, kann dieser Vorgang sehr störend wirken. In Amerika ist man daher stets so vorgegangen, daß man die Lacke in ziemlich hochviscosem Zustand lagerte und zum Versand brachte, wodurch das Absetzen der Pigmente praktisch aufgehoben wird. Dem

Abnehmer wird ein Verdünner mit Gebrauchsanweisung zusammen mit dem Lack geliefert, und die Einstellung des Lackes auf verarbeitungsfähige Konsistenz erfolgt erst unmittelbar vor Gebrauch.

Aber auch die Lagerung von dickflüssigen Lacken erfordert bestimmte Vorrichtungen, um bei der Abfüllung in kleinere Behältnisse von der ersten bis zur letzten Büchse ein gleichmäßiges Produkt zu gewährleisten.

Abb. 65. Kolonne von Lagerkesseln für verschiedene Lacke.

Eine Reihe von sechs Lagerkesseln für sechs verschiedene Farben ist in Abb. 65 dargestellt.

In jedem Behälter befindet sich ein Rührwerk oder ein Mischgitter, das durch Einzelantrieb oder durch eine Transmission in Bewegung gesetzt wird, wenn abgefüllt werden soll. Vor den Behältern befindet sich zweckmäßig einen Schienenstrang, auf dem eine Abfüllmaschine (z. B. bei Abfüllung in Kannen oder Dosen) bewegt wird. Anlagen dieser Art führt z. B. die Maschinenfabrik Dreyer & Sohn, Potsdam, aus.

Bei der Anlage von Lösefässern, Mischwerken usw. ist darauf Rücksicht zu nehmen, daß die sauberste und bequemste Art des Lacktransportes im Betriebe in der Bewegung durch Druckluft besteht. Am leichtesten sind Lösefässer druckfest zu bekommen, aber bei dem geringen Druck, der zur Bewegung von Lacken nötig ist ($^1/_2$—1 at) sind auch die meisten Rührwerkstypen für Druckentleerung einzurichten.

4. Ablaßvorrichtungen.

Hähne und Ventile gewöhnlicher Konstruktionen sind für Celluloseesterlacke nicht geeignet, da sie bald verschmieren. Es ist eine Reihe von Patentablaßhähnen oder Perkussionshähnen im Handel, bei denen der Auslauf in einer schwachen Krümmung erfolgt. Diese Hähne bestehen aus Gußeisen oder Messing und werden mit Hilfe eines eingeschliffenen Bronzeschiebers geschlossen. Diese Hähne tropfen nicht nach, der Flüssigkeitsstrahl spritzt nicht, sondern läuft glatt ab und wird beim Schließen sofort unterbrochen.

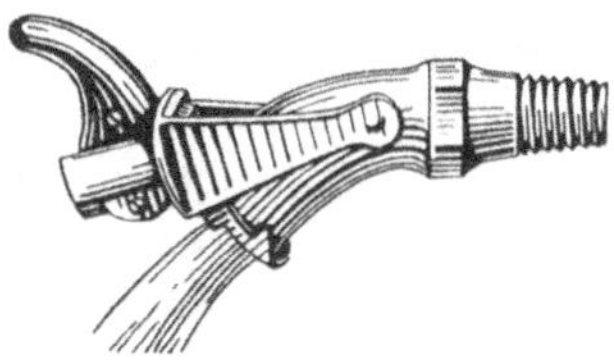

Abb. 66. Triumphablaufhahn.

Literatur zum Anreiben und Filtrieren von Lacken.

Kölln, H.: Lackfiltration. Farbenztg **1929**, 2511.

Kölln, H.: Neuzeitliche Misch- und Mahlmaschinen. Farbenztg **1929**, 1367.

Kolke, Fr.: Über das Klären von Nitrocelluloselacken. Farbenztg **1929**, 2405.

Collins, Th. R.: Über die Eignung der einzelnen Mühlentypen für das Anreiben von Celluloselackfarben. Paint, Oil and Chem. Rev. **86**, Nr 17; Ref. Farbenztg **1928**, 956.

Dr. S.: Das Anreiben von Nitrolackfarben. Farbe u. Lack **1928**, 122. Verreiben von Nitrocelluloselacken mit Farben. Farbe u. Lack **1929**, 503. Über Kugelmühlen. Farbe u. Lack **1928**, 123. Vergleichende Untersuchungen über die verschiedenen Mühlentypen. Farbe u. Lack **1929**, 142.

Fasig, E. W.: Neuzeitliches Farbenanreiben. Paint, Oil and Chem. Rev. **87**; Referat Farbenztg **1929**, 2570.

XVII. Sicherheitsmaßnahmen.

1. Über den Transport, die Lagerung und Verarbeitung der Kollodiumwollen.

Die Kollodiumwolle wird vom Lieferanten jeweils bei Abgang der Sendung auf Feuchtigkeitsgehalt geprüft, und es darf kein Posten zum Versand gelangen, der nicht mindestens 35% Feuchtigkeit aufweist, also zu 65% aus Kollodiumwolle und zu 35% aus Anfeuchtungsmittel besteht.

Nach einer Verfügung des Ministers für Handel und Gewerbe war ursprünglich[1] für Nitrocellulose unabhängig vom Stickstoffgehalt eine Anfeuchtung von 50% verlangt worden, später wurde für Nitrocellulosen mit niedrigerem Stickstoffgehalt eine Anfeuchtung von 35% als zulässig erklärt.

Das erste Gutachten der damaligen Zentralstelle für wissenschaftlich-technische Untersuchungen in Neubabelsberg, der späteren Chemisch-Technischen Reichsanstalt, hatte auf Grund von Versuchen erklärt, daß Gemische mit 50% Flüssigkeit keine Sprengstoffe wären, da sie auf keine Weise, auch nicht durch Sprengkapsel 8 mit vorgeschaltetem Pikrinzündladungskörper zur Explosion zu bringen wären. Das zweite Gutachten legte für die Sprengstoffnatur die Begriffs-

[1] Runderlaß vom 20. Februar 1911 und vom 24. August 1925.

bestimmung zugrunde, daß ein Stoff im Sinne des Sprengstoffgesetzes vom 9. Juni 1884 dann als zu Schieß- und Sprengzwecken geeignet sei, wenn er gegen Stoß und Reibung empfindlicher und durch Flammzündung leichter zur Explosion zu bringen ist als Dinitrobenzol. Diese Definition hat internationale Anerkennung gefunden, da sie im wesentlichen in das 1923 in Bern beschlossene internationale Übereinkommen über den Eisenbahnfrachtverkehr aufgenommen worden ist.

Nach einem Rundschreiben des Präsidenten der Reichsarbeitsverwaltung (erschienen als Sonderdruck aus dem Ministerialblatt für Handels- und Gewerbeverwaltung 1926) ist nun gemäß Gutachten der Chemisch-Technischen Reichsanstalt Nitrocellulose mit 35% Anfeuchtung gegen Stoß und Schlag nicht empfindlicher als Dinitrolbenzol. Es ist daher der Flüssigkeitsgehalt zugleich unter Erweiterung des Gebietes der zuzusetzenden Flüssigkeiten und unter Festlegung bestimmter Stickstoffgehalte (welche alle Kollodiumwollen für Lackzwecke umfassen) auf 35% festgesetzt worden, und zwar hauptsächlich mit Rücksicht auf die Frachtverteuerung bei überflüssigem Wassertransport.

Die in der Anlage C zur Eisenbahn-Verkehrsordnung vom 1. April 1926 geforderte luft-, wasser- und alkoholdichte Verpackung wird dadurch erreicht, daß die Hersteller von Kollodiumwolle für den Versand ausschließlich stabile Holzkisten mit Zinkblecheinsatz oder verzinkte Eisenfässer verwenden.

Kisten wie Fässer sind so eingerichtet, daß die Abdichtung durch einen Gummistreifen vorgenommen wird.

Für die Dauer einer Eisenbahnbeförderung und einer nicht zu langen Lagerung genügt diese Verpackung vollständig, um wesentliche Verdunstung der Anfeuchtungsmittel zu verhindern.

Der angezogene Ministerialerlaß weist ausdrücklich darauf hin, daß die Grenze von 35% niemals unterschritten werden darf, und dieser Grundsatz muß von allen, die mit feuchter Nitrocellulose verantwortlich zu tun haben, sorgfältig berücksichtigt werden.

Für den Lackfabrikanten gilt insbesondere, daß die Behälter, welche Nitrocellulose enthalten, nach Entnahme von Wolle sofort wieder dicht zu verschließen sind, um ein Verdunsten des Anfeuchtungsmittels zu verhindern.

Zweckmäßig ist es, die Kollodiumwolle möglichst bald nach Eingang aufzulösen.

Läßt sich eine Lagerung nicht umgehen, so ist der Feuchtigkeitsgehalt durch regelmäßige Bestimmung der Bruttogewichte zu kontrollieren und bei Gewichtsverminderung die Differenz an Anfeuchtungsmittel zuzusetzen, wobei darauf zu achten ist, daß die Wolle an allen Stellen gleichmäßig befeuchtet wird.

Es ist eine bekannte Erscheinung, daß die Anfeuchtungsmittel, namentlich die Kohlenwasserstoffe, sich nach dem Boden des Gefäßes zu absetzen, so daß die oberen Schichten trockner werden als die unteren. Man begegnet dieser Erscheinung zweckmäßig durch tägliches Stürzen der Behältnisse.

Für die Lagerung von Kollodiumwolle ergibt sich aus dem Gesagten, daß jede Austrocknungsgefahr durch Erwärmung zu vermeiden ist, und da die Anfeuchtungsmittel im allgemeinen brennbare Flüssigkeiten sind, gelten dieselben Gesichtspunkte wie für die Lagerung feuergefährlicher Flüssigkeiten.

Selbstverständlich ist jedes Hantieren mit offener Flamme und das Rauchen in der Nähe von Kollodiumwolle zu unterlassen. Zum Öffnen und Verschließen der Behältnisse sind Messing- oder Bronzewerkzeuge zu verwenden.

Es sei noch auf eine Verordnung des Preußischen Ministeriums für Handel und Gewerbe (Nr. III 5182/28) verwiesen, nach welcher als Anfeuchtungsmittel für eine Kollodiumwolle bis 12,3% Stickstoffgehalt alle solche Kohlenwasserstoffe zugelassen sind, deren Flammpunkte nicht unter dem des 90%igen Handelsbenzols liegen, und deren Dampfspannung nicht größer ist als bei diesem Benzol.

Der Versender hat zwar durch genügende Anfeuchtung und dichte Verpackung dafür zu sorgen, daß bei dem Transport der vorgeschriebene Feuchtigkeitsgehalt nicht unterschritten wird, der Empfänger hat aber Sorge zu tragen, daß der vorgeschriebene Mindestgehalt auch bei längerer Lagerung stets vorhanden ist.

Mit Rücksicht auf die durch zu trockne Lagerung von NC hervorgerufenen Explosionen in Hasloch und Brockwitz muß diese Forderung besonders unterstrichen werden.

Es kann der Fall eintreten, daß die NC an stark der Verdunstung ausgesetzten Stellen so weit austrocknet, daß sie im Falle einer Zündung explodiert und dann die benachbarte, wenn auch weniger trockne, so doch durch Initialstoß schon initiierbare Wolle mitreißt.

Wenn auch eine Kollodiumwolle von 25% Anfeuchtung nur schwer brennt, so gilt sie doch als Sprengstoff im Sinne des Sprengstoffgesetzes, und ihr Besitz kann mit den schweren Strafen dieses Gesetzes belegt werden (Gefängnis nicht unter drei Wochen).

Verordnungen im Sinne der S. 306 angezogenen preußischen haben erlassen:

Bayern: 9. Januar 1926, Gesetz-Verordnungsblatt Nr. 5 vom 18. Februar 1926.

Hamburg: 21. September 1927 laut Gesetz-Verordnungsblatt vom 23. September 1927, Nr. 95.

Hessen: 16. August 1926.

Württemberg: 4. Dezember 1925, Regierungsblatt vom 29. Dezember 1925, S. 274.

Thüringen: laut Erklärung des thüringischen Ministeriums für Inneres und Wirtschaft, Abt. Inneres vom 22. Februar 1927. Gesch. Nr. III, II. 135/27 ohne Erlaß Handhabung wie Preußen, wenn vor jeder Lieferung eine entsprechende Mitteilung vom Lieferanten erfolgt.

In Baden gilt Kollodiumwolle mit mindestens 50 Gewichtsteilen Wasser oder Alkohol auf 50 Gewichtsteile trockne Wolle nicht als Sprengstoff im Sinne des Sprengstoffgesetzes.

Diese Verordnungen erfahren eine gewisse Verschärfung durch den nachfolgend wiedergegebenen preußischen Ministerialerlaß vom 1. November 1930, Nr. IIIc 8202.

Betrifft Verkehr mit feuchter Nitrocellulose.

Die für den Verkehr mit feuchter Nitrocellulose durch die Ergänzungen zu § 25 Abs. 2 der Polizeiverordnung vom 14. September 1905 betreffend den Verkehr mit Sprengstoffen (HMBl. S. 282) vom 24. August 1925 (HMBl. S. 213) und vom 3. Juli 1928 (HMBl. S. 200) gewährten Erleichterungen sind auf Grund der Erkenntnis zugelassen worden, daß Nitrocellulose mit einem bestimmten Gehalt an den daselbst aufgeführten Anfeuchtungsmitteln, der allgemein auf mindestens 35% festgesetzt worden ist, keine Sprengstoffeigenschaften mehr besitzt. Voraussetzung für diese Erleichterungen mußte sein, daß derart angefeuchtete Nitrocellulose auch bei längerem Lagern keine Veränderung erleidet, die zu Bedenken Anlaß geben kann. Wie die neueren Untersuchungen der Chemisch-Technischen Reichsanstalt gezeigt haben, wird diese Voraussetzung nicht durchweg erfüllt, vielmehr tritt bei angefeuchteter Nitrocllulose bei längerem Lagern ein allmähliches Abwandern des Anfeuchtungsmittels aus den oberen in die unteren Schichten ein, so daß die oberen Schichten mit der Zeit nicht mehr den vorgeschriebenen Mindestgehalt an Anfeuchtungsmitteln besitzen, während in den unteren Schichten der Feuchtigkeitsgehalt den vorgeschriebenen Mindestgehalt überschreitet. Das Absinken des Anfeuchtungsmittels ist nicht unter allen Verhältnissen gleich. Es ist vielmehr in erster Linie abhängig von der Art des Anfeuchtungsmittels, sodann u. a. von der Beschaffenheit der Nitrocellulose selbst und der Innigkeit der Vermischung derselben mit dem Anfeuchtungsmittel. Am ungünstigsten verhält sich Nitrocellulose, die mit Kohlenwasserstoffen angefeuchtet ist. Hier tritt die Entmischung verhältnismäßig schnell ein. Der Feuchtigkeitsgehalt der oberen Schichten sinkt hierbei erheblich unter den zulässigen Mindestfeuchtigkeitsgehalt. Bei Nitrocellulose, die mit Wasser oder Alkoholen angefeuchtet ist, geht die Entmischung bedeutend langsamer vor sich und führt nicht annähernd zu einem so starken Absinken der Anfeuchtungsmittel aus den oberen Schichten, wie bei Kohlenwasserstoffen. Da die Ausnahmen des § 25 Abs. 2 a. a. O. nur auf solche Nitrocellulose Anwendung findet, die einen Mindestgehalt an Anfeuchtungsmitteln von 35% besitzt, ist Nitrocellulose, deren Feuchtigkeitsgehalt unter diese Mindestgrenze zurückgegangen ist, als Sprengstoff anzusehen und zu behandeln. Nach den nunmehr vorliegenden Untersuchungsergebnissen muß bei solcher Nitrocellulose, die mit Kohlenwasserstoffen angefeuchtet ist, ein solcher Rückgang des Feuchtigkeitsgehaltes in den oberen Schichten auch nach kürzerer Lagerdauer mit Sicherheit angenommen werden. Ich ersuche deshalb, die Gewerbeaufsichtsbeamten anzuweisen, die Lagerung derartiger Nitrocellulose in anderen als in Sprengstofflagern zu untersagen. Da jedoch aus wirtschaftlichen Gründen für den Versand ins Ausland auf Kohlenwasserstoffe als Anfeuchtungsmittel nicht verzichtet werden kann, soll der Verkehr mit derartiger Nitrocellulose, die für den Versand ins Ausland bestimmt ist und im Inland nicht gelagert wird, nicht beanstandet werden.

Für den Verkehr mit Nitrocellulose, die mit Wasser und Alkoholen oder einem Gemisch von Wasser mit Campher oder Alkohol und Campher in dem in § 25 Abs. 2 a. a. O. festgesetzten Verhältnis angefeuchtet ist, ist folgendes zu beachten:

1. Angefeuchtete Nitrocellulose darf nur in luftdicht abgeschlossenen Packgefäßen versandt und gelagert werden. Die Nitrocellulose ist in die Packgefäße fest einzustampfen und muß sie vollständig ausfüllen.

2. Der vorgeschriebene Feuchtigkeitsgehalt ist der Nitrocellulose möglichst vollständig bereits in dem Verdrängungsprozeß einzuverleiben. Feuchte Nitrocellulose ist so zu lagern, daß sie keiner besonderen Erwärmung ausgesetzt ist. Längere Lagerung angebrochener Packgefäße ist nach Möglichkeit zu vermeiden. Falls der Feuchtigkeitsgehalt der Nitrocellulose beim Lagern durch Verdunsten zurückgeht, muß die verdunstete Flüssigkeit sofort wieder ersetzt werden. Lagernde, mit angefeuchteter Nitrocellulose gefüllte Packgefäße sind regelmäßig in Zeiträumen von längstens 14 Tagen umzukippen. Bei Einlagerung von Neulieferungen ist darauf zu achten, daß die schon länger lagernde Nitrocellulose zuerst verbraucht wird.

Die Nitrocellulose herstellenden Firmen haben sich bereit erklärt, jeder Sendung angefeuchteter Nitrocellulose ein Merkblatt beizufügen, durch das die Verbraucher zur Beachtung der vorstehenden Maßnahmen angehalten werden sollen.

Für die Bekämpfung von Bränden von Nitrocellulose und nitrocellulosehaltigen Materialien sind die Unfallverhütungsvorschriften der Berufsgenossenschaft der chemischen Industrie[1] zu beachten.

„Beim Löschen in Brand geratener Lager von Nitrocellulose, Celluloid usw. ist die dazu herangezogene Mannschaft auf die Gefahr der Dämpfe aufmerksam zu machen. Die Aufstellung der Löschmannschaft ist so anzuordnen, daß die Gase ihr nicht zugetrieben werden. Das Löschen solcher Brände in Gebäuden darf nur von außen oder unter Benutzung von Rauchhelmen usw. geschehen."

2. Gefahren bei der Verarbeitung und Bewegung der Lösungsmittel.

Die leichtflüchtigen Lösungsmittel bilden für die Lackfabrik eine wesentlich größere Gefahrenquelle als eine sachgemäß gelagerte und behandelte Nitrocellulose. In Kapitel IV sind die Flammpunkte und Explosionsgrenzen der in Frage kommenden Flüssigkeiten mitgeteilt worden. Hier sollen die Maßnahmen angeführt werden, welche zur Verhütung von Unfällen zu treffen sind. Die Gefahren, welche bei den einzelnen Lösungsmitteln auftreten, sind je nach deren Eigenschaften ganz verschieden groß. Die vorliegende Darstellung nimmt besonders auf die leichtflüchtigsten und entzündbarsten Substanzen Rücksicht.

[1] 6. Aufl. S. 121. Berlin: Carl Heymanns Verlag 1923.

a) Gebäude, in denen mit leichtflüchtigen Lösungsmitteln gearbeitet wird —

wir rechnen dazu: Äther, Methylacetat, Aceton und dessen Ersatzprodukte, Benzin, Benzol, Methanol und Sprit — sollen mindestens 18 m von anderen Baulichkeiten getrennt sein.

Die Gebäude sind leicht abzudecken, die Fenster sind nach der Sonnenseite hin zu blenden, so daß direkte Sonnenstrahlen nicht in das Innere des Gebäudes gelangen können. Die Gebäude müssen eine genügend große Zahl von Ausgängen unmittelbar ins Freie nach entgegengesetzten Seiten hin erhalten. Türen und Fenster müssen nach außen aufschlagen. Die Heizung darf nur durch Dampf oder besser Warmwasser erfolgen. Der Fußboden soll aus einem undurchlässigen, unverbrennlichen Material bestehen, eine feuersichere ununterbrochene Umfassung von 15 cm Höhe (mit Einschluß der Türen) und ein genügend großes Gefälle nach einer oder mehreren vergitterten Sammelgruben erhalten.

Die Beleuchtung der Arbeitsräume kann von außen erfolgen; in diesem Falle sind die Beleuchtungskörper vom Arbeitsraum durch Drahtglasfenster abzutrennen. Bei elektrischer Innenbeleuchtung soll diese so verlegt sein, daß jede Erwärmung der Leitungsdrähte oder Funkenbildung ausgeschlossen ist. Zweckmäßig werden die Lichtschalter außerhalb des Gebäudes angebracht. Die Glühbirne soll gasdicht von einer Glocke umgeben und mit Drahtschutzkorb geschützt sein.

Im Ansatzraum und den anderen Arbeitsräumen der Lackfabrik sollen sich keine Lösungsmittel befinden. Die Lösegefäße werden von den Lagertanks aus durch Rohrleitungen mit Rückschlagventilen beschickt. Die Rohrleitungen, Trichter und Apparate, welche mit Lösungsmitteln in Berührung kommen, müssen gemäß den Vorschriften des Verbandes Deutscher Elektrotechniker geerdet sein, die Unterbrechung der geerdeten Metallrohre durch Hanf- oder Gummischläuche ist verboten, Glasballons für den Transport innerhalb des Betriebes sind ganz unzulässig.

Die Belegschaft ist anzuweisen, in jedem Falle von Verschüttung größerer Lösungsmittelmengen dem Betriebsleiter sofort Mitteilung zu machen.

Wie in der ganzen Lackfabrik, so ist natürlich ganz besonders in den Räumen, in denen mit Lösungsmitteln gearbeitet wird, das Rauchverbot streng durchzuführen.

Ist die Aufstellung von Meßgefäßen im Ansatzraum nicht zu umgehen, so sind diese durch eine zweckmäßig gemauerte Fangschale so zu sichern, daß etwa auslaufendes Lösungsmittel von dieser aufgenommen wird. Diese Fangschale ist mit einem Ablauf zu versehen, welcher zu einem außerhalb des Gebäudes liegenden Kessel führt.

Um zu verhindern, daß etwa auslaufendes Lösungsmittel in den Abwassersammelkanal und von hier aus in andere Betriebsteile oder fremde Grundstücke gelangt, sind in den Entwässerungsschleusen selbsttätig wirkende Töpfe anzubringen, die sich beim Auslaufen leichter, mit Wasser nicht mischbarer Flüssigkeiten schließen. Solche Töpfe haben sich in Großgaragen bewährt.

In einer Mitteilung des Verbandes Rheinischer Industrieller, Köln, vom 13. Februar 1929 wird auf einige immer wiederkehrende Brandursachen in Betrieben, welche Lösungsmittel verarbeiten, hingewiesen, von denen wir folgende herausgreifen:

1. Brände und Explosionen, hervorgerufen durch elektrische Erregung und Aufladung bei dem Durchfluß von Benzol, Benzin usw. durch Rohrleitungen. Es ist zu beachten, daß bei einer Strömungsgeschwindigkeit von 1 m/sec z. B. ein Potential von 1000 Volt, bei 2,5 m/sec eine Aufladung von 3000 Volt gemessen werden konnte. Allgemein genügen aber schon 500 Volt, um einen Funken zu erzeugen, welcher ausreicht, ein Benzol-Dampf-Luft-Gemisch zu entzünden. Eine einwandfreie gute Erdung derartiger Anlagen und Rohrleitungen ist daher dringend notwendig.

Bei Riemenantrieben hat man ebenfalls Spannungen durch Aufladung von 7000 Volt gemessen.

2. Absaugeleitungen für Gase, Dämpfe, Staub aller Art usw. geraten immer wieder in Brand, da sie nicht häufig genug terminmäßig gereinigt werden. An und für sich sind die Brände ziemlich harmlos, da der Brandherd begrenzt ist, wenn Hauptabsperrschieber und eine genügende Anzahl Klappen vorgesehen sind, welche zum Ablöschen leicht abgenommen werden können; wenn die Klappen vorhanden sind, wird auch die Reinigung erfahrungsgemäß regelmäßiger durchgeführt, da sie schneller erfolgen kann. Die Klappen dürfen nicht gelötet, sondern müssen geschraubt werden. Die unvorschriftsmäßige Durchführung der Rohre durch Holzwände (Anliegen an brennbarem Material, Abstand muß mindestens 0,5 m betragen) trägt dann noch in den meisten Fällen zur schnellen Weiterverbreitung des Feuers durch die schnell glühend gewordenen dünnen Blechrohre auf andere Materialien und Räume bei.

3. Schnelle Weiterverbreitung des Feuers wegen des Offenstehens der feuerbeständigen Türen in den Brandmauern und wegen der Durchbrechung von Brandmauern und Decken, z. B. Durchführung von Transporteinrichtungen, wenn die Durchbrüche nicht feuerbeständig oder wenigstens feuerhemmend verschließbar und abgeschlossen sind.

4. Explosionen, da die Flaschen für komprimierte Gase (Sauerstoff, Wasserstoff, Dissousgas, Kohlensäure usw.) in den Betrieben immer wieder nicht gehalten werden, wie es vorgeschrieben ist, und dann angefahren werden und umfallen.

5. Schnelle Weiterverbreitung der Feuer durch Aufwirbelung der Staubansammlungen, da die Träger, Dachkonstruktionsteile usw. nicht laufend bzw. terminmäßig entstaubt werden.

Diese wenigen Punkte, die immer wieder Veranlassung zu Großfeuern in Fabrikanlagen geben, sollten dringend beachtet werden; Abhilfe ist überall fast ohne besondere Kosten oder mit den allergeringsten Mitteln möglich. (Mitgeteilt vom Deutschen Versicherungs-Schutzverband, e. V.)

b) Die Lagerung der Lösungs- und Verdünnungsmittel.

Die Genehmigung zur Lagerung von Lösungsmitteln ist bei der zuständigen Berufsgenossenschaft einzuholen. Unter Vorlage der Zulassungsbescheinigung ist ein gleicher Antrag bei der Ortspolizeibehörde zu stellen.

Für die Lagerung sind folgende Bedingungen zu erfüllen:

1. Die Behälter müssen in die Erde eingelagert werden, damit sie auch im Falle eines Feuers der Wärmeeinwirkung entzogen sind.

2. Da gelegentlich Korrosionserscheinungen vorkommen, sind für die Wandstärken der Behälter Mindestabmessungen vorgeschrieben, die auch für die geringeren Behältergrößen Gültigkeit haben (Mindestwandstärke 5 mm). Für die Flüssigkeitsführung müssen nahtlose Stahlrohre verwendet werden, damit Flüssigkeitsverluste durch undichte Rohre mit Sicherheit vermieden werden.

3. Die Behälter und die in der Erde liegenden Rohrleitungsteile müssen zur Vermeidung der Rostbildung gut isoliert sein.

4. Zur Verhütung der Zündungsfortpflanzung von außen durch die Rohrleitung in den Behälter sind diese mittels stets gefüllter Flüssigkeitstauchtöpfe, trockner Kiestöpfe, Rückschlagventile mit Tauchtassen usw. zu sichern. Diese Elemente sind so zu gestalten, daß auch bei großer Anlaufgeschwindigkeit der Zündwelle deren Löschung mit Sicherheit erreicht wird.

5. Zur Verhütung der elektrischen Aufladung, die bekanntlich beim raschen Ausströmen von Lösungsmitteln (insbesondere Benzol, Benzin und Äther) aus freien Rohrenden zustande kommt, muß das Einfüllrohr bis auf den Boden des Vorratbehälters hinabgeführt werden. Außerdem ist der Lagerbehälter selbst zur Abführung der sich etwa dennoch ansammelnden elektrischen Aufladung zu erden, eine Maßnahme, die deshalb von besonderer Wichtigkeit ist, weil die äußere Rostschutzisolierung unerwünschterweise auch als elektrische Isolierung wirkt.

6. Die beim Füllen von Lagerbehältern aus diesen verdrängte Luft muß durch Luftausgleichleitungen in den Lösungsmittel abgebenden Behälter zurückgeführt werden, damit die Verbreitung von mit Lösungsmitteldämpfen geschwängerter Luft auf dem Abfüllplatz verhütet wird.

Zweckmäßig, wenn auch nicht vorgeschrieben, ist die Anfüllung des im Lagerbehälter verbleibenden Hohlraumes mit Stickstoff, Kohlensäure oder Schutzgas. Bei dem weitverbreiteten System von Martini und Hüncke wird durch Anwendung von Schutzgas eine vollkommene Explosionssicherheit erzielt.

Das Schutzgas wird in einem Explosionsmotor durch Verbrennen von Benzol erzeugt. Es besteht aus Stickstoff, Kohlensäure, einigen Prozenten Kohlenoxyd und etwa 1% Sauerstoff. Diese Verbrennungsgase werden durch die Arbeitsleistung des Motors komprimiert und dienen nach geeigneter Filtration und Aufnahme in druckfesten Zwischengefäßen zur Bewegung der Lösungsmittel. Durch Druckreduktionsventile ist der Druck des auf den Lösungsmittelbehältern ruhenden Gases genau einstellbar. Sicherheitsventile (meist mit Quecksilber gefüllte Glasröhren) verhindern das Steigen des Druckes über eine bestimmte Grenze und begrenzen damit die Fließgeschwindigkeit der Lösungsmittel in den Rohrleitungen.

Die Fließgeschwindigkeit ist deshalb von besonderer Wichtigkeit, weil mit zunehmender Geschwindigkeit die elektrische Erregung des Lösungsmittels stark zunimmt[1].

Es sei auch auf die Elektrisierung beim Zerstäuben aufmerksam gemacht.

Ein Zerstäuben von Benzol oder Äther kann leicht auftreten, wenn der letzte Rest des Lösungsmittels aus einem Behälter in den anderen gedrückt wird.

Es tritt dann gleichzeitig das zum Drücken verwendete Gas mit aus dem Zuführungsrohr aus und bewirkt ein Zerstäuben der Flüssigkeitsreste.

Es genügen beispielsweise wenige Kubikzentimeter Äther, um Potentiale von mehreren 1000 Volt zu erzeugen. Die Größe der Gefahr ist daraus zu entnehmen, daß ein Schließungsfunke von 300 Volt unter günstigen Verhältnissen zu zünden vermag.

Meistens sind zur Zündung allerdings 500—1000 Volt erforderlich. Außerdem hängt natürlich das Zündungsvermögen nicht nur vom Potential, sondern auch von der zur Entladung kommenden Elektrizitätsmenge ab, eine Spannung von 300 Volt ist aber nach Dolezalek mindestens erforderlich.

Strömungsgeschwindigkeiten, welche Potentiale bis zu 300 Volt erzeugen, sind unbedenklich. Da die Natur des Metalles von Einfluß ist (Eisen ist besonders ungünstig, Blei und Aluminium sind vorteilhaft), muß auch hierauf Rücksicht genommen werden.

---

[1] Maßgebende Arbeiten über diesen Gegenstand sind: Ein Gutachten von Professor Dr. Richter, Karlsruhe, veröffentlicht in Chem. Ind. **1912**, 833ff. Ferner eine Arbeit von Professor Dr. Dolezalek, Charlottenburg, in Chem. Ind. **1913**, 33—38.

Es ist darauf zu achten, daß nicht in kurzen Apparateteilen, z. B. in Hähnen, größere Geschwindigkeiten vorkommen.

Durch die Anwendung von Schutzgas usw. werden alle diese Gefahren auf ein Minimum reduziert, vorausgesetzt, daß nicht nur das zu entleerende, sondern auch das zu füllende Gefäß mit diesen Gasen gefüllt ist.

Kleinere Anlagen arbeiten heute vielfach ohne Schutzgas mit Apparaturen, die den S. 312 genannten 6 Bedingungen entsprechen. Solche Vorrichtungen werden von der Fabrik explosionssicherer Gefäße, Salzkotten G. m. b. H., hergestellt.

Das Zapfrohr ist durch ein Fußventil, welches in einer Saugtasse sitzt, gesichert, das Füllrohr ist durch einen langen Tauchtopf, die Luftleitung durch einen Kiestopf gegen Flammeneinschlag gesichert. Das Peilrohr ist auf der ganzen Länge gelocht und mit einem engmaschigen Drahtsieb umgeben.

Bei den Anlagen von Martini und Hüneke wird die Möglichkeit eines Eintretens von atmosphärischer Luft infolge Rohrbruchs dadurch ausgeschaltet, daß von den Rohrenden im Behälter Diffusionsverschlüsse angebracht sind, die einer Strömung mit kleinem Überdruck keinen Widerstand entgegensetzen, nach Aufhören der Strömung aber selbsttätig den Hohlraum des Rohres von dem Hohlraum des Lagerbehälters trennen. Eine Diffusion von Schutzgas und atmosphärischer Luft wird hierdurch verhindert.

Doppelwandige Ausbildung der Rohre verhindert ein Austreten der Lösungsmittel bei Bruch oder Undichtigkeit. Das innere Rohr dient der Bewegung des Lösungsmittels, das Mantelrohr steht mit dem Gasraum des Lagerbehälters in Verbindung. Bei dieser Anordnung kann keine Flüssigkeit ins Freie treten.

Für die Messung von Flüssigkeiten sind infolge der starken Ausbreitung von Benzinzapfstellen wichtige Neuerungen geschaffen worden, die auch für die Lackfabrik Interesse haben.

Es seien die Konstruktionen von Salzkotten und von der Werner-Handelsgesellschaft, Düsseldorf, genannt. Für die Registrierung der durchgelaufenen Flüssigkeitsmengen verwendet man die Siemens-Scheibenmesser, die aber zur Vermeidung der Störung der Messung durch Luftblasen mit Zusatzeinrichtungen versehen sein müssen.

Literatur.

Ullmann u. Hiller: Die Benzinlagerung, die Lagerung von Spiritus, Feuerschutz bei Unfällen 1922.

Ullmann: Enzyklopädie d. techn. Chem. 2. Aufl. Bd 5.

Ferner über Brandgefahr bei Verarbeitung von Lacken: Arbeitsschutz. Sonderblatt des Reichsarbeitsblattes **1929**, Nr 10.

The Oil and Colour Trades J. vom 1. März 1929. Ref. Farbe u. Lack: Anwendung und Lagerung von Nitrocelluloselösungen, Explosionsgefahr, Ventilation, Ablagerungen und Motorenanlage.

Meier, E.: Sind Nitrocelluloselacke wirklich so gefährlich? Farbenztg **1929**, 2179.

Klebe: Das Brandunglück in der Nürnberger Bleistiftfabrik und seine Lehren. Farbenztg **1929**, 2939 (vom zuständigen Referenten des Bayrischen Landesministeriums für Landwirtschaft und Arbeit).

Bucy, E. H.: Gefahrenabwendung bei der Herstellung und Anwendung von Nitrocelluloselacken. Amer. Paint J. St. Louis **13** (1929), Referat Farbe u. Lack **1929**, 262.

3. Feuerlöschgeräte für die Lackfabrik.

Das gebräuchlichste Löschverfahren mit Wasser ist zum Löschen von brennenden Lösungsmitteln oder Lack im allgemeinen nicht anwendbar. Lösungsmittel, die mit Wasser nicht mischbar sind, schwimmen brennend auf dem Wasser weiter und tragen zur Ausdehnung des Brandes bei. Die neuzeitlichen Löschgeräte werden nach ihrer Wirkungsweise eingeteilt in Trockenlöscher, Flüssigkeitslöscher und Schaumlöscher.

a) Trockenlöscher.

Die Trockenlöscher enthalten Natriumbicarbonat in Pulverform in Verbindung mit einem Mittel, welches das Zusammenbacken des Bicarbonates durch Anziehen von Feuchtigkeit verhindert. Die Total G. m. b. H. verwendet hierzu einen Zusatz von 2% Kieselgur.

Handfeuerlöscher dieser Art enthalten 5—7 kg Pulver. Ein größerer fahrbarer Typ mit Schlauch für größere Brände enthält 80 kg Löschpulver.

Zu den Trockenfeuerlöschern rechnet man auch die mit flüssiger Kohlensäure gefüllten Geräte.

Während bei der Verwendung von Bicarbonat die Löschwirkung auf der Entwicklung von Kohlensäure und Bildung einer Deckschicht von wasserfreier Soda beruht, wirkt der Kohlensäurelöscher, abgesehen von der Entfernung des Luftsauerstoffes durch die starke Abkühlung, welche dadurch zustande kommt, daß die flüssige Kohlensäure zu Schnee erstarrt.

Am Schmelzpunkt hat die Kohlensäure eine Temperatur von —78,5°, und die Sublimationswärme bei dieser Temperatur beträgt für 1 g etwa 137 cal. Besonders vorteilhaft für den vorliegenden Zweck ist die restlose Verdampfung der Kohlensäure, wodurch Schäden an Material und Anlage weitgehend vermieden werden.

Vorteilhaft ist auch, daß Kohlensäure nicht elektrisch leitend ist. Das Verfahren hat sich in der Praxis bewährt.

Unter der Bezeichnung „Polartotal“ bringt die Total G. m. b. H. derartige Geräte in verschiedenen Größen in den Handel. Der Handfeuerlöscher ist mit 4 kg flüssiger Kohlensäure gefüllt. Durch Einschlagen eines Stiftes am Ventil einer Kohlensäureflasche, die von einem Stahlblechmantel umgeben ist, wird die austretende Kohlensäure durch eine Düse in einer Röhre zum Expandieren gebracht, verwandelt sich in Kohlensäureschnee, und dieser wird herausgeschleudert.

Abb. 67. Fahrbarer Polartotalfeuerlöscher der Total G. m. b. H.

Ein Gerät von hoher Wirksamkeit ist der fahrbare Polartotal mit 2—4 Kohlensäureflaschen zu je 25 kg Inhalt und 12 m langen Druckschläuchen.

Als Feuerschutz für große Objekte eignen sich ortsfeste Anlagen. Die selbsttätige Auslösung solcher Löschvorrichtungen erfolgt durch leichtflüssige Schmelzlote, die sich dicht über der Flüssigkeitsfläche befinden. Solche ortsfeste Anlagen werden u. a. von der Firma Walther & Co., Köln-Dellbrück, geliefert.

Abb. 68. Minimax-Schaummörser.

b) Flüssigkeitsfeuerlöscher.

Die typischen Naßlöscher enthalten eine Natriumbicarbonatlösung und Säure. Beide Reagenzien werden bei Betätigung des Schlagstiftes gemischt, und die sich entwickelnde Kohlensäure schleudert die Flüssigkeit heraus.

Es handelt sich hier um die Löschwirkung des Wassers, da der Salzgehalt der Lösung relativ gering ist.

Solche Naßlöscher sind in verschiedenster Ausführung im Handel. Für viele Zwecke leisten sie gute Dienste, kommen aber für die Bekämpfung von Lösungsmittelbränden kaum in Frage.

Das gleiche gilt für Löscher, die mit Tetrachlorkohlenstoff gefüllt sind.

c) Schaumlöscher.

Die mit Schaum arbeitenden Geräte dürften neben den mit flüssiger Kohlensäure gefüllten für die Bekämpfung von Lösungsmittel- und Lackbränden besondere Bedeutung haben.

Der Schaum wird durch Mischung von gasförmiger Kohlensäure oder Luft mit einer Lösung von Saponin in Wasser erzeugt. Ein besonders zäher und haltbarer Schaum bildet sich aus dem Saponin der Quillajarinde. Die Löschwirkung kommt dadurch zustande, daß der brennende Gegenstand umhüllt und der Sauerstoff der Luft ferngehalten wird.

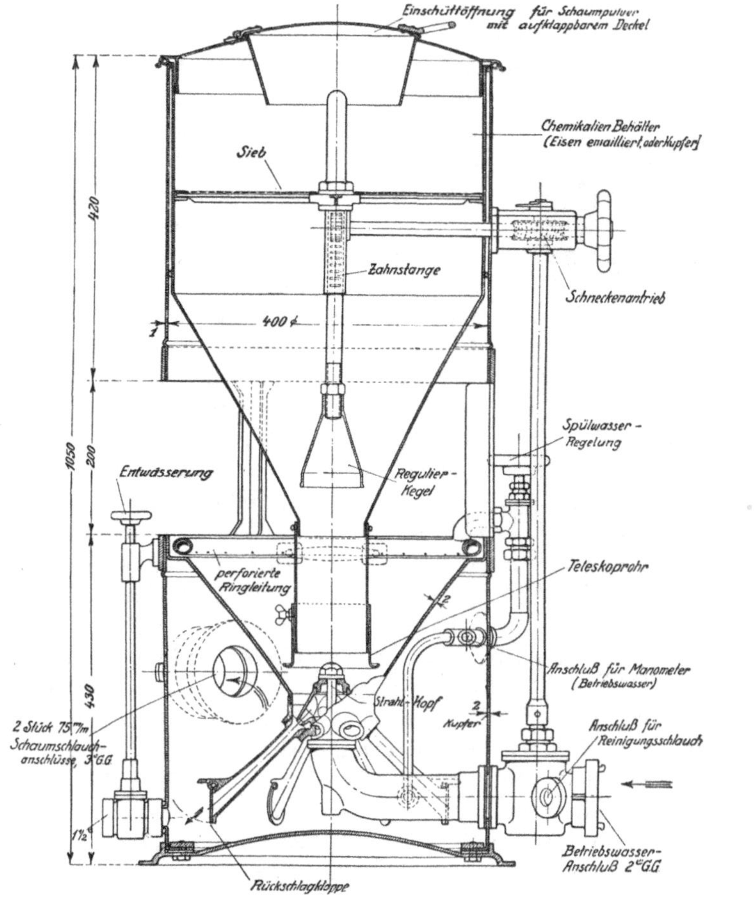

Abb. 69. Schnitt durch einen Schaumgenerator.

Infolge seines großen Volums, welches etwa 10 mal größer ist als das der angewandten Flüssigkeit, umhüllt der Schaum auch große Objekte und zeigt eine überraschende Wirkung bei Oberflächenbränden, um die es sich ja bei Lösungsmitteln und Lacken handelt.

Der Handfeuerlöscher Perkeo der Minimax AG., Berlin, ist ein Schaumlöscher, der in seiner Konstruktion den Naßlöschern ähnlich ist. Er enthält eine Lösung von Soda mit Saponin und eine Säure. Beim

Kippen tritt Mischung ein, die sich entwickelnde Kohlensäure erzeugt den Schaum und treibt ihn heraus. Für Fabrikräume sollten nur größere bewegliche oder ortsfeste Anlagen Verwendung finden. Herstellerin ist die Minimax AG., welche bis 1929 alleinige Inhaberin der maßgebenden Patente für Handlöscher war. Man unterscheidet den Schaummörser und den Schaumgenerator.

Der Schaummörser enthält große Kartuschen, welche Natriumbicarbonat, Saponin und Aluminiumsulfat in trockner Form enthalten. Auf der einen Seite des Mörsers befindet sich die Wasserzuleitung vom Hydranten, auf der anderen Seite der Anschluß an den Spritzschlauch. Öffnet man die Wasserzuführung, so bildet sich Schaum, der auf der anderen Seite des Mörsers heraustritt und auf die Brandstelle geleitet wird. Zweckmäßig werden die Schaummörser paarweise aufgestellt, damit bei Erschöpfung der Kartusche des einen der zweite in Tätigkeit treten und der erste neu beschickt werden kann.

Abb. 70. Schaumgenerator 6 E. Minimax A.-G.

Für ununterbrochene Schaumerzeugung sind die Schaumgeneratoren gedacht. Das Wasser wird angeschlossen, die Schaumpulvermischung wird eingeschüttet und gelangt über eine Reguliervorrichtung in einen Trichter, in dem es auf sinnreiche Weise mit dem Wasser gemischt wird.

Die nachstehenden Abbildungen zeigen einen Schaummörser in Ansicht und Schnitt.

E. Biesalski[1] hat die interessante Feststellung gemacht, daß die Kohlensäure beim Schaumlöschverfahren ohne Bedeutung ist. Ein Schaum, der nur aus Wasser, Saponin und Luft besteht, hat genau dieselbe Wirkung wie Kohlensäureschaum. Wichtig ist dagegen die Feinheit des Schaumes; kleine Bläschen sollen eine stärkere Löschwirkung haben als große, zumal kleinblasiger Schaum eine größere Zähigkeit und größere Bedeckungsfähigkeit besitzt als großblasiger.

[1] Z. angew. Chem. 41, 853.

Anhang.

Zur Beurteilung der gebrauchsfertigen Lacke und der Lackschichten.

In der Bewertung von Celluloseesterlacken bestand noch bis vor wenigen Jahren beträchtliche Unsicherheit.

Es war daher sehr zu begrüßen, daß öffentliche Institute an die Bearbeitung dieser ja auch nationalökonomisch wichtigen Frage herangingen, daß sich vor allem auch führende Firmen der deutschen Lackindustrie zur Veröffentlichung ihrer Erfahrungen entschlossen.

Die erste bedeutende Anregung ist von der „Physical and Chemical Examination of Paints, Varnishes, Lacquers and Colors" Henry A. Gardners ausgegangen, deren vierte Auflage von Bernhard Scheifele in deutscher Sprache herausgegeben worden ist. Auf den Seiten 635 bis 671 wird hier die physikalische Untersuchung der Celluloseesterlacke in ausgezeichneter und für die weitere Entwicklung richtunggebender Weise dargestellt.

Eine ganze Reihe von Veröffentlichungen des Gardner-Institutes, die sich alle durch ihre Anpassung an die praktischen Bedürfnisse der Technik auszeichnen, sind durch ausführliche Referate der deutschen Fachpresse — besonders der „Farbenzeitung" und „Farbe und Lack" — einem größeren Interessentenkreise zugänglich gemacht worden.

Als eine der wichtigsten Erscheinungen des deutschen Schrifttums über diesen Gegenstand müssen die vergleichenden Untersuchungen über Öl- und Nitrocelluloselacke von Hans Wolff und W. Toeldte genannt werden[1].

In dieser Arbeit werden die Eigenschaften der Lacke in Abhängigkeit von der Art der Nitrocellulose untersucht, es wird ferner die Wirkung des Zusatzes von Harzen und Weichmachungsmitteln behandelt und schließlich die Prüfung der Lackierungen auf Holz und Metall.

Endlich nennen wir als besonders aufschlußreich den „Beitrag zur Kurzprüfung von Celluloseanstrichstoffen" von Otto Merz[2] (Mitteilung aus dem Laboratorium der Zöllner-Werke, Berlin).

In der folgenden Darstellung blieben solche Methoden unberück-

---

[1] Herausgegeben vom Fachaussch. f. Anstrichtechnik bei VDI. 1929.

[2] Farben-Ztg. **36**, 316 u. 362 (1930).

sichtigt, die bereits bei der Prüfung der Rohstoffe an anderen Stellen dieses Buches behandelt worden sind.

In Anbetracht der Tatsache, daß die Ansichten über den Wert der einzelnen Methoden, besonders der Kurzprüfungen noch sehr geteilt sind, schien äußerste Beschränkung geboten zu sein.

1. Die Untersuchung des Lackes.

Farbe und Klarheit des Lackes wird zweckmäßig nach der Methode untersucht, die auf S. 57 angegeben ist. Bezüglich Farbton und Deckfähigkeit sei auf die Ausführungen auf S. 210 verweisen.

a) Die Viscosität.

Viscositätsmessungen an farblosen Lacken können in derselben Weise ausgeführt werden, wie bei der Untersuchung der Kollodiumwollen auf S. 54 angegeben worden ist, für Decklacke kommen diese Methoden naturgemäß nicht in Betracht. Hier genügt für praktische Zwecke eine einfache und doch genaue Methode, welche Ähnlichkeit mit der in Kapitel II besprochenen Cochiusmethode hat, also auf dem Prinzip der steigenden Luftblase beruht. Da man bei pigmentierten Lacken die Luftblase nicht steigen sieht, kann man die üblichen Cochiusröhren nicht verwenden, sondern muß diese an den Marken abschneiden, so daß man Röhren von genau 50 cm Länge erhält. Für die dünnsten Lacke verwendet man Rohre von 7 mm Durchmesser, für dickere Lacke das 10-mm-Rohr.

Zur Messung füllt man Lack in das unten mit einem Stopfen verschlossene Rohr so, daß noch ein Raum von etwa 2 cm^3 frei bleibt. Dann verschließt man das offene Ende des Rohres ebenfalls mit einem Stopfen, dreht das Rohr rasch um 180°, setzt die Stoppuhr in Gang und öffnet das jetzt oben befindliche Rohrende. Die Ankunft der Luftblase ist deutlich erkennbar; es bildet sich eine halbkugelig gewölbte Lackhaut, die rasch dünner wird und schließlich reißt. Die Zeit vom Umdrehen des Rohres bis zum Auftauchen der Luftblase wird abgestoppt.

Die Methode genügt für praktische Zwecke vollständig und gewährt die Sicherheit, daß die vom Besteller gewünschte Konsistenz bei allen Lieferungen eingehalten wird.

Für die verschiedenen Verfahren mögen folgende praktisch bewährten Zahlen als Anhalt dienen.

Unter Pistolen sind die gebräuchlichsten Hochdruckspritzpistolen zu verstehen.

Lacke für das Passierverfahren haben höhere Viscosität, so daß deren Messung im 20-mm-Rohr (Länge 25 cm) vorgenommen werden muß. In diesem Rohr gemessen, haben diese Lacke meistens eine Viscosität von 30—100 Sekunden entsprechend 44—147 Poisen.

Verwendungszweck	Viscosität im 7-mm-Rohr	Viscosität in Centipoisen
Spritzlack für Schablonenspritzerei, Pistole: 1-mm-Düse	Sekunden 10—15	35—50
Normale Zaponlacke, Pistole: 1,8—2,2-mm-Düse	25—30	90—105
Lacke für große Flächen, z. B. Holzlacke, Pistole: 2,5—3-mm-Düse	50—60	185—225
Decklacke, z. B. für Automobillackierung, Pistole: 2—2,5-mm-Düse	10-mm-Rohr 10—15	— 175
Lacke zum Streichen mit dem Pinsel	25—35	etwa 360
Tauchlacke für Federhalter und dgl.	25—30	etwa 300

Ein Gerät von außerordentlicher Meßgenauigkeit, das sich für die Messung transparenter wie farbiger Lacke gleich gut eignet, liegt in dem kürzlich bekannt gewordenen Viscosimeter von Kämpf vor (vgl. Die Kunstseide **1929**, 379).

Die untere Meßgrenze liegt bei 3—4 Poisen, nach oben ist die Meßbarkeit praktisch unbeschränkt. Man bedient sich dieses Viscosimeters vorteilhaft bei der Messung hochviscoser unverdünnter Lacke und Vorratslösungen.

Das Gerät hat ferner den großen Vorzug, daß man aus den Messungen die absolute Zähigkeit unmittelbar ableiten kann.

Abb. 71. Viscosimeter nach A. Kämpf.

Die Konstruktion sei kurz beschrieben: Ein nach unten frei hängender Drehkörper wird bis zu einer bestimmten Marke in die zu messende Flüssigkeit eingesenkt und mit Hilfe von Rollen, Schnur und Fallgewicht in drehende Bewegung gesetzt. Die Messung der Zähigkeit erfolgt durch Bestimmung der Zeit, welche der Fallkörper braucht, um eine bestimmte Strecke zurückzulegen. Die Zeit, welche einer gewissen Fallhöhe entspricht, ist ein direktes Maß für die Zahl der Umdrehungen des Drehkörpers und steht in einer einfachen gesetzmäßigen Beziehung zur Viscosität der Flüssigkeit.

Die Lagerung der Achse des Drehkörpers ist zur Herabsetzung der Reibung in sinnreicher Weise so ausgeführt, daß das Kopfende der Achse, welches ein Hohlkegellager aus synthetischem Edelstein trägt, mit Hilfe des Vakuums einer Wasserluftpumpe gegen eine Stahlnadel gehoben wird. Um das aus dem seitlichen Zug des Fadens herrührende einseitige Kraftmoment auszuschalten, sind besondere Gleitröllchen ebenfalls aus synthetischem Edelstein angebracht. Die Prüfung des Gerätes erfolgt dadurch, daß man bei konstanter Temperatur ein und dieselbe Flüssigkeit mit wechselndem Fallgewicht prüft. Das Produkt aus Fallzeit und Fallgewicht muß konstant sein. Ein Vorteil des Gerätes ist darin zu erblicken, daß keine besonderen Meßgefäße verwendet werden. Die Lösung kann sich in Bechergläsern oder Flaschen von 60—150 mm Durchmesser befinden. Die Tiefe der Flüssigkeitsschicht soll mindestens 60 mm betragen. Vorteilhaft ist ferner, daß die Reinigung des Gerätes einfach ist, daß undurchsichtige Lösungen gemessen werden können und daß man auch sehr zähe Lösungen messen kann, bei denen die meisten bisher bekannten exakten Methoden versagen.

Von O. Schrenk vom Institut für Strömungsforschung in Göttingen ist folgende Formel zur Bestimmung absoluter Werte angegeben worden:

$$\eta = f \cdot k \frac{z}{s} (2{,}42 + G)$$

f bedeutet den Gefäßweiteeinfluß,
z die Fallzeit in Sekunden,
s die Fallstrecke in cm,
G das aufgelegte Gewicht in g,
k die Apparatekonstante.

Die Zahl 2,42 ist das Gewicht des Fallgewichtsträgers abzüglich der sehr geringen Reste von Lagerreibung.

Das Gerät ist in Abb. 71 wiedergegeben. Es wird von der Firma Spindler und Hoyer in Göttingen hergestellt.

b) Flammpunkt.

Unter Flammpunkt versteht man die Temperatur einer Flüssigkeit, bei der sich so viel Dämpfe auf ihrer Oberfläche bilden, daß diese mit einem Gasflämmchen bestimmter Größe zur Entflammung gebracht werden können.

Bereits auf S. 114 wurde auf die Einteilung der Lösungsmittel in drei Gefahrenklassen nach dem Flammpunkt hingewiesen.

Die Bestimmungen der deutschen Eisenbahn-Verkehrsordnung[1] gelten sinngemäß auch für Celluloseesterlacke. Insbesondere ist zu beachten, daß Flüssigkeiten, die einen Flammpunkt von unter + 21° C bei einem Barometerstand von 760 mm haben, erschwerten Transportbedingungen unterliegen.

[1] Abschnitt III der Anlage C zum Eisenbahn-Gütertarif, Teil I, Abt. A, Randziffer 136.

Es ist daher zweckmäßig, die Lacke so zusammenzusetzen, daß ihr Flammpunkt über + 21° C liegt.

Es ist nun bemerkenswert, daß der Gehalt an Nitrocellulose ohne jeden Einfluß auf den Flammpunkt des Lösungsmittelgemisches ist. Man findet also denselben Flammpunkt, ob man ein gegebenes Lösungsmittelgemisch untersucht oder einen Lack, der aus demselben Gemisch besteht und 5, 10, 15, 20% Nitrocellulose enthält. Die Prüfung höher viscoser Lösungen kann allerdings nicht in dem bahnamtlich vorgeschriebenen Abel-Pensky Petroleumprüfer vorgenommen werden, da der Wärmeausgleich zu langsam erfolgt. Hier kommt der mit Rührer ausgestattete Pensky-Martens-Apparat in Frage.

Der Flammpunkt eines Lösungsmittelgemisches ist abhängig von der Dampfspannung der niedrigst siedenden Komponenten, doch zeigen sich bei manchen Gemischen Depressionen. Beträchtliche Erniedrigungen des Flammpunktes unter die Flammpunkte der Einzelbestandteile zeigen von den hier interessierenden Lösungsmitteln nur Gemische von Alkoholen mit Kohlenwasserstoffen.

Beschreibung und Abbildungen der Geräte finden sich u. a. in den chemisch-technischen Untersuchungsmethoden von Lunge-Berl[1].

Zur Bestimmung des Flammpunktes von dünnflüssigen Lacken arbeitet man wie folgt: Das innere Gefäß des Abel-Pensky-Apparates wird bis zur Marke mit dem Lack gefüllt. Zweckmäßig nimmt man dieses innere Gefäß heraus und setzt es in Eis, bis die Flüssigkeit auf + 2° C abgekühlt ist. Dann bringt man dieses Gefäß in das Wasserbad des Apparates, möglichst ohne daß der Lack die Gefäßwandung oberhalb der Marken benetzt.

Das Gasflämmchen soll die Größe der auf dem Deckel des Apparates befindlichen Glasperle haben.

Durch Betätigung des Triebrades und des Auslösungshebels bewirkt man bei steigender Temperatur des Lackes in Abständen von $^1/_2$ zu $^1/_2$° C ein kurzes Eintauchen des Flämmchens. Das Auftreten einer Flamme, die sich über die ganze Fläche des Lackes ausbreitet, zeigt den Flammpunkt an.

Für genaue Messungen muß der Barometerstand berücksichtigt werden. Die Umrechnung erfolgt zweckmäßig an Hand einer Tabelle, wie sie beispielsweise im Handbuch Lunge-Berl, l. c., angegeben ist.

2. Die Untersuchung der Lackschichten.

a) Glanzmessung.

Als Glanz bezeichnet man den Prozentsatz des parallel reflektierten Lichtes, bezogen auf den Betrag des einfallenden Lichtes. Der reflek-

[1] 7. Aufl., III. Bd., S. 381. Berlin: Julius Springer. 1923.

tierte Anteil setzt sich zusammen aus dem parallel reflektierten und dem allseitig verstreuten. Je größer der parallel reflektierte Anteil ist, um so größer ist der Glanz, überwiegt der zerstreute Anteil, so erscheint die Fläche matt.

Grundlegende Arbeiten über die verschiedene Art von Glanz[1] sind R. Kempf und J. Pflücke sowie Paul Wolski zu danken.

Ein für die Messung des Glanzes von Lackflächen empfehlenswertes Gerät ist der Glanzmesser von Janke und Kunkel in Köln Modell III. Die Konstruktion ist von P. Wolski in Anlehnung an den Halbschattenmesser von W. Ostwald geschaffen worden. Das Gerät hat den Vorzug, daß es zu den oben behandelten Messungen des Farbgehaltes und Trübungsgrades von Celluloseesterlösungen und Klarlacken, sowie zur Bestimmung der Deckfähigkeit von Pigmenten verwendet werden kann (vgl. Abb. 13).

Genaue Arbeitsvorschriften werden von den Herstellern des Gerätes bei Lieferung zur Verfügung gestellt, so daß hier auf Wiedergabe der Meßmethode verzichtet werden kann.

b) Elastizität.

Lackierungen, die mit Celluloseesterlacken der gebräuchlichsten Zusammensetzung hergestellt worden sind, die also Weichmachungsmittel, Harze und hochsiedende Lösungsmittel enthalten, müssen vor Prüfung der mechanischen Eigenschaften einer wenigstens dreitägigen Trocknung bei 50—60° unterworfen werden.

Die Lacke werden auf Blechtafeln aufgetragen, deren Material sich nach dem Verwendungszweck des Lackes zu richten hat. Man verwendet entweder Weißblech, Aluminium oder Schwarzblech. Karosserielacke werden zweckmäßig auf gesandetes und gespachteltes Schwarzblech aufgetragen. Bei Anwendung der Spritzpistole empfiehlt sich ein zwei- bis dreimaliger Auftrag. Bei entsprechender Übung gelingt es leicht, die für vergleichende Prüfung erforderliche gleichmäßige Dicke der Lackschichten zu erzielen. Empfehlenswert sind Blechtafeln von 0,2 bis 0,3 mm Dicke.

Zur Prüfung der Elastizität hat es sich — anscheinend nach dem Vorgange von Gardner — eingebürgert, schmale lackierte Blechstreifen um Dorne bestimmten Durchmessers zu biegen, z. B. 3 mm, $7^1/_2$ mm,

---

[1] Über bisherige Definitionen und Meßmethoden des Glanzes vgl.: Jber. chem. techn. Reichsanstalt **4**, 170—180 (1924/25); **5**, 216 u. 247—49 (1926); **6**, 195 (1925); **7**, 220 (1928). — Z. Instrumentenkde **49**, 1—25 (1929). — Ferner: Zocher, H.: Z. Physik **33**, 12 (1925). — Wolff, H.: Farben-Ztg. **29**, 277 (1923/24). — Wolski, P.: Korrosion u. Metallschutz **1926**; Glanzmessung von Anstrichfilmen. Vortrag auf d. Tagung d. Vereins Deutsche Chemiker in Dresden 1928. Referat: Z. angew. Chemie.

12 mm. Es wird festgestellt, bei welcher Beanspruchung die ersten Haarrisse auftreten.

Mit dieser Prüfung kann die auf Haftfestigkeit verbunden werden. Man wiederholt die Biegung des Blechstreifens so oft, bis die Lackschicht abblättert.

c) Abreibbarkeit.

Auch zur Bestimmung der Abreibbarkeit hat eine Methode von Gardner allgemeine Anerkennung und Verwendung gefunden, die von deutschen Autoren als Besandungsprobe bezeichnet wird. Gardner verwendet ein Glasrohr von 180 cm Länge und 22 mm lichter Weite. Dieses Rohr wird senkrecht über einem Behälter aufgestellt, in dem die lackierte Blechtafel im Winkel von 45° befestigt ist. In die obere Öffnung des Glasrohres wird ein Trichter gesteckt, dessen Rohr eine lichte Weite von 5 mm hat. In den Trichter gießt man Schleifpulver Nr. 50. Dieses trifft auf die Versuchstafel auf und bestreicht eine Fläche von etwa $2^1/_2$ cm Durchmesser.

Das Zugeben des Schleifpulvers wird solange fortgesetzt, bis die Lackierung zerstört ist und das blanke Metall zum Vorschein kommt. Das Gewicht des zur Erzielung dieses Effektes erforderlichen Schleifpulvers gilt als Maß für die Beständigkeit gegen Abreibung.

H. Wolff empfiehlt als Schleifpulver den sogenannten Aquariensand mit einer Korngröße von 0,5—1 mm.

Die Besandungs- und Biegeprobe wird vielfach auf bewitterte, belichtete und sonstwie beanspruchte Lackflächen angewendet.

d) Freilagerversuch und Kurzprüfung.

Zur Anstellung von Freilagerversuchen werden lackierte Tafeln im Winkel von 45° im Freien aufgestellt. Die ausführlichsten Angaben über die Anstellung solcher Versuche finden sich in dem oben angeführten Werke von Gardner. Es würde zu weit führen, an dieser Stelle über die technischen Einzelheiten — wie Anstrich der Rückseite der Versuchstafeln, Form der Prüfgestelle und dgl. — zu berichten. Von besonderem Interesse für die Auswertung der Versuche dürfte aber die Zusammenstellung der Symptome für die verschiedenen Arten und Grade der fortschreitenden Zerstörung der Lackschichten sein, wie sie Gardner für Öllacke gegeben hat, da diese auch für Celluloseesterlacke charakteristisch sind:

1. Schwaches Reißen. Es bilden sich an der Oberfläche der Lackschicht feine, meist netzartig sich ausbreitende Haarrisse.

2. Starkes Reißen. Die Risse sind breiter als bei 1 und erstrecken sich über die ganze Fläche. Gardner bezeichnet sie als „Aligatornarben“.

3. Sprungbildung. Die Risse erstrecken sich durch die ganze Schicht bis auf den Untergrund. Sie erscheinen als Weiterentwicklung der Haarrisse, können aber auch unmittelbar auftreten.

4. Schuppenbildung. Die Sprungbildung führt bei weiterer Beanspruchung zur Ablösung kleiner Filmteilchen.

5. Blasenbildung. Meist die Folge von Gasentwicklung in der Schicht oder Eindringen von Feuchtigkeit zwischen Unterlage und Lackhaut.

6. Abblättern. Das Ablösen und Abfallen größerer Filmstücke; namentlich bei Holztafeln in der Richtung der Maserung. In der Regel die Folge fehlerhafter Arbeitsweise.

7. Abkreiden. Übergang der Lackoberfläche in eine pulverige Substanz, die sich abwischen läßt.

Die zerstörende Wirkung der verschiedenen Witterungseinflüsse auf die Lackschichten ist nun in hohem Maße von der Art des Bindemittels abhängig. Schichten aus Nitrocellulose sind außerordentlich beständig gegen Feuchtigkeit. Man kann sogar sagen, daß reine Nitrocellulosefilme durch Wasser allein überhaupt nicht verändert werden. Bei solchen Schichten liegt aber die Schwierigkeit in der Verankerung auf dem Untergrund. Während bei der Lackierung von Metallen diese Frage befriedigend gelöst ist, kann dies von der Lackierung des Holzes nicht gesagt werden. Beispielsweise können die Celluloseesterlacke auf dem Sondergebiet der Bootslackierung noch nicht mit den Öllacken konkurrieren. Starke Abkühlung ist praktisch ohne Bedeutung für die Haltbarkeit von Celluloseesterlackschichten, wenn nicht gerade starke mechanische Beanspruchung bei tiefer Temperatur erfolgt.

Den größten Einfluß auf Celluloseesterlackschichten üben von allen Witterungseinflüssen fortgesetzte Erwärmung und starke Sonnenbestrahlung aus. Dies gilt insbesondere für Nitrocelluloselacke.

Otto Merz, l. c., hat kürzlich darauf hingewiesen, daß bei Freilagerversuchen an Nitrocelluloselacken in der Zeit von Mitte März bis Mitte August die weitaus größten Zerstörungen eintreten.

Kurzprüfungen.

Kurzprüfungen haben den Zweck, ein Urteil über die Witterungsbeständigkeit von Lackschichten in einigen Wochen zu erhalten, das bei Freilagerung erst nach Ablauf eines oder mehrerer Jahre zu gewinnen ist. Das stärkste Argument gegen die bisherige Anordnung von Kurzprüfungen ist in der Tatsache zu erblicken, daß manche Lackierungen bei der Kurzprüfung sich als unbrauchbar erwiesen, die beim Freilagerversuch eine ausgezeichnete Beständigkeit zeigten und umgekehrt.

Die bisher bekannt gewordenen Methoden haben daher von verschiedenen Seiten[1] eine ablehnende Kritik erfahren. Auch wenn man von solchen wohl als Ausnahmen zu bezeichnenden Fällen, bei denen Kurzprüfung und Freilagerversuch zu entgegengesetzten Ergebnissen führten, absieht, muß das Fehlen einer bestimmten Zeitrelation zwischen beiden Prüfarten als sehr störend empfunden werden. Freilich ist nicht zu übersehen, daß auch der Freilagerversuch infolge der wechselnden klimatischen Bedingungen von Jahr zu Jahr andere Resultate ergeben kann. Man wird auf die Anstellung von Kurzprüfungen nicht verzichten können, und es sollen einige Hinweise gegeben werden, welchen Faktoren besondere Aufmerksamkeit zu widmen ist.

Wie bereits erwähnt, wirkt das Licht auf Celluloseesterlacke besonders stark ein. Alle anderen Beanspruchungen treten demgegenüber zurück. Auf S. 208 wurde auf die Eigenart der verschiedenen Lichtquellen hingewiesen. Hier sei noch folgendes festgestellt: Infolge Absorption der kurzwelligen Strahlen des Sonnenlichtes in den oberen Schichten der Atmosphäre gelangen nur Strahlen über 290 $\mu\mu$ auf die Erdoberfläche. Die Anwendung einer künstlichen Lichtquelle zu Kurzprüfungen, welcheLichtquellen unter 290 $\mu\mu$ aussendet, muß daher zuFehlresultaten führen. Es ist unmöglich, aus dem Verhalten von Lackschichten gegenüber Lichtwellen unter 290 $\mu\mu$ auf ihr Verhalten in längerwelligem Licht zu schließen.

Eine noch ungelöste Aufgabe der Elektrotechnik ist die Schaffung einer stark wirkenden Lichtquelle mit sonnenähnlichen Spektrum.

Die Kohlenbogenlampe, welche diese Bedingungen hinsichtlich des Spektrums befriedigend erfüllt, ist wenig wirksam.

In diesem Zusammenhang sei erwähnt, daß das Maximum der Lichtwirkung auf Nitrocellulose nach Devore, Pfund und Cofman[2] bei einer Wellenlänge von 313 $\mu\mu$ liegt.

Der besonderen Bedeutung der Lichtwirkung trägt der neue Gardnersche Schnellprüfer Rechnung. Während bei dem alten auch in Deutschland benutzten „Gardner Rad" die zu prüfenden Tafeln auf der 35 cm breiten Stirnfläche eines rotierenden Rades von 150 cm Durchmesser angebracht waren, und hier in regelmäßigem Zyklus der Wirkung von Wärme, Kälte, Regen und Licht ausgesetzt wurden, der Wirkung des Lichtes also nur verhältnismäßig kurze Zeit unterlagen, wirkt in dem neuen Schnellprüfer das Licht während der ganzen Prüfdauer auf die Proben ein.

Charakteristisch für diesen Apparat, der die Gestalt eines zylindrischen Behälters mit senkrechten Wänden hat, sind die festliegenden Proben und die bewegten Lichtquellen.

---

[1] Nettmann: Hauptvers. Verein D. Chemiker 1930. — Deckert: Farben-Ztg. **35**, 2443 (1930).

[2] J. physic. Chemie **33**, 1836 (1929).

Der Behälter hat einen Durchmesser von 131 cm und eine Höhe von 67 cm. Im Inneren des Behälters befindet sich ein kreisrunder Rahmen in 12 cm Abstand von der Behälterwand, der zur Aufnahme der Tafeln dient. Die 25 cm langen und 12 cm breiten Tafeln werden mit hölzernen Klammern an dem Rahmen befestigt. Der Behälterboden hat einen Ablauf für das zur Berieselung verwendete Wasser.

Von oben her ragt in den Behälter eine senkrecht hängende Welle herein, die an ihrem Ende vier rechtwinklig sich kreuzende Arme trägt. Zwei dieser Arme tragen starke Kohlenbogenlampen, die beiden anderen Sprühdüsen für Beregnung. Die Welle mit den vier Armen macht in 30 Minuten eine Umdrehung. Für diesen Apparat, über dessen konstruktive Einzelheiten in der Originalliteratur nachzulesen ist, gibt Gardner an, daß eine Versuchsdauer von 24—500 Stunden genüge, um bei den meisten Anstrichen eine teilweise oder vollständige Zerstörung hervorzurufen. Es soll eine gute Parallelität in den so erhaltenen Ergebnissen der Schnellprüfung zu den Ergebnissen des Freilagerversuches bestehen, und zwar entsprechen 100 Stunden Prüfdauer einer etwa dreimonatigen Freilagerung im Sommer.

Ein käufliches Gerät ähnlicher Wirkungsweise ist der Schnellprüfer der Atlas Company, welcher von der Atlas Electric Devices Co. in Chikago gebaut wird.

Lichtdurchlässigkeit von Pigmenten.
Durchlässigkeit des Pigments in % bei einer Schichtdicke von 0,00092 mm gegenüber Licht von der Wellenlänge in Angströmeinheiten.

Pigment	Wellenlängen des Sonnenspektrums					
	Sichtbar		Ultraviolett			
	4358	4047	3655	3342	3131	3023
Carbon black	0	0	0	0	0	0
Eisenoxyd 98%ig	0	0	0,5	0	0	0
Lampenruß	1,5	1	0,7	1	1	1
Eisenoxyd 90%ig	2,5	3,0	3,5	3,0	2,5	2,0
Chromgelb	11	13	14	14	14	14
Zinkweiß	44	38	0	0	0	0
Zinksulfid	30	28	22	10, 5	0	0
Titanweiß 100%ig	35	32	18	6	0,5	0
Eisenoxyd 70%ig	15	18	19,5	20	20	20
Titanweiß ($TiO_2 + BaSO_4$)	39	39	18	13	12	11,5
Berlinerblau	58	36	31	21	10	4,5
Lithopone hochproz.	50	43,5	31	20	12	8
Zinkchromat	35	33	32	32	32	31,5
Lithopone gewöhnlich	56	52	43	32	15	5
Stahlblau	70	63	57	47	40	36
Eisenoxyd 37%ig	50	52	52,5	53	53	53
Schwerspat	68	67	65	64,5	64	63,5
Glanzweiß ($BaSO_4 + Al(OH)_3$)	79	80,5	79,5	78	76	75
Ultramarinblau	88	88	85	81	77	75

Schließlich sei noch auf die Bedeutung der Pigmente für die Widerstandsfähigkeit der Lackschichten gegen Bestrahlung hingewiesen. Es ist einleuchtend, daß solche Pigmente, die eine geringe Durchlässigkeit für die der Nitrocellulose besonders gefährlichen Strahlengattungen haben, bei entsprechend starker Pigmentierung der Lackschichten eine Schutzwirkung für das Bindemittel ausüben müssen.

In der nachfolgenden Tabelle von Stutz[1] sind eine Anzahl Körperfarben nach ihrer Durchlässigkeit gegen Licht verschiedener Wellenlängen aufgeführt. Die durchgelassene Lichtmenge wurde an dem Schwärzungsgrad einer photographischen Platte gemessen. Die Körperfarben wurden in Ricinusöl suspendiert, welches im Bereich von 290 bis 440 $\mu\mu$ keine Absorption zeigt.

O. Merz, l. c., sieht in der Übereinstimmung dieser Reihenfolge mit der Eignung der Pigmente für witterungsbeständige Nitrocelluloselacke einen Hinweis auf die Zweckmäßigkeit der Prüfung durch Lichtabsorption.

Man wird sich freilich hüten müssen, diese Betrachtungsweise als allein maßgebend für die Eignung der Pigmente anzusehen; das vorliegende Problem ist viel zu verwickelt, um auf eine einfache Formel gebracht werden zu können.

---

[1] Stutz, G. F. A.: J. Franklin Inst. Juli 25, Juli 26. Zitiert nach Farben-Ztg. **36**, 362.

GPSR Compliance

The European Union's (EU) General Product Safety Regulation (GPSR) is a set of rules that requires consumer products to be safe and our obligations to ensure this.

If you have any concerns about our products, you can contact us on ProductSafety@springernature.com

In case Publisher is established outside the EU, the EU authorized representative is:

Springer Nature Customer Service Center GmbH
Europaplatz 3
69115 Heidelberg, Germany

Batch number: 10683531

Printed by Printforce, the Netherlands